Telematik im kommunalen Energiemanagement

AF815299

Timon Wehnert
Wolfram Jörß
Rolf Kreibich

Telematik im kommunalen Energiemanagement

Strategien zur Erschließung von Energie- und Kostenreduktionspotentialen

PETER LANG
Frankfurt am Main · Berlin · Bern · Bruxelles · New York · Oxford · Wien

Bibliografische Information Der Deutschen Bibliothek
Die Deutsche Bibliothek verzeichnet diese Publikation in der Deutschen Nationalbibliografie; detaillierte bibliografische Daten sind im Internet über <http://dnb.ddb.de> abrufbar.

ISBN 3-631-51847-1

© Peter Lang GmbH
Europäischer Verlag der Wissenschaften
Frankfurt am Main 2004
Alle Rechte vorbehalten.

Das Werk einschließlich aller seiner Teile ist urheberrechtlich geschützt. Jede Verwertung außerhalb der engen Grenzen des Urheberrechtsgesetzes ist ohne Zustimmung des Verlages unzulässig und strafbar. Das gilt insbesondere für Vervielfältigungen, Übersetzungen, Mikroverfilmungen und die Einspeicherung und Verarbeitung in elektronischen Systemen.

www.peterlang.de

Inhaltsverzeichnis

Teil B – Empirisches Material

Teil C – Ergebnisse

Vorwort

Die grundlegende Bedeutung einer wirksamen Energie- und Klimaschutzpolitik für das Leben auf der Erde, insbesondere auch die menschlichen Lebensgrundlagen, ist spätestens seit der Rio-Konferenz der Vereinten Nationen für Umwelt und Entwicklung im Jahre 1992 unbestritten. Die Verabschiedung der Klimarahmenkonvention bildet seither eine erste Grundlage für einen Rahmen, in dem sich die internationale Staatengemeinschaft zu gemeinsamen energie- und klimapolitischen Strategien und Maßnahmen verpflichtet hat. Seitdem haben weitere 8 Vertragsstaatenkonferenzen stattgefunden. Auf der Konferenz in Berlin und mehr noch auf der Konferenz in Kyoto wurden wichtige strategische Instrumente und eine Reihe quantifizierbarer Maßnahmen festgelegt. Das „Kyoto-Protokoll" ist zur Zeit die wichtigste globale Vereinbarung zur Energie- und Klimapolitik. Es wurde bisher von 96 Staaten (u.a. von Deutschland und den anderen EU-Mitgliedsländern) ratifiziert.

Die Bundesrepublik Deutschland hat sich über das Kyoto-Protokoll hinaus dazu verpflichtet, eine Senkung der C02-Emissionen, also des wichtigsten Treibhausgases, bis zum Jahr 2005 um 25% zu erzielen und eine Reduzierung aller Treibhausgase bis zum Jahr 2020 um 40% zu erreichen - Basisjahr ist jeweils 1990. Diese zweifellos ehrgeizigen Ziele sind in erster Linie Ausdruck einer langfristig nachhaltigen Energiepolitik zur Erhaltung der Versorgungssicherheit und eines Strukturwandels auf der Basis von Energieeffizienz und regenerativen Energien. Die Bundesregierung hat konsequenterweise auch in ihrer Nachhaltigkeitsstrategie - „Perspektiven für Deutschland" - das Handlungsfeld Energie und Klimaschutz an erste Stelle gesetzt.

Vor diesem Hintergrund ist eine langfristige Ablösung der fossilen Energieträger und der Kernenergie allerdings nur dann eine realistische Zukunftsperspektive für das 21. Jahrhundert, wenn in allen Energie-Verbrauchssektoren - Industrie, Verkehr, Haushalte sowie öffentlicher und privater Dienstleistungsbereich - eine konsequente Strategie der rationellen und sparsamen Energieverwendung und Einsatz regenerativer Energien erfolgt.

Besonders im öffentlichen Sektor und speziell in den Kommunen lassen sich hohe Energieeinsparpotentiale erzielen und große Mengen an Treibhausgasen und sonstigen Schadstoffen reduzieren. Dabei ist für die Städte und Gemeinden angesichts der leeren Haushaltskassen fast noch wichtiger, dass sich mit einem konsequenten kommunalen Energiemanagement viel Geld einsparen lässt, das für dringende andere kommunale Aufgaben zur Verfügung gestellt werden könnte. So gehen seriöse Schätzungen davon aus, dass mittelfristig bei sich verändernden Rahmenbedingungen (steigende Energiepreise, weitere gesetzliche Auflagen) durchschnittlich bis zu 40% der Energiekosten in den Kommunen eingespart werden könnten. Geht man von Energiekosten der Kommunen in Höhe von 30 € pro Einwohner und Jahr aus, so entspricht ein Einsparpotential von nur 30% einer jährlichen Kostenentlastung der kommunalen Haushalte deutschlandweit insgesamt ca. 770 Mio Euro. Für eine Stadt mit 100.000 Einwohnern würde eine Reduzierung der Energiekosten um 30% eine Entlastung von ca. 1 Mio Euro pro Jahr bedeuten. Verschiedene Städte und Gemeinden wie beispielsweise Frankfurt am Main, Goslar, Heidelberg, Saarbrücken, Schwabach oder Stuttgart haben durch eine gezielte Energieeinsparpolitik und ein vorbildliches kommunales Energiemanagement nachgewiesen, dass solche Einsparpotentiale ohne weiteres zu realisieren sind. Betrachtet man zunächst nur organisatorische Maßnahmen mit geringem Investitionsaufwand, dann lassen sich sehr kurzfristige Amortisationszeiten zwischen 1 und 5 Jahren erreichen. Werden Energieeinsparmaßnahmen mit höheren Investitionsvolumina (bauliche Maßnahmen, Erneuerung von Heizungsanlagen, Installation von Regeltechnik und Telematik etc.) vorgenommen, so sind in der Regel Amortisationszeiten von 3 - 15 Jahren zu erwarten.

Kommunales Energiemanagement ist ein wichtiger Faktor der kommunalen Daseinsvorsorge. Neben der ökologischen Relevanz sind somit vor allem die wirtschaftlichen, beschäftigungspolitischen und finanziellen Vorteile für die Kommunen von größter Bedeutung. Für die Kommunen ermöglicht ein effizientes kommunales Energiemanagement echte Win-Win-Strategien.

Mit der vorliegenden Veröffentlichung *Telematik im kommunalen Energiemanagement* werden neue Wege für kommunale Energiestrategien aufgezeigt und bewertet. Der Schwerpunkt der Untersuchungen lag im Gebäudebereich, da hier besonders hohe Minderungspotentiale erreichbar sind. Eine weitere zentrale Frage der Studie war, wie mit neuen Informations- und Kommunikationstechnologien, speziell der Telematik, Energieeinsparpotentiale und Treibhausgasreduzierungen erschlossen werden können. Hierfür wurde eine umfassende Ist-Analyse des Standes des kommunalen Energiemanagements in deutschen Städten und Gemeinden durchgeführt und sowohl Stärken als auch Defizite herausgearbeitet.

Die Studie basiert auf drei Untersuchungsbereichen:

- organisatorische Strukturen und Finanzierungsinstrumente
- technische Anlagen und telematische Ansätze zur Optimierung der Meß-, Regel- und Steuertechnologie
- psychosoziale Faktoren im kommunalen Energiemanagement.

Die Ergebnisse sind für einen großen Kreis energie- und klimapolitisch engagierter Akteure im Bereich der Städte und Gemeinden sowie für Stadtplaner, Architekten, Technikentwickler, Produzenten und Dienstleister von besonderer Relevanz. Sie geben auch interessierten Laien einen guten Ein- und Überblick, welche Chancen und Probleme auf kommunaler Ebene zur Energieeinsparung und rationellen Energieverwendung vorhanden sind. Die Studie kann auch als Grundlage für die Arbeit von Umweltverbänden, Verbraucherorganisationen, Energienetzwerken und Agenda 21-Projekten dienen.

Das Forschungsvorhaben wurde mit Mitteln des Bundesministeriums für Bildung und Forschung im Rahmen des Programms Anwendungsorientierte Forschung und Entwicklung an Fachhochschulen (FKZ: 170 06 00) gefördert und von der Arbeitsgemeinschaft Industrieller Forschungsinstitute (AiF) betreut.

Wir danken allen Akteuren in den Städten und Gemeinden. die durch ihre Bereitschaft zur Information und Mitarbeit zum erfolgreichen Abschluss des Vorhabens beigetragen haben. Ohne ihre bereitwillige Unterstützung wäre diese Studie nicht zu realisieren gewesen. Besonderer Dank gilt unseren zahlreichen Interviewpartnern, die durch ihre persönlichen Erfahrungen im kommunalen Energiemanagement vor allem mit praxisrelevanten Daten zum Gelingen beigetragen haben.

Für Unterstützung und kritische Anregungen möchten wir persönlich danken: Harald Baedeker, Reinhard Grünwald, Michael Knoll, Ulf Marinitsch und Hannes Rosenhagen.

Dank gebührt auch dem Präsidium, der Verwaltung und den Vertretern des Fachbereichs Wirtschaft und Gesellschaft der Technischen Fachhochschule Berlin, die das Forschungsprojekt nachdrücklich und unbürokratisch unterstützt haben.

Berlin, im Juli 2003

Prof. Dr. Rolf Kreibich Timon Wehnert

1 Einleitung - Stand des kommunalen Energiemanagements in Deutschland

Geld sparen durch Energie sparen –

die Vielzahl von innovativen Projekten zum kommunalen Energiemanagement der letzten Jahre zeigt, wie sehr *en vogue* dieses Thema ist. Hierbei manifestieren sich im Alltag des Verwaltungsgeschäftes Fragen zu Themenkomplexen die eine aktuelle Brisanz aufweisen und auf politischer Ebene kontrovers diskutiert werden: Neues Selbstverständnis der Behörden, neue Organisations- und Finanzierungsformen, Nachhaltigkeit, Klimaschutz, neue Technologien. Darüber steht ein Motto, das man jedoch nur mit Mühe als *modern* oder gar *revolutionär neu* bezeichnen könnte, das im Gegenteil fast *banal* klingt: Geld sparen durch Energie sparen. Doch vielleicht macht genau diese einfache und klare Zielsetzung seine Attraktivität aus.

Insbesondere unter dem Eindruck der Ölkrisen 1972/73 und 1979/80 haben einige Kommunen angefangen, ein kommunales Energiemanagement aufzubauen. Ziel war und ist es, den Energieverbrauch (und damit die Energiekosten) in den eigenen Gebäuden – Schulen, Turnhallen, Schwimmbäder, Verwaltungsgebäude, Theater, Museen oder Krankenhäuser – zu senken. Zunächst waren es die großen Städte, die dem Thema Priorität einräumten. Anfangs stand der Gedanke „weg vom Öl", also die Reduzierung der Abhängigkeit von importierten Energieträgern im Vordergrund. Die stark gestiegenen Ölpreise gaben Anlass, über Kostensenkungspotentiale nachzudenken. Hinzu kamen später immer mehr ökologische Aspekte – Energiesparen zur Emissionsminderung - in den 80'ern vor allem Schadstoffe (z.B. SO_2 und NO_x), in den 90'ern zunehmend CO_2.

Ab Anfang der 90'er Jahre gerieten die Kommunen zunehmend unter finanziellen Druck. In vielen Fällen war (und ist) die Haushaltssituation schlichtweg desolat. Neue Kostensparpotentiale wurden gesucht. Mitte der 90'er Jahre begannen verstärkt auch mittlere und kleine Kommunen ein Energiemanagement einzuführen. Hinderlich war jedoch gerade die geringe Kapitalausstattung und Liquidität, so dass an und für sich lukrative Einsparpotentiale nur unzureichend erschlossen wurden, weil die nötigen Investitionen nicht getätigt werden konnten. Neue Finanzierungsmodelle, wie etwa das Contracting wurden entwickelt und eingeführt, um dem Dilemma zu entrinnen.

Dabei ist anzumerken, dass die Energiepreise in den 90'ern lange Jahre weitgehend konstant blieben und zum Teil sogar rückläufig waren[1]. Der Anreiz zu investieren, um einem zukünftigen Kostendruck zu entrinnen, war somit nicht besonders hoch. Langfristig ist jedoch mit einem Anstieg der Preise für Erdöl und Erdgas und somit für die Energiepreise insgesamt zu rechnen.

---

[1] Die Preise für schweres Heizöl waren von 1992-95 konstant, stiegen in den Jahren 96/97 um etwa 10% an und fielen 1998 wieder um knapp 20%. Die Preise für Erdgas und Elektrizität waren seit Anfang der 90'ger Jahre konstant oder rückläufig [Stat. Jahrbuch 2000]. Nach [Prognos, EWI 1999] sollen Gas- und Strompreise ab 2000 kontinuierlich wachsen. Mit einem Anstieg der Rohölpreise ist ab 2010 zu rechnen.

Einen zunächst gegenläufigen Trend brachte Ende der 90'er Jahre die Liberalisierung des Strommarktes: die Strompreise fielen drastisch. Besonders Großabnehmer konnten günstige neue Konditionen aushandeln. Paradoxerweise war die Reduzierung der Strompreise der Auslöser dafür, dass sich vermehrt Kommunen mit dem Thema Energiemanagement auseinander setzten. Denn um neue Strombezugsverträge aushandeln zu können, musste eine Wissensbasis über die bisherigen Verbräuche geschaffen werden, die vielerorts nicht vorhanden war.

Mangelndes Wissen – großes Potential

In Städten und Gemeinden, die über kein zentrales kommunales Energiemanagement verfügen, ist der Wissensstand zum Thema Energieverbrauch häufig äußerst lückenhaft. Eine zentral erfasste Aufschlüsselung der Energiekosten nach Energiearten (Strom, Wärme, Gas, etc.) existiert in der Regel nicht. Ebensowenig sind die Einzelverbräuche der unterschiedlichen Liegenschaften bekannt. Das Wissen darüber ist, wenn überhaupt vorhanden, auf mehrere Personen in unterschiedlichen Stellen (Kämmerei, Hochbauamt, etc.) verteilt. Welche Ausmaße dieses Nichtwissen erreicht, veranschaulichen die Anekdoten, die jeder Energiebeauftragte zu erzählen weiß, wenn bei der Einführung des kommunalen Energiemanagements eine Bestandsaufnahme gemacht wird: da wird ein Stromanschluss "entdeckt", für den die Stadt offensichtlich die Rechnungen begleicht, den aber schon seit Jahren ein privater Imbiss nutzt, um kostengünstig Pommes zu frittieren; an anderer Stelle zeigt sich, dass ein Wasserrohrbruch der Grund dafür ist, dass die Wasseruhr sich auch nachts weiterdreht – und so der Kommune schon seit drei Jahren eine Trinkwasserrechnung beschert, die um etliche tausend Mark zu hoch ist.[2]

Der eigene Energieverbrauch der Kommunen war lange Zeit kein Thema und ist es bedauerlicher Weise auch heute häufig noch nicht in genügendem Maße. Es fehlt das Bewusstsein und der Wille, sich mit dem Querschnittsthema aktiv auseinander zu setzen und durch gebündelte Maßnahmen effektive Energiesparkonzepte umzusetzen. Nach einer Erhebung der Stadt Goslar verfügten 1995 nur 25% der deutschen Kommunen mit 20.000 bis 100.000 Einwohnern über einen Energiebeauftragten oder führten eine konsequente Energiebewirtschaftung durch [Goslar 1995]. Jüngere Untersuchungen weisen auf einen gestiegenen Anteil von Kommunen hin, in denen Ansätze eines Energiemanagements zu verzeichnen sind [Hennicke, Jochem, Prose 1999]. Belastbare Aussagen über den derzeitigen Stand der Verbreitung des Energiemanagements in Deutschland mit einer Spezifizierung in welchem Umfang welche Maßnahmen durchgeführt werden, existieren jedoch nicht. Generell zeigt sich jedoch deutlich, dass bei den kleineren Gemeinden eine zentrale Energiewirtschaftsstelle oder ein Energiebeauftragter wesentlich seltener anzutreffen ist, als in den großen Städten.

Vorreiter und einzelne positive Beispiele für erfolgreiche kommunale Energiemanagementprojekte sind jedoch gut dokumentiert. Für die Erfolgsperspektiven, die sich

2 Diese Beispiele entstammen einem Vortrag von Hr. Linnig auf der VDI-Tagung *Energiesparen in öffentlichen Liegenschaften* [VDI 2001] sowie einem Interview mit Fr. Fischer vom Deutschen Institut für Urbanistik, Berlin [Fischer 13.06.01]. Sie sind jedoch keine Einzelfälle, sondern decken sich mit Aussagen vieler unserer Interviewpartner.

für Nachahmer ergäben, sprechen allein die Zahlen: Kosten-Nutzen-Rechnungen bei Kommunen, die im Rahmen eines Energiemanagements Energiesparmaßnahmen durchführen, zeigen, dass von einem Einsparpotential von 20 – 30% ausgegangen werden kann (u.a. [BINE 1990], [UBA 2000]). Allein durch die Umsetzung organisatorischer Maßnahmen, d.h. von Maßnahmen ohne größere Sachkosten oder Investitionen, können Kosteneinsparungen zwischen 5 und 20% realisiert werden (Peter Muno in [VDI 2001]). Mittelfristig, bei sich verbessernden Rahmenbedingungen (steigende Energiepreise, veränderte gesetzliche Auflagen), sind durchschnittlich insgesamt sogar 40% möglich [BINE 1990], [Kallen, Lottermoser 1998].

Geht man von Energiekosten der Kommunen in Höhe von 30 € pro Einwohner und Jahr aus[3], entspricht ein Einsparpotential von 30% einer jährlichen Kostenentlastung der kommunalen Haushalte von deutschlandweit insgesamt ca. 770 Mio. €. Bezogen auf den gesamten Verwaltungshaushalt einer Kommune stellen die Energiekosten zwar nur etwa 1-3% der Gesamtausgaben dar, gemessen an den Sachkosten jedoch machen sie häufig bis zu 15% aus [Kallen, Lottermoser 1998], so dass die möglichen Einsparungen als erheblich zu bewerten sind. Für eine Stadt mit 100.000 Einwohnern würde eine Reduzierung der Energiekosten um 30% eine Entlastung von 1 Mio. € pro Jahr bedeuten.

Betrachtet man nur die durch organisatorische Maßnahmen erreichbaren Einsparungen, zeigt sich, dass das für die Durchführung benötigte Personal aus den Einsparungen finanziert werden kann. Darüber hinaus haben organisatorische Maßnahmen und solche mit geringem Investitionsaufwand kurzfristige Amortisationszeiten zwischen einem und fünf Jahren, so dass ein Engagement der Kommunen schnell zu Erfolgen führen kann. Energiesparmaßnahmen mit höherem Investitionsvolumen (Bauliche Maßnahmen, Erneuerung von Heizungsanlagen, Installation von Regeltechnik, Austausch von Lichttechnik, etc.) haben in der Regel Amortisationszeiten zwischen 3 bis 15 Jahren.

Kommunales Energiemanagement kann als ein wichtiger Aspekt der kommunalen Daseinsvorsorge betrachtet werden. Dabei müsste die ökologische Verantwortung der Kommunen gar nicht betont werden. Selten sind win-win-Strategien so eng miteinander verwoben. Energieeinsparungen in der Bewirtschaftung kommunaler Liegenschaften tragen nicht nur zur Reduzierung von CO_2-Emissionen bei, sie sind wirtschaftlich rentabel und verbessern somit langfristig die ökonomische Situation der

---

3 Die Zahlen für die einzelnen Kommunen schwanken dabei beträchtlich. Je nachdem ob bestimmte Einrichtungen (städtische Schwimmbäder, Museen, Theater) vorhanden sind oder nicht, variiert der Energieverbrauch. Deshalb haben Großstädte in der Regel einen höheren spezifischen Verbrauch pro Einwohner als kleine Gemeinden. Aber auch zwischen vergleichbaren Kommunen gibt es beachtliche Unterschiede.
Allerdings wird ein Vergleich der von den Kommunen angegebenen Zahlen dadurch erschwert, daß jede Kommune unterschiedliche Verbrauchskosten mit einrechnet (Heizenergie, Strom, Wasser) und auch die berücksichtigten Verbrauchsstellen nicht einheitlich sind (kommunale Gebäude, Kläranlagen, Straßenbeleuchtung, etc.). Mehreren Untersuchungen zufolge stellt der Wert von 30 € pro Jahr und Einwohner einen recht guten Mittelwert dar ([BINE 1990], [KEA 1998], [Kallen, Lottermoser 1998], [NRW 2000]). Unsere Erhebungen unter 44 Kommunen ergaben im Mittel Energiekosten i.H.v. 28 €, wobei es sich um Kommunen handelte, die bereits seit längerem ein Energiemanagement eingeführt hatten, so dass der Bundesdurchschnitt eher höher liegen dürfte (vgl. Kapitel 8).

Kommunen. Außerdem ist eine energiesparende Bewirtschaftung bei gleichen Kosten arbeitsintensiver als eine energieintensive Bewirtschaftung und trägt somit zur Schaffung von Arbeitsplätzen bei.

Welche Hemmnisse bestehen also, diese Energiesparpotentiale auszuschöpfen, wo es doch technisch machbar und finanziell rentierlich ist? Die Probleme sind vielfältig und können sicherlich nicht allein mit dem Hinweis auf den fehlenden Willen der betreffenden Akteure abgetan werden. Nach wie vor ist die finanzielle Ausgangslage der Kommunen schlecht. Ebenso kritisch ist vielfach noch die Informationslage über die energetischen und finanziellen Chancen der Mobilisierung von Energieeinsparpotentialen. Dies erschwert den Einstieg in sinnvolle Energiesparprogramme. Zusätzlich gibt es verwaltungsrechtliche und organisatorische Schwierigkeiten, die überwunden werden müssen. Neue Konzepte müssen entwickelt und in den Verwaltungsablauf integriert werden. Trotz der kurzfristig erzielbaren Erfolge muss kommunales Energiemanagement vor allem als langfristige Aufgabe begriffen werden. Selbst neue technische Anlagen müssen regelmäßig betreut und gewartet, vor allem aber in Hinblick auf niedrigen Energieverbrauch ständig optimiert werden. Auch Verhaltensänderungen von Nutzern lassen sich nicht von heute auf morgen erreichen. Hier stellt vor allem das Gewohnheitshandeln eine starke Barriere für Verhaltensänderungen dar. Langfristig erfolgreiche Konzepte basieren auf einer kontinuierlichen Energieverbrauchskontrolle. Eine solide Informationsbasis ist eine der wichtigsten Vorraussetzungen für den Erfolg. Jedoch ist es mit erheblichem Aufwand verbunden, die notwendigen Daten und Informationen zu erheben, zu analysieren und zu verwalten.

Ansatzpunkt dieser Veröffentlichung ist die Frage, welche Ansätze zu einer Effektivierung des kommunalen Energiemanagements beitragen können und welche Möglichkeiten hier der Einsatz von Informations- und Kommunikationstechnologien, speziell der Telematik bietet.

2 Skizze des Forschungsvorhabens

2.1 Zielsetzung des Vorhabens

Grundlage dieses Buches sind die Ergebnisse des Forschungsprojekts *„Emissionsminderung durch neue Wege im kommunalen Energiemanagement - Minderung von Treibhausgas- und anderen Schadstoff-Emissionen durch Informationsmanagement und den Einsatz von Telematik“*, das von 2000 bis 2002 an der Technischen Fachhochschule Berlin in Kooperation mit dem Institut für Zukunftsstudien und Technologiebewertung durchgeführt wurde.

Gegenstand des Forschungsprojektes war es, kommunale Strategien zur Minderung von CO_2-Emissionen zu untersuchen und neue Wege im Bereich des Energiemanagements in Kommunen aufzuzeigen und zu bewerten. Der Schwerpunkt der Untersuchungen lag im Gebäudebereich, da hier besonders hohe Emissionsminderungspotentiale realisierbar sind. Die zentrale Frage der Studie ist es, wie mit neuen Informations- und Kommunikationstechnologien, speziell der Telematik[4] Energiesparpotentiale im Rahmen des kommunalen Energiemanagements (KEM) erschlossen werden können. Dabei standen folgenden Forschungsfragen im Vordergrund:

- Welche Potentiale eröffnen sich durch den Einsatz von Telematik im kommunalen Energiemanagement im Bezug auf Energieeinsparungen und Kostenreduktionen?
- Wie ist das Potential telematischer Anwendungen im Vergleich zu anderen Maßnahmen zu bewerten?
- Welche Vorraussetzungen und Rahmenbedingungen müssen gegeben sein, damit telematische Potentiale ausgeschöpft werden können?
- Welche technischen Anforderungen sind an Telematik mit Blick auf einen Einsatz im kommunalen Energiemanagement zu stellen?

Als Grundlage der Untersuchung wurde eine umfassende Aufarbeitung des Standes des kommunalen Energiemanagements in Deutschland durchgeführt. Ausgangspunkte waren hier die Identifikation von Defiziten und die Analyse von Erfolgsstrategien im KEM. Der Untersuchungsschwerpunkt lag hierbei auf drei Ebenen:

Organisatorische Strukturen und Finanzierungsinstrumente
Welche organisatorische Strukturen und Finanzierungsinstrumente unterstützen eine effektive Umsetzung eines kommunalen Energiemanagements? Wie kann die energiebezogene Wissensbasis verbessert werden? Dabei wurde vor allem die Verknüpfung von strukturellen Neuerungen und technischen Innovationen untersucht. Im welchem Rahmen kann das Potential von Telematik optimal genutzt werden? Welche neuen Konzepte werden durch den Einsatz von I&K-Technologien überhaupt erst

---

4 *Telematik* ist ein Kunstwort zusammengesetzt aus *Tele*kommunikation und Infor*matik*. Es bezeichnet elektronisch gestützte (Fern-) Informations-, Monitoring- und Prozeßkontrollsysteme, sowie Analyse- und entscheidungsunterstützende Systeme (s. Kap. 0)

ermöglich? Von besonderem Interesse waren hier neue Finanzierungsansätze wie etwa Contracting oder neue Formen der Kooperation und Arbeitsteilung innerhalb der Verwaltung und auch der Verwaltung mit externen Partnern.

Technische Instrumente
Welche technischen Instrumente werden bisher zur Erzielung von Energieeinsparungen eingesetzt? Wie können diese durch telematische Ansätze optimiert werden? Im Vordergrund stand hier vor allem eine Analyse der Mess-, Regel- und Steuertechnologie, die zur energietechnischen Bewirtschaftung von Gebäuden eingesetzt wird.

Psycho-soziale Faktoren
Welche Rolle spielen psycho-soziale Faktoren für den Erfolg des kommunalen Energiemanagements? Wie kann die Einbindung von Nutzern und Akteuren gestaltet werden? Wie sind Verhaltensänderungen zu erreichen? Was ist hieraus für den Einsatz von Telematik abzuleiten? Welche Formen der Nutzermotivation bieten sich an, um den Erfolg telematischer Anwendungen zu vergrößern. Wie müssen telematische Anwendungen gestaltet sein, damit sie den Bedürfnissen der Nutzer entsprechen und von diesen akzeptiert werden?

Dabei sollten aus den identifizierten Hemmnissen und Erfolgsfaktoren aller drei Ebenen konkrete Strategien und Handlungsempfehlungen entwickelt werden, wie mit Hilfe von Informations- und Kommunikationstechnologien das kommunale Energiemanagement effektiviert werden kann.

2.2 Methodisches Vorgehen

Die Bearbeitung des Forschungsprojektes erfolgte in fünf Phasen (s. Abbildung 2-1 Forschungsdesign) und basiert auf einem Methodenmix, der dem praxisorientierten Untersuchungsgegenstand Rechnung trägt.

In der ersten Phase wurde ein Überblick über den Stand des kommunalen Energiemangements in Deutschland erarbeitet. Dabei wurde der Schwerpunkt auf den Einsatz von telematischen Anwendungen gelegt und der diesbezügliche „State of the Art" identifiziert. Grundlage dieser Arbeitsphase war die Durchführung von systematischen *Literatur- und Internetrecherchen* (Forschungsberichte, Tagungsbände, Projektberichte sowie kommunale Energieberichte) und ersten *Experteninterviews* mit unterschiedlichen Akteuren des kommunalen Energiemanagements (Vertreter aus kommunalen Verwaltungen, Energiedienstleistern, Herstellern telematischer Anwendungen sowie aus Wissenschaft und Forschung) und der *Besuch von Tagungen, Kongressen und Kolloquien.* Insgesamt wurden Informationen von Energiemanagement-Aktivitäten von über 90 deutschen Städten ausgewertet (siehe Tabelle 2-1).

In der zweiten Phase wurden konkrete Einzelmaßnahmen und Konzepte des kommunalen Energiemanagements anhand von sieben exemplarischen *Fallstudien* detailliert untersucht. Dabei wurden vorwiegend Maßnahmen analysiert, die den innovativen Einsatz von telematischen Anwendungen umfassen. Vergleichend wurden Ansätze untersucht, die ganz ohne Telematik auskommen. Die durchgeführten Maßnahmen wurden entlang der vier Aufgabenbereiche des KEM:

- Energiecontrolling
- Energietechnische Gebäudebewirtschaftung
- Kommunikation
- Planung und Durchführung von Modernisierungsmaßnahmen

systematisiert. Die erzielten Erfolge wurden den erwarteten Wirkungen gegenübergestellt und im Hinblick auf die institutionell-organisatorischen, wirtschaftlichen, technischen sowie kommunikativen und psycho-sozialen Voraussetzungen analysiert. Grundlage der Fallstudien waren semistrukturierte Interviews mit den Mitarbeitern des jeweiligen Energiemanagements der Kommunen sowie anderen relevanten Akteuren wie etwa Vertretern von Energieversorgern, Energiedienstleistern, Contracting-Unternehmen, Umweltverbänden etc..

Fallstudien

- Berlin
- Goslar
- München
- Potsdam
- Rathenow
- Remscheid
- Schwabach

Weitere Kommunen

- Aachen
- Altenburg
- Augsburg
- Bad Säckingen
- Bargteheide
- Belzig
- Bingen am Rhein
- Bonn
- Bremen
- Bremen (Land)
- Bremerhaven
- Bühl
- Burgdorf
- Duisburg
- Düsseldorf
- Eckernförde
- Erfurt
- Ettlingen
- Frankfurt am Main
- Freiburg
- Garbsen
- Geesthacht
- Gehrden
- Georgsmarienhütte
- Gladbeck
- Göttingen
- Gronau
- Gütersloh
- Hagen
- Halberstadt
- Hamburg
- Hannover
- Hattenhofen
- Heidelberg
- Hemer
- Hemmingen
- Hoyerswerda
- Ibbenbüren
- Immenstadt im Allgäu
- Isernhagen
- Jena
- Jöhstadt
- Kassel
- Kiel
- Koblenz
- Kreis Bergstraße (Heppenheim)
- Kreis Ostholstein
- Kreis Plön
- Kreis Rendsburg-Eckernförde
- Kreis Schleswig-Flensburg
- Laatzen
- Lahr
- Landau
- Landkreis Hannover
- Langenhagen
- Lauenburg/Elbe
- Leipzig
- Mainz
- Mönchengladbach
- Mülheim/Ruhr
- Neu-Isenburg
- Neumünster
- Neunkirchen-Seelscheid
- Norderstedt
- Nürnberg
- Oldenburg
- Ostritz
- Pößneck
- Ratekau
- Reihngau-Taunus-Kreis
- Ronnenberg
- Rottweil
- Saarbrücken
- Stadthagen
- Stuttgart
- Tuttlingen
- Unna
- Viernheim
- Wedemark
- Wernigerode
- Wetterau-Kreis
- Wittenberge
- Wülfrath
- Wuppertal

Tabelle 2-1: Liste der 91 Kommunen deren Energiemanagementaktivitäten im Rahmen des Forschungsprojektes ausgewertet wurden.

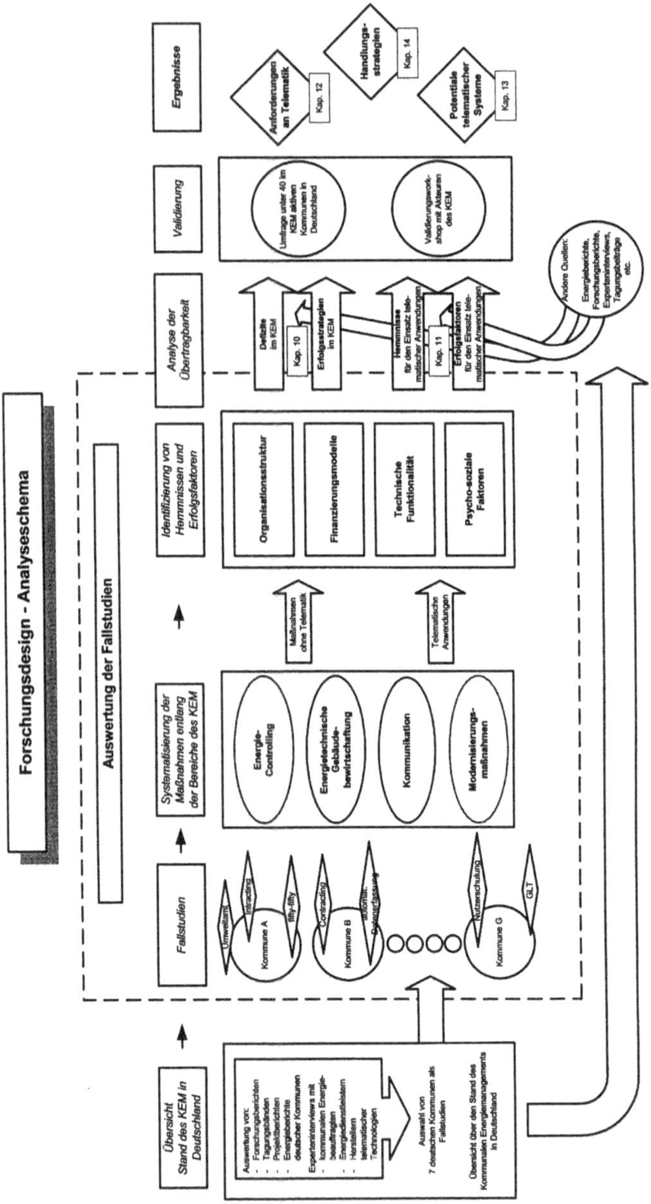

Abbildung 2-1: Forschungsdesign

Die dritte Phase diente der *Identifizierung von Hemmnissen und Erfolgsfaktoren* im kommunalen Energiemanagement allgemein und für den erfolgreichen Einsatz von Telematik im speziellen. Hierzu wurden die Erkenntnisse aus den Fallstudien den Ergebnissen aus Phase eins gegenübergestellt und auf ihre Übertragbarkeit analysiert.

In Phase vier wurde eine Validierung der gewonnenen Ergebnisse vorgenommen. Hierzu wurde eine *Umfrage unter 44 Kommunen* durchgeführt. Weiterhin wurden im Rahmen eines *Experten-Workshops* die bisherigen Erkenntnisse des Forschungsprojektes zur Diskussion gestellt. Die Ergebnisse des Workshops sind im Anhang zusammengefasst.

Aufbauend auf den bisherigen Ergebnissen wurden in der letzten Phase die *Potentiale telematischer Systeme* und Anforderungen für die technische Optimierung identifiziert. Weiterhin wurden Strategien zur effektiven Umsetzung eines kommunalen Energiemanagements entwickelt. Dabei werden konkrete Handlungsoptionen zur Optimierung dieser Strategien aufgezeigt.

2.3 Bewertungskriterien für den Erfolg des kommunalen Energiemanagements

Im Rahmen dieser Studie stellte es sich heraus, dass das Aufstellen handhabbarer und aussagekräftiger Kriterien zur Bewertung des Erfolges des kommunalen Energiemanagements mit methodischen Schwierigkeiten behaftet ist. Diese und die daraus entwickelten Bewertungskriterien sollen im Folgenden kurz skizziert werden.

Aus Sicht der Kommunen ist die Kostenreduzierung häufig das wichtigste Erfolgskriterium im KEM. Ausgehend vom Ansatz dieses Forschungsprojektes, sind von uns weitere Kriterien entwickelt worden, die wir zur Bewertung des Erfolges von Maßnahmen im kommunalen Energiemanagement ansetzten:

- Reduktion der CO_2-Emissionen / Energieeinsparung (prozentual)
- Kostenreduzierung (prozentual)
- Aufwand / Nutzen Verhältnis
- Weitere Umwelteffekte
- Sekundäreffekte (Vorbildrolle der Kommune, Aufklärung der Bevölkerung, Arbeitsplätze, Image-Werbung, etc.)

Die Reihenfolge der Kriterien stellt dabei eine Hierarchisierung dar. Als wichtigstes Kriterium wurde von uns die erzielte Reduzierung der CO_2-Emissionen eingestuft. Diese geht zum größten Teil mit der Energieeinsparung einher.

Sollen oben genannte Kriterien verwendet werden, um die gesamten Aktivitäten einer Kommune im Bereich Energiemanagement zu bewerten oder um die Erfolge verschiedener Kommunen zu vergleichen, so ergeben sich folgende Schwierigkeiten:

- Mangelnde Datenbasis
  Die Informationsbasis ist in den einzelnen Kommunen sehr unterschiedlich. In den seltensten Fällen sind alle Gebäude in ein Energiecontrolling integriert. Häufig fehlen gerade von den Gebäuden, in denen keine Energiesparmaß-

nahmen durchgeführt wurden, elementare Daten wie jährliche Energieverbräuche o.ä.. Selbst in den von uns untersuchten Fallstudien waren nicht in allen Fällen umfassende Verbrauchsdaten vorhanden. Eine Nacherhebung solcher Daten hätte den Rahmen dieser Studie bei weitem gesprengt. Zum Vergleich: allein zur Erhebung der Energieverbräuche der kommunalen Liegenschaften benötigte die neu geschaffene Energiewirtschaftsstelle in Berlin mit 4 Mitarbeitern ca. ein Jahr (vgl. Fallstudie Berlin).

- Inkompatible Kenngrößen
  Selbst dort, wo die Energieverbräuche von einem Großteil der Liegenschaften erhoben werden, macht die Verwendung unterschiedlicher Kenn- und Bezugsgrößen einen quantitativen Vergleich unmöglich. CO_2-Bilanzen werden nur von wenigen Kommunen und, falls überhaupt, dann häufig mit sehr generalisierten Umrechnungsfaktoren vorgenommen. Als Vergleichskriterien sind daher Energieverbräuche weitaus praktikabler. Jedoch auch hier führen die unterschiedlichen Bereinigungsrechnungen (Witterungsbereinigung, Flächenbereinigung, absolute Verbräuche) dazu, dass die Werte der einzelnen Kommunen nicht direkt miteinander vergleichbar sind.

- Unterschiedliche Rahmenbedingungen
  Im Prinzip stellt der Energieverbrauch pro Einwohner eine sinnvolle Kenngröße dar, um verschiedene Kommunen zu vergleichen. Allerdings ist aufgrund der unterschiedlichen Infrastruktur ein Vergleich bestenfalls innerhalb von bestimmten Klassen von Kommunen möglich. Es wäre verzerrend, eine Kreisstadt mit Hallenbad, Theater und Krankenhaus auf der gleichen Basis zu bewerten wie die umliegenden kleinen Kommunen, die nicht selbst über diese Einrichtungen verfügen, deren Einwohner aber auf die Infrastruktur der Kreisstadt zugreifen.

Aufgrund dieser Schwierigkeiten ist es nicht möglich, oben genannte Kriterien für die von uns untersuchten Kommunen zu quantifizieren und damit etwa eine Liste der 10 erfolgreichsten Kommunen zu entwickeln. Selbst innerhalb der Fallstudien ist die Datenlage nicht ausreichend, um mit vertretbarem Aufwand ein Ranking durchzuführen. Für eine quantitative Bewertung der Energiesparaktivitäten von Kommunen müssten entsprechende Instrumente (d.h. vergleichbare Kriterien) erst entwickelt und von einer größeren Anzahl von Kommunen selbst verwendet werden (s.a. Kapitel 15).

Ansatzpunkt dieser Studie war daher nicht die genaue Quantifizierung der Kriterien etwa im Sinne einer vergleichenden Bewertung des Energieverbrauches einzelner Kommunen. Stattdessen wurden die Kriterien verwendet, um den Erfolg von Einzelmaßnahmen zu bewerten, wobei lediglich eine qualitative Bewertung vorgenommen wurde. Der Schwerpunkt dieser Untersuchung liegt auf einer genauen Analyse und Bewertung der Prozesse und Strukturen, die die erfolgreiche Umsetzung einzelner Maßnahmen oder strategischer Konzepte befördern oder behindern. Darauf aufbauend wurde untersucht, welche Rolle telematische Ansätze gespielt haben, wo sie zum Erfolg beigetragen haben und wo sie hinderlich waren.

Prozentuale Einsparungen

In Veröffentlichungen zum Energiemanagement werden durchgeführten Maßnahmen in der Regel prozentuale Energieeinsparungen zugeordnet. Bei der Evaluierung von Einzelmaßnahmen tauchen zum Teil sehr hohe Einsparungen auf. Würden alle Einsparungen zusammengenommen (zzgl. evt. weiterer denkbarer Potentiale), so würden Einsparungen von über 100 % erreicht. Dabei ist jedoch zu beachten, dass prozentuale Einsparungen mit unterschiedlichen Bezugsgrößen nicht einfach addiert werden dürfen. Da in den meisten Veröffentlichungen die Bezugsgrößen aber nicht explizit angegeben wird, sind Aussagen über erzielbare Einsparung bei Kombination mehrerer Maßnahmen nur mit Einschränkung zu treffen. Hier existiert außerdem die Schwierigkeit, dass bestimmte Einzelmaßnahmen in Konkurrenz zu einander stehen. So kann etwa das Einsparpotential für eine Nachtabsenkung der Heizung, das durch Schülermotivationskampagnen erschlossen wird (Abdrehen der Heizkörperventile per Hand) nicht einfach mit den zu erwartenden Einsparungen einer Gebäudeleittechnik kumuliert werden.

2.4 Struktur des Forschungsberichts

Zur besseren Orientierung wird im folgenden kurz die Struktur des Forschungsberichts erläutert und einige „Leseanweisungen" für die verschiedenen Lesergruppen gegeben. Der Bericht gliedert sich in drei Teile:

Teil A - State of the Art

In diesem Abschnitt wird ein Überblick über Ansätze des Energiemanagements, Möglichkeiten der Energieeinsparung sowie über den Einsatz von Telematik im KEM gegeben. Dabei stellen Kapitel 3 und 4 eine Einführung in das Thema kommunales Energiemanagement dar. Es werden vor allem grundsätzliche Konzepte erklärt und die in dieser Studie verwendeten Begrifflichkeiten definiert. Kapitel 5 und 6 beinhalten umfangreiche Materialsammlungen mit Fakten und Praxisbeispielen, die auch für Praktiker und Experten von Interesse sein sollten.

Kapitel 3 beschreibt die unterschiedlichen Aufgabenbereiche des kommunalen Energiemanagements. In Kapitel 4 werden die unterschiedlichen Organisationsansätze und Finanzierungskonzepte im KEM skizziert. Hierbei werden besonders Contracting-Konzepte genauer beschrieben. In Kapitel 5 werden Energiesparpotentiale aus den unterschiedlichen Bereichen des kommunalen Energiemangements dargestellt, die ohne den Einsatz von Telematik erschlossen werden können. Die hier spezifizierten Potentiale dienen auch zur Abgrenzung und Bewertung der durch Telematik erschließbaren Potentiale (Kapitel 12). In Kapitel 6 wird dargestellt, wie der Begriff Telematik entstanden ist und in welchen Bedeutungszusammenhang er in dieser Studie verwendet wird. Eine Klassifizierung telematischer Anwendungen wird eingeführt. Hauptbestandteil des Kapitels sind Kurzbeschreibungen von Einsatzmöglichkeiten telematischer Anwendungen im KEM. Dabei wird einerseits ein Überblick über die bereits existierenden Anwendungen gegeben. Andererseits werden Anwendungen aus benachbarten Gebieten skizziert, deren Einsatz im KEM perspektivisch denkbar wäre.

Teil B - Empirisches Material

In Teil B wird das umfangreiche empirische Material aus den Fallstudien (Kapitel 7) und der Umfrage (Kapitel 8) in aufgearbeiteter Form präsentiert.

Die Fallstudien stellen den Schwerpunkt dieser Studie dar. In Kapitel 7 werden zum einen die Kriterien spezifiziert, nach denen die Fallstudien ausgewählt wurden. Zum anderen werden ausgewählte Aktivitäten des Energiemanagements der untersuchten Kommunen detailliert dargestellt. Der Erfolg oder Misserfolg von einzelnen Maßnahmen, wie auch der Einsatz von Telematik, hängt sehr stark von den spezifischen Rahmenbedingungen ab. Daher enthalten die konkreten Beschreibungen der Fallstudien einige Informationen, die gerade für Praktiker des Energiemanagements von Interesse sein dürften.

Teil C - Ergebnisse

Im letzten Teil des Berichtes werden die Ergebnisse des Forschungsprojektes präsentiert. In Kapitel 9 werden konkrete Hemmnisse und Erfolgsfaktoren aus allen Bereichen des kommunalen Energiemanagements aufgeführt. Die in diesem Kapitel konstatierten Defizite, aber auch die dargestellten Erfolgsstrategien, bilden den Ausgangspunkt für die Analyse, auf welchen Gebieten der verstärkte Einsatz von Telematik notwendig wäre und was für eine erfolgreiche Implementierung zu berücksichtigen ist. Der letzte Aspekt wird in Kapitel 10 aufgegriffen. Dort werden Erfolgsfaktoren und Hemmnisse für den Einsatz von Telematik im KEM spezifiziert. In Kapitel 11 werden technische Anforderung zur Weiterentwicklung und Optimierung telematischer Systeme formuliert. Kapitel 12 stellt einen Überblick über die Potentiale von Informationsmanagement und Telematik im KEM dar.

Die Ergebnisse von Kapitel 9 bis 12 fließen in Kapitel 13 ein. Hier werden fünf wichtige Entscheidungsoptionen, die für den Einsatz von Telematik im KEM bestimmend sind, mit den zugehörigen Voraussetzungen für eine erfolgreiche Umsetzung und den sich ergebenden Konsequenzen dargestellt. Weiterhin werden zwei mögliche grundsätzliche Ansätze des kommunalen Energiemanagements charakterisiert. Dabei handelt es sich einerseits um die Strategie, die auf ein zentrales Controlling aber dezentrale Kompetenzen bei der Bewirtschaftung setzt. Andererseits wird die telematikbasierte Strategie der zentralen Gebäudebewirtschaftung vorgestellt. Für beide Strategien werden konkrete Handlungsempfehlungen gegeben. Die Ergebnisse der Studie sind in Kapitel 14 nochmals kurz zusammengefasst.

Hinweise zur Nutzung der Projektergebnisse

Der eilige Leser sollte neben Einleitung und Zusammenfassung vor allem das Ergebniskapitel 12 über die Potentiale von Telematik im KEM lesen.

An **kommunale Entscheidungsträger** richtet sich speziell das Kapitel 13 Handlungs- und Strategieempfehlungen.

Für **kommunale Praktiker**, wie etwa Energiebeauftragte, sind zusätzlich von besonderer Relevanz: Kapitel 9, in dem allgemeine Defizite und Erfolgsstrategien im kommunalen Energiemanagement dargestellt werden sowie Kapitel 10, in dem speziell Erfolgsfaktoren und Hemmnisse für den Einsatz von Telematik im KEM aufgeführt werden. Da der Teufel jedoch häufig im Detail steckt, empfiehlt es sich den Querverweisen in die Fallstudien (Kapitel 7) zu folgen.

An **Hersteller von I&K Technologien und Telematik** richtet sich speziell Kapitel 11, in dem technische Anforderungen an telematische Systeme spezifiziert werden.

3 Aufgabenbereiche des kommunalen Energiemanagements

Unter dem Oberbegriff "Kommunales Energiemangement" (KEM) werden eine Reihe von Aufgaben zusammengefasst, die mit dem Energieverbrauch kommunaler Liegenschaften in Zusammenhang stehen. Im engeren Sinne steht es für die energietechnische Bewirtschaftung der Gebäude. Allgemein umfasst das kommunale Energiemanagement eine breite Palette von organisatorischen ("nicht-investiven") Aufgaben sowie die Begleitung und Durchführung von investiven Energiesparmaßnahmen (siehe auch [IKU 1999]; [Kallen & Lottermoser 1998]). Das Ziel ist es, die Bewirtschaftung der öffentlichen Liegenschaften so energieeffizient wie möglich zu gestalten.

In vielen kommunalen Verwaltungen sind bisher energierelevante Informationen und Entscheidungskompetenzen über zahlreiche Ämter und Personen verteilt. Somit lassen sich Energiesparpotentiale ohne übergreifende Koordination und Planung nicht gezielt ausschöpfen. Energiemanagement integriert und koordiniert neue und alte Aufgaben sowie Techniken zur Energieeinsparung in einer einheitlichen Strategie. Die Verantwortlichkeiten werden gebündelt und in einer Verwaltungsstelle zusammengeführt. Grundsätzlich lassen sich vier Dimensionen des KEM benennen:

- Controlling, Verbrauchsdatenerfassung, Bestandsanalyse
- Energietechnische Gebäudebewirtschaftung
- Kommunikation
- Planung und Betreuung von (investiven) Energiesparmaßnahmen

Die einzelnen Kommunen setzen dabei sehr unterschiedliche Akzente. Im Rahmen ihres Energiemanagements setzt jede Kommune eigene Arbeitsschwerpunkte. Häufig kommen noch weiterreichende Aufgaben hinzu, die nicht originär zum Energiemanagement gehören:

- Mitentwicklung von gesamtstädtischen Energiekonzepten
- Initiierung und Abwicklung von Förderprogrammen
- Mitwirkung bei anderen laufenden energierelevanten Vorgängen in der Verwaltung (z.B.: Beschaffung)
- Öffentlichkeitsarbeit

In manchen Kommunen wird das Energiemanagement in ein umfassendes Gebäude- oder Facility-Management eingebettet. Dabei werden alle Aufgaben der Bewirtschaftung der öffentlichen Liegenschaften zusammengefasst.

Entgegen der formellen Bezeichnung wird nicht selten unter dem Begriff "Energiemanagement" auch der Aufgabenbereich Wasserverbrauch subsumiert. Dies erklärt sich aus dem praktischen Alltag: die Methodik von Wasserbewirtschaftung und Wassersparmaßnahmen ist ganz analog zur Methodik der Energiebewirtschaftung. Im Rahmen dieser Studie soll auf den Themenkomplex Wasser nicht speziell eingegangen werden. An vielen Stellen ist eine gemeinsame Betrachtung jedoch sinnvoll, etwa immer dann, wenn es um Kosten-Nutzen Analysen geht. Gerade bei der Installation von Mess-, Steuer-, und Regeltechnik können mit geringem Mehraufwand Kostenreduktionen durch Wasserverbrauchssenkung erzielt und so die Rentabilität von Modernisierungen deutlich erhöht werden.

3.1 Energiecontrolling

Zum Controlling gehören sowohl die laufende Überwachung von energierelevanten Daten, als auch die Abwicklung der Energiebeschaffung sowie die Bestandsanalyse:

- Verbrauchskontrolle
  - Verbrauchserfassung
  - Witterungsbereinigung
  - Verbrauchsauswertung
- Energiebeschaffung
  - Überprüfung von Lieferverträgen
  - Energieeinkauf
- Gebäudeanalyse
  - Erfassung wichtiger Gebäudedaten
  - Ermittlung von Energiekennwerten
  - Grobdiagnose
  - Feindiagnose

Die im Controlling gewonnen Daten bilden die Grundlage für die Durchführung von investiven wie auch nicht-investiven Energiesparmaßnahmen. Häufig können die Energiekosten schon alleine durch die Einführung eines Controllings reduziert werden, etwa über die Senkung der Energiebezugskosten durch die Anpassung von Lieferverträgen.

Der erste Schritt einer Verbrauchserfassung ist die Aufschlüsselung der Energieverbräuche für die einzelnen Liegenschaften. Zur weiteren Beurteilung der Verbrauchsentwicklung muss eine Witterungsbereinigung (s.u.) der Heizenergieverbräuche vorgenommen werden. Um Gebäude gleicher Nutzungsart vergleichen zu können, müssen Energiekennwerte (s.u.) ermittelt werden. Im Rahmen eines umfassenden Energiecontrollings müssen auch allgemeine Gebäudedaten (Größe, Nutzungsart und –zeiten, installierte energietechnische Anlagen, etc.) erfasst werden. Häufig werden hierfür spezielle EDV-Programme verwendet, mit denen Verbrauchs- und Gebäudedaten gespeichert und analysiert werden können.

Sollen konkrete Energiesparmaßnahmen durchgeführt werden, müssen darüber hinaus detailliertere Daten der in Frage kommenden Objekte erhoben werden. Mithilfe von Grobanalysen wird eine Auswahl von Gebäuden und Sanierungsstrategien vorgenommen. Zur Durchführung von einzelnen Maßnahmen ist eine Feinanalyse nötig. Diese beinhaltet eine umfassende Erhebung aller energierelevanten technischen Daten des Gebäudes (Gebäudehülle, Fenster, Heizungsanlage mit sämtlichen Anlagenkomponenten, Belüftung, Lichttechnik, sonstige elektrische Geräte, etc.) sowie die Bestimmung der derzeitigen und der erwarteten Nutzungsstruktur.

Witterungsbereinigung

Um den Heizenergieverbrauch mehrerer Jahre miteinander vergleichen zu können, wird der Energieverbrauch auf den Verbrauch eines "Normjahres" mit durchschnittlicher Witterung oder eines Bezugsjahres (etwa den Anfang der Messungen) normiert. Dies erfolgt anhand von Gradtagszahlen, die selbst gemessen werden können oder über den Wetterdienst erhältlich sind.

Die Gradtagszahl eines Ortes errechnet sich als Summe der Temperaturdifferenz zwischen der Außentemperatur t_a und einer festgelegten Referenztemperatur (die in etwa der Innentemperatur eines beheizten Raumes entspricht) t_i über alle Tage an denen die Außentemperatur einen bestimmten Grenzwert, die Heizgrenztemperatur t_x unterschreitet:

$$G_{Jahr} = \quad (t_i - t_a) \text{ für } t_a < t_x$$

Die Raumtemperatur wird i.a. mit t_i = 20°C und die Heizgrenztemperatur mit t_x = 15°C angesetzt. Die Gradtagszahl wird in Kd/a (Kelvin mal Tagen pro Jahr) angegeben.

Der Energieverbrauch E_{Jahr} eines Jahres wird nun mit dem Gradtagsfaktor multipliziert:

$$E_{bereinigt,\,Jahr} = g_{Jahr}\, E_{Jahr}$$

$$\text{mit } g_{Jahr} = G_{Norm} / G_{Jahr}$$

Dabei ist G_{Jahr} die Gradtagszahl des aktuellen Jahres und G_{Norm} die Gradtagszahl des Bezugs- oder Normjahres.

Für mehr Information siehe VDI 2067 Blatt 2 oder http://www.gedeva.de/main/de/agradtagsbereinigung.html

Gebäudekennwerte

Beim Vergleich einzelner Gebäude mit unterschiedlichen Nutzungen muss beachtet werden, dass diese in der Regel sehr unterschiedliche Verbräuche und Energiesparpotentiale besitzen. Hier ermöglichen Energiekennwerte die Grobeinordnung von Gebäuden bezüglich ihres energetischen Zustands. Der Energieverbrauch (Wärme, Strom) bezogen auf ein bestimmtes Flächenmaß ermöglicht es, Gebäude gleicher Nutzung miteinander zu vergleichen und Einsparpotentiale zu identifizieren. Ein einheitliches Verfahren zur Bildung von Energiekennwerten schlägt die VDI Richtlinie 3807 vor. In Tabelle 3-1 sind für einige Gebäudetypen exemplarische Werte nach VDI 3807 angegeben. Dabei sind die Mittelwerte als Durchschnittswerte in Deutschland zu verstehen und die Richtwerte (arithmetisches Mittel des besten Viertels) als anzustrebende Zielwerte [NRW 2000]. Verschiedene Untersuchungen zeigen, dass sowohl die Energiekennwerte als auch die Einsparpotentiale in den einzelnen Gebäudeklassen starken Streuungen unterliegen. Diese sind unter anderem abhängig von der Gebäudegröße, der Bauart und dem Alter der Gebäude. (vgl. u.a. [EA-NRW 2000], [AGES 2001]). Eine umfangreiche Sammlung mit ca. 11.400 Objektdaten und mehr als 26.000 Verbrauchsdaten ist über die Gesellschaft für Energieplanung und Systemanalyse (ages GmbH) zu beziehen. Bei den von 42 Gebäudegruppen erhobenen Kennwerten handelt es sich hauptsächlich um Verbrauchs- und Gebäudedaten öffentlicher Liegenschaften [ages 1999].

	Heizenergie kWh/m²		Strom kWh/m²	
	Richtwert	Mittelwert	Richtwert	Mittelwert
Schulen	55	90	4	7
Sportbauten	65	140	8	17
Kindergärten	65	120	5	6
Verwaltungsgebäude	65	110	8	17
Freibadanlagen*	195	280	37	85
Schwimmhallen*	1800	3895	414	808

*Tabelle 3-1 Energiekennwerte für ausgewählte Gebäudetypen (aus VDI 3807 Blatt 2) (*bezogen auf Beckenoberfläche)*

3.2 Energietechnische Gebäudebewirtschaftung

Die energietechnische Gebäudebewirtschaftung umfasst alle Tätigkeiten, die zum optimierten Betrieb der Energieanlagen nötig sind:

Betriebsführung von Anlagen

- Betriebsüberwachung
- Erarbeiten von Dienstanweisungen
- Beratung und Kontrolle des Betriebspersonals

Nutzungsoptimierung

- Optimale Belegung von Gebäuden
- Anlagenbetrieb in Abhängigkeit von Art und Umfang der Belegung
- Verschwendung vorbeugen (etwa Bedienungseinrichtungen vor Verstellen durch Unbefugte sichern)

Um Energiesparpotentiale auszunutzen reicht es nicht, energieeffiziente Anlagen und Geräte zu betreiben. Diese müssen immer wieder auf einen sparsamen Verbrauch hin optimiert werden. Grundvoraussetzung ist eine regelmäßige technische Wartung und das Vorhandensein eines Personals, das die Anlagen auch wirklich bedienen kann. In den einzelnen Kommunen sind die Verantwortlichkeiten für diese Aufgaben sehr unterschiedlich verteilt. Vor allem die Hausmeister (so vorhanden) haben sehr divergierende Aufgabenbereiche und Kompetenzen. Eine gewisse Rolle spielt hierbei auch der technische Stand der Anlagen. Gerade dort, wo eine zentrale Gebäudeleittechnik installiert ist, sind völlig andere Regelungsoptionen möglich. Allerdings werden auch weitreichende Anforderungen gestellt, für die die Bediener im allgemeinen erst geschult werden müssen.

Ein großes Energiesparpotential liegt in der Nutzungsoptimierung von Gebäuden und in der Anpassung des Anlagenbetriebs an die jeweilige Nutzung. Hierunter fallen in kommunalen Liegenschaften wie Schulen und Verwaltungsgebäuden besonders das Reduzieren der Heizleistung wenn Gebäude (oder Gebäudeteile) nicht genutzt werden (Ferien- und Nachtabsenkung). In der Regel werden auch Sollwerte für den Betrieb vorgegeben, wie etwa eine Temperaturobergrenze von 20°C in Büro- und Klassenräumen. Die Einhaltung dieser Sollwerte muss dann entweder durch technische Mittel (Temperaturfühler, Regelautomatik) oder das Bedienungspersonal (Dienstanweisungen) gewährleistet werden.

3.3 Kommunikation

Die Kommunikationsaufgaben einer Verwaltungsstelle zum kommunalen Energiemanagement gehen weit über das Abfragen von Energiedaten im Rahmen des Controllings und das Erteilen von Anweisungen zur Gebäudebewirtschaftung hinaus. Sie umfassen außerdem:

- Schulung und Motivation des Betriebspersonals
- Aufklärung und Motivation der Gebäudenutzer
- Weiterbildung der Verwaltungsangestellten
- Berichterstellung
- Erfahrungsaustausch
- Einholen von Feedback

Kommunales Energiemanagement wird in der Regel als ressortübergreifende Querschnittsaufgabe verstanden. Daher kommt der Vermittlung zwischen den einzelnen Fachämtern eine große Bedeutung zu. Das Fachwissen in der Verwaltungsstelle Energiemanagement wird häufig noch für weiterreichende Betätigungen genutzt, etwa bei der energietechnischen Beratung für Neubauvorhaben, der Beeinflussung des Nutzerverhaltens durch Information, Projekte und Aktionen sowie bei der Zusammenarbeit mit Fachgremien, Energieversorgern und Energiedienstleistern.

Eine weitere wesentliche Kommunikationsaufgabe ist die Erstellung von Energieberichten, in denen durchgeführte Maßnahmen, Verbrauchsentwicklungen und Kosteneinsparungen dokumentiert werden. Sie dienen der internen und externen Erfolgskontrolle. Sie sind häufig wichtigste Legitimationsgrundlage der Arbeit der Verwaltungsstelle, da für das Energiemanagement in vielen Fällen kein explizites Pflichtenheft vorliegt. Statt dessen wird der Erfolg der Arbeit in erster Linie an den eingesparten Energiekosten gemessen. In manchen Fällen werden die Energieberichte auch als Informationsträger zur Beratung oder zur Öffentlichkeitsarbeit verwendet.

Zur langfristigen Qualitätssicherung ist ein Erfahrungsaustausch der Energiebeauftragten mit ihren Arbeitskollegen aus anderen Kommunen notwendig. Unterstützend wirkt hier auch das Einholen von Feedback von Hausmeistern, Herstellern von Anlagen oder Mitarbeitern aus anderen Abteilungen der eigenen Kommune, um die verfolgten Energiesparstrategien auf ihre Zweckmäßigkeit zu überprüfen.

3.4 Investive Maßnahmen

Unter "investiven" Maßnahmen werden alle Energiesparaktivitäten subsumiert, die über rein organisatorische Maßnahmen hinausgehen und einen größeren finanziellen Rahmen benötigen. Beispiele wären der Einbau einer neuen Heizungsanlage, Anschaffung und Installation von Datenerfassungs- und Gebäudeleittechnik, bis hin zu einer energetischen Komplett-Sanierung eines Gebäudes. Im Rahmen des Energiemanagements fallen dabei folgende Aufgaben an:

Planung von Einsparmaßnahmen

- o Erstellung von Prioritätenlisten

- Ökonomische und Ökologische Bewertung
- Sanierungsplanung
- Finanzierungsplanung

Begleitung investiver Maßnahmen

- Beraten, Kontrollieren, Optimieren

Diese Tätigkeiten werden in der Regel in enger Zusammenarbeit mit anderen Fachämtern, insbesondere dem Hochbauamt und der Kämmerei abgewickelt. Vorgaben für und Beratung von Architekten und Ingenieuren im Rahmen von Sanierungsmaßnahmen sind dabei genauso Bestandteil des Energiemanagements wie die Mitwirkung an Entscheidungen bei der Energieträgerwahl (etwa: Umstellung von Kohle oder Öl auf Gas, rationelle Energienutzung, regenerative Energien).

3.5 Ausblick: Facility-Management

Facility Management betrachtet das Gebäude beginnend von der Planung über die Bauausführung, den Betrieb und inklusive eventueller Nutzungsänderungen bis zum Abriss, also über den gesamten Lebenszyklus hinweg. Bei der konventionellen Planung von Gebäuden, wird ein Bauvorhaben häufig unter der Maßgabe abgewickelt, eine festgelegte Investitionssumme nicht zu überschreiten. Im Gegensatz dazu zielt der Facility Management Ansatz darauf ab, schon in der Planungsphase die Unterhaltskosten zu optimieren. Zum frühestmöglichen Zeitpunkt werden entscheidende Faktoren der Unterhaltskosten aufgezeigt und die Planungen so optimiert, dass die Kosten über den ganzen Lebenszyklus des Gebäudes minimiert werden. Facility Management bietet nicht nur für Neubauprojekte, sondern auch für bestehende Gebäude Einsparungspotentiale. Der Fokus richtet sich hierbei auf die Energieoptimierung, Kostentransparenz, Betriebsabläufe und die Aufbauorganisation, da bauliche oder haustechnische Optimierungen in der Regel nur mit sehr hohen Kosten zu realisieren sind.

Das Energiemanagement stellt somit einen Teil eines umfangreichen Facility-Managements dar. In manchen Kommunen gibt es derzeit Bestrebungen, Facility-Management-Konzepte einzuführen, in die die vollständige Bewirtschaftung der öffentlichen Liegenschaften integriert werden soll. Hierfür sollen eigene Organisationseinheiten geschaffen werden, die häufig in finanzieller Eigenständigkeit (etwa als kommunaler Zweckbetrieb) agieren sollen.

4 Organisation und Finanzierung des kommunalen Energiemanagements

Für die Effektivität eines kommunalen Energiemanagements sind die organisatorische Einbindung in die bestehenden Verwaltungsstrukturen und die Ausstattung mit Entscheidungs- und Verfügungskompetenzen von entscheidender Bedeutung. Ebenso wird die Arbeit des KEM von den für Energiesparmaßnahmen zur Verfügung stehenden finanziellen Möglichkeiten geprägt. Im folgenden sollen die wichtigsten Konzepte kurz skizziert werden.

4.1 Organisatorische Anbindung

Wie in Kapitel 3 dargelegt, umfasst kommunales Energiemanagement eine Vielzahl von Aufgaben, die in der Umsetzung unterschiedlich gestaltet werden können. Für die Einbindung einer organisatorischen Einheit zum kommunalen Energiemanagement in den Verwaltungsapparat gibt es verschiedene Ansätze[5]:

- Bei Städten ohne eigenständige Abteilung für das Energiemanagement und ohne Energiebeauftragten liegt die Hauptzuständigkeit für die Energiebewirtschaftung in den meisten Fällen beim Hochbauamt (50%), sonst bei der Umweltverwaltung (23%), beim Amt für Planung und Stadtentwicklung (12%) oder anderen Ämtern [Goslar 1995]. Allerdings sind die Kompetenzen für verschiedene Aufgabenbereiche oft auf mehrere Ämter verteilt. Insbesondere liegt die Abrechnung von Verbräuchen zusammen mit anderen finanziellen Aspekten bei der Kämmerei.
- Existiert Energiemanagment als eigenständige Abteilung oder Personalkompetenz (z.B. in Person eines Energiebeauftragten) so ist diese in den meisten Fällen dem Hochbauamt zugeordnet (67%). Seltener findet sie sich in der Umweltverwaltung (14%) [Goslar 1995].
- In manchen Fällen ist der Energiebeauftragte oder die entsprechende Abteilung als eigenständige Verwaltungseinheit organisiert, die direkt dem Bürgermeister oder Stadtdirektor unterstellt ist.

In kleineren Kommunen und selbst in vielen mittelgroßen Kommunen ist die Stelle des Energiebeauftragten mit nur einer Person besetzt. Dieser ist meist einem Amtsleiter (60%), einem Dezernenten (11%), oder einem Abteilungsleiter (9%) unterstellt; in weitaus weniger Fällen direkt dem Stadtdirektor (17%) oder dem Bürgermeister (1,9%) [Goslar 1995].

Entscheidend für den Erfolg der Arbeit des Energiebeauftragten sind seine Kompetenzen. Hier ist die Spanne sehr breit und reicht von der Verwaltung eines eigenen Haushaltes bis zu rein beratenden Funktionen. Nach [Goslar 1995] waren die Ener-

---

[5] Die Prozentangaben entstammen der einzigen bundesweiten Umfrage, die sich explizit mit den Verwaltungs- und Organisationsstrukturen des kommunalen Energiemanagements befasst [Goslar 1995]. Durchgeführt wurde die Untersuchung durch die Stadt Goslar. Befragt wurden alle Gemeinden mit 20.000 – 100.000 Einwohnern. Wenngleich die Angaben nicht mehr dem neuesten Stand entsprechen, geben sie dennoch eine Orientierung über die ungefähren Verhältnisse, die sich auch mit den Ergebnissen unserer Untersuchungen decken.

giebeauftragten in Energiefragen weisungsbefugt gegenüber: Hausmeistern (67%), Wartungsfirmen (60%), Sachbearbeitern innerhalb der Verwaltung (30%), Amtsleitern (10%), keiner anderen Person (8%).

Durch den großen organisatorischen und technischen Aufwand des kommunalen Energiemanagements ist es in vielen Fällen sinnvoll, das Know-how und das Dienstleistungsangebot von Privaten in bestimmte Organisationsmodelle mit einzubeziehen. In jüngster Zeit wächst die Bereitschaft in vielen Kommunen, verstärkt nach alternativen Lösungsmöglichkeiten auch außerhalb der kommunalen Verwaltung zu suchen. Es werden nicht nur Einzelmaßnahmen nach außen vergeben (outsourcing), sondern in zunehmenden Maße auch Konzepte für eine Auslagerung von ganzen Organisationseinheiten diskutiert:

- Unechte Privatisierung: Häufig in der Rechtsform einer GmbH, aber zu 100% in kommunalem Besitz, übernimmt ein Eigenbetrieb oder eine kommunale Gesellschaft bestimmte Aufgabenbereiche, z.B. das gesamte Energie- und/oder Gebäudemanagement.
- Unabhängige, den öffentlichen Interessen verpflichtete Energieagenturen übernehmen neben Managementaufgaben häufig auch eine Reihe von Beratungsangeboten.
- Outsourcing ganzer Aufgabenbereiche an eine private Firma. Kleine Kommunen übergeben häufig Teile ihres Energiemanagements an die lokalen Energieversorgungsunternehmen (EVU).

Aufgabenbereiche, die aus der Verwaltung ausgegliedert werden, sind z.B. Verbrauchsdatenerfassung und Vertragsoptimierung, Gebäudemanagement oder Wartung und Instandsetzung von Anlagen.

Mit der Wahl der Organisationsform und der rechtlichen Einordnung der Investitionen wird auch der Risikoaspekt der Finanzierung festgelegt. Daher muss zunächst geklärt werden, welche Zielvorstellung die Kommune hat. Dies könnte folgende Überlegungen beinhalten:

- Wahrnehmung der kommunalen Aufgaben in eigener Regie oder Verlagerung auf private Unternehmen
- Realisierung von Steuer- und Kostenvorteilen
- keine Belastung des Vermögenshaushalts
- Entkopplung von Investitions-, Finanzierungs-, Haftungs- und Kontrollfragen

Unter Risikoaspekten können die nachfolgenden fünf Stufen unterschieden werden [IKU 1999]:

- öffentlich rechtliche Lösung (Abwicklung im Rahmen des Haushalts)
- Betrieb der kommunalen Anlagen durch privatwirtschaftliche Betreiber
- Bau der kommunalen Anlagen mit kommunaler Bürgschaft
- Gemischtwirtschaftliche Gesellschaft
- Privatwirtschaftliche Projektfinanzierung

Im Bereich des kommunalen Energiemanagements haben sich in der Vergangenheit verschiedene Organisationsmodelle wie verwaltungsinterne Organisationseinheit, Regiebetrieb, Eigenbetrieb, Eigengesellschaft, Kooperations-, Konzessions- und vor allem Contracting-Modelle zwischen der öffentlichen Hand und der Privatwirtschaft herausgebildet. Je nachdem für welche dieser Organisationslösungen sich die Kommune entscheidet (ordnungspolitische Entscheidung), muss eine Optimierung des Gesamtmodells primär unter finanzwirtschaftlichen Gesichtspunkten erfolgen.

4.2 Finanzierungsansätze für Energiesparmaßnahmen

Die verschiedenen Finanzierungsansätze für öffentliche Investitionsprojekte stellen sich in Abhängigkeit von dem jeweils angestrebten Organisationsgrad sehr unterschiedlich dar. Im folgenden soll ein grober Überblick über Finanzierungsalternativen gegeben werden (nach Kirchhoff in [IKU 1999]):

- Bereitstellung der Mittel aus dem kommunalen Haushalt
- Kommunalkredit – Die Finanzierung mit Hilfe des Kommunalkredits weist als wichtigste Vorteile die sehr günstigen Konditionen und geringen Steuerbelastungen auf.
- Kommunale Bürgschaft oder Patronatserklärung für Kreditaufnahmen von Institutionen
- Kommunales Leasing – An die Stelle der öffentlichen Eigenfertigung, z.B. von Gebäuden oder der vorfinanzierten Anschaffung von Anlagen, tritt hier eine Anmietung.
- Fondsfinanzierung – Das Kapital wird bei geschlossenen Fonds durch Verkauf einer begrenzten Anzahl von Anteilsscheinen sowie Fremdkapital beschafft.
- Forfaitierung – Verkauf zukünftiger Forderungen, z.B. aus Leasing- oder Energie-Contracting-Verträgen
- Beteiligungsfinanzierung – Vorteile der Finanzierung über die stille Beteiligung eines Gesellschafters sind aus Sicht der Kommune die Lösung des Eigenkapitalproblems und erhebliche steuerliche Erleichterungen.

Prinzipiell stellt die kameralistische Trennung von Vermögens- und Verwaltungshaushalt ein großes Hemmnis für Energiesparmaßnahmen dar, selbst wenn diese sich über die eingesparten Energiekosten amortisieren würden: Die investiven Maßnahmen zur Energieeinsparung führen zwar zu einer Entlastung der laufenden Betriebskosten (Verwaltungshaushalt), müssen aber aus dem Haushaltstitel für Investitionen (Vermögenshaushalt) bezahlt werden (u.a.: [Kienzlen 1998]).

Vor diesem Hintergrund und wegen der angespannten Haushaltslage vieler Städte und Gemeinden Anfang der 90'er Jahre, wurde für die Energiebewirtschaftung kommunaler Liegenschaften das Energiesparcontracting als ein vielversprechendes Organisations- und Finanzierungskonzept entwickelt, mit dem Entlastungen der öffentlichen Haushalte erreicht werden sollen. Beim Contracting handelt es sich um Dienstleistungen bei der Bewirtschaftung von Objekten, die teilweise oder völlig nach außen gegeben werden. Im Gegensatz dazu übernimmt beim verwaltungsinternen

Contracting oder "Intracting" eine Organisationseinheit innerhalb der Verwaltung die Contractoren-Rolle [Kristof 1998 B].

Contracting und Intracting sind derzeit vieldiskutierte Instrumente des kommunalen Energiemanagements. Eine Analyse ist im Rahmen unserer Untersuchung von hohem Interesse, da durch diese Instrumente neue Finanzierungsmöglichkeiten entstehen, die den Kommunen im Rahmen von Energiesparmaßnahmen Zugang zu neuen Technologien und speziell telematischen Anwendungen (Gebäudeleittechnik, automatische Datenerfassung, etc.) ermöglichen. Beim Contracting handelt es sich jedoch nicht um ein reines Finanzierungskonzept. Vielmehr stellt Contracting ein neues umfassendes Dienstleistungskonzept dar, bei dem die Kommunen privatwirtschaftliche Leistungen und Know-How in Anspruch nehmen. Somit werden neue Akteure in das kommunale Energiemanagement einbezogen, die andere Arbeitsweisen, Zielvorgaben und Leitbilder haben als die Bearbeiter der kommunalen Verwaltungen. Dies führt unter anderem zu einem verstärkten Einsatz neuer Technologien zum Zweck des Energiecontrollings und zur telematischen Steuerung von energietechnischen Anlagen.

Im folgenden werden die Instrumente Contracting und Intracting kurz vorgestellt.

4.2.1 Contracting

> „Wir werden Ihnen kostenlos eine Dampfmaschine überlassen. Wir werden diese installieren und für fünf Jahre den Kundendienst übernehmen. Wir garantieren Ihnen, dass die Kohle für die Maschine weniger kostet als Sie gegenwärtig an Futter (Energie) für die Pferde aufwenden müssen, die die gleiche Arbeit tun. Und alles, was wir von Ihnen verlangen, ist, dass Sie uns ein Drittel des Geldes geben, das Sie sparen."
>
> (James Watt, 1736 - 1819)[6]

Energie-Contracting ist ein Dienstleistungskonzept für die Energieversorgung von Gebäuden, Objekten oder Betrieben. Der zunächst etwas unscharfe Begriff leitet sich daher ab, dass eine Dienstleistung zwischen einem Contractinggeber (Contractor) und dem Energieverbraucher - in der Regel der Gebäudebesitzer, bzw. Nutzer – *vertraglich* vereinbart wird. Der Contractor verpflichtet sich zur Finanzierung und Durchführung einer baulichen Maßnahme und / oder Energiebewirtschaftung des Objektes. Er trägt dafür das unternehmerische Risiko. Der Energieverbraucher (der Contractingnehmer) vergütet diese Leistung.

Neben Planung, Finanzierung, Realisierung energietechnischer Maßnahmen, der Betriebsführung sowie der Instandhaltung energetischer Anlagen, können auch weitere Nebenleistungen vereinbart werden, wie etwa die Durchführung von Genehmigungsverfahren, die Erschließung öffentlicher Fördermittel etc.. Der Contractor hat häufig die Rolle eines Generalunternehmers. Bei Bedarf können auch Dritte (Ingenieurbüros, Handwerksbetriebe, Baugesellschaften, Banken, Versicherungen) beteiligt sein.

---

6 zitiert nach: http://www.contracting-forum.de/

Ein Merkmal des Contractings ist, dass die für die Dienstleistung notwendigen Anlagen in der Regel in dem zu versorgenden Objekt untergebracht sind. Die Versorgung umfasst die Bereitstellung von Strom, Wärme und Kälte. Häufig wird jedoch auch die Versorgung mit Wasser oder Druckluft unter dem Begriff Energie-Contracting subsumiert ([Technomar 2000], [UBA 2000], [ASEW 1996], [Kristof 1998 A]).

Je nach der technischen Ausrichtung, der durch den Contractor getätigten Investitionen und Art der Refinanzierung unterscheidet man zwischen Anlagen-Contracting und Energiesparcontracting.

Anlagen-Contracting

Gegenstand des Anlagen-Contractings sind Investitionsobjekte der Energieumwandlung. Im Vordergrund des Dienstleistungsangebotes steht die Endenergiebereitstellung. Seine Investitionen tätigt der Contractor in der Regel auf der Anlagenseite "vor dem Zähler" – also auf der Angebotsseite. Die Vergütung erfolgt über den Endenergieverkauf. Grundgedanke ist, dass durch einen professionellen Anbieter die Endenergie kostengünstiger zur Verfügung gestellt werden kann, als wenn sie der Verbraucher selbst erzeugt. Ein Spezialfall des Anlagen-Contractings ist die Nutzenergielieferung. Hierbei garantiert der Contractor dem Nutzer die Versorgung mit einer bestimmten Energieform (etwa Wärme zur Raumheizung). Die Art der Versorgung (Fernwärme, BHKW, Gasbrenner, etc.) ist dem Contractor freigestellt. Hierbei kommt es häufig auch zu Energieeinsparungen, gerade dann, wenn alte Anlagen erneuert werden. Allerdings steht die Energieersparnis im Gegensatz zum Energiesparcontracting nicht im Mittelpunkt des Interesses.

Energiesparcontracting

Beim Energiesparcontracting (auch Performance-Contracting) steht der Ansatz des Energiesparens im Vordergrund: durch Optimierung der bestehenden Anlagen bzw. des Energiekonzeptes soll eine Reduzierung des Energieverbrauchs erzielt werden. In der Regel zielen Investitionen im Rahmen von Energiesparcontracting auf Maßnahmen "hinter dem Zähler" ab – also Maßnahmen auf der Verbraucherseite: etwa Reduktion des Stromverbrauches durch Energiesparlampen oder Verringerung des Heizölbezuges durch Einbau eines neuen Brenners.

Zunächst einmal erstaunlich an diesem Ansatz ist die Tatsache, dass der Contracting-Nehmer nicht selbst investieren muss, kein Risiko trägt und trotzdem am finanziellen Erfolg beteiligt ist. Der Contractor führt eine vertraglich abgestimmte Energiesparmaßnahme durch und wird über die eingesparten Energiekosten vergütet. Diese errechnen sich nach einem festgelegten Verfahren aus der Differenz zwischen Referenzwert (Baseline) und den tatsächlich erzielten Energiekosten (vgl. Abbildung 4-1). Ein wesentlicher Bestandteil des Energiesparvertrages ist die Einspargarantie. Erst wenn der Contractor eine bestimmte Mindesteinsparung erreicht, wird er entsprechend vergütet. Bei einer darüber hinaus gehenden Einsparung werden in der Regel beide Parteien anteilig am Erfolg beteiligt. Grundsätzlich ist es möglich, dass der Contracting-Nehmer schon während der Laufzeit des Vertrages am Gewinn beteiligt wird.

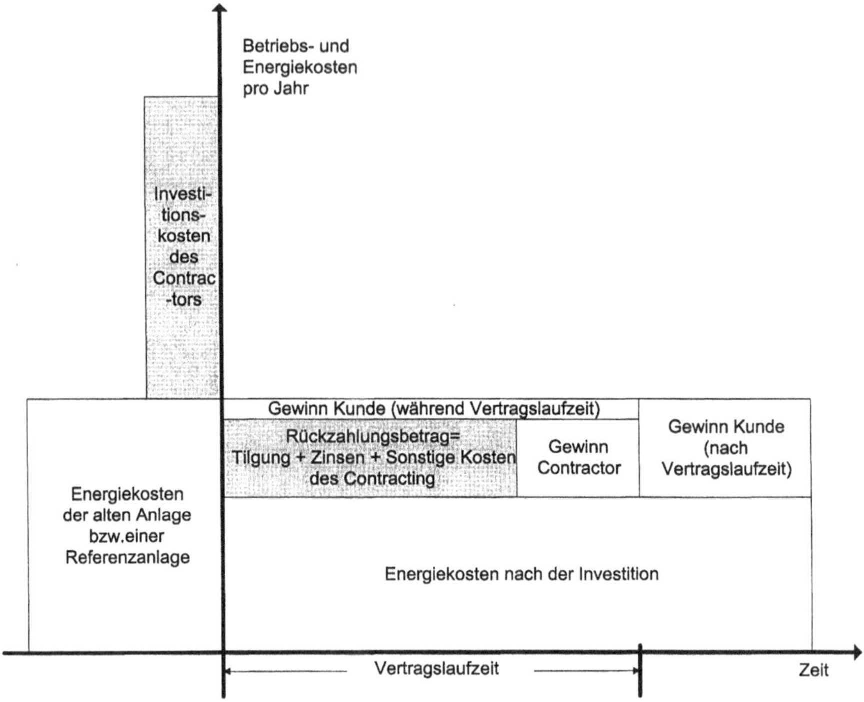

Abbildung 4-1: Ökonomisches Prinzip des Energiesparcontracting

Je nach der Art des Engagements des Contractors lassen sich sowohl für Anlagen- als auch für Energiesparcontracting vier Modelle unterscheiden (nach [Kristof 1998 A]):

- **Voll-Contracting**: Der Contractor übernimmt sowohl Finanzierung, als auch Planung, Errichtung und Betriebsführung der Anlagen.
- **Investormodell**: Hier wird die Planung durch den Contracting-Nehmer selbst (oder einen dritten, externen Planer) durchgeführt. Eine technisch genau definierte Maßnahme wird dann ausgeschrieben. Der Contractor übernimmt die Finanzierung, Durchführung und den Betrieb.
- **Betriebsführungsmodell**: Die Energietechnik wird vom Contracting-Nehmer in eigener Regie und in eigener Verantwortung errichtet. Der Contractor übernimmt lediglich die Betriebsführung der fertigen Anlage.

- **Planungs- und Betriebsführungsmodell**: Der Contractor bringt sein Know-how schon in der Planungsphase ein. Die Finanzierung und Errichtung obliegt jedoch dem Contracting-Nehmer.

4.2.2 Intracting

Beim sogenannten verwaltungsinternen Contracting werden die durchzuführenden Maßnahmen nicht nach außen, sondern an eine verwaltungsinterne Organisationseinheit gegeben. Da das Prinzip nicht auf Verwaltungen limitiert ist, sondern auch auf andere Großinstitutionen übertragen werden kann, wird in dieser Studie der etwas offenere Begriff des Intracting verwendet.

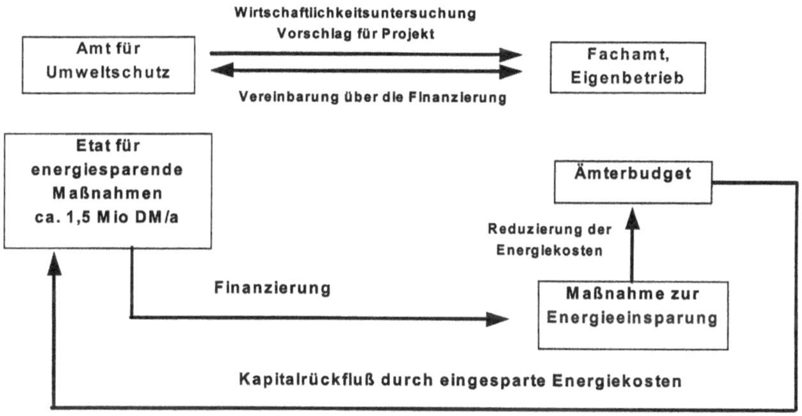

Abbildung 4-2: Stuttgarter Modell des Intracting. Quelle: Stadtverwaltung Stuttgart [Kienzlen 2001b]

Das erste in Fachkreisen und in der Öffentlichkeit intensiv diskutierte Modell des verwaltungsinternen Contractings ist das "Stuttgarter Modell" (siehe Abbildung 4-2). Seit 1995 werden in der baden-würtembergischen Landeshauptstadt Energiesparmaßnahmen aus einem extra dafür eingerichteten Fonds finanziert. Das Amt für Umweltschutz verwaltet diesen Fonds und tritt gegenüber den Fachämtern als Contractor auf, d.h. es übernimmt die Regie bei der Durchführung der Energiesparmaßnahmen. Die vertraglichen Regelungen laufen analog zum externen Contracting. Die Contractingrate aus den Energieeinsparungen werden wieder dem Fonds zugeführt (s.a. [Kristof 1998 A], [Linder 1999]).

Als Vorteile gegenüber anderen Finanzierungsformen können benannt werden [Kienzlen 2001a]:

- Löst das kameralistische Problem Vermögens- / Verwaltungshaushalt
- Für das Fachamt kostenneutral, führt langfristig zu Kostenentlastung

Speziell im Vergleich zu Contracting ergeben sich folgende Vorteile:

- Teilfinanzierungen möglich
- Keine Zuschläge für Wagnis und Gewinn erforderlich
- Geldbeschaffung zum Kommunalzinssatz
- Kontrollaufwand kann kleiner gehalten werden
- Stadt entscheidet selbst über die Art der Investitionen in ihren Liegenschaften; es wird kein Einflussbereich aufgegeben.

5 Energiespar- und Schadstoffreduktionspotentiale im KEM

Im folgenden soll ein kurzer Überblick über Emissionsminderungspotentiale im kommunalen Energiemanagement gegeben werden. Es handelt sich hier vordringlich um Energieeinsparungen und nur zum kleineren Teil um Emissionsminderungen durch Energieträgerwechsel, wie beispielsweise den Einsatz von regenerativen Energien. Einerseits werden die prinzipiellen Möglichkeiten der Emissionsminderung skizziert. Andererseits werden Einsparpotentiale quantifiziert, um so eine Vergleichsgrundlage zur Bewertung des Potentials telematischer Anwendungen zu liefern.

5.1 Wärme

Eine Fülle von Beispielen aus der Praxis und Untersuchungen verschiedener Institutionen zeigen, dass im kommunalen Gebäudebestand enorme Potentiale zur Einsparung von Heizenergie bestehen. Prinzipiell lassen sich diese Potentiale folgenden Bereichen zuordnen:

- Verbesserte Wärmedämmung der Gebäudehülle (Fenster, Wände, Dach)
- Modernisierung und Optimierung von Anlagen mit schlechtem Wirkungsgrad und ineffizienten Regelungen
- Temperaturreduktionen in Räumen
- Energieträgerwechsel (z.B. von Strom oder Kohle auf Gas oder regenerative Energien)

Wärmedämmung
Im Rahmen der Bauphysik bietet gewöhnlich die Sanierung von Außenwänden und Dachflächen und je nach Ausgangszustand auch die Erneuerung der Fenster das größte Einsparpotential. Wärmedämmmaßnahmen erfordern jedoch sehr hohe Investitionen und weisen bei heutigen Energiepreisen lange Amortisationszeiten auf (s.a. Tabelle 5-1). Die Dämmung der Außenwände verspricht bei Investitionskosten von 50-100 €/m^2 eine Energieeinsparung von 16-28%, so dass sie sich in 25-50 Jahren rechnet, die Dämmung des Dachgeschosses mit 40-60 €/m^2 und 13-23% Einsparung in 8-10 Jahren und die Dämmung der Kellerdecke mit 25-50 €/m^2 bei einem Einsparpotential von 6-10% amortisiert sich nach 10-15 Jahren. Der Einsatz von Fenstern mit Isolierverglasung kostet 350-500 €/m^2 und führt zu Energieeinsparungen von 26-31%, d.h. er rechnet sich erst nach 20-30 Jahren. Allerdings sind die hier entstehenden hohen Kosten meist nicht nur ökologisch zu rechtfertigen, sondern auch wirtschaftlich sinnvoll, wenn bei der Wirtschaftlichkeitsbetrachtung das Mehrkostenprinzip angewendet wird. Ein Vergleich der Wirtschaftlichkeit ausgewählter Maßnahmen ist in Abbildung 5-1 (Seite 50) dargestellt. Bei der Investitionsentscheidung sollte berücksichtigt werden, dass eine gute Wärmedämmung neben der Energieverbrauchssenkung auch wesentlich zu einer Verbesserung des Innenraumklimas und ggf. auch zu einer Vermeidung von Bauschäden führt.

Heizungsanlagen
Die Heizungsanlagen vieler kommunaler Gebäude sind nicht mehr auf dem technisch neusten Stand. Bei ca. 15 Jahre alten Anlagen ist die Energieausbeute, der sog. Jahresnutzungsgrad, selten höher als 70%. D.h., über 30% der im Brennstoff enthaltenen Energie werden aufgrund falscher Dimensionierung der Anlage, zu hoher Abgastemperaturen, veralteter Brenner bzw. Kessel und aufgrund von Bereitschafts- und Verteilungsverlusten nicht verwertet. Mit moderner Heizungstechnik lassen sich diese Verluste auf weniger als 5% verringern, was einer Energieeinsparung von 25% entspricht. Moderne Niedertemperatur-Heizkessel erreichen heute, bereits bei kleiner Leistung Jahresnutzungsgrade um 91% bis 93%, bei größeren Leistungen mit zweistufigen oder modulierten Brennern 94% bis 95%. Höhere Jahresnutzungsgrade sind mit konventionellen Wärmeerzeugern nicht mehr zu erreichen, da eine Mindestabgastemperatur laut DIN4702 nicht unterschritten werden darf. Eine nennenswerte Erhöhung des Jahresnutzungsgrades ist nur durch eine Ausnutzung der Verdampfungsenergie des im Abgas enthaltenen Wasserdampfes erreichbar. Diese Energie wird in der Brennwerttechnik im Gegensatz zur konventionellen Heiztechnik ausgenutzt. Über große Austauscherflächen führen sie die Kondensationswärme dem Heizsystem wieder zu und nutzen so die eingesetzte Energie optimal aus. Somit beträgt der Nutzungsgrad bezogen auf den Heizwert der eingesetzten Energie über 100%. [U.A.N. 1999a] Nach einer Studie im Auftrag der Energieagentur NRW ist für eine Heizkesselerneuerung mit konventioneller Technik mit Investitionskosten von 35-75 €/kW zu kalkulieren, was einer Amortisationszeit von 5-10 Jahren entspricht. Zur Installation einer Brennwerttechnik ist mit 75-250 €/kW Investitionskosten zu rechnen, was ebenfalls zu 5-10 Jahren Amortisationszeit führt. [EA-NRW 2000]

Absenkung der Raumtemperaturen
Das Energiesparpotential, das ohne Investitionsmittel, allein durch verbesserte Betriebsführung erschlossen werden kann, beträgt im Heizungsbereich etwa 20 bis 30% [Kallen, Lottermoser 1998, S.18]. Eine entscheidende organisatorische Maßnahme ist die Reduktion der Temperatur in häufig überheizten Büro- oder Unterrichtsräumen. Hier kann mit einer Absenkung der Temperatur um nur 1°C schon eine Energieersparnis von etwa 6% erreicht werden (vgl. u.a. [Hannover o.D.]). Der Reduktion der Maximaltemperatur von 24°C auf 21°C entspricht somit ein Einsparpotential von 18%. Dabei ist natürlich die Akzeptanz durch die Nutzer unabdingbar. Deren Motivation kann weitere Einsparpotentiale eröffnen, indem konsequent außerhalb der Nutzungszeiten nicht benötigte Heizkörper manuell heruntergeregelt werden, keine zusätzlichen Heizkörper, z.B. Heizlüfter auf Strombasis, verwendet oder die Räume energiebewusst gelüftet werden. Dies lässt sich u.a. durch Dienstanweisungen oder Energiesparwettbewerbe erreichen. Der für die Umsetzung der organisatorischen Maßnahmen erforderliche Personalaufwand ist mit einem sehr guten Aufwand-Nutzen-Verhältnis verbunden. [Kallen, Lottermoser 1998]

Gebäude werden üblicherweise mit einer Kombination aus einer außentemperaturgeregelten Heizkreissteuerung und Thermostatventilen am Heizkörper temperiert. Diese Einrichtungen sorgen dafür, dass das Heizungswasser nur so hoch wie nötig erwärmt und der Raum richtig temperiert und nicht überheizt wird. In Gebäuden, die diesen Standard noch nicht haben, ermöglicht der Einsatz von Thermostatventilen mit Investitionskosten von 25-35 € pro Stück und einer Amortisationszeit von 1-3 Jahren schon Energieeinsparungen von bis zu 5%.

Weitere Einsparpotentiale eröffnet die Verwendung von digitalen Regelungen (DDC). Bei der analogen Regelung wird die Wärme mit dem maximalen Temperaturniveau, das ein Heizsystem benötigt, ständig bereitgehalten. Bei der computergesteuerten DDC-Regelung hingegen werden alle Temperaturanforderungen von den Wärmeverbrauchern abgefragt. Dadurch wird nur dann Wärme mit hoher Temperatur bereitgestellt, wenn sie tatsächlich von einem System angefordert wird. Dies führt zu Energieeinsparungen von 5-15%. Die Amortisationszeiten liegen zwischen drei und fünf Jahren. [EA-NRW 2000].

Die Praxis zeigt, dass besonders bei unterschiedlichen Nutzungvarianten der einzelnen Räume einfache Heizungssteuerungen nur geringe Anteile des möglichen Energiesparpotentials ausschöpfen können. Getrennte Heizungsstränge ermöglichen es, die einzelnen Gebäudeteile der Nutzung entsprechend nur dann zu beheizen, wenn sie benötigt werden. Solche Optionen sollten in der Regel beim Neubau bedacht werden, da sonst der Austausch eines Großteiles des Rohrsystems erforderlich sein kann, was sehr kostspielig ist. Bei der Optimierung einer zeitlich und räumlich variablen Heizleistung eröffnen telematische Systeme wie zentrale Gebäudeleittechniken und Einzelraumregelungen große Anwendungsfelder. Auf die Möglichkeiten der in diesem Bereich einsetzbaren Technik wird in den folgenden Kapiteln noch detailliert eingegangen.

	Energieeinsparung	Amortisationszeit	Investitionskosten
Dämmung der Außenwände	16 - 18 %	25 - 50 Jahre	50 - 10 €/m²
Einsatz von Fenstern mit Isolierverglasung	26 - 31 %	20 - 30 Jahre	350 - 500 €/m²
Dämmung des Dachgeschosses	13 - 23 %	8 - 10 Jahre	40 - 60 €/m²
Dämmung der Kellerdecke	6 - 10 %	10 - 15 Jahre	25 - 50 €/m²
Heizkesselerneuerung (konventioneller K.)	10 - 30 %	5 - 10 Jahre	35 - 75 €/kW
Brennwerttechnik (gegenüber konv. Heizk.)	10 - 30 %	5 - 10 Jahre	75 - 250 €/kW
Einsatz von Thermostatventilen	bis 5 %	1 - 3 Jahre	25 - 35 €/Stück
Absorbersystem	250 - 300 kWh/m²a	5 Jahre	50 - 125 €/m²
Raumtemperaturabsenkung	6% pro °C		keine

Tabelle 5-1 Einsparpotentiale ausgewählter Wärmeenergie sparender Maßnahmen

Energieträger und Versorgungssysteme

Aus ökologischer Sicht ist der Einsatz von Kraft-Wärme-Kopplung und solarthermischen Anlagen wünschenswert. Die meisten öffentlichen Liegenschaften (speziell Verwaltungsgebäude und Schulen) weisen jedoch einen relativ geringen Warmwasserverbrauch auf. Damit ist der Wärmebedarf im Sommer noch geringer als etwa bei Wohnhäusern. Somit sind vielen Anwendungen enge Grenzen gesetzt. Der Einsatz von Fernwärme ist wo immer möglich vorzuziehen. Blockheizkraftwerke jedoch sind im kommunalen Bereich häufig nur im Verbund mit anderen Verbrauchern sinnvoll. Solarthermische Anlagen können nur selten wirtschaftlich rentabel eingesetzt werden. Eine Ausnahme stellt die Beheizung von Freibädern mit Absorbersystemen dar, die bei einem Investitionsvolumen von 50-125 €/m^2 einen spezifischen Energiegewinn von 250-300 kWh/m^{2}a ermöglicht. [EA-NRW 2000 a] Dies entspricht einer Amortisationszeit von etwa 5 Jahren. [Kallen, Lottermoser 1998] Kollektorsysteme mit ähnlicher Energieausbeute bei höherem Wasser-Temperaturniveau oder Luftkollektoren, die sich zur Raumheizung eigen, sind mit Investitionskosten von 400-1250 €/m^2 noch nicht wirtschaftlich. [EA-NRW 2000 a] Der Einsatz von Strom zu

Heizzwecken ist aus ökologischer wie auch ökonomischer Sicht unbedingt zu vermeiden.

5.2 Kälte und Klimatisierung

Die Bereitstellung von Kälte spielt im kommunalen Energiemanagement nur eine untergeordnete Rolle. Eine aktive Kühlung wird in der Regel nur in Krankenhäusern (die aber in den meisten Fällen von eigenen Betreibern und nicht der Kommune bewirtschaftet werden) und großen modernen Verwaltungsgebäuden vorgenommen.

Bei bestehenden Anlagen sind durch eine geeignete Betriebsweise erhebliche Einsparungen zu erzielen. Ein beträchtlicher Kälteanteil wird häufig in der Konditionierung der Zuluft von raumlufttechnischen Anlagen (RTL-Anlagen) benötigt. Dieser kann dadurch reduziert werden, dass der zulässige Toleranzbereich dahingehend ausgenutzt wird, dass im Sommer die Zuluft mit einer höheren relativen Feuchte als im Winter in die Räume eingebracht wird. Aber auch richtig dimensionierte Anlagen können meist durch die Optimierung von Bedienung und Regelung wirtschaftlicher betrieben werden. Maßnahmen zur Betriebsoptimierung sind u.a.:

- Verbesserung der Leistungsdrehzahl durch Anhebung der Betriebstemperatur des Kältemittels
- bedarfsangepasste Regelung des Kaltwasserdurchflusses mit Hilfe drehzahlvariabler Pumpenantriebe
- Überwachung möglichst aller Systemfunktionen durch geeignete Messinstrumente
- Installation von Wärmerückgewinnungsanlagen am Kondensatorkühlwasseraustritt oder in den heißen Kältemittelleitungen
- regelmäßige Kontrolle des Zustandes des Rückkühlwerkes zum Betrieb der Anlage nahe der Auslegungskriterien

Daneben kann bei komplexen Anlagenkonfigurationen die Installation einer zentralen Steuerung zur automatischen Kontrolle und Regelung der Betriebsparameter sinnvoll sein. Zur Verringerung der Betriebskosten durch Abbau von elektrischen Lastspitzen und zur Einsparung von Hochtarifstrom hat sich darüber hinaus der Einbau eines Eisspeichers bewährt, der während der Schwachlastzeiten mit günstigem Niedertarifstrom geladen wird und während der Starklastzeiten Kälte abgibt.

Die Kälteversorgung kann anstelle von Kompressionskältemaschinen oder Turbo-Kaltwassersätzen mithilfe von Absorptionskälteanlagen realisiert werden, die einen deutlich geringeren Primärenergieverbrauch aufweisen. Während elektrisch betriebene Kältemaschinen hochwertigen Strom zum Antrieb benötigen, werden Absorptionskältemaschinen entweder „direkt" befeuert oder mit Wärme bzw. Restwärme „indirekt" angetrieben. Diese Wärme kann vor Ort z.B. durch die existierende Heiz- bzw. Dampfkesselanlage erzeugt werden. Absorptionskälteanlagen sind aufgrund weniger bewegter Teile nahezu verschleißfrei, wartungs- und geräuscharm und betriebssicher. Sie weisen ein hervorragendes Teillastverhalten auf, womit ein Einsatzbereich von 0 bis 100 Prozent der Nennleistung bei kaum spürbaren Wirkungsgradeinbußen möglich ist. Die anrechenbaren Mehrinvestitionen für Absorber, das Rückkühlwerk, zusätzliche Verrohrung ect., werden häufig durch die weitaus geringeren Antriebsenergie- sowie Betriebskosten egalisiert. [EA-NRW 2000a]

5.3 Strom

Die Stromsparpotentiale, die sich in kommunalen Liegenschaften verbergen sind häufig schwerer zu quantifizieren als Einsparpotentiale im Wärmebereich, da sie sehr von der eingesetzten Technik und vom Umgang der Nutzer mit ihr abhängen. Grundsätzlich lassen sich durch folgende Ansätze Emissionsminderungen im Strombereich erzielen:

- Neue Geräte mit geringerem Stromverbrauch
- Vermeiden von elektrischen Geräten
- Betrieb elektrischer Geräte nur in den Nutzungszeiten
- Strom nicht zu Heizzwecken benutzen (siehe oben)
- Anlagenoptimierung – Anpassung an tatsächliche Nutzung
- Strom aus regenerativen Quellen

Dabei ist grundsätzlich anzumerken, dass im Gegensatz zum Heizungsbereich, in dem in den letzten Jahren absolute Einsparungen erzielt wurden, der Stromverbrauch in den Kommunen steigt oder bestenfalls in etwa konstant bleibt. Dies liegt in der starken Zunahme von elektrischen Geräten, besonders im Bereich der Büroelektronik (Computer, Kopierer, Fax etc.) begründet. Vielfach wurden Einsparbemühungen und Effizienzsteigerungen durch steigende Neugeräte überkompensiert.

Beleuchtung
Wie schon bei der Wärme sind auch im Bereich der elektrischen Energieverbraucher viele in kommunalen Einrichtungen betriebenen Geräte nicht mehr auf dem technisch neusten Stand. So lässt sich allein bei der Beleuchtung oft ein enormes Einsparpotential ausnutzen, da je nach Art und Nutzung des Gebäudes die Beleuchtungskosten 10 bis 40% der Energiekosten ausmachen. In Schulen trägt die Beleuchtung teilweise mit 75% zum Stromverbrauch bei. Durch den Einsatz elektronischer Vorschaltgeräte kann gegenüber den in öffentlichen Gebäuden noch weit verbreiteten konventionellen Leuchtstoffröhrenvorschaltgeräten etwa 25 bis 30 % Energie gespart werden. Auch die Leuchtkörpern selbst bergen ein großes Energiesparpotential. Die Wahl der Beleuchtungsart und der Dimensionierung müssen gut durchdacht sein. Die neuste Leuchtstofflampengeneration zeichnet sich durch hohe Lichtausbeute, bis zu 85% geringeren Stromverbrauch und 10 bis 15-mal längere Lebenszeit als herkömmliche Glühlampen aus. Diese Lampen werden ausschließlich mit vollelektronischen Vorschaltgeräten betrieben [Volz 2001]. Ähnlich wie in den Gebäuden nutzt neue Technik selbstverständlich auch bei der Straßenbeleuchtung, die teilweise über 50% der kommunalen Stromkosten ausmacht. Mittels Hi-Tech-Lampen kann bei besserer Beleuchtungsqualität und hoher Rentabilität eine Einsparung von rund 20% erreicht werden [Isernhagen 2000]. Wie auch bei herkömmlichen Lampen sollte ab und zu eine Reinigung stattfinden, da Schmutz die Effizienz erheblich vermindert.

Energieeffizienz elektrischer Verbraucher

Obwohl sich bei vielen Geräten die Energieeffizienz im Laufe der letzten Jahre erheblich gesteigert hat, ist der absolute Stromverbrauch aufgrund der Zunahme elektrischer Geräte gestiegen. Mit 20% des Stromverbrauchs ist die EDV einer Kommune der größte unter diesen Verbrauchern. [Pinnau in DIFU 2001] Allein durch richtige Nutzung kann jedoch der Stromverbrauch von Computern um 30% gesenkt werden. [Hamburg 1997]. Daneben fallen die für den Standby entstehenden Energieverbräuche ganz erheblich ins Gewicht. Diese weisen bei verschiedenen Geräten mit ansonsten gleichen Leistungsmerkmalen große Unterschiede auf. Einige Geräte (z.B. Faxgeräte, Kopierer, Drucker) brauchen für den Bereitschaftszustand mehr elektrische Energie, als für den eigentlichen Betrieb aufzuwenden ist. Die Hochrechnung beim Ersatz des Gerätebestandes durch marktbeste Geräte ergibt eine Halbierung des heutigen Stromverbrauchs im Bürogerätesektor. [Geißler in DIFU 2001] Auch bei den verschieden Geräten zur Warmwasserbereitung (Untertischspeicher, Kaffeemaschine, Warmgetränkeautomat, etc.) und anderen Haushaltsgeräten im Büro (z.B. Kühlschrank) verbirgt sich ein großes Energiesparpotential. An dieser Stelle soll nochmals wiederholt werden, dass die Nutzung von elektrischem Strom zu Heizzwecken absolut ineffizient ist, da sie einen sehr viel höheren Primärenergieverbrauch aufweist als die Verwendung anderer Energieträger. Daher ist eine Umstellung elektrischer Warmwasserbereiter auf Fernwärme, Gas oder Solarenergie zu prüfen und der Betrieb elektrischer Raumheizgeräte zu unterbinden. Im Bereich der Haushaltgeräte hat die Stadtverwaltung Hamburg z.B. durch einen kostenlosen Austausch alter, häufig von zu Hause mitgebrachter Kühlschränke, die Anzahl aller Geräte um 40% verringert und durch den Einsatz energieeffizienter Geräte den Stromverbrauch auf diesem Sektor um 82% reduziert. Dieser kostenlose Tausch war wirtschaftlicher, als Jahr für Jahr den Strom für die „Kühlsaurier" zu bezahlen. [Hamburg 2000]

Einsatz minimieren oder vermeiden

Darüber hinaus lässt sich die Nutzung vieler elektrischer Geräte auch direkt vermeiden. So sind z.B. Papiertücher besser als elektrische Handtrockner, Thermoskannen besser als Warmhalteplatten von Kaffeemaschinen, Email statt Fax, Teilbeleuchtung oder Tageslicht statt Jalousie und Lampen und vieles andere mehr. Aufzüge haben beispielsweise einen Anteil von bis zu 10% am gesamten Stromverbrauch eines durchschnittlichen modernen Bürogebäudes. [Hamburg 1997a] Dementsprechend kommt Treppensteigen der Umwelt nicht unerheblich entgegen. Ein Abschalten notwendiger elektrischer Verbraucher außerhalb der Nutzungszeiten mittels Zeitschaltuhren (z.B. Kopierer) oder Präsenzmeldern (z.B. Beleuchtung) ist häufig sinnvoll. So spart eine präsenzgesteuerte Treppenhausbeleuchtung in der Regel zwischen 25 und 40% wodurch sich Amortisationszeiten von höchstens 18 Monaten ergeben. [EA NRW 2000b] Jeder elektrische Verbraucher lässt sich natürlich auch manuell abschalten oder von der Stromversorgung trennen.

Haustechnische Anlagen

Ein auf den ersten Blick wenig sichtbares Stromsparpotential liegt auch in den haustechnischen Anlagen verborgen. Zum einen sind da ineffiziente Elektromotoren, die bei Ersatz durch neuere Technik eine entsprechend hohe Einsparung ermöglichen (vgl. Tabelle 5-2). Darüber hinaus ist in den nächsten Jahren eine verstärkte

Weiterentwicklung der Regelungen und Pumpen von Heizungsanlagen zu erwarten. Grenzwerte zum Betriebsstromverbrauch, die eine Reduzierung um bis zu 90% beim Standby-Verlust und beim Pumpenstromverbrauch bedeuten würden sind technisch möglich. Für die Stadt München entspricht diese Energiemenge der Größenordnung eines Kraftwerkes. [Gräbel in DIFU 2001] Momentan liegt das durchschnittliche Stromeinsparpotential durch die Sanierung von Pumpenanlagen bei ca. 40 %. Das entspricht in etwa 10 % der jährlichen Brennstoffkosten einer Heizungsanlage. In den meisten Fällen ergibt sich bei Durchführung einer Sanierung von Pumpenanlagen eine Amortisationszeit, die unter 5 Jahren liegt. [Hessen 1998] Sinnvoll ist hier häufig der Einbau von elektronisch drehzahlgeregelten Pumpen. Über eine Drehzahlreduktion sind Anpassungen an den tatsächlichen Heizwasserbedarf und somit Stromeinsparung von über 50% möglich. Ein „Nacht-Aus"-Betrieb ermöglicht eine weitere Einsparung von ca. 25%. [Nipkow 2000] Bei geschickter Regelung tragen Heizwärmereduktionen so auch zur Minderung des Stromverbrauchs bei.

Auch in Lüftungs- und Klimaanlagen sind als erster Schritt konsequent die Betriebszeiten auf den wirklichen Bedarf anzupassen. Meist können zusätzlich die Luftmengen ohne Nachteile reduziert werden. Pro 10% Luftmengenreduktion sind bis 27% elektrische Leistungsreduktion möglich! Bei Anlagen mit Kühlung und Be- / Entfeuchtung sind häufig weitere Reduktionsmöglichkeiten vorhanden. [Nipkow 2000]

	Energieeinsparung	Amortisationszeit
neue Leuchtstofflampengeneration	bis 85 %	
Hi-Tech-Straßenbeleuchtung	etwa 20%	
Stromsparende Büroelektronik	bis 50 %	
Präsenzmelder in Durchgangsbereichen	25 - 40 %	bis 1,5 Jahre
Sanierung von Pumpenanlagen	bis 40 % (90 %)	bis 5 Jahre
Drehzahlreduktion von Pumpen	bis über 50 %	keine Kosten

Tabelle 5-2 Einsparpotentiale und Amortisationszeiten ausgewählter stromverbrauchssenkender Maßnahmen

Regenerative Quellen

Durch die Verwendung von Strom aus regenerativen Quellen können erhebliche CO_2 Emissionsminderungspotentiale erschlossen werden. Die Praxis des Erneuerbaren Energien Gesetz (EEG) führt mittlerweile dazu, dass viele regenerative Stromerzeugungstechnologien wirtschaftlich rentabel betrieben werden können, wenn der Strom in das Verbundnetz eingespeist wird. Die Verwendung des so erzeugten Stroms für den Eigenbedarf in öffentlichen Liegenschaften ist damit jedoch wirtschaftlich unsinnig. Die diesbezüglichen Aktivitäten von Kommunen orientieren sich damit mehr in Hinblick auf eine Promotion von regenerativen Energietechnologien (Photovoltaikanlagen auf Schulen zu didaktischen Zwecken oder das Zur-Verfügung-Stellen von Dachflächen für Betreiber von Solaranlagen), weniger jedoch auf den Einsatz im Rahmen des kommunalen Energiemanagements.

Potentiale Telematischer Anwendungen im Strombereich

Durch den Einbau einer Lichtsteueranlage kann der Energieverbrauch einer 3-Feld-Sporthalle um rund 50% gesenkt werden. Das entspricht ca. 20000 kWh/a oder dem Stromverbrauch von 7 privaten Haushalten. Bei Investitionskosten in Höhe von ca.

3000 € pro Jahr ergibt sich eine Amortisation nach ca. 4 Jahren. Die Ersparnis bei den Einfeld-Sporthallen liegt mit ca. 30% etwas niedriger. [Hamburg 1995]

Im Vergleich zu einem herkömmlichen Beleuchtungssystem kann durch Tageslichtlenkung und eine daran angepasste optimale Steuerung des Kunstlichts eine Stromeinsparung von bis zu 80% erzielt werden.

5.4 Wirtschaftlichkeit durch strategisches Vorgehen

Oftmals zeigt sich in der Praxis, dass die Beschränkung auf isolierte Einzelmaßnahmen nicht immer den erwünschten Erfolg bei der Energieeinsparung bringt. In der Regel lassen sich vielmehr die größten Einspareffekte erst dann realisieren, wenn ein geschlossenes Energiekonzept entwickelt und ganze Maßnahmenbündel durchgeführt werden.

Dabei legt ein strategisches Vorgehen bestimmte Reihenfolgen bei Modernisierungsmaßnahmen nahe. Idealtypisch sollte im Wärmebereich von außen nach innen vorgegangen werden: zuerst sollte die Dämmung verbessert werden, ggf. Nutzermotivationskampagnen zur Verhaltensänderung durchgeführt werden, um dann bei einer Modernisierung der Heizungsanlagen die Leistung entsprechend reduzieren zu können und so zusätzliche Energie- und Kostensparpotentiale zu erschließen. In der Praxis wird ein solches Vorgehen jedoch dadurch erschwert, dass die Investitionskapazitäten für Maßnahmen mit langen Amortisationszeiten häufig nicht zur Verfügung stehen. Daher ist es umso wichtiger, anstehende Sanierungsarbeiten für Modernisierungen zu nutzen. (vgl. a. [KEA 1998])

Neben den angesprochenen Energiesparmaßnahmen in bereits bestehenden Liegenschaften lassen sich bei Neubauten schon in der Planungsphase zusätzliche Einsparpotentiale nutzen. Laut einer Zusammenstellung der Stadt Hamburg können mit städtebaulichen und gebäudeseitigen Mitteln folgende Einsparungen erzielt werden:

Nutzung der solaren Einstrahlung / Gebäudeabstände	8 %
Nutzung der solaren Einstrahlung / Gebäudeorientierung	7 %
Windschutz	1 %
Gebäudeanordnung /Kompaktheit	15 %
Gebäudeform / Kompaktheit	50 %
Gebäudegeometrie / Gestaltung	14 %
Wintergärten (verglaste Loggien)	2 %
Dächer / aktive Solaranlagen	50 %
Dach- und Fassadenbegrünung	0,5 %
Grundrißzonierung	1 %

Tabelle 5-3 Maximal erreichbare Energieeinsparungen durch Maßnahmen im Neu- oder Umbau. Quelle: [Klimabündnis 2001]

Wirtschaftlichkeit von Energiesparmaßnahmen

Häufig werden Modernisierungen genau dann durchgeführt, wenn die bestehenden Anlagen defekt sind und entsprechend schnell ausgetauscht werden müssen. Selbst in diesen Fällen sollte aus den verschiedenen Alternativen nicht nur auf Grundlage der Investitionskosten ausgewählt werden. Vielmehr müssen Wirtschaftlichkeitsbetrachtungen über die Lebensdauer der eingesetzten Technik erfolgen. Dies gilt umso mehr bei strategischen Modernisierungen, bei denen Altanlagen vor ihrer Lebensdauer ausgetauscht werden. In vielen Fällen wiegen die erzielbaren Energiekosteneinsparungen die höheren Ausgaben durch einen vorgezogenen Neukauf auf [BMU 2000].

Methoden der Wirtschaftlichkeitsprüfung

Zur Berechnung der Wirtschaftlichkeit von Energiesparinvestitionen gibt es mehrere Methoden, die im Prinzip äquivalent sind [Kallen, Lottermoser 1998]:

- Kapitalwertmethode
  Ermittelt werden die Gesamt- bzw. Kapitalkosten im Zeitraum der Nutzungsdauer. Kosten die nach dem Anfangszeitpunkt der Berechnung anfallen, werden nicht mit ihrem Nominalbetrag, sondern mit dem Betrag, der zum Anfangszeitpunkt anzulegen gewesen wäre, um die späteren Kosten zu bezahlen.
- Annuitätenmethode
  Der Kapitalwert wird, unter Berücksichtigung der Zinsen, auf nominal gleich hohe jährliche Raten über die Nutzungsdauer verteilt.
- Interner Zinssatz
  Der interne Zinssatz stellt den Diskontierungssatz dar, bei dem der Gegenwartswert der Einnahmen gleich dem der Ausgaben aus einer Investition wird. Er kennzeichnet die Effektivverzinsung des eingesetzten Kapitals.
- Äquivalenter Energiepreis
  Der äuquivalente Energiepreis beziffert den mittleren Energiepreis im Zeitraum der Nutzungsdauer einer Variante, ab der sie wirtschaftlich ist.

Beispiele von äquivalenten Energiepreisen ausgewählter Technologien und Maßnahmen sind in Abbildung 5-1 aufgeführt.

Mehrkostenansatz

Beim sogenannten Mehrkostenansatz werden nur diejenigen Kosten für Energiesparmaßnahmen angerechnet, die im Unterschied zu den ohnehin durchzuführenden Maßnahmen entstehen. Beispiel: Im Rahmen einer baulichen Sanierung eines Gebäudes soll die Außenwand neu verputzt und gestrichen werden. Bei der Frage, ob eine zusätzliche Wärmedämmung wirtschaftlich ist, werden nach dem Mehrkostenansatz nur Material- und Arbeitskosten der Dämmung selbst berechnet. Das Verputzen und Streichen wird getrennt als Kosten der Sanierung kalkuliert.

Amortisationszeiten

Oft werden nur oder vorwiegend Amortisationszeiten als Entscheidungsgrundlage bei Modernisierungen herangezogen. Tatsächlich sind sie jedoch kein Gradmesser für die Wirtschaftlichkeit, sondern lediglich für das mit der Investition verbundene wirtschaftliche Risiko. Je kürzer die Rückzahlfrist ist, desto überschaubarer wird der Zeitraum und desto kleiner ist die Unsicherheit der getroffenen Annahmen. Da Kommunen in der Regel wesentlich längere Planungshorizonte als etwa privatwirtschaftliche Unternehmen haben, können sie auch längere Amortisationszeiten in Kauf nehmen. Öffentliche Liegenschaften, etwa Schulen, werden häufig über Jahrzehnte hinweg vom selben Träger zum selben Zweck genutzt. Würden hier nur Energiesparinvestitionen durchgeführt, die sich innerhalb von drei Jahren amortisieren müssen, so wäre das weder ökonomisch noch ökologisch sinnvoll. Die Vorgabe von kurzen Amortisationszeiten führt zur Auswahl von Maßnahmen, die mit geringen Investitionen wenig Energie einsparen.

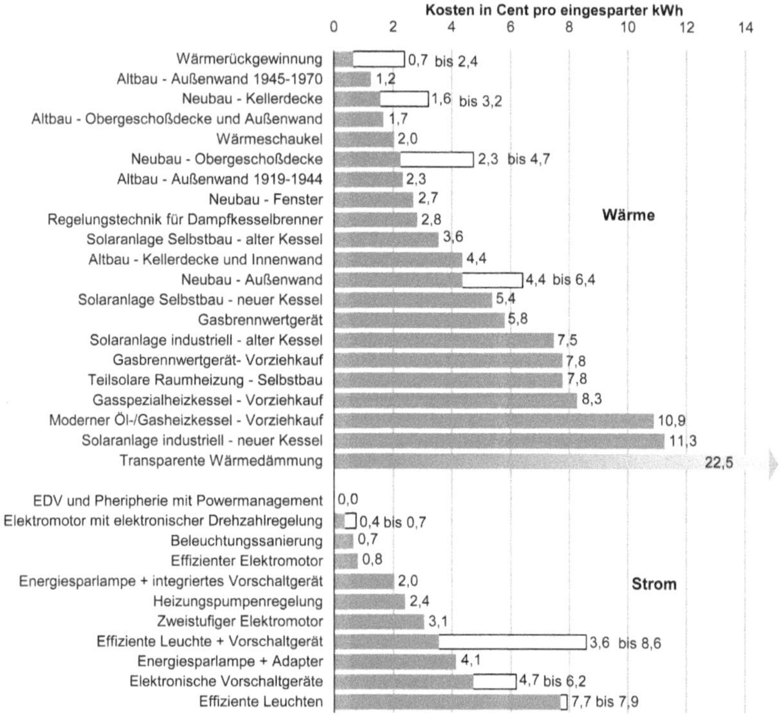

Abbildung 5-1 Wirtschaftlichkeit ausgewählter Einspartechnologien, Quelle: [Swoboda 1996]

5.5 Schadstoffreduktionspotentiale

Die Reduktion des Schadstoffausstoßes, der mit Energiemanagement erreicht werden kann, hängt von zwei Faktoren ab: der Höhe der Energieeinsparung und dem Energieträger.

Während z.B. allein schon die Substitution eines Kohlekessels durch einen Gaskessel oder durch einen Fernwärmeanschluss auch ohne Reduzierung des Endenergieverbrauchs zu einer Minderung an Schadstoffemissionen führt, ist im allgemeinen die Menge der eingesparten Endenergie relevant.

Die Menge an eingesparten Emissionen, die mit der Reduzierung von 1 MWh Energieverbrauch verbunden ist, ist in Tabelle 5-4 beispielhaft für verschiedene ausgewählte Energiesysteme wiedergegeben.

Emissionen pro MWh Energieverbrauch									
System	SO_2-Äquivalent	SO_2	NO_x	Staub	CO	NMVOC	CO_2-Äquivalent	Medium	GEMIS-Prozess
	[g]	[g]	[g]	[g]	[g]	[g]	[kg]		
Fernwärme-Bereitstellung in großen Versorgungsgebieten; Mix von Abwärme aus HKW und Öl-Spitzenkessel	248	198	65	20	51	10	182	Warmwasser	Wärme-Fern-mix-D-Kohle-HKW'
Kohle-Heizkraftwerk; großes innerstädtisches Versorgungsgebiet	291	229	82	24	66	12	215	Warmwasser	Netz\Fernwärme-D-Kohle-HKW'
Steinkohle-Brikett-Heizwerk	1.673	1.377	369	26.428	332	50	491	Warmwasser	Kohle-Brik-HW-klein-D'
Heizwerk 1 MWth (leichtes Heizöl)	878	591	410	46	184	99	377	Warmwasser	Öl-leicht-HW-klein-D-IKARUS'
Elektrizität Mittelspannung	754	376	520	65	200	35	679	Elektrizität	Netz-el-D-Verteilung-MS'
Elektrizität Niederspannung	765	381	527	66	205	36	687	Elektrizität	Netz-el-D-Verteilung-NS'
Zentralheizung für leichtes Heizöl mit atmosphärischem Brenner	752	518	335	44	214	74	324	Raumwärme	Öl-Heizung-atmosphärisch-D-100% (Endenergie)'
Zentrale Brennwertheizung für Erdgas mit atmosphärischem Brenner	141	14	182	8	135	24	252	Raumwärme	Gas-Heizung-Brennwert-D'
Zentralheizung für Erdgas mit atmosphärischem Brenner	0,14	0,01	0,18	0,01	0,14	0,02	252	Raumwärme	Gas-Heizung-atmosphärisch-D-100%(End)'
Zentralheizung für Erdgas mit atmosphärischem Brenner	0,14	0,01	0,18	0,01	0,14	0,02	286	Raumwärme	'Gas-Heizung-atmosphärisch-IKARUS'

Tabelle 5-4 Gesamte Emissionen verschiedener Energiesysteme [GEMIS 4.0]

Zur Berechnung der Emissionsreduktion, die exakt nur im Einzelfall erfolgen kann, ist also im Falle einer Energieträgerumstellung die Differenz der spezifischen Emissionen (z.B. wie in Tabelle 5-4 angegeben) mit dem Energieverbrauch zu multiplizieren. Für Energieeinsparungen bei unveränderten Energiebereitstellungssystemen, ist die Einsparung mit den spezifischen Emissionen zu multiplizieren.

Bei der Abschätzung der Schadstoffminderungspotentiale durch Telematik sind allerdings üblicherweise nur Energieeinsparungen und keine Energieträgerwechsel relevant.

6 Telematik

6.1 Begriffsklärung

Der Begriff „Telematik", zusammengesetzt aus den Begriffen „Telekommunikation" und „Informatik", stammt ursprünglich aus der französischen Industriesoziologie (vgl. [Minc & Nora 1979] S. 29). Er steht für „die wachsende Integration von Nachrichtenübermittlung, Datenverarbeitung und Büroorganisation, die Verbindung von Fernmeldenetzen, -diensten und kommunikationsfähigen Endgeräten für vielfältige Anwendungen" [Lange 1987]. Mit dem Bedeutungsgewinn des Internets in den letzten Jahren ist die Schnittmenge aus Telekommunikation und Informatik sehr groß geworden, ohne dass dafür üblicherweise der Begriff Telematik gebraucht wird. Häufig verwendet wird der Begriff Telematik im Zusammenhang mit Verkehrsmanagementsystemen: EDV-gestützte, vernetzte Logistiksysteme zur Optimierung des Güterverkehrs oder Verkehrsleitsysteme sind mögliche Beispiele [Gaßner et al. 1994]. Im Verkehrsbereich umfasst er zwar auch allgemeine Informationssysteme, in der Regel dienen auf diesem Gebiet telematische Systeme mittelbar oder unmittelbar der Kontrolle und Steuerung von Prozessen oder Verkehrsströmen. Eine weitgefasste Definition verwendet die Europäische Kommission, die Telematik als die gemeinsame *oder* getrennte Anwendung von Telekommunikationstechnik und Informatik bezeichnet [EU 1994].

Im Rahmen dieser Studie soll Telematik als die Schnittmenge aus Telekommunikations- und Informationsverarbeitungstechnologien sowie die mit deren Anwendung einhergehenden technisch-organisatorischen Lösungen verstanden werden.

6.2 Ebenen telematischer Anwendungen im Energiemanagement

Für eine weitergehende Begriffsklärung telematischer Anwendungen im Bereich des Energiemanagements verwenden wir eine Klassifikation analog zu der für Umweltinformationssysteme üblichen Systematisierung (siehe etwa Bernd Page in [Engel 1992] S. 25). Diese Klassifikation kann auf telematische Anwendungen zum Energie- und Ressourcenmanagement übertragen werden [Grünwald et al. 1998]. Idealtypisch können telematische Anwendungen folgenden Kategorien zugeordnet werden:

- Informationssysteme
  In diese Klasse fallen Datenbanken, die über ein öffentliches oder internes Netzwerk einer größeren Anzahl von Nutzern zur Verfügung stehen, aber auch interaktive Informationsaustauschsysteme wie etwa e-groups, Mailinglisten, virtuelle Beratungszentren, o.ä..
  - Monitoring- und Überwachungssysteme
    Mit telematischen Monitoring- und Überwachungssystemen wird eine automatische Erfassung von Messwerten vorgenommen. Die Messwerte (Raumtemperaturen, Energieverbräuche, etc.) werden lokal abgefragt und über ein Datennetz weitergeleitet.
- Prozesskontrollsysteme
  Telematische Prozesskontrollsysteme sind Systeme zur Steuerung von tech-

nischen Anlagen. Häufig liegt ihnen ein Monitoringsystem zu Grunde, mit dem der aktuelle Betriebszustand abgefragt werden kann. Dieser kann dann von einem Terminal aus via Datenleitung verändert werden.

- Evaluierungs- und Analysesysteme
  Zur problemspezifischen Auswertung vorliegender Informationen dienen Evaluierungs- und Analysesysteme. Diese greifen häufig auf komplexe mathematisch-statistische Methoden zurück, so dass gerade bei großen Datenmengen computerisierte Auswertungen sinnvoll sind. Telematische Lösungen sind immer dann besonders interessant, wenn die Analyseschritte möglichst schnell erfolgen müssen – bis hin zur Echtzeit-Analyse.
- Planungs- und Entscheidungssysteme
  Die Systeme dieser Kategorie gehen in ihrem Beratungsangebot noch einen Schritt weiter, indem sie dem Nutzer Handlungsoptionen zur Auswahl stellen oder Entscheidungsprozesse unterstützen. Dabei handelt es sich einerseits um wissensbasierte Planungssysteme (Expertensysteme). Im Rahmen telematischer Anwendungen greifen diese häufig auf vernetzte Datenbanken zu (etwa Datenbanken unterschiedlicher Abteilungen, die von diesen dezentral betreut und regelmäßig auf den neuesten Stand gebracht werden). Andererseits gibt es prozessorientierte Entscheidungssysteme, die häufig mit Monitoring- oder Prozesskontrollsystemen verknüpft sind und den Nutzer über das Eintreten bestimmter Situationen informieren. Das System bewertet dabei einen meist recht komplexen Prozess und bietet dem Nutzer mögliche Entscheidungsoptionen zur Auswahl an.

In der Praxis sind telematische Anwendungen häufig integrierte Systeme, die nicht einer einzelnen Kategorie zugeordnet werden können. Vielmehr vereinen sie Eigenschaften aus mehreren der oben genannten Typen. Zu beachten ist auch, dass der Informationsaustausch zwischen einzelnen Komponenten eines telematischen Systems nicht notwendigerweise bedeutet, dass die einzelnen Komponenten eine große räumliche Distanz zueinander aufweisen. Gerade im Bereich der Gebäudeleittechnik gibt es technische Lösungen, die nur lokale und dezentrale Funktionen haben, die wir aber dennoch als telematisches System einstufen.

6.3 Beispiele für telematische Anwendungen

Im folgenden werden Beispiele telematischer Anwendungen gegeben, die im Rahmen eines kommunalen Energiemanagements von Bedeutung sind. In Abbildung 6-1 ist ein Überblick über die Anwendungsfelder von Telematik im KEM dargestellt. Unsere Erhebungen ergaben, dass die Häufigkeit mit der Systeme aus den einzelnen Kategorien eingesetzt werden, in den vier Bereichen des KEM sehr unterschiedlich ist. Weitere Ausführungen zur Häufigkeit, mit der Telematik bereits verwendet wird und welche unausgeschöpften Potentiale sich bieten, werden in Kapitel 12 gemacht.

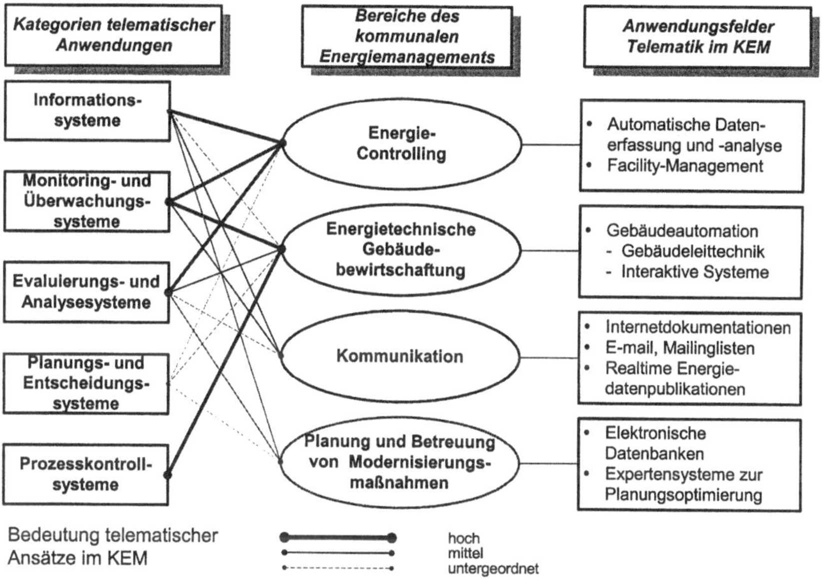

Abbildung 6-1: Beispiele für telematische Anwendungen in den vier Bereichen des kommunalen Energiemanagements. Dabei ist der Einsatz von Telematik in den einzelnen Bereichen des KEM sehr unterschiedlich

6.3.1 Energiecontrolling

Automatische Datenerfassung und – auswertung

Das Energiecontrolling stellt einen Schwerpunkt für den Einsatz von Telematik im kommunalen Energiemanagement dar. Mit telematischen Monitoring- und Überwachungssystemen können vielfältige Informationen über den energetischen Zustand einer Liegenschaft gesammelt und daraufhin mit Evaluierungs- und Analysesystemen problemspezifisch ausgewertet werden.

Verbrauchskontrolle

Einige Kommunen und immer mehr EVU verwenden fernauslesbare Verbrauchszähler. Diese sind in der Regel via Telefonnetz (Festnetz oder GSM) oder auch über Richtfunk mit einem zentralen Rechner oder mit mobilen Einheiten (Laptop) verbunden. Die Daten werden meist täglich (für spezielle Anwendungen häufiger, zur reinen Verbrauchs- / Kostenermittlung auch nur monatlich) ausgelesen. Damit ist eine kontinuierliche Verbrauchskontrolle einfach möglich. Zusätzlich können Defekte (etwa Rohrbrüche bei Gasleitungen, Ausfall bestimmter Systemkomponenten, etc.) schnell erkannt und behoben werden.

Gebäudeanalyse

Für die Verwaltung, Aus- und Bewertung von Energiedaten stehen eine ganze Reihe von EDV-Programmen zur Verfügung, welche meist von den Herstellern der Verbrauchserfassungs-Hardware, von Energiesparagenturen oder den Kommunen selbst bedarfsgerecht entwickelt wurden. Die zum Teil recht komplexen Abhängigkeiten bei der Energieversorgung sowie dem Energieverbrauch, z.B. bei Wärmedämmung, Gebäudeheizung, Prozesstechnik oder Beleuchtung, können mit Hilfe der EDV in überschaubarer Zeit in Beziehung gesetzt werden. Darüber hinaus können die gewonnenen Erkenntnisse effektiv und zeitsparend im Rahmen der Berichterstellung oder der Energiebeschaffung weiterverwendet werden.

Eine große Bedeutung hat Software im KEM bei der Auswertung, Verwaltung und Analyse von gemessenen Energieverbräuchen, wobei die Energieverbräuche durch zugehörige Hardware auch selbstständig erfasst werden können. Ziel dieser Programme ist es, neben einer Verwaltung und Dokumentation des Verbrauchs aus dem Verbrauch Einsparpotentiale zu ermitteln, sei es durch eine günstigere Lastverteilung, durch Vermeidung von Spitzenwerten, durch Erkennen von Störungen, durch Nutzerverhalten, durch Vergleich zu Sollverbräuchen oder Ähnlichem.

Controlling als Bestandteil des Facility-Managements

Durch Zugriff auf Facility-Management-Systeme können detaillierte Gebäudedaten für das Energiemanagement zur Verfügung gestellt werden. Somit kann ein spezifisches Controlling durchgeführt werden (etwa: Aufschlüsselung der Energieverbräuche nach Gebäudeeigenschaften und Nutzerverhalten).

Controlling als Grundlage des KEM

Die Erkenntnisse des Energiecontrollings stellen die Grundlage des KEM im Allgemeinen, und im Besonderen die Grundlage zum Einsatz von telematischen Systemen im KEM dar. Sie ermöglichen eine effiziente energietechnische Gebäudebewirtschaftung ebenso wie die sinnvolle Planung und Betreuung von Modernisierungsmaßnahmen. Darüber hinaus unterstützen und fördern sie in gewissem Maß die Kommunikation zwischen den Akteuren des kommunalen Energiemanagements und dienen zur Motivation aller Beteiligten. (vgl. Abschnitte 6.3.2 bis 6.3.4)

6.3.1.1 Fernauslesbare Zähler

Fernauslesbare Zähler ermöglichen eine regelmäßige und leichte Auslese von Strom-, Gas-, Wärme- und Wasserzählern und liefern somit belastbare Daten als Grundlage für ein effektives Energiecontrolling. Die Erfassung von Messwerten mit kurzen Intervallen (Minutenabstände) ermöglicht eine genaue Schwachstellenanalyse (Spitzenverbräuche, Regelungsfehler, etc.), und das in der Regel ohne die Notwendigkeit einer Besichtigung vor Ort.

Beispiel - Frankfurt am Main
Auf langjährige positive Erfahrungen mit einem umfassenden Controlling per Fernauslese kann die Stadt Frankfurt am Main zurückblicken. Am Beispiel der Stauffenbergschule wurden die Monats-, Wochen- und Tagesprofile der Wasser-, Gas-, Strom- und Wärmezähler mit einem System zur automatischen Verbrauchserfassung analysiert. Sehr schnell konnten Schwachstellen ermittelt werden, wie z.B. der Betrieb der Heizungsanlage in den Ferien sowie eine fehlende Nachtabsenkung, stetiger Wasserverbrauch auch am Wochenende und Verbrauchsspitzen durch offensichtlich defekte Sanitäranlagen. Außerdem konnten die positiven Effekte, z.B. durch die Abschaltung eines größeren Wochenenddauerläufers sofort bewertet werden. [Frankfurt 2000]

6.3.1.2 Powerline

Die Powerline-Technologie eröffnet ganz neue Perspektiven in der Überwachung und Steuerung von elektrischen Verbrauchern. Unter Powerline versteht man die Datenübertragung über das konventionelle Stromnetz. Dies könnte in Zukunft z.B. eine dezentrale Verbraucheranalyse ohne größeren zusätzlichen technischen Aufwand ermöglichen. Jedes elektrische Gerät kann mittels eines preisgünstigen standardmäßig integrierten Chips oder einer kleinen Vorschaltbox an der Steckdose auf seinen Stromverbrauch hin überwacht werden. So könnten die Verbräuche und Nutzungsschemata von elektrischen Geräten erfasst und über das Stromnetz an einen Rechner zur Auswertung weitergeleitet werden. Die technischen Grundlagen dafür sind bereits geschaffen. Darüber hinaus ermöglicht diese Technologie auch die direkte Steuerung entsprechend ausgerüsteter Geräte und damit einen weiteren Fortschritt in der Gebäudeleittechnik. Der Verzicht auf das aufwendige Verlegen von Datenkabeln könnte in Zukunft zu einer schnelleren, einfacheren und billigeren Vernetzung haustechnischer Anlagen und elektrischer Verbraucher auch im Altbaubestand führen. Allerdings gibt es kritische Stimmen, die Powerline keine störungsfreie Übertragung solcher sensiblen Daten zutrauen, so dass eine zuverlässige Bewertung an dieser Stelle nicht möglich ist.

Sollte dieser Schritt dennoch gelingen, ermöglicht die direkte Überwachung und Steuerung aller Verbraucher Maßnahmen, wie zum Beispiel das Abschalten nicht primär notwendiger Geräte nach Dienstschluss oder zur Vermeidung von Lastspitzen. Denkbar sind ebenso ein Warnsignal beim Verlassen des Raumes, wenn unnötige Verbraucher in Betrieb sind oder eine Aufforderung zum Abschalten auf den Arbeitsplatz-Monitor, wenn der Drucker längere Zeit im Standby-Modus verweilt. Der Innovation sind hier kaum Grenzen gesetzt. (vgl. 6.3.2 Telematik in der energietechnischen Gebäudebewirtschaftung) Da der bisher einzige Anbieter der Powerline-Technologie in Deutschland leider nicht gewillt war perspektivische Fragen zu beantworten, ist es uns leider nicht möglich, die in der Technologie verborgenen Potentiale zu bewerten.

6.3.1.3 Energiedatenmanagement

Eine EDV-Auswertung der Verbrauchsdaten ermöglicht die schnelle und übersichtliche Identifizierung von Einsparpotentialen mit Mitteln wie z.B. der graphischen Aufbereitung der Daten oder automatischer Filter und Suchmasken zur Ermittlung von Mehrverbräuchen.

Software für Energiemanagement
Die Vielfalt der Computerprogramme und ihrer Möglichkeiten lässt das Energiedatenmanagement im ersten Moment sehr unübersichtlich erscheinen. Auf dem Markt findet man u.a. Programme zur

- Energieberatung auf der Grundlage eingespeister Daten
- Gebäudesimulation
- Bedarfsermittlung
- Berechnung des Nutzens regenerativer Energien (thermische Solarenergie, Photovoltaik, Biomasse- und Erdwärmenutzung, etc.) und zur Tageslichtnutzung
- Optimierung der Energiebereitstellung (Wärme- und Kälteerzeuger, KWK, BHKW, Wärmenetze, Anlagen- und Brennstoffvergleiche, Beleuchtungsanlagen und Lüftungsanlagen)
- Bewertung der Auswirkung von Stadtplanungsmaßnahmen auf den Energiebedarf der Gebäude und Bewohner
- Planung und Kontrolle der Durchführung von Wartungsarbeiten
- Contractingüberwachung
- sowie Hilfsprogramme, z.B. für Wetterdaten oder zur Erstellung von Ökobilanzen, Bearbeitung und quantitativen Auswertung von Wärmebildern (Thermogrammen).

Ein Teil dieser Programme hat im kommunalen Energiemanagement kaum Relevanz oder auf Grund von finanziellen, personellen oder fachlichen Hemmnissen noch keinen Einzug gehalten. Häufig wird eine Nutzung von hier angesprochenen speziellen Aufgaben der EDV-Programme erst im Rahmen eines umfangreichen Facility-Management-Systems sinnvoll. Eine weitaus größere Bedeutung hat Software im KEM bei der Auswertung, Verwaltung und Analyse von gemessenen Energieverbräuchen.

Eine Übersicht über die Programme, Anbieter, Programmleistung, Preis, Hardwareanforderungen, Softwarebasis, u.a. ist von der Energieagentur NRW veröffentlicht worden. [EA-NRW 2001]

Beispiel - Heidelberg
Auch die Stadt Heidelberg hat zur Erleichterung der bisher oft mühseligen manuellen Datenzusammenstellung und -auswertung seit 1998 die Einrichtung einer Energiedatenbank vorangetrieben, die sich der AKROPOLIS-Software bedient und damit die elektronische Datenübertragung der Stadtwerkerechnungen und HECK-Energiebilanzen ermöglicht.

Mit der Einrichtung von HECK, dem **H**eidelberger **E**nergie-**C**ontrolling **K**ommunal, wurden in zunächst 15 Schulen zusätzliche Verbrauchszähler für Energie und Wasser installiert und alle bestehenden Zähler auf eine Datenfernauslesung per Telefonnetz umgestellt. Seit Juni 1995 werden die Verbrauchsdaten monatlich in einer Energiedatenbank mit dem System AKROPOLIS ausgewertet, witterungsbereinigt und als monatliche Energiebilanzen graphisch und tabellarisch den Schulleitungen und Energiebeauftragten zur Verfügung gestellt. HECK ist eine Leistung des Amtes für Umweltschutz und Gesundheitsförderung, das in Zusammenarbeit mit der Stadtwerke Heidelberg AG und GA-tec, Gebäude- und Anlagentechnik GmbH, durchgeführt wird. Es wurde ein Contractingvertrag über eine Laufzeit von fünf Jahren abgeschlossen, der sich über Mindestenergieeinsparungen von fünf Prozent trägt. Die Ergebnisse nach bereits einem Jahr HECK zeigen in den 15 Schulen erstmals eine Trendwende aller Verbrauchswerte. Nach Angaben der Initiatoren sind allein durch diese gezielte Information Verbrauchsveränderungen ausgelöst worden, die zu einer Reduzierung des Energieverbrauchs in Höhe von fünf Prozent im Strombereich und 15 Prozent im Wärmebereich geführt haben. [Heidelberg 1998]

6.3.1.4 Controlling als Bestandteil des Facility-Management

Unterstützung für Facility Management bieten Softwarehersteller in Form von CAFM Systemen (Computer Aided Facility Management). Aktuelle Marktbeobachtungen weisen ca. 50 EDV Systeme auf, die annähernd den ganzheitlichen Ansatz von Facility Management erfüllen. [Ebert 2001]

Die Entwicklung der CAFM Systeme geht weg von "CAD-lastigen" Systemen, die nur mit speziellen Kenntnissen zu bedienen sind, zu Datenbank-orientierten Systemen mit einfacher Bedienung. Die Datenbank-orientierten Systeme haben eine zentrale Datenhaltung und stellen für die verschiedenen Tätigkeiten die benötigten Daten zur Verfügung. Gute CAFM Systeme bieten die folgenden Vorteile:

- aktuell und sofort verfügbare Informationen

- gute Kostentransparenz
- Unterstützung der Gebäude-Bewirtschaftung

Die führenden Facility-Management-Systeme sind modular aufgebaut, d.h. man kann mit einer einfachen Verbrauchsdatenerfassung und –auswertung anfangen und später weitere Programmteile in das System integrieren. Bei Bedarf kann jede denkbare Funktion oder Schnittstelle zu dem System hinzugefügt werden, was allerdings bei Abweichung vom Standard meist mit sehr hohen Kosten verbunden ist. [Ebert, 17.08.2001] Für die gesamtheitliche Gebäudebewirtschaftung ist es erforderlich, die vorhandene Gebäudeautomationsanlage mit Facility-Management-Systemen zu koppeln.

6.3.2 Telematik in der energietechnischen Gebäudebewirtschaftung

Der Oberbegriff für alle Automatisierungstechniken rund um ein Gebäude ist Gebäudeautomation und umfasst außer Reglungs- und Steuertechnik auch Brandmeldung, Einbruchssicherung usw. Wir unterscheiden zwei Bereiche der Gebäudeautomation: Gebäudeleittechnik und Interaktive Systeme.

6.3.2.1 Gebäudeleittechnik

Unter Gebäudeleittechnik versteht man einen Verbund von selbständigen, dezentralen, digitalen Regel- und Steuereinheiten (DDC – direct digital control – Einheiten), die über eine Leitzentrale gesteuert und überwacht werden können. Ein Gebäudeleitsystem kann die Visualisierung sowie die Regelung, Steuerung und Optimierung der Gewerke Energieerzeugung, Wärme- und Kälteverteilung, Raumluft-, Sanitär-, Elektro-, Nachrichten-, Förder- und Sicherheitstechnik, sowie die Raumautomation übernehmen. Außerdem können die Betriebs- und Störmeldungen dieser Gewerke zur Signalisierung erfasst werden. Im folgenden wird ein kurzer Überblick über mögliche Ansatzpunkte der Gebäudeleittechnik im kommunalen Energiemanagement vermittelt:

Leitzentrale für Beleuchtungssysteme, Heizungs- und Lüftungsanlagen
Eine Anlagensteuerung mittels Leitzentrale ermöglicht die Anpassung der Betriebszeiten und –zustände an geänderte Nutzungsbedingungen bzw. Nutzungszeiten (z.B. Nachtabsenkung der Heizung), sowie die einfache und kontinuierliche Optimierung der Anlagenparameter ohne Vor-Ort Begehungen.

Fehler- und Störungsmanagement
Ein Fehler- und Störungsmanagement garantiert das schnelle Erkennen von Störungen und sorgt dafür, dass eine entsprechende Warnmeldung ohne Verzögerung an die zuständigen Stellen weitergeleitet wird (Meldung auf PC-Monitor oder Drucker, SMS an mobiles Wartungspersonal, etc.). Neben Sicherheitsaspekten sind Einsparungen besonders bei Leckagen (Gas- und Wasserleitungen) sowie bei Anlagenteilausfällen in erheblichem Umfang möglich.

Einzelraumregelung mit Leitzentrale
Individuelle Nutzungsprofile (Raumbelegungspläne) können mittels einer Einzelraumregelung (ERR) über eine Leitzentrale umgesetzt werden und ermöglichen so eine optimale Reduzierung des Energieverbrauches. Über ein beispielsweise von Bewegungssensoren oder Temperaturfühlern übermitteltes Feedback sind die Nutzungsdaten und Klimaparameter einzelner Räume abruf- und analysierbar. Daraufhin sind selbstlernende Algorithmen in der Lage Anlagen- und Regelungsparameter in Abhängigkeit von den Gebäudeeigenschaften einzelner Räume, dem Nutzerverhalten und festgelegten Rahmenparametern zu optimieren.

Lastmanagement und Netzleitsystem
Ein in die GLT eingebundenes Lastmanagement ermöglicht die Reduzierung der Anschlussleistungen (Fernwärme und Elektrizität) durch optimierte Regelung und Lastabwurf in Spitzenzeiten, sowie eine optimierte Einbindung von dezentralen regene-

rativen Energieerzeugungssystemen. Mittels eines Netzleitsystems lassen sich die Auswirkungen geplanter Maßnahmen (Schalthandlungen, Änderungen der Lastverhältnisse) im normalen Betrieb im voraus mit einer Simulation prüfen. Das gilt für alle Versorgungsbereiche (Strom, Gas, Wasser, Fernwärme). Dies kann durch spezielle Funktionen, wie Erdschluß- und Kurzschlußsuche sowie Lastflussrechnung ergänzt werden. [Kommunalwirtschaft 1998]

Vernetzung mit meteorologischen Sensoren und Informationsdiensten
Aufgrund der aktuellen Wetterlage oder einer aus internetfähigen Informationsdiensten gewonnenen Wetterprognose kann eine automatische Optimierung der klimarelevanten Anlagenparameter erfolgen. Die Reduzierung der Heizleistung am Morgen von sonnigen Tagen im Winter ist genauso umsetzbar wie das nächtliche Öffnen der Fenster in Nächten vor heißen Tagen. Darüber hinaus wird eine optimierte Steuerung von Back-up Systemen für regenerative Energieerzeuger ermöglicht.

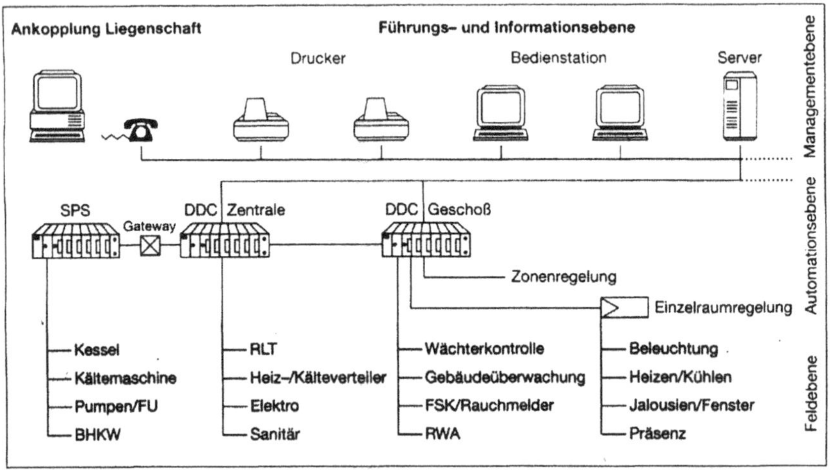

Abbildung 6-2: Struktur der Gebäudeleittechnik mit Feld-, Automations- und Managementebene nach [BINE 1996].

Idealtypisch unterscheidet man drei Hierarchieebenen der Vernetzung: "Management", "Automation", "Feld" (siehe Abbildung 6-1) Dabei ist diese Einteilung nicht mit speziellen Geräten verknüpft, da moderne DDC-Regler sowohl Feld- als auch Automationsaufgaben übernehmen. Auf der Feldebene werden die einfachsten Funktionen etwa "Messen", "Melden", "Schalten" erledigt und damit die Regelung und Steuerung der betriebstechnischen Anlagen über anwendungsspezifische Automationsgeräte gewährleistet. Die informationsverarbeitenden Aufgaben sind auf der Automationsebene angesiedelt. Die dezentralen Komponenten dieser Ebene sind programmierbar, arbeiten autonom und steuern, regeln und überwachen Funktionen der Gebäudetechnik. Sie ermöglicht die Koordination und Überwachung der angeschlossenen Geräte sowie die Bereitstellung der Datenbasis. Auf der Managementebene werden die übergeordneten Aufgaben der Betriebsführung bearbeitet. Hier liegen sämtliche Informationen vor, die den Betrieb des Gebäudes charakterisieren. Sie dient der zur Visiualisierung und Bedienung der Anlagenfunktionen.

Beispiel – Bad Oeyenhausen

In Bad Oeyenhausen tragen Solar- und Luftkollektoren, ein Photovoltaik-Glasdach und ein Blockheizkraftwerk umweltfreundlich und effektiv zur Deckung des Heizenergie- und Strombedarfs bei. Ein innovatives Energiemanagement auf der Basis von DDC (Direct Digital Control) und EIB (Europäischer Installationsbus) verteilt die Energie bedarfsgerecht, so dass nur die wirklich benötigte Energie verbraucht wird. Die zentrale und unabhängig vom Nutzen durchgeführte bedarfsgerechte Regelung der gesamten Haustechnik insbesondere von Beleuchtung, Heizung, Lüftung und Geräten (Fotokopierer, Drucker etc.) reduziert wesentlich den Strom- bzw. Energieverbrauch. [EA-NRW 2000b]

Beispiel – Kreditanstalt für Wiederaufbau in Berlin

Mittlerweile gibt es eine ganze Reihe von innovativen Kommunen in Deutschland die Gebäudeleittechnik zum Energiemanagement ihrer Liegenschaften einsetzen. Einige davon werden im Rahmen dieses Berichts als Fallstudien vorgestellt. Ein weiteres besonders fortschrittliches Beispiel findet sich jedoch außerhalb kommunaler Verwaltungen und soll zur Verdeutlichung der Möglichkeiten einer GLT hier vorgestellt werden.

In der Kreditanstalt für Wiederaufbau werden die Büro- und Konferenzräume durch Zonenregelung über Kühldecken beziehungsweise „Kühlbaffeln“ und Konvektoren nachbehandelt. Taupunktsensoren überwachen den Taupunktzustand in den Zwischendecken. Ein Volumenstromregler in der Büroabluft ermöglicht bei Fensteröffnung eine raumweise Zwangslüftung mit definiertem Volumenstrom.

Für den Aufbau der Gebäudeleittechnik in der Kreditanstalt für Wiederaufbau mussten einige zentrale messtechnische Geräte in die Gebäudeautomation integriert werden. So befinden sich auf dem Dach der Neubauten Wetterstationen, die Daten für die stetige Lichtmessung aus den 4 Himmelsrichtungen, die funkgenaue Uhrzeit sowie Wetterdaten über Eis, Regen und Windstärke bereitstellen. Diese Daten werden allen Geräten der Tageslichtlenkung zur Verfügung gestellt. Das Automatikprogramm der Motorsteuereinheit für die Jalousie-Steuerungen der Tageslichtumlenkung und der Verschattung verfügt über ein Jahresverschattungsdiagramm, das über den Jahrestag der Sonne hinaus auch witterungsbedingte Einflüsse und die Schattenbildung des Gebäudes selbst für die Steuerung der Tageslichtlenkung berücksichtig. Um die von außen auf das Gebäude einwirkende Strahlungsenergie für die Heizsequenz zu nutzen, beziehungsweise im Kühlfall zu reflektieren, wurde eine Sequenzfahrweise der Jalousie in Bezug zur Temperaturregelung über die Ventile implementiert. Durch Sequenzsteuerung von Jalousie und Kühlventil wird zum Beispiel sichergestellt, dass zunächst der Jalousiebehang die von außen einwirkende Strahlung reflektiert. Erst bei weiterem Temperaturanstieg im Raum wird das Kühldecken-Regelventil geöffnet. Um dem Nutzer des Raumes das Höchstmaß an Komfort zu sichern, wird diese Sequenzfahrweise nur im „Unbelegt“-Status des Raumes aktiviert.

Eine quantitative Aussage über den Wärmedurchgang liefert der Gesamtenergiedurchlassgrad (g-Wert). Je kleiner der g-Wert, desto wirkungsvoller ist der Wärmeschutz. Mit einer Mischung von Behängen, Jalousien und entsprechenden Steuerungen in einer Einzelraumregelung ist es möglich, den g-Wert in Abhängigkeit von Wetterdaten und Raumbelegungszuständen automatisch zu steuern.

Durch einen von der Gebäudeautomation an die Motorsteuereinheiten beziehungsweise Einzelraumregler gemeldeten Status über den Zustand der Raumbelegung werden wärmeoptimierende und somit energiesparende Funktionen aktiviert. Im nichtbelegten Zustand erfolgt ein sequentielles Heizen und Kühlen der Räume. Bevor die Ventile der Kühldecken oder Heizkörper als zweite Sequenz geöffnet werden, versucht die erste Sequenz den Temperatursollwert durch Einbeziehung des Sonnenschutzes zu erreichen. So fährt der Behang im Sommer in Abschirmstellung, um ein weiteres Aufheizen der Räume zu verhindern. Im Winter wird der Behang in Durchlassstellung gefahren, um die Wärmestrahlung der Sonne zur Unterstützung der Heizanlage zu nutzen. [Johnson 2000]

GLT als Energie-Management-Strategie für den ländlichen Raum
GLT eröffnet neue Energie-Management-Strategien für den ländlichen Raum. So wird mit dem dualen Energie-Management-System (DEMS) in öffentlichen Gebäuden des Landkreises Schwandorf ein gemeindeübergreifendes kommunales Energiemanagement durchgeführt. Um den personellen Aufwand für KEM und erst recht eine GLT ökonomisch zu rechtfertigen, ist eine Mindestanzahl an Liegenschaften in einer Kommune notwendig. Durch den Zusammenschluss von 6 Kommunen mit insgesamt 22 Liegenschaften konnte in diesem Landkreis zum einen ein Energiemanagement eingerichtet und eine gemeinsame GLT mit Leitzentrale in Schwandorf in Betrieb genommen werden.

Datenübertragung bei einer GLT
Falls die baulichen Gegebenheiten keine kostengünstige Verlegung von Datenleitungen zulassen, stehen als Alternativen die Übertragung via Funk, Infrarot oder Powerline zur Verfügung. Derzeit ist von diesen Alternativen die Funkübertragung besonders geeignet für die Renovierung und die Erweiterung bestehender Systeme, aber auch für jede Art der Neuinstallation. Auch schwierige Einbausituationen, beispielsweise Glas-, Betonwände, Sichtmauerwerk oder größere Entfernungen im Freien, sind für die Datenübermittlung kein Problem. [bau 2000]

Beispiel - domoport
Die internetbasierte Fernsteuerung für Gebäudefunktionen von domoport erhielt 2000 den europäischer IT Preis. Mit dem internet controller ic.1 ist ein Produkt zur Fernwartung und -steuerung von Gebäudefunktionen entwickelt worden. Der Internetcontroller kann dabei über jeden beliebigen Internetzugang bedient werden. Dabei fungiert ein passwortgeschützter Internetdienst als 'Vermittlungsstelle', über die mehrere Geräte verwaltet und bedient werden können. Die Überwachung ist über WAP Telefon, PC oder PDA von jedem Ort der Welt aus möglich. Alarmfunktionen, Videoüberwachung, Zeitschaltfunktionen und Energiemanagement sind bereits vorinstalliert. Das System kann ohne Programmierkenntnisse oder Zusatzsoftware eingerichtet und auf die individuellen Ansprüche angepasst werden. Und die Leitzentrale ist inklusive, wodurch man sich weitere kostspielige Software erspart. Alle Informationen und Funktionen sind auf dem Webserver im Gerät visualisiert, womit Inter-

netbrowser die Visualisierunssoftware ersetzt. Jeder E-Mail-Client wird zur Empfangszentrale für Alarmmeldungen und historische Daten. [http://www.domoport.de/presse2000.asp]

6.3.2.2 Interaktive Systeme

Wir verwenden den Begriff Interaktive Systeme zur Beschreibung von Teilsystemen der Gebäudeautomation, deren Regelung auf eine Sensorik zugreift, und die vorwiegend durch äußere Impulse gesteuert werden, wobei einzelne Steuer- und Regelschritte vom Nutzer direkt erfahren werden oder sie direkt durch spezifische Nutzerhandlungen hervorgerufen werden.

Tageslichtabhängige Steuerungen
In modernen Büro- und Schulgebäuden werden häufig tageslichtabhängige Rollosteuerungen eingesetzt. Besonders in Gebäuden mit großen Fensterfronten und/oder Klimaanlage sind sie im Sommer notwendig um eine zu starke Aufheizung des Gebäudes durch Sonneneinstrahlung zu verhindern.

Mit einer tageslichtabhängigen Steuerung von Jalousien, Lichtlenkelementen und Kunstlicht wird eine deutliche Senkung des Kunstlichtbedarfs angestrebt. Helligkeitssensoren regeln hierbei die Beleuchtung auf einen Sollwert am Arbeitsplatz, indem sie primär evtl. vorhandene Jalousien und Lichtlenkelemente öffnen oder schließen, bzw. optimal nach dem Sonnenstand ausrichten. Ergänzend zu den Lichtlenkelementen in den Oberlichtern der Fenster können an der Raumdecke jeweils Reflektoren angebracht werden. Die Büros werden dadurch bei besonnter Fassade und geschlossenem Sonnenschutz ausreichend und blendungsfrei durch Tageslicht beleuchtet. Bei Bedarf kann dann die Beleuchtung durch Kunstlicht ergänzt werden, welches automatisch in Abhängigkeit vom Tageslichtangebot und zonenweise gesteuert wird. Beispiele für Beleuchtungssteuerungen im KEM, allerdings ohne die Verwendung von Lichtlenkelementen, stellen z.B. das Projekt MOSES - Modellhafte Sanierung einer Schule in Stuttgart oder die Tageslichtsteuerung im Schulzentrum Gehrden dar. [BINE 1997b] [U.A.N. 1999a]

Darüber hinaus könnten Helligkeitssensoren z.B., wenn sie eine Abnahme der Soll-Strahlleistung beim Zuschalten von Nutzlicht registrieren, auf eine Verschmutzung der Lampen rückschließen und darauf hinweisen.

Präsenzmelder zur Steuerung von Lichtanlagen und Heizungen
Die Installation einer bedarfsorientierten und präsenzgesteuerten Regelung der Beleuchtung auf der Basis von Bewegungsmeldern oder Passiv-Infrarot-Präsenzmelder, die die Anwesenheit von Personen durch ihre Wärmeabstrahlung registrieren kann, evtl. auch verbunden mit einer Tageslichtregelung, die Beleuchtung energie-effizient und zuverlässig regeln. Gleiches gilt für die Einzelraumregelung von Heiz- und vor allem von Lüftungssystemen. Ein leerer Raum muss nicht belüftet werden. Bewegungsmelder haben den Nachteil, dass sie konzentriertes und ruhiges Arbeiten mit Dunkelheit und schlechter Luft bestrafen könnten. Daher ist es häufig sinnvoll, Beleuchtung und Ventilation lediglich außerhalb der Dienstzeiten auf Bewegungsmelder umschalten (z.B. für das Reinigungspersonal).

Auch andere Systeme wie z.B. die Straßen- oder Parkplatzbeleuchtung könnte mittels Präsenzmelder in Abhängigkeit des Verkehrsaufkommen oder der Anwesenheit von Fußgängern energieeffizienter geregelt werden.

Elektronische Schlüssel
In Abhängigkeit der tatsächlichen aktuellen Nutzung eines Gebäudes können bestimmte technische Gebäudefunktionen angepasst werden. Diese Art der Präsenzmeldung aufgrund des Schließzustandes eines Raumes, eines Traktes oder eines Gebäudes ermöglicht das Abschalten von Beleuchtung und Lüftung und gegebenenfalls das Herunterfahren der Heizanlage unter der Voraussetzung, dass bei abgeschlossener Tür auch keine Person anwesend ist.

Sensoren zur Heizungs- und Lüftungsreduzierung
Sehr große Einsparmöglichkeiten bestehen beim bedarfsabhängigen Betrieb von Heizungs- und Lüftungsanlagen. Speziell bei letzteren können gleichzeitig elektrische Antriebsenergie und Heizwärme eingespart werden. Hierzu werden z.B. in Heidelberg verstärkt sensorgesteuerte Regelungen teilweise kombiniert mit drehzahlvariablen Ventilatorantrieben eingesetzt. Auch die Temperatur der einzelnen Heizkreise wird abhängig von der Außentemperatur und der Raumtemperatur so geregelt, dass die erforderliche Wärme gezielt zur Verfügung steht. Diese Regelungen können dezentral arbeiten oder auf eine zentrale Leittechnik aufgeschaltet werden. [Heidelberg 1998]

Die Positionierung der Temperatursensoren im Raum wirft i.d.R. Probleme auf, da an der Decke etwas andere Bedingungen herrschen als in Fensternähe, oder in unterschiedlicher Höhe der Wand. Der Temperaturfühler wird durch Zugluft sowie beim Einschalten der Heizung durch die Strahlungskälte der Wand, an der er befestigt ist, beeinflusst. Hat sich die Wand erwärmt, wird eine Raumabkühlung erst zu spät wahrgenommen. Dadurch sind die Räume morgens häufig zu warm und mittags etwas zu kühl. Eine Lösung scheint nur durch Softwarebeeinflussung möglich zu sein. [Bemmann, Müller 2000a]

Kein Bedarf für Heizung und Lüftung besteht bei offenen Fenstern, so dass Fensterschließsensoren einen sinnvollen Beitrag zu einer effizienten Steuerung beitragen können. In Hannover werden zur Einsparung von Heizenergie Jalousien vom Hausmeister geschlossen, wenn nach Nutzungsende niedrige Außentemperaturen festgestellt werden. [Hannover 1998] Dieser Vorgang ließe sich als interaktives System sehr leicht automatisieren.

Auch direkt an den haustechnischen Anlagen kann der Einsatz von Sensoren sinnvoll sein. So kann beispielsweise bei Heizanlagen über eine Druckdifferenz über den Filter festgestellt werden, wann er gewechselt werden muß, und somit mittels eines Drucksensors eine automatische Warnung aktiviert werden.

Chemische Sensorsysteme in Schwimmbädern
Im Hallenbad der Stadt Burgdorf war es beabsichtigt, auch die Filteranlagen mit in die automatische Regelung einzubeziehen. Der Vorteil bestünde darin, dass, bei Einsatz einer Messblende und dem Einbau von chemischen Analysemessgeräten auf digitaler Technik im Filterkreis, der Filtervolumenstrom den aktuellen Gegebenheiten angepasst werden kann. Denkbar wäre auch, die Besucherzahlen elektronisch zu

erfassen und die Frischwassernachspeisung bzw. Filterrückspülung unter optimierten Kriterien zu automatisieren. Dies wurde, u.a. bedingt durch einen Personalwechsel auf der Stelle des Energiebeauftragten, nicht realisiert. [U.A.N. 1999a] Uns ist auch kein anderes Beispiel bekannt, in welchem die Regelung der Filteranlage so weit automatisiert wurde, dass sie selbstregelnd arbeitet.

Hygrostaten

Feuchtesensoren, sog. Hygrostaten können eingesetzt werden, um die Luftfeuchtigkeit (z.B. in Duschräumen) zu überwachen und gegebenenfalls die Ventilation entsprechend anzupassen.

Vandalismus

Vandalismus ist vor allem an Schulen ein großer Angstgegner des technischen Personals. In Burgdorf wird bei Vandalismus automatisch eine Alarmmeldung ausgelöst. [U.A.N. 1999a] Im einfachsten Fall kann bei Unterbrechung eines Stromkreises durch die Zerstörung eines Sensors oder das Abreißen von Kabeln ein akustisches Signal ausgelöst werden. In Burgdorf hat das System zur deutlichen Reduzierung destruktiver Handlungen beigetragen.

6.3.3 Kommunikation

Telematische Anwendungen stellen vielfältige Alternativen zur Verfügung, die im KEM anfallenden Kommunikationsaufgaben zu unterstützen. Besonders das Internet spielt in der Kommunikation nach außen zunehmend eine zentrale Rolle.

Internetdokumentationen

Das Internet stellt für die verschiedensten Akteure des kommunalen Energiemanagements umfangreiche Kommunikationsmöglichkeiten zur Verfügung und eröffnet damit eine effektive Möglichkeit erfolgreiche Öffentlichkeitsarbeit zu betreiben. Zur Zeit wird das Internet von den kommunalen Energiemanagern hauptsächlich zur Dokumentation von Klimaschutzaktivitäten genutzt. Kommunen oder auch kommunale Einrichtungen (z.B. Schulen) können auf diesem Weg ihre Klimaschutzaktivitäten transparent machen, indem sie Energiesparprojekte und Aktivitäten zur Energieeinsparung immer aktuell präsentieren und Energieberichte einfach, schnell und kostengünstig jedem zugänglich machen.

Informationen im Internet können weit über das kommunale Energiemanagement hinausgehen und ein vernetztes und optimiertes Informations- und Beratungsangebot zu allen Bereichen und für alle Beteiligten der lokalen Agenda bereitstellen. Dies umfasst zum Beispiel auch EDV-gestützte Evaluierungssysteme die via Internet Informationen zu Energieverbräuchen, Emissionen, Wirtschaftlichkeit, Einsparpotentialen, Kennwerten und vielem anderen entsprechend angegebenen Rahmendaten zur Verfügung stellen. (siehe Kapitel 2 – Planung und Betreuung von investiven Energiesparmaßnahmen)

Gezielte Informationsweitergabe

Durch Internet / Intranet oder auch via Email können verwaltungsintern gezielt Informationen weitergegeben werden. So können an bestimmte Auslöser geknüpfte Informationen zum energiesparenden Verhalten effektiv und dauerhaft den betroffenen Personen vermittelt werden.

Telematische Systeme ermöglichen auch ein regelmäßiges Feedback. Verbrauchsdaten können zeitnah erfasst und automatisiert in bestimmten Intervallen via Fax oder Email, oder permanent über Displays in den Gebäuden an die Nutzer rückgekoppelt werden. Der Einfluss von Verhaltensänderungen wird somit für den Nutzer greifbar.

Realtime Energiedatenpublikationen

Des weiteren dient die lokale Vernetzung mit Schnittstellen zum Internet der direkten Datenerfassung, Auswertung und Präsentation. Verbrauchsdaten, Anlagenparameter, meteorologische Daten u.s.w. können aus verschiedenen Quellen jederzeit automatisch abgerufen, gemeinsam verarbeitet und ohne Umwege im Internet präsentiert werden. Ein einmal erstelltes EDV-Konzept spart auf diese Weise viel Arbeit und Zeit.

Email, Mailinglisten

Eine wichtige Kommunikationsmöglichkeit im Bereich der neuen Medien stellt die Email dar. So können neben dem persönlichen Kontakt verschiedener Akteure auch Mailinglisten dabei helfen, einen überregionalen, themenspezifischen und stets aktuellen Dialog durch den Austausch von Informationen, Erfahrungen, Anregungen und Hilfsmitteln mit anderen interessierten Personen zu gewährleisten.

Didaktischer Einsatz neuer Technologien

Durch das Verbreiten pädagogischer Spiele, Rätsel oder Wettbewerbe zum Thema Energie kann spielerisch auf die Thematik aufmerksam gemacht werden. Diese Mittel können leicht mit Computerprogrammen umgesetzt werden und im Internet oder direkt an Schulen und Kindertagesstätten dazu beitragen, den bewussten Umgang mit Energie zu erlernen.

6.3.3.1 Dokumentation von Klimaschutzaktivitäten im Internet

Das Internet stellt für die verschiedensten Akteure des kommunalen Energiemanagements eine umfangreiche, einfache und schnelle Möglichkeit dar, Öffentlichkeitsarbeit zu betreiben.

Kommunen im Internet

Kommunen können ihre Klimaschutzaktivitäten transparent machen, wie z.B. die bayrische Landeshauptstadt, die ihr "Fifty-Fifty"-Energiesparprojekt an Münchner Kindertagesstätten und Schulen unter der Adresse http://www.musin.de/service/pkc/: präsentiert, oder der Wetteraukreis, welcher seine Aktivitäten zur Energieeinsparung in seinen Liegenschaften auf der Seite http://www.wetteraukreis.de/berichte /umweltbericht/13.htm der Allgemeinheit vorstellt.

Häufig sind auch, wie auf den Seiten der Stadt Heidelberg, ganze Energieberichte über das Netz abrufbar. (http://www.heidelberg.de/umwelt/klmascht.htm)

Bei der Initiative "Arbeit und Klimaschutz" in Hamburg gehen die stadtspezifischen Informationen im Internet weit über das kommunale Energiemanagement hinaus. Unter http://www.klimaschutz.de/klimaschutz: findet man ein vernetztes und optimiertes Informations- und Beratungsangebot für Eigentümer, Mieter, Handwerk, Architekten und Ingenieure nach dem Motto: Jeder bekommt die Information, die er braucht. Das Themenspektrum reicht von wärmeschutztechnischen über mietrechtliche bis hin zu bauästhetischen Fragen.

Schulen im Internet

Auch Schulen präsentieren ihre Energiesparaktivitäten auf eigenen Homepages. Ein sehr gutes Beispiel hierfür ist die Alexander - von - Humboldt – Schule in Viernheim, die auf der Internetseite http://members.tripod.com/energieagentur/index2.html umfassend aufzeigt, wie engagierte Schüler aktiven Klimaschutz betreiben.

Direkte Energiedatenpublikation
Die neuen Medien eignen sich auch zur direkten Datenerfassung, Auswertung und Präsentation. So werden z.B. im Rahmen des Schulförderprogramms SONNEonline von PreussenElektra und Partnern neue Kommunikations- und Informationskanäle genutzt. Die Messdaten der Solaranlagen aller beteiligten Schulen werden einmal im Monat über Internet in eine Basis-Datenbank eingegeben. Die Messergebnisse (Messdaten zum Betriebsverhalten, meteorologische Daten) von einigen Anlagen werden darüber hinaus täglich automatisch erfasst und über das Telefonnetz an das Intensiv- Mess- und Auswerteprogramm (I-Map) übertragen. Die Auswertungen werden dann aktuell im Internet unter http://www.sonneonline.de dargestellt. Ebenfalls über diesen Weg können alle Projektpartner miteinander kommunizieren. Hierzu stehen drei Diskussionsforen zur Verfügung (Gästebuch, Diskussionsforum Aula – virtuelles ‚Schwarzes Brett' und am häufigsten genutzt via Email), in denen sich alle beteiligten Lehrer und Schüler sowie die interessierte Öffentlichkeit austauschen können. Darüber hinaus stehen auf der Homepage eine Vielzahl von Informationen rund um das Projekt, sowie zu Umwelt- und Energiethemen zur Verfügung (z.B. technische Info`s, virtuelles Solarenergie-Museum, ...).

6.3.3.2 Mailinglisten

Energiebeauftragte in Kommunalverwaltungen, Lehrer, Schüler, etc. können ihre Erfahrungen über Mailinglisten weitergeben.

Beispiel - Unabhängige Institut für Umweltfragen e.V.
Das Unabhängige Institut für Umweltfragen e.V. (UfU) hat zum Beispiel eine solche Mailingliste eingerichtet, bei der sich alle Interessierten für Fifty-Fifty-Aktionen an Schulen anmelden und dann mitdiskutieren können. So wird ein überregionaler, themenspezifischer Austausch von Informationen, Erfahrungen, Anregungen und Hilfsmitteln ermöglicht. Es sollen Schüler und Lehrer motiviert werden, durch umweltfreundliches Nutzerverhalten so viel Energie wie möglich einzusparen.

6.3.3.3 Nutzerinformationen und –motivation

Energiesparen will gelernt sein. Neue Technologien können diesen Lernprozess unterstützen.

Beispiel - Stuttgart
Durch Internet / Intranet oder auch via Email können verwaltungsintern gezielte Informationen weitergegeben werden. So werden beispielsweise in Stuttgart an heißen Tagen, wenn die Temperaturen in den Büros schwer erträglich sind, Hinweise zu Abwärme durch Stand-by Betrieb elektrischer Geräte per Email an die Nutzer verschickt, um diese Information zur Energieverschwendung effektiv und dauerhaft zu vermitteln.

Denkbar ist auf diesem Weg auch eine Aufforderung vor der Mittagspause, die Computer, Drucker, etc. abzuschalten oder eine automatische Erinnerung das Licht auszuschalten, wenn ausreichendes Tageslicht registriert wird oder auch eine Aufforderung zum gemeinsamen Stoßlüften im Winter.

Beispiel - Heidelberg
Die Jugendlichen sind als Multiplikatoren in ihrer Familie und als Basis unserer zukünftigen Generationen für einen Bewusstseinswandel unerlässlich. Im Energiesparmobil der Stadt Heidelberg können Computerspiele zum Thema Energie durchgeführt werden. Aber nicht nur junge Nutzer können den bewussten Umgang mit Energie auch spielerisch erlernen. Das Verbreiten solcher pädagogischer Spiele, Rätsel oder Wettbewerbe kann sicher auch den einen oder anderen Erwachsenen auf die Thematik aufmerksam machen.

6.3.3.4 Feedback an Nutzer

Verbrauchsdaten können zeitnah erfasst und an Nutzer rückgekoppelt werden. Der Einfluss von Verhaltensänderungen wird somit für den Nutzer greifbar.

Beispiel - Bremen
So wurden z.B. vom Energiecontrolling des Bremer Hochbaumanagements zur Information der Gebäudenutzer die Ergebnis-Daten des Schulprogramms „¾“ auf konventionellem Weg an die 170 Schulen übermittelt, um deren Verantwortungsbewusstsein zur Begrenzung des Energieverbrauchs zu stärken. Mittlerweile werden diese Daten zusätzlich täglich aktualisiert im Internet dargestellt und es wird daran gearbeitet, die Energieverbräuche aller Gebäude im Netz abrufbar zu machen. [Bremen 1996], [Hein 23.08.2001]

6.3.4 Planung und Betreuung von investiven Energiesparmaßnahmen

Telematische Systeme können im Bereich der Planung und Betreuung von Energiesparmaßnahmen die Arbeit des kommunalen Energiemanagements in Form von Informations- sowie Planungs- und Entscheidungssystemen erheblich erleichtern. Das Spektrum reicht hierbei von einfachen Bewertungssystemen bis hin zu komplexen wissensbasierten Expertensystemen.

Bewertungssysteme

Es existieren Bewertungssysteme, die den Bauherren und Planern eine schnelle, einfache und an den Planungsfortschritt angepasste gestaffelte Bewertung der Vor- und Entwurfsplanung ermöglicht. Der Anwender beantwortet dem System eine Reihe von Fragen woraus mit Blick auf Ökonomie und Ökologie Handlungsempfehlungen ermittelt werden. Nachteilig ist bei einfachen Systemen die aufwendige Bereitstellung der notwendigen Basisdaten.

Elektronische Datenbanken

Mit Hilfe von elektronischen Medien können sich Kommunen leicht, billig und schnell notwendige Basisinformationen zur Planung und Durchführung von Energiesparmaßnahmen beschaffen. Umfangreiche öffentliche oder verwaltungsinterne Datenbanken bieten Vergleichsmöglichkeiten mit anderen Projekten, Beschreibungen und Ansprechpartnern. Weitergehende Systeme ermöglichen die Berechnung aller wesentlichen Schritte von der Primärenergie- bzw. Rohstoffgewinnung bis zur Nutzenergie bzw. Stoffbereitstellung, inklusive einer kompletten Kostenanalyse.

Expertensysteme zur Planungsoptimierung

Auf elektronischen Datenbanken aufbauende Expertensysteme dienen der Erstellung von Energiekonzepten für Kommunen oder Stadtteile, und liefern Informationen und Empfehlungen zum Ausbau einer wirtschaftlich optimierten nachhaltigen Energieversorgung. Sie bieten Erkenntnisse zu den Wechselwirkungen innerhalb des stark vernetzten Energiesystems, bewerten die Einflüsse von exogenen Faktoren (z.B. höhere Energiepreise oder neue Technologieentwicklungen) auf das Energiesystem und entwickeln daraus alternative Minderungsstrategien.

6.3.4.1 Vernetzung von Datenbanken

Die im folgenden aufgeführten Beispiele machen deutlich, wie hilfreich ein bedarfsgerechtes Abrufen und direktes Einbinden von Informationen bei der Planung von Energiesparmaßnahmen ist. Erstrebenswert wäre eine Vernetzung der in den Beispielen beschriebenen öffentlichen und verwaltungsinternen Datenbanken mit anderen relevanten Daten, wie Bau- und Erschließungspläne, Daten von Nachbargebäuden, Geodaten, etc.. So ermöglicht z.B. der GEo Client für KOmmunen (GECKO) für Kommunen und Zweckverbände die Beauskunftung aller für sie relevanten Geodaten, wie ALK, ALB, Kanal- und Wasserleitungsnetz, Flächennutzungspläne etc. GECKO ist intra- bzw. internetfähig und ermöglicht daher auch den Datenaustausch mit anderen Stellen und Behörden. Damit wird die Grundlage geschaffen, Energiesparmaßnahmen in gebäudeübergreifende Konzepte zu integrieren. [Gecko 2001] Ebenso zukunftsträchtig könnte auch die Integration von Expertensystemen für Kostendaten und Leistungsbeschreibungen (z.B. STLB-Bau) zur detaillierten Vorausplanung (Kosten-Nutzen) energiesparender Maßnahmen sein. (vgl. Facilitymanagment -Systeme)

6.3.4.2 Bewertungssysteme

Beispiel - Stadtwerke Sulzbach
Die Stadtwerke Sulzbach bieten einen kostenlosen Gebäude-Check im Internet an. Ein Computerprogramm errechnet aus Angaben zum Haus, zur bestehenden Heizung sowie zum derzeitigen Energieverbrauch automatisch die optimale Heizungsgröße. Die Ergebnisse sind trotz der wenigen Daten relativ genau. Allerdings kann und soll das Internet nach Ansicht der Initiatoren einen erfahrenen Energieberater nicht ersetzen. Der Gebäude-Check ist in erster Linie zur Bewertung von Wohngebäuden gedacht und soll an dieser Stelle lediglich an einem einfachen Beispiel ein Bewertungssystem veranschaulichen. Kommunale Liegenschaften sind im allgemeinen komplexer und erfordern daher eine größere Menge an Rahmendaten für eine sinnvolle Bewertung.

Beispiel - Bergische Universität Wuppertal
Das Lehr- und Forschungsgebiet Bauwirtschaft der Bergischen Universität Wuppertal hat mit Förderung des Bundesministeriums für Verkehr, Bau- und Wohnungswesen ein Bewertungssystem entwickelt, das die beiden Pole Ökonomie und Ökologie im Neubau miteinander verbindet und den Bauherren und Planern eine schnelle, einfache und an den Planungsfortschritt angepasste gestaffelte Bewertung der Vor- und Entwurfsplanung ermöglicht. In der EDV-Version des Bewertungssystems muss der Anwender eine Reihe von Fragen entsprechend „ankreuzen". Das Programm nimmt dann automatisch eine Bewertung vor und trägt diese in eine Bewertungsmatrix ein. Bei den Praxistests stellte sich in erster Linie die Sichtung der Unterlagen und das Filtern der relevanten Daten als sehr aufwändig heraus. Es zeigte sich, dass die Bewertung durch einen Außenstehenden schwierig und langwierig ist. [Diedrichs et al. 2001] An einem ähnlichen System für die ökologisch und ökonomisch sinnvolle Sanierung von Wohngebäuden wird momentan gearbeitet.

Solche einfachen Bewertungssysteme speziell für das kommunale Energiemanagement sind uns nicht bekannt. Es spricht aber nichts dagegen, diese Systeme so zu modifizieren, dass sie auch auf städtische Liegenschaften anwendbar werden.

6.3.4.3 Elektronische Datenbanken

Heute verfügbare elektronische Datenbanken stellen ein zum Teil sehr umfangreiches Datenmaterial zur Verfügung, wobei sehr unterschiedliche Schwerpunkte in der Art der zur Verfügung stehenden Information gesetzt werden.

KEV-Datenbank
Die KEV-Datenbank (Kommunale EnergieVersorgung) bietet Informationen über Planungen und Projekte auf städtebaulicher und Objektebene an. Sie stellt dazu

- Energie- und bautechnische Vergleichsdaten
- Projektbeschreibungen und Veröffentlichungsnachweise
- Adressen und Tätigkeitsspektren von Firmen, Instituten, Verbänden u.ä.

zur Verfügung. Die durch KEV geleistete strukturierte Datenaufbereitung über Erfahrungen aus anderen Kommunen und aus Pilotprojekten versetzt den Anwender in die Lage, gezielte Detailplanung wie etwa die ingenieurtechnische Auslegung von Anlagen oder die Simulation von Heiztemperaturen oder Emissionswerten zu realisieren. Projektträgern und Förderinstitutionen im kommunalen Anwendungsfeld eröffnet die Datendokumentation durch KEV in Form fortschreibbarer Fallstudien das gezielte Auffinden vorhandener Umsetzungspotentiale für Energiemaßnahmen via Internet. [BINE 1997]

Darüber hinaus gibt es eine ganze Reihe von Institutionen die über das Internet den Zugriff auf wissenschaftliche Veröffentlichungen und ausführliches Informationsmaterial ermöglichen.

GEMIS
Verschiedene elektronische Medien bieten den Zugriff auf verwaltungsinterne und allgemeine Informationsdatenbanken, wie z.B. bei statistischen Landesämtern; Umweltdatenbanken, etc. Als Beispiel hierfür ist das Computerprogramm GEMIS, als Instrument zur vergleichenden Analyse von Umwelteffekten der Energiebereitstellung und –nutzung zu nennen. Es wurde vom Öko-Institut und der Gesamthochschule Kassel (GhK) in den Jahren 1987-1989 entwickelt und seitdem kontinuierlich fortentwickelt und aktualisiert.

Die GEMIS-Datenbasis enthält Informationen zu:

- Bereitstellung von Energieträgern: fossile Energieträger, regenerative Energien und Uran, nachwachsende Rohstoffe sowie Wasserstoff (jeweils mit Brennstoffdaten und vorgelagerten Prozessen)
- Bereitstellung von Wärme und Strom (Heizungen, Warmwasser, Kraftwerke vieler Größen und Brennstoffe, Heizkraftwerke, BHKW...)
- Bereitstellung von Stoffen: vor allem Grundstoffe, Baumaterialien inklusive deren vorgelagerter Prozesse (bei Importen auch im Ausland)
- Transportprozessen: Personenkraftwagen (für Benzin, Diesel, Strom, Biokraftstoffe), Öffentliche Verkehrsmittel (Bus, Bahn) und Flugzeuge sowie Gütertransport (Lastkraftwagen, Bahn, Schiffe und Pipelines).

GEMIS berechnet für alle Prozesse und Szenarien sog. Lebenszyklen, d.h. es berücksichtigt von der Primärenergie- bzw. Rohstoffgewinnung bis zur Nutzenergie bzw. Stoffbereitstellung alle wesentlichen Schritte und bezieht auch den Hilfsenergie- und Materialaufwand zur Herstellung von Energieanlagen und Transportsystemen mit ein. Die Datenbasis enthält für alle diese Prozesse Kenndaten zu Nutzungsgrad, Leistung, Auslastung und Lebensdauer, die direkten Luftschadstoff- und Treibhausgasemissionen, die feste und flüssigen Reststoffe, den Flächenbedarf, sowie umfangreiche Kenndaten zur Kostenanalyse. Außerdem können mit GEMIS die Ergebnisse der Umwelt- und Kostenanalysen umfassend bewertet werden. [NRW 2000] Damit geht GEMIS weit über das reine Datenangebot hinaus und stellt damit eine Vorstufe eines sog. wissensbasierten Expertensystems dar.

6.3.4.4 Expertensysteme zur Planungsoptimierung

Wissensbasierte Expertensysteme dienen der Erstellung von Energiekonzepten für Kommunen oder Stadtteile oder auch der Durchführung von Modellrechnungen auf überregionaler Ebene.

HERAKLES
Ein wissensbasiertes System, das Empfehlungen und Informationen zur Gestaltung der zukünftigen Strom- und Wärmeversorgung einer Gebietskörperschaft bereitstellt, und dem Anwender Entscheidungshilfen zum Ausbau einer wirtschaftlich optimierten nachhaltigen Energieversorgung bietet, ist z.B. das Expertensystem HERAKLES: Unter Zugriff auf Daten des statistischen Landesamtes NRW werden Energieversorgungskonzepte für Gemeinden oder Stadtteile gemäß entsprechender Leitvorgaben generiert.

Es können ein frei wählbares Gebiet in NRW auf kommunaler Ebene untersucht und die entsprechenden Energieversorgungsstrukturen bis auf Gemeinde- und Stadtteilebene disaggregiert werden. Des weiteren stehen die Berechnung von Energie-, Flächen- und Abwärmepotentialen, die Abbildung des Energiebedarfs im Untersuchungsgebiet durch repräsentative Energieanwender und typische Gebäude, die Darstellung möglicher Versorgungsketten zwischen Energienachfrage und Energieträgereinsatz durch den Zugriff auf eine systematische Klassifizierung energietechnischer Anlagen (Bereitstellung von Warm- und Heizwasser, Prozessdampf und Elektrizität) sowie die Berechnung des jährlichen Endenergiebedarfs, der Energiekosten und luftgetragener Schadstoffemissionen entlang einer Prozesskette zur Verfügung.

Aufgrund dieser Ergebnisse generiert HERAKLES bis zu 5000 unterschiedliche Versorgungsmöglichkeiten für die entsprechende Gebietskörperschaft und bestimmt eine kostenoptimale Referenzversorgung als Basis für das folgende Optimierungsverfahren. Die Durchführung der Optimierungsrechnung erfolgt gemäß anwenderspezifischen Vorgaben (z.B.: Senkung der jährlichen CO_2-Emissionen um 50%) und stellt somit individuelle Handlungsempfehlungen und Informationen hinsichtlich der vom Anwender gewünschten Fragestellung zur Verfügung.

Das Fernziel ist eine Internetplattform für HERAKLES, um eine Online-Beratung zu allen energetisch relevanten Fragestellungen (im Rahmen von Energieversorgungskonzepten) bereitzustellen. [NRW 1995]

IKARUS
Das Expertensystem IKARUS stellt ein Instrument zur Entwicklung von Klimagas-Reduktionsstrategien auf nationalstaatlicher Ebene dar. Mit diesem Instrument können mittels Modellrechnungen wichtige Erkenntnisse vor allem zu den Wechselwir-

kungen innerhalb des stark vernetzten Energiesystems gewonnen werden. So können etwa die Einflüsse von exogenen Faktoren (z. B. höhere Energiepreise, CO_2-Reduktionsvorgaben, Kapazitätsgrenzen einzelner Energieträger, Reinvestitionszyklen oder neue Technologieentwicklungen) auf das Energiesystem untersucht oder alternative energiepolitische Minderungsstrategien bewertet werden. Die zur Bestimmung alternativer Minderungsstrategien wesentlichen Größen sind der Technikmix bei der Energienutzung und –wandlung, die Kosten und die verschiedenen Treibhausgasemissionen. Für das Instrumentarium wurden ausgehend von der Situation des Jahres 1990 folgende Randbedingungen gesetzt:

- Untersuchungsgegenstand ist das Energiesystem der jetzigen Bundesrepublik Deutschland mit dem Basisjahr 1989 (inzwischen werden die Daten für ein neues Basisjahr 1995 erhoben). Weitere Analysejahre sind 2005 und 2020.
- Das Instrumentarium besteht in erster Linie aus Technikbeschreibungen von der Nutzenergie- bzw. Energiedienstleistungsebene bis hin zur Primärenergieebene und bildet damit die Energieflüsse und Energieumwandlungsschritte der Bundesrepublik Deutschland bedarfsorientiert ab. Wirtschaftliche Einflussgrößen wie Kapitalverfügbarkeit und -kosten, Entwicklung von Rohstoff- und Güterpreisen, Außenhandel mit Energieträgern, Reinvestitionszyklen und verfügbare Kapazitäten können über die Rahmenbedingungen für Szenarien berücksichtigt werden.
- Neben CO_2 werden weitere, das Klima unmittelbar oder auch mittelbar beeinflussende Emissionen betrachtet (CH_4, N_2O, CO, NO_X, SO_2, FCKW, NMKW und stratosphärischer Wasserdampf).

[BINE 1997a]

7 Fallstudien

7.1 Hintergründe

Die Fallstudien von sieben Kommunen, die ein Energiemanagement durchführen, stellen das Kernstück dieses Forschungsvorhabens dar. Ziel war es dabei, durch die Analyse von exemplarischen Beispielen sowohl Erfolgsstrategien und Erfolgsfaktoren als auch Hemmnisse und Schwierigkeiten zu identifizieren und diese im Hinblick auf die Übertragbarkeit auf andere Kommunen zu bewerten. Dabei sollen die unterschiedlichen Herangehensweisen der Kommunen illustriert werden. Die Aktivitäten im Energiemanagement folgender Kommunen wurden untersucht:

- **Berlin**
  - Energiesparcontracting in Gebäudpools
  - Zentrales Energiecontrolling als Dienstleistung
  - Fifty-Fifty – Energiesparen in Schulen
  - Ambitioniertes Low-Budget Facility-Management auf Bezirksebene
- **Goslar**
  Der Energiebeauftragte als Kommunikationsschnittstelle
- **München**
  GLT und Datenmanagement mit Hilfe eines firmenneutralen Datenübertragungssystems
- **Potsdam**
  Aufbau einer Gebäudeleittechnik mit Hilfe von Energiesparcontracting
- **Rathenow**
  Kommunale Energieagentur betreut das Energiemanagement in Brandenburgischer Kleinstadt
- **Remscheid**
  Pioniere der Gebäudeleittechnik im Dienstleistungsdezernat Hochbau und Gebäudewirtschaft
- **Schwabach**
  Energiedatenmanagement und Contracting-Poolkonzept in einer Kleinstadt

Aufbau der Fallstudien

Alle Fallstudien sind nach folgendem Schema aufgebaut: Zunächst werden allgemeine Informationen zur Kommune gegeben. Dann werden Zielsetzungen, Schwerpunkte und Erfolge des KEM der Kommune dargestellt. Weiterhin werden die Organisationsstruktur des KEM sowie die Finanzierungsstruktur und spezielle Finanzierungsansätze skizziert. Den Hauptteil der Fallstudien stellt die detaillierte Beschreibung durchgeführter Maßnahmen dar. Dabei wurden, wo immer dies sinnvoll und möglich war, die einzelnen Aktivitäten entlang der in Kapitel 3 eingeführten vier Bereiche des KEM kategorisiert:

- Energiecontrolling
- Energietechnische Gebäudebewirtschaftung

- Kommunikation
- Planung und Betreuung von Modernisierungsmaßnahmen

Im Anschluss an die Darstellung der durchgeführten Aktivitäten werden diese bewertet und im Hinblick auf die Übertragbarkeit auf andere Kommunen analysiert.

Die in den Fallstudien dargestellten Informationen stützen sich zum größten Teil auf Interviews mit kommunalen Vertretern und anderen relevanten Akteuren, sowie auf von den Kommunen herausgegebenen Energieberichte. Alle verwendeten Informationsquellen (durchgeführte Interviews, Literatur, besuchte Tagungen etc.) sind im Anschluss an die jeweilige Fallstudie aufgeführt.

Auswahl der Fallstudien

Die Auswahl der Fallstudien erfolgte in zwei Stufen. Aus den in Kapitel 2.2 aufgeführten 90 Kommunen, wurden in einem ersten Schritt 19 ausgewählt, die verstärkt Telematik einsetzen. Die Aktivitäten dieser Kommunen wurden näher untersucht. Schließlich wurden aus ihnen die sieben Fallstudien gemäß den unten aufgeführten Kriterien ausgewählt.

Ein Überblick über die Charakteristika der 19 näher untersuchten Kommunen ist in

Tabelle 7-1 aufgeführt. Neben allgemeinen Angaben zu den Kommunen sind vor allem die Aktivitäten der Kommunen in den verschiedenen Bereichen des Energiemanagements dargestellt. Eine Nennung „x" bedeutet, dass es sich um einen Schwerpunkt des KEM in der jeweiligen Kommune handelt. Beispielsweise betreiben alle Kommunen in der einen oder anderen Art Öffentlichkeitsarbeit. Berücksichtigt wurden hier nur Kommunen, die besondere Aktivitäten (Informationsveranstaltungen, Beratungsangebote, umfangreiche und leicht zugängliche Dokumentationen) vorzuweisen hatten.

Kriterien für die Auswahl der Fallstudien

Die in der Tabelle angeführten Kategorien bilden einen Teil der Kriterien, nach denen die Fallstudien ausgewählt werden. Hinzu kommt der Aspekt der Kooperationsbereitschaft der Ansprechpartner. Insgesamt umfasst der Kriterienkatalog vier Teilbereiche:

- **Durchgeführte Energiesparmaßnahmen, verwendete telematische Ansätze**
  Um möglichst viele Handlungsoptionen der Kommunen prüfen zu können, wurde bei der Auswahl der Fallstudien darauf geachtet, dass der Pool der durchgeführten Einzelmaßnahmen in den ausgewählten Kommunen möglichst groß ist. Dabei waren Lösungsansätze mit innovativem Einsatz von telematischen Anwendungen von besonderem Interesse. Für eine spätere vergleichende Bewertung wurden auch Kommunen mit erfolgreichem KEM ausgewählt, die nur mit einem geringen Einsatzgrad von Informations- und Kommunikationstechnologien arbeiten.

Kommune		Berlin	Goslar	München	Potsdam	Rathenow	Remscheid	Schwabach	Duisburg	Hagen	Hamburg	Heidelberg	Ibbenbüren	Kaarst	Kr.Rendsburg	Lahr	Leipzig	Stuttgart	Unna	Wernigerode
Energiemanagement																				
seit			95	97	99	96	82	96	76	99		92	(95)	(96)	(96)	96			93	95
Zuständigkeit	Hochbauamt			x					x				x	x					x	
	Umweltamt	x	x					x			x	x						x		
	Gebäudemanagement				x	x	x					x					x			
	Arbeitskreis														x					x
	unabhängige Stelle					(x)			x											
wirtschaftlicher Eigenbetrieb			(x)							x										
Partner	Energiespar-Agentur	x		x		x						x			x					
	Energieversorger						x		x	x			x							x
	ext.Arbeitskr./Org.			x																
	sonstige			x					x											
Energiedatenerfassung																				
seit		95	95	73			80	95				82	(94)		96	88		77	93	
automatisiert seit				95	98		91	97				95				96				
Verwendete EDV	Akropolis		(x)									x								
	eigene Entwicklung	x	x	x		x	(x)		x		x							x		
	Microsoft Datenbank	x	x			x	x												x	
	sonstige	x	(x)	x	x		x	x								x				x
automatisierte	Datenübertragung	x		x	x		x	x	x			x		x	x	x		x		
	Datenverarbeitung	x	x	x	x		x	x			x	x		x				x		
	Datenauswertung	x	x	x	x		x	x			x	x		x				x		
Technische Energiesparmaßnahmen																				
Leittechnik	gebäudeintern	x	x	x	x	x		x	x			x			x		x			
	mit Zentrale	x		x	x		x	x	x	x		(x)		x		x			x	
GLT intergriert	Heizungssteuerung	x	x	x	x	x	x	x	x			x		x	x	x	x		x	
	Beleuchtungssteuerung		x	x	(x)	x	x	x							x		x			
	Lüftungssteuerung	x		x			x		x			x					x			
	sonstiges				x	x	x									x				
Einzelraumregelung			x	x	x	x		x				x	x	x	x		x			
Sonstige Energiesparmaßnahmen																				
Öffentlichkeitsarbei	klassisch	x		x		x	x	x	x		x	x			x			x	x	x
	mit neuen Medien	x					x				x	x			x				x	
Schulungen	Bediener		x	x			x	x				x			x	x			x	x
	Nutzer		x												x					
aktive Nutzereinbeziehung			x	x		x	x	x	x		x	x	x		x	x	x	x	x	x
Einsparbeteiligung (Bonussystem)		x	x	x		x	x	x	x		x	x	x		x			x		
regenerative Energieträger				x		x	x	x	x		x	x	x	x					x	x
Finanzierung																				
Einspar Contracting		x			x			x		x		x					x	x		x
Anlagen-Contracting		x	x	x															x	
Intracting			x	x											x			x		
Poolbildung		x						x				(x)								
andere Modelle				x								x				x				
Drittmittelförd. (EU, Bund, Land, etc.)		x	x	x		x	x	x	x			x		x	x				x	
Daten Kommune																				
Einwohner in Tausend		3475	46	1299	140	27	121	40	520	208	1702	139	52	42	260	42	491	587	70	35
Ausgab. für Energie pro Einw. u. Jahr in €		43	22	35		29	20	20			65	41	30		2,25	22		51	22	
	davon Heizung	21	11	16		19	11	12				15	13		1,25	13		21	12	
	davon Strom	22	11	19		10	9	8				26	17		1	9		30	10	

Tabelle 7-1: Überblick über 19 näher untersuchte Kommunen, aus denen die Fallstudien ausgewählt wurden. Markierungen "x" zeigen Schwerpunktaktivitäten im KEM an; „(x)" markieren geplante oder ähnliche Aktivitäten.

- **Organisationsformen und Finanzierungskonzepte des KEM**
Bei der Auswahl der Fallbeispiele wurde außerdem darauf geachtet, dass eine breite Palette organisatorischer Ansätze und Finanzierungskonzepte vertreten ist. Hier ist besonders die Kombination einzelner Modelle und Konzepte von Interesse.

- **Rahmenbedingungen der Kommunen**
In den Fallstudien sollten Kommunen mit einem breiten Hintergrund und unterschiedlichen Rahmenbedingungen repräsentiert sein. So wurde insbesondere darauf geachtet, dass sowohl große Städte als auch kleine Gemeinden aus verschiedenen Regionen vertreten sind.

- **Kooperationsbereitschaft der Ansprechpartner**
Aus forschungspraktischer Sicht ist es ein wichtiges Kriterium, wie hoch die Kooperationsbereitschaft der Ansprechpartner in den Kommunen ist. Ebenso ist die Verfügbarkeit von Informationen ein ganz entscheidender Faktor für die Auswahl der Fallstudien.

Es ist anzumerken, dass die Fallstudien nicht generell als "Best-Practice"-Beispiele ausgewählt wurden. Kriterium war nicht, wie erfolgreich ein kommunales Energiemanagement durchgeführt wird. Gerade zum Aufzeigen von Hemmnissen und Schwierigkeiten ist die Betrachtung von Projekten mit unterschiedlichem Erfolgsgrad unabdingbar. Allerdings erwies es sich als äußerst schwierig, gescheiterte Projekte zu identifizieren. Dies hat vielerlei Gründe. Zum einen sind "Worst-Case"-Fälle häufig die, bei denen einfach "nichts" unternommen wurde. Zum anderen werden natürlich Misserfolge und Inaktivität in der Regel nicht publik gemacht. In dieser Hinsicht stellt besonders das Auswahlkriterium der Kooperationsbereitschaft der Ansprechpartner und der Verfügbarkeit eine gewisse Einschränkung dar. Dies führte dazu, dass die untersuchten Fallstudien (wie auch die Mehrzahl der von uns betrachteten Kommunen insgesamt) ein engagiertes und erfolgreiches kommunales Energiemanagement durchführen.

7.2 Berlin

7.2.1 Allgemein

Die Stadt Berlin unterhält zur Zeit über 6000 öffentliche Gebäude. Die Ausgaben für Energie betragen etwa 150 Mio € In Abbildung 7-1 sind die Verbräuche und Kosten für das Jahr 2000/2001 dargestellt. Etwa 1/3 der angegebenen Kosten entfallen auf nicht kommunale öffentliche Gebäude (Universitäten, Krankenhäuser, Bäderbetriebe usw.). Der Anteil aller öffentlichen Gebäude an den gesamtstädtischen CO_2-Emissionen beträgt 9%.

	Verbrauch		Kosten (netto)	
Energieträger	in MWh	in %	in €	in %
Strom	898.600	25	78.000.000	52
Fernwärme	1.371.300	40	57.000.000	38
Gas	1.221.500*	35	15.000.000	10
Gesamt	3.491.400	100	150.000.000	100

Abbildung 7-1: Absolute und relative Jahresenergieverbräuche und Kosten aller kommunalen Liegenschaften der Stadt Berlin aus dem Jahre 2000/2001. Quelle: [David 2002]
** inkl. Gas-Straßenbeleuchtung*

Die energiepolitische Entwicklung Berlins steht immer noch stark unter dem Eindruck der Wiedervereinigung. Besonders im Ostteil der Stadt richteten sich die bisherigen Bemühungen bei Modernisierungen der Heizungsanlagen vor allem auf einen Energieträgerwechsel weg von der Kohle hin zu Gas und Fernwärme.

Bei den öffentlichen Liegenschaften wird ein Kostensparpotential von 30% angenommen. Dem entspricht allerdings ein veranschlagter Investitionsbedarf von mehr als 510 Mio € [Berlin 1997].

7.2.2 Zielsetzungen, Schwerpunkte und Erfolge des KEM

Das kommunale Energiemanagement wird als ein Baustein angesehen, mit dem die aus der Berliner Klimaschutzpolitik resultierenden Ziele verwirklicht werden sollen. Diese orientiert sich am:

- „Gesetz zur Förderung der sparsamen sowie umwelt- und sozialverträglichen Energieversorgung und Energienutzung im Land Berlin“ (Berliner Energiespargesetz) vom 2. Oktober 1990,
- Ziel des Klimabündnisses der europäischen Städte, bis 2010 den CO_2-Ausstoß gegenüber 1990 um 50% zu reduzieren. Berlin ist 1990 diesem Bündnis beigetreten,
- Energiekonzept Berlin vom Dezember 1994, das eine verbindliche Senkung der Kohlendioxidemissionen in Berlin um 25% zwischen 1990 und 2010 beinhaltet,
- Landesenergieprogramm für den Zeitraum 2000 bis 2003 mit seinen Handlungsfeldern, das im Mai 2000 vom Senat beschlossen wurde.

Auch in der Koalitionsvereinbarung der jüngsten Regierung in Berlin werden unter den Maßnahmen zum Klimaschutz explizit Elemente des kommunalen Energiemanagements aufgeführt. Weiterhin hat sich im Rahmen des lokalen Agenda Prozesses in Berlin ein Fachforum Klimaschutz gebildet, in dem Vertreter verschiedener Statusgruppen (Wirtschaft, Verwaltung, Wissenschaft und Bürgerbewegungen) versuchen, bestehende Konzepte für den Klimaschutz auf eine breitere Basis zu stellen. Auch hier wurde das kommunale Energiemanagement als ein Aktionsfeld gewählt.

Als Oberziel für den Klimaschutz, als ein Aspekt einer lokalen Agenda, wurde die Senkung der CO_2-Emissionen um 25% zwischen 1990 und 2010 formuliert. Erreicht wurde 1998 eine 18% CO_2-Minderung gegenüber 1990 (gesamtstädtisch für alle Energieverbraucher) [Berlin 2001b]. Die Vision einer Reduzierung auf die Hälfte bis 2010 (entsprechend den Statuten des Klima-Bündnisses), wird nicht erreicht werden. Allerdings wird das Ziel einer zukünftigen Halbierung der CO_2-Emissionen als Leitvision für den Zeitraum nach 2010 aufgefasst.

Zur Erreichung dieses Reduktionszieles wurden in der Vergangenheit im Bereich des kommunalen Energiemanagements eine Reihe von Konzepten entwickelt und Maßnahmen durchgeführt. Es würde den Rahmen dieser Untersuchung sprengen, alle Maßnahmen detailliert darzustellen und zu bewerten. Daher sollen einige ausgewählte Konzepte vertiefend betrachtet werden:

Energiesparcontracting in Gebäudepools
Zum einen hat Berlin das Konzept der Gebäudepools entwickelt: An einen Contractor werden nicht nur einzelne Objekte zur energetischen Modernisierung übergeben, sondern ein ganzer Pool mit je 20 bis 50 Gebäuden. Seit 1996 sind zehn Gebäudepools vergeben worden. Diese "Energiesparpartnerschaften" sind sowohl vom finanziellen und organisatorisch/rechtlichen Konzept her interessant als auch aus technologischer Sicht: Die Contractoren setzen aufwendige Gebäudeleittechnik zur (Fern-)Steuerung der Anlagen und automatisierte Datenfernabfrage zur zeitnahen Erfassung der Energieverbräuche ein.

Zentrales Controlling – die Energiewirtschaftsstelle
Außerdem wurde in Berlin eine Energiewirtschaftsstelle eingerichtet, die eine umfassende Datenbank über die Energiebezüge der Stadt erstellen soll. Mittlerweile werden Energieverbräuche von 14.000 Zählern registriert. Auf Grundlage dieser Datenbasis konnten wesentlich bessere Konditionen für den Energiebezug ausgehandelt werden. Im Rahmen unserer Forschung betrachten wir den Aspekt der Vergabe des Energiecontrollings an einen privaten Dienstleister und die Potentiale telematischer Anwendungen zur Datenerfassung und –verarbeitung.

Fifty-Fifty – Energiesparen an Schulen
Weiterhin betrachten wir die Aktivitäten zur Nutzermotivation an Schulen. Im Rahmen von Fifty-Fifty Projekten erhalten die Schulen 50% der durch geändertes Nutzerverhalten eingesparten Energiekosten. Der Fokus unserer Untersuchen liegt hierbei vor allem auf Schwierigkeiten, die sich bei der gleichzeitigen Durchführung von Contractingvorhaben ergeben und den diesbezüglich gefundenen Lösungsansätzen.

Ambitioniertes Low-Budget Facility-Management auf Bezirksebene
Schließlich soll am Beispiel des Berliner Stadtbezirks Schöneberg die Arbeit auf bezirklicher Ebene skizziert werden. Im Vordergrund wird das selbstentwickelte Facility-Management-Programm stehen.

Grundsätzlich stellt Berlin sicherlich allein wegen seiner Größe mit 3,4 Mio. Einwohnern eine Sonderrolle innerhalb der deutschen Städte dar. Aber auch auf Grund anderer Aspekte (Hauptstadt, Ost-/Westteil) sind viele der auftretenden Probleme von den spezifischen Konstellationen der Großstadt geprägt. Die gemachten Erfahrungen sind daher nur in beschränktem Umfang auf andere Städte zu übertragen. Um übertragbare Konzepte identifizieren zu können, wurden für die Analyse spezielle, geeignet scheinende Aspekte des Energiemanagements in Berlin ausgewählt.

7.2.3 Organisationsstruktur

Die Verwaltungsstruktur in Berlin ist untergliedert in die Senatsverwaltungen auf gesamtstädtischer (Landes-) Ebene und die Bezirksverwaltungen der einzelnen Stadtbezirke. Bisher hatte Berlin 23 Bezirke. Nach dem Gebietsreformgesetz vom 10. Juni 1998 wird die Zahl der Bezirke auf 12 reduziert; gleichzeitig werden ihnen mehr Kompetenzen eingeräumt. Bis zum 1. Januar 2001 sind neue Strukturen entsprechend der Verwaltungsreform einzurichten. Die neuen Bezirke haben zwischen 220.000 und 340.000 Einwohner.

Federführend für Energiekonzepte und Energiesparmaßnahmen ist die Senatsverwaltung für Stadtentwicklung. Die Energiebeschaffung obliegt der Senatsverwaltung für Finanzen. Seit 1999 wird eine zentrale Erfassung aller Energieverbräuche und Kosten in der dafür eingerichteten Energiewirtschaftsstelle (EWS) aufgebaut. Betreiber ist die private Da.V.i.D. AG (Daten in der Versorgungswirtschaft Deutschlands). Die EWS erfasst auch die Energiebezüge der nicht kommunalen öffentlichen Einrichtungen (Universitäten, Krankenhäuser, Bäderbetriebe usw.).

Die Energiekosten des Landes Berlin selbst entfallen zu 2/3 auf Liegenschaften der Bezirke und 1/3 auf die der Hauptverwaltung. Das Energiemanagement für die bezirkseigenen Liegenschaften wird von den Bezirksverwaltungen eigenständig durchgeführt.

Contractingausschreibungen für Energiesparmaßnahmen im Rahmen der Berliner Energiesparpartnerschaften werden von der Berliner Energieagentur GmbH (Gesellschafter: Land Berlin, Bewag AG, Deutsche Ausgleichsbank) begleitet.

7.2.4 Finanzierungsstruktur

Zuständig für die Abwicklung des Energieeinkaufs ist die Senatsverwaltung für Finanzen. Die einzelnen Verwaltungen (Bezirksämter sowie gesamtstädtische Verwaltungsabteilungen) haben eigenständige Budgets, aus denen auch die Energiekosten zu tragen sind (Budgetierung).

1994 gab es den Versuch, eine Art Intracting in Berlin einzuführen. Gemäß Senatsbeschluss sollten im Haushaltsjahr 1994 eine jährliche Einsparung von 3% der Energiekosten erreicht werden[7]. Für das Jahr 1996 wurde eine Einsparung von 6% beschlossen. Die eingesparten Energiekosten sollten den jeweiligen Ämtern für weitere Energiesparmaßnahmen frei gestellt werden. Im Prinzip zielte das Modell also darauf ab, den Energiebeauftragten der Bezirke ein eigenes Budget zuzuweisen, das sie sich mit nicht- bzw. gering-investiven Einsparungen erschließen konnten. Es existierte ein Maßnahmenkatalog welche Einsparungen finanziert werden durften.

In der Praxis scheiterte das Konzept jedoch. Zum einen können die veranschlagten Kosten für das nächste Jahr nur bedingt auf der Grundlage der Kosten des letzten

---

[7] Dabei differieren die Interpretationen des Beschlusses, ob es sich um eine 3% ige Einsparung *in* 1994 oder eine kumulierende Einsparung *ab* 1994 handeln sollte.

Jahres festgesetzt werden (warme und kalte Jahre, Nutzungsänderungen etc.). Zum anderen mussten wegen der schlechten Haushaltslage in Berlin 1996 Einsparungen im Gesamthaushalt von ca. 500 Mio. Euro erbracht werden. Die erzielten Energieeinsparungen wurden hier zur Deckung des Haushaltsdefizites verwendet und standen nicht für Energiesparmaßnahmen zur Verfügung.

Die mangelnde Planungssicherheit für Energiesparmaßnahmen war ein Grund, warum 1994 das "Berliner Modell der Energiesparpartnerschaften", also die Vergabe von Energiesparcontractingverträgen ins Leben gerufen wurde.

7.2.5 Zentrales Energiecontrolling – die Energiewirtschaftsstelle

Bis zur Gründung einer zentralen verwaltungsexternen Energiewirtschaftsstelle im Jahre 1999 gab es keine universale Erfassung der Energieverbrauchsdaten auf gesamtstädtischer Ebene. Dabei wurde das Energiecontrolling dadurch erschwert, dass für die Energiebereitstellung (Bezahlung der Energiekosten) die Senatsverwaltung für Finanzen zuständig ist, die energietechnische Bewirtschaftung der (bezirklichen) Liegenschaften jedoch in der Hand der Bezirke liegt. Lange Zeit wurde auch auf Bezirksebene kein umfassendes Energiecontrolling durchgeführt. Zum Aufbau bzw. zur Intensivierung des bezirklichen Energiemanagements wurde in den Jahren 1992-1993 das ABM-Projekt „Energieteams“ durchgeführt, bei dem die Bezirke ABM-Kräfte zur Unterstützung bei der Erfassung und Auswertung von Energieverbrauchsdaten erhielten. Seit dem 1. Januar 1994 wird das Projekt als „Energiedienste“ von der KEBAB gGmbH weitergeführt. Im Jahre 2000 waren 12 Bezirksämter (der alten Bezirke) in dieses Projekt involviert. In den meisten Bezirken sind (daraus hervorgehend) mittlerweile Energiebeauftragte einberufen worden, die zumindest für einen Teil der Liegenschaften ein Controlling durchführen.

Mitte der 90'er Jahre wurde die Idee für ein Energiecontrolling auf gesamtstädtischer Ebene in Form einer verwaltungsexternen Energiewirtschaftsstelle entwickelt. Zunächst gab es teilweise Befürchtungen in den Bezirken, dass deren Kompetenzen durch ein solches zentrales Controlling eingeschränkt werden könnten. Dies hatte u.a. den positiven Nebeneffekt, dass die bezirklichen Energiecontrolling-Aktivitäten teilweise intensiviert wurden [Kist 21.01.02]. Nach längerer verwaltungsinterner Diskussion wurde 1999 die Einrichtung der Energiewirtschaftsstelle beschlossen. Nach einer europaweiten Ausschreibung wurde die Da.V.i.D. AG mit dieser Aufgabe betraut. Der geschlossene Vertrag hat zunächst eine Laufzeit von drei Jahren.

Die Da.V.i.D. (Daten in der Versorgungswirtschaft Deutschlands) AG wurde von der LBD Beratungsgesellschaft und der Anwaltskanzlei Becker Büttner Held gegründet. Beide Unternehmen haben Erfahrung in der Beratung bei energiewirtschaftlichen und energierechtlichen Fragen. Im März 2001 beschäftigte die Da.V.i.D. AG 13 Mitarbeiter, 4 davon zur Betreuung der Energiewirtschaftsstelle. Für ihre Leistungen in der Energiewirtschaftsstelle erhält die Da.V.i.D. AG ein Pauschalhonorar sowie einen erfolgsabhängigen Bonus. Die Da.V.i.D. AG bietet außerdem Beratungen bei Energieeinkauf und Energiedatenmanagement für große Firmen, Ministerien und andere Kommunen an.

Bisherige Aufgaben und Erfolge der Energiewirtschaftsstelle

Hauptaufgabe der Energiewirtschaftsstelle in Berlin war zunächst einmal die Identifizierung aller städtischen Verbrauchsabnahmestellen/Zähler für Strom, Gas und Fernwärme. Nach Aussage der betreuenden Mitarbeiterin Frau Siebald musste hierfür quasi bei Null angefangen werden. Davon ausgehend, dass alle Einrichtungen

Strom verbrauchen, wurde der Stromversorger aufgefordert, die Stammdaten all der Abnahmestellen aufzustellen, die nach seiner Kenntnis dem Land Berlin zuzuordnen sind. Auf Basis dieser Informationen wurden die Energierechnungsempfänger im Land Berlin identifiziert und diesen einerseits die Daten des Stromversorgers zum Abgleich übersandt und andererseits wurden sie um Ergänzung bezüglich der Stammdaten der Gas- und Fernwärmeversorgung gebeten, soweit die jeweiligen Liegenschaften mit diesen Energiemedien versorgt werden.

Diese Arbeiten waren sehr zeitaufwendig und arbeitsintensiv. Bis März 2001 wurden 14700 Abnahmestellen identifiziert. Der Informationsgewinn lässt sich schon allein dadurch erahnen, dass in der Arbeitsbeschreibung der Energiewirtschaftsstelle (Vertrag zwischen Stadt und Da.V.i.D. AG) lediglich 11500 städtische Abnahmestellen geschätzt worden waren.

Für das Controlling der Energieverbrauchs- und Kostendaten wurde eine elektronische Datenbank aufgebaut. Zur Einpflege der Stammdaten (Gebäudedaten, Zählernummern etc.) wurden die Informationen der Versorger mit denen der Verwaltung selbst abgeglichen. Als laufende Daten werden derzeit die Informationen aus den Energierechnungen erfasst. Hierzu werden die Zwischen- und Abschlussrechnungen vom Versorger direkt über eine Schnittstelle elektronisch eingelesen. Aus Sicht der Da.V.i.D. AG ist nur so ein zeitnahes und von Übertragungsfehlern freies Einspielen der Verbrauchs- und Kostendaten möglich. Eine manuelle Eingabe würde ein Vielfaches an Ressourcen kosten und zusätzliche Fehlerquellen bergen. [Siebald 2001b]

Bisher wurden die gesammelten Daten vor allem zum Vertragscontrolling verwendet. Die detaillierte Rechnungsprüfung hat zur Korrektur von Abrechnungsfehlern in Höhe von ca. 2 Mio € und damit 3% der Jahresstromkosten geführt. Bereits vor der Einrichtung der Energiewirtschaftsstelle war zwischen der Stadt Berlin und der BEWAG als Stromversorger ein Rahmenvertrag mit „Bestkundenkonditionen" geschlossen worden. In diesem Rahmenvertrag sind neben den Abnahmestellen des Landes und der Bezirke auch Abnahmestellen weiterer öffentlicher Körperschaften (Universitäten, Krankenhäuser, Bäderbetriebe usw.), gebündelt, die ebenfalls von der EWS betreut werden. Allein den nicht gemäß Rahmenverträgen abgerechneten Abnahmestellen flossen im Jahr 2000 Rückzahlungen von fast 510.000 € zu. Fehlerhafte Abrechnungen innerhalb des Rahmenvertrags des Versorgers in Höhe von ca. 1.5 Mio € konnten durch Rechnungskürzungen kassenwirksam für das Land korrigiert werden. Durch weitere Tarifoptimierungen konnten auch in 2001/2002 zusätzlich Kosten von mehr als 500.000 € eingespart werden.

Darüber hinaus sieht die Energiewirtschaftsstelle die Information der Energiebeauftragten über aktuelle Preis- und Vertragsänderungen als eine ihrer zentralen Aufgaben an. Im Jahr 2000 wurden ca. 100 Beratungen in energiewirtschaftlichen und/oder energierechtlichen Fragen durchgeführt.

Schwierigkeiten bei der Umsetzung

Die Erfassung und Aufbereitung der Energiedaten des Landes hat sich als langwierig erwiesen. Problematisch sind hier die nicht auf Kunden, sondern Abnahmestellen ausgelegten EDV-Systeme der Energieversorger. Besonders schwierig gestaltete sich die Übergabe der Zählerinformationen bei der Stromversorgung, wo mit der Begründung von getrennter Datenhaltung bei Vertrieb und Netz aufgrund der Vorschriften zur Entflechtung der Energiewirtschaft bisher sogar die Übergabe von Zählernummern verweigert wird. Da die Zählernummer/Zählpunktbezeichnung jedoch eine der zentralen Informationen darstellt, die beim Wechsel des Lieferanten mitzuteilen sind, kann auf deren Pflege in der Datenbank nicht verzichtet werden.

Aber auch in der Zusammenarbeit mit den Verwaltungsstellen traten einige Reibungsverluste auf. Generell erwies sich der Informationsabgleich aufgrund der dezentral strukturierten Zuständigkeiten als sehr kompliziert. Der Wissensstand in den Bezirken über die eigenen Energieverbräuche ist sehr unterschiedlich. Erschwert wurde die Zusammenarbeit dadurch, dass einige Verwaltungseinheiten ihre Mitarbeit bis heute verweigert haben [Siebald 2001b]. In manchen Bezirksverwaltungen gibt es Befürchtungen, dass durch das zentrale Controlling die Entscheidungskompetenzen des Bezirkes reduziert werden könnten. Darüber hinaus gab und gibt es seitens mancher Verwaltungsmitarbeiter eine gewisse Skepsis bis hin zu einer Abwehrhaltung gegenüber der Energiewirtschaftsstelle allein auf Grund der Tatsache, dass es sich um eine verwaltungsexterne, privatwirtschaftliche Institution handelt. Es besteht die Befürchtung, dass eine private Firma ihr Know-How über Gebühr ausnutzen könnte. Die Stadt würde sich langfristig in die Abhängigkeit vom jetzigen Betreiber der Energiewirtschaftsstelle begeben, da die von der Da.V.i.D AG aufgebaute Energiedatenbank weder von der Stadt noch von einem anderen privatwirtschaftlichen Unternehmen übernommen und weiter genutzt werden könne.

Mit den meisten Verwaltungsstellen und besonders den bezirklichen Energiebeauftragten ist jedoch im Rahmen einer arbeitsintensiven Zuarbeit durch die Verwaltungen ein gutes Verhältnis aufgebaut worden. Die Energiebeauftragten erhalten von der Energiewirtschaftsstelle aufgearbeitete Übersichten über die von ihnen betreuten Liegenschaften. Somit profitieren auch sie wieder von der Zusammenarbeit. Allerdings schränkt Frau Siebald (Da.V.i.D AG) ein, gibt es einzelne Bezirke, die bereits ein so umfassendes Energiemanagement betreiben, dass die Verbrauchsdatenanalyse seitens der Energiewirtschaftsstelle für diese Energiebeauftragten im Wesentlichen keine neuen Informationen bringen. In einer Veranstaltung bei der die Da.V.i.D AG vier Energiebeauftragten ihre ersten Ergebnisse präsentierte, stellte sich heraus, dass generell ein großer Bedarf seitens der Energiebeauftragten für einen bezirksübergreifenden Erfahrungsaustausch besteht. [Siebald 27.02.01]

Ausblicke

Finanziell hat sich die Energiewirtschaftsstelle allein durch die eingeforderten Rechnungskorrekturen nach weniger als einem Jahr Arbeit bereits für die gesamte dreijährige Laufzeit des derzeitigen Vertrages vollständig amortisiert.

Langfristig wird der Schwerpunkt der Arbeit der Energiewirtschaftsstelle nach wie vor im Bereich des Controlling, auf dem Zur-Verfügung-Stellen von aggregierten Informationen, in der juristischen Beratung und bei Verhandlungen mit den Energieversorgern liegen. Allerdings ist darüber hinaus geplant, die Energieverbrauchsdaten so aufzuarbeiten, dass Energiesparpotentiale leichter identifiziert werden können. Dies soll etwa durch Kennwertanalysen für einzelne Gebäudegruppen und die Identifikation der überdurchschnittlichen Verbraucher geschehen.

Bewertung

Finanziell war die Einführung der Energiewirtschaftsstelle ein Erfolg. Ob auf der Grundlage einer besseren Informationsbasis auch Energieeinsparungen erzielt werden können, muss sich innerhalb der nächsten Jahre erst zeigen. Das von der Da.V.i.D AG prognostizierte Kosteneinsparpotential, welches durch zu identifizierende Energiesparmaßnahmen ausgeschöpft werden soll, wird als noch größer als die bisher erzielten Kostenreduktionen angesehen.

Der weitere Erfolg dürfte jedoch insbesondere davon abhängen, ob es gelingt, die in der Energiewirtschaftsstelle gewonnenen Informationen so an die entsprechenden Stellen und Entscheidungsträger (Senatsverwaltung für Stadtentwicklung, Bezirke, Energieagentur, ...) weiter zu gegeben, dass sie dort zu einer gesteigerten Durchführung von Energiespar-Projekten führen.

Trotz der aufgetretenen Reibungsverluste und Schwierigkeiten in der Zusammenarbeit mit manchen Verwaltungsstellen, muss das Konzept, den Betrieb der Energiewirtschaftsstelle an eine privatwirtschaftliche Institution zu vergeben, als Erfolg gewertet werden. Die Erfassung aller Energiedaten wurde trotz des immensen Arbeitsaufwandes sehr schnell (zum größten Teil innerhalb eines Jahres) durchgeführt.

7.2.6 Energiesparpartnerschaften – Contracting von Gebäudepools

Zielsetzung des Berliner Contracting-Konzeptes, der sogenannten „Energiesparpartnerschaften“, ist es, die Energiebewirtschaftung mehrer Liegenschaften für eine bestimmte Laufzeit an Externe zu übertragen. Im Vordergrund stand zu Beginn das Interesse, eine private Finanzierung für den hohen veranschlagten Investitionsbedarf der rentablen Energiesparmaßnahmen zu finden. Da in Berlin seit Anfang der 90er Jahre auf Grund der schlechten Haushaltslage mehrfach Haushaltssperren verhängt wurden, konnten in vielen Fällen selbst rentable, bereits geplante Energiesparmaßnahmen nicht durchgeführt werden. Diese Schwierigkeit sollte durch die Vergabe von Contractingverträgen und der damit einher gehenden privatrechtlichen, vertraglichen Fixierung umgangen werden.

Das besondere am Berliner Konzept des Energiesparcontractings ist die Bildung von sogenannten Gebäudepools. In einem Vertrag werden mehrere Liegenschaften (in der Regel zwischen 20 und 50) als „Pool“ zusammengefasst und gemeinsam ausgeschrieben. Es handelt sich um Gebäude verschiedener Nutzungen und Trägerschaften sowie mit unterschiedlichem Energiesparpotential.

Durch das Zusammenstellen von ausreichend großen Gebäudepools soll einerseits das Risiko für die Contractoren minimiert, andererseits das durchschnittliche Niveau der Sparpotentialerschließung erhöht werden. Dabei soll das Zusammenfassen von Gebäuden mit rentablen und weniger rentablen Energiesparpotentialen verhindern, dass die Contractoren nur die für sie wirtschaftlich interessantesten Objekte übernehmen (sog. „Rosinenpicken“).

Ein im Rahmen der Energiesparpartnerschaften verfolgtes Ziel war es auch, für die ausgeschriebenen Gebäude eine detaillierte Erfassung der Energiedaten durchzuführen. Der Aufbau eines Controllings für alle Liegenschaften wird daher in den Contractingvereinbarungen geregelt.

Das Konzept der Energiesparpartnerschaften wurde Mitte der 90er Jahre als Modellprojekt gestartet. Bereits zuvor waren einige Erfahrungen mit Wärmecontracting-Projekten gesammelt worden. Diese zielten vor allem auf einen Energieträgerwechsel, weg von den mit Kohle befeuerten Heizungsanlagen, die bis Anfang der 90er Jahre vor allem im Ostteil der Stadt häufig waren.

Im Juni bzw. August 1996 wurden die Contractingverträge für die ersten beiden Gebäudepools unterzeichnet. Das Modellprojekt der ersten beiden Pools wurde im Rahmen des EU-Programmes PERU gefördert. Mittlerweile wurden 10 Pools mit laufenden Energiekosten von insgesamt rund 25 Mio € vergeben (siehe Abbildung 7-2). Bis Anfang 2002 konnten drei weitere Pools Verträge unterzeichnen:

- Pool 10 Technische Fachhochschule Berlin
- Pool 11 Bezirk Steglitz Zehlendorf
- Pool 12 Berliner Bäder-Betriebe

Um das Projekt der Energiesparpartnerschaften in die Breite zu führen, hat das Abgeordnetenhaus von Berlin den Senat aufgefordert, „...dafür zu sorgen, dass alle Landesbehörden und Bezirksämter, die an den Energiesparpartnerschaften Berlin noch nicht teilnehmen, sich noch im Jahr 2001 an diesen zu beteiligen. Sollte es im Einzelfall Gründe für eine Nichtbeteiligung geben, so sind diese in dem Bericht detailliert auszuführen." [Berlin 2001d]

Die besondere Bedeutung der Berliner Aktivitäten lässt sich auch daran ablesen, dass nach Aussagen von Contractoren Deutschland ein reiner „Anbietermarkt" für Contracting ist, in dem Sinne, dass es keine Nachfrage der Kommunen gebe, die nicht auf direkte Akquisitionsbemühungen der Contractoren zurück zu führen sei. Einzige Ausnahme bilde hier Berlin, da es die Stadt übernommen habe, von sich aus Contracting-Projekte in größerem Umfang auszuschreiben. [Impulse 14.05.01]

Procedere

Das Projektmanagement, insbesondere die Begleitung des Ausschreibungsverfahrens, liegt bei der Berliner Energieagentur. Die Energieagentur unterstützt die Verwaltungen bei der Auswahl geeigneter Gebäude, der Erfassung der relevanten Liegenschaftsdaten sowie bei der Erstellung der Baseline der Energieverbrauchsdaten. Die Entscheidung für die Auswahl der Gebäude liegt bei den jeweils zuständigen Bezirksverwaltungen, bzw. den Hauptverwaltungen. Es erfolgt eine EU-weite Ausschreibung. Zur Abstimmung, Koordination und Kontrolle der Arbeiten des Contractors vor Ort wird je Pool eine Arbeitsgruppe eingerichtet. Sie besteht aus Vertretern der beteiligten Verwaltungen. In der Arbeitsgruppe werden darüber hinaus anstehende Probleme erörtert und geklärt. Besondere Probleme werden in sogenannten poolübergreifenden Sonderrunden behandelt.

In die ersten beiden Pools wurden unterschiedlichste Gebäude aus dem gesamten Stadtgebiet aufgenommen. Mittlerweile werden vorwiegend Pools auf Bezirksebene gebildet. Ausnahmen bilden die Pools für Hochschulen sowie die städtischen Schwimmbäder.

	Pool 1	Pool 2	Pool 3	Pool 4 Pankow	Pool 5 Hellersdorf	Pool 6 Spandau	Pool 9 Friedrichshain	Pool 10 Technische Fachhochschule	Pool 11 Steglitz/ Zehlendorf	Pool 12 Berliner Bäder-Betriebe	Summe gezeichnete Verträge
Liegenschaften	35	45	34	56	36	24	30	5	41	11	**317**
Baseline-Kosten in €/a	3.948.526	5.476.100	2.699.279	2.074.988	1.478.027	671.165	1.090.529	928.165	1.285.102	4871293	**24.523.174**
Baseline- Verbrauch in MWh/a	74.810	100.990	52.540	49.512	27.476	17.121	21.952	19.153	37.140	57.141 (+ Wasser: 637.270 m³/a)	**457.836**
Energiesparpartner	ARGE ESP Bewag / Landis & Staefa GmbH	SFW GmbH, ESB Energie-sparen & Betreiben	ARGE ESP Landis & Staefa GmbH Bewag	Johnson Controls Regelungs-technik GmbH	HEW Contract GmbH	Johnson Controls Regelungs-technik GmbH	ARGE, MVV Energie AG WFM GmbH & Co	SFW GmbH, ESB Energiesparen & Betreiben	SFW GmbH, ESB Energiesparen & Betreiben	Siemens Landis & Staefa GmbH	
Vertragsbeginn	01.04.96	01.04.96	01.05.98	12.04.99	01.07.00	01.04.00	31.01.01	01.03.02	17.07.01	11.12.01	
Beginn Haupt-leistungsphase	01.04.96	01.04.96	01.10.98	01.03.00	01.01.01	01.02.01	01.10.01	01.01.03	01.06.02	01.10.02	
Vertragslaufzeit	12,75 Jahre	12,75 Jahre	12 Jahre	14 Jahre	14 Jahre	14 Jahre	10 Jahre	10 Jahre	12 Jahre	10 Jahre	
Erstinvestition in €	3.118.880	3.530.414	1.561.997	1.771.339	2.291.866	598.241	939.243	552.195	920.325	7.925.683	**23.210.183**
Garantieeinsparung in %	ca. 20% *	ca. 25% *	15,70%	24,20%	23,58%	22,00%	19,67%	22,50%	22,00%	33,54%	**22,90%**
Garantieeinsparung in €	789.705	1.369.025	423.787	502.147	348.519	147.656	214.507	208.837	282.722	1.633.832	**5.920.737**
CO^2 - Einsparung in t/a	8.300	5.400	3.000	2.500	1.100	1.000	925	1.353	2.773	4.938	**31.289**
Garantierte Haus-haltsentlastung in %	7,54%	9,28%	7,28%	7,10%	6,72%	4,00%	3,46%	4,50%	2,42%	6,71%	
Garantierte Haus-haltsenflastung in €/a	297.719	508.102	196.637	147.325	99.328	26.873	37.753	41.767	31.099	326.766	**1.713.371**
Zusätzliche Beteiligung des AG in %	ab 20 % → 70 ab 25 % → 60 ab 30 % → 50	ab 30 % Einsparung: → 50	10	80	50	50	90	50	90 im 1. Jahr 75 im 2. Jahr 50 ab dem 3. Jahr	30	

* In den Verträgen Pool1 und Pool 2 bezieht sich die Garantiehaftung lediglich auf die Beteiligung des Auftraggebers

Abbildung 7-2: Übersicht der Berliner Energiesparpartnerschaften. Quelle: Berliner Energieagentur [be 2002]

Bei der Auswahl der Gebäude für das Energiesparcontracting werden folgende Kriterien angelegt:

- Hoher Sanierungsbedarf
  Die einzelnen Gebäude sollen einen hohen Sanierungsbedarf (Kosten) aufweisen. Dabei ist jedoch fest zu halten, dass das (ökonomisch rentable) Energiesparpotential sehr unterschiedlich sein kann. In der Regel sind Energieeinsparungen zwischen 5 und 35% in Einzelfällen bis zu 60% möglich.
- Langfristige Nutzungssicherheit
  Über die ganze Laufzeit des Contracting-Vertrages sollte die Nutzung des Gebäudes sich nicht wesentlich ändern, da sich sonst auch die Berechnungsgrundlage (Baseline) für die Energieeinsparung und die Vergütung des Contractoren ändert. Insbesondere sollten die Gebäude im Besitz der Stadt verbleiben.
- Jahresenergiekosten
  Die Jahresenergiekosten des gesamten Pools sollten mindestens 250.000 € betragen.

Darüber hinaus wird von der Senatsverwaltung für Stadtentwicklung ein Eigenregievergleich für die ausgewählten Gebäude durchgeführt. Diese Rechnungen sind allerdings nicht so umfangreich, wie sie für das Pilotprojekt Wärmecontracting durchgeführt worden waren. Die damaligen Rechnungen zeigten, dass in 80% der Fälle die Vergabe billiger war als eine Lösung in Eigenregie. Die Entscheidung über die Gebäudeauswahl für die Energiesparcontracting-Projekte wird jedoch nicht allein nach ökonomischen Kriterien getroffen. Das Potential der CO_2-Minimierung und die Frage, wie schnell die Maßnahme in Eigenregie durchgeführt werden könnte, fließen ebenfalls in die Bewertung mit ein.

Umgesetzte Energiesparmaßnahmen

In der Regel sind die Pools an Konsortien mehrerer Firmen aus unterschiedlichen Bereichen vergeben worden. Das Spektrum reicht von Firmen, die primär Steuerungselektronik herstellen über Anlagenhersteller bis hin zu Energieversorgern. Da die Erstinvestitionen (i.H.v. 1,2 – 3.3 Mio €) durch die Contractoren vorfinanziert werden müssen, handelt es sich um große Firmen der Energiewirtschaft bzw. deren Tochterunternehmen (s. Abbildung 7-2). Für die Projektabwicklung wurden in der Regel Unteraufträge abgegeben. Häufig wurden bereits in der Planungsphase Ingenieurbüros mit eingebunden. Ein Großteil der baulichen Durchführung wurde von kleinen und mittleren Firmen und Handwerksbetrieben übernommen.

Im Rahmen der Berliner Energiesparpartnerschaften wurden folgende Maßnahmen umgesetzt:

Anlagentechnische Maßnahmen zur Wärmeversorgung inkl. Maßnahmen zur Einsparung von Elektroenergie

- Energieträgerumstellungen, insbesondere von Koks auf Gas bzw. Fernwärme
- Total- bzw. Teilsanierung von Heizanlagen
- Sanierung von Fernwärmeübergabestationen

- Einbau von drehzahlgesteuerten Pumpen
- Strangregulierungen
- Einbau von Thermostatventilen
- Installation von Mess-, Steuer- und Regeltechnik
- Einzelraumregulierungssysteme
- Installation von Gebäudeleittechniksystemen
- Installation von Energiecontrollingsystemen
- laufende Optimierungsmaßnahmen an den Heizsystemen einschließlich raumlufttechnischer Anlagen
- Entsorgung alter Anlagen/-teile

Beleuchtungstechnische Maßnahmen

- Total- bzw. Teilsanierung von Beleuchtungsanlagen
- Austausch von Leuchtmitteln
- Einbau von Lichtsteuergeräten
- Spannungssenkende Maßnahmen
- Laufende Optimierungsmaßnahmen
- Entsorgung alter Anlagen/-teile

Die Strategien, Energieeinsparungen zu erreichen, sind entsprechend der verschiedenen Hintergründe der jeweiligen Contractoren sehr unterschiedlich. Es gibt jedoch einige Gemeinsamkeiten. Insbesondere ist im Hinblick auf den Einsatz von Telematik folgendes festzustellen:

Energiecontrolling:
Die Contractoren führen ein umfassendes, zeitnahes Energiecontrolling durch. In der Regel werden Energieverbrauchsdaten für alle betreuten Liegenschaften einmal pro Tag erhoben. Dies geschieht mit Hilfe von fernauslesbaren Zählern über Modem, ISDN oder GSM (Mobilfunk). Dieses schnelle Feedback wird von den Contractoren als existenziell angesehen, da vom Erfolg der Energiesparbemühungen die Vergütung abhängt und die zu Vertragsbeginn getätigten Investitionen sich schnell amortisieren sollen. Die aufgearbeiteten Daten werden den entsprechenden Verwaltungsstellen meist in komprimierter Form zur Verfügung gestellt.

Gebäudeleittechnik
In den Liegenschaften in denen Modernisierungen der Heizungsanlagen vorgenommen werden, schalten die Contractoren die Anlagen in der Regel auf eine zentrale Leittechnik in ihrem Firmengebäude auf. Von allen Gebäuden, die im Rahmen der Energiesparpartnerschaften ausgeschrieben wurden, erhielten über 90 % eine Gebäudeleittechnik (GLT). Zum Teil werden sehr aufwendige Automationstechnologien eingesetzt. Entscheidend ist die Möglichkeit, die Anlagen fernüberwachen und fern-

steuern zu können. Müsste die Betreuung der Gebäude, die ja zum Teil über das ganze Stadtgebiet verteilt sind, ausschließlich durch einen Vor-Ort-Service erfolgen, wäre dies für den Contractor wirtschaftlich nicht darstellbar.

Die Gebäudeleittechnik wird sowohl für die Optimierung der Anlagenparameter, als auch für ein Wartungsmanagement verwendet. Dabei variieren aber die Ansätze, wie die Verantwortlichkeiten zwischen den Contractoren und Hausmeistern verteilt sind. Während sich manche Contractoren auf die Überwachung beschränken und für das Schalten der Anlagen die Hausmeister vor Ort zuständig sind, übernehmen andere Contractoren einen Großteil der Steuerung selbst. Im letzteren Fall schalten die Hausmeister die Anlagen nur in Notfällen. In der Regel geben sie alle notwendigen Informationen (inklusive Belegungspläne) an die Contractoren weiter. Die Contractoren überwachen mit der GLT die Gebäude und optimieren diese stetig, etwa indem mit der Leittechnik neue Anlagenauslegungen eingestellt werden.

[Schulz 13.02.01], [Boysen 30.11.01], [Kist 21.01.02]

Ökonomische Betrachtung

Wie in Abbildung 7-3 dargestellt, konnten zwischen 1996 und 1999 im Rahmen des Modellprojektes Energiesparpartnerschaften die Kosten für die Bewirtschaftung der öffentlichen Liegenschaften um über 5 Mio € reduziert werden (Nettoreduktion, nach Abzug der Vergütungen für die Contractoren) [Berlin 2001a].

Jahr	**Energiekosteneinsparung** (klima-, nutzungs- und preisbereinigt) (T-Euro)	**Einsparung der Kosten für Instandhaltung** (T-Euro)	**Einsparung Personalkosten** (T-Euro)	**Gesamteinsparung** (T-Euro)	**Vergütung an Energiesparpartner** (incl. Ausgleichszahlung f. entfallene Liegenschaften) (T-Euro)	**Vorteil des Landes Berlin** (T-Euro)
1996-1999	8.581	1.973	199	10.712	5.144	5.568
2000 (erwartet)	3.458	809	91	4.436	2.240	2.196
2001 (erwartet)	4.045	840	91	4.879	2.784	2.193
2002 (erwartet)	4.406	840	91	5.323	3.104	2.234

Abbildung 7-3: Übersicht über die erwarteten Einsparungen, die Vergütungen der Energiesparpartner sowie der Vorteil des Landes Berlin (Haupt- und Bezirksverwaltung; ab 1998 incl. Pool 3; ab 1999 incl. Pool 4; ab 2000 incl. Pool 5 und 6; ab 2001 incl. Pool 8 und 9) Quelle: Senatsverwaltung für Stadtentwicklung [Berlin 2001a]

Für den Pool 1 liegt darüber hinaus eine in Auszügen öffentlich zugängliche Evaluierung vor. In der Wirtschaftlichkeitsberechnung ergab sich hier eine dynamische Amortisationszeit der Investitionsmaßnahmen im Wärmebereich von vier Jahren. Durch die vertraglich garantierte Beteiligung des Landes an den Einsparungen verlängert sich die Amortisationszeit auf sechs Jahre. Nicht evaluiert wurden die Aufwendungen (Arbeitszeit bei Ausschreibung und Abwicklung des Projektes) seitens der Verwaltung.

Die Annuität der Maßnahmen des Pools 1 betrug 511.000 € – nach Abzug der Beteiligung des Landes: 256.000 € Diese wurde für Personalkosten (Projektbetreuung seitens des Contractors), Controlling und vor allem die Instandsetzung und Wartung der Energieanlagen verwendet. Aus den bisherigen Ausgaben der Pools 1 & 2 [Berlin 2001b] ist zu erwarten, dass der Anteil der Betriebskosten (inkl. Inspektion, Wartung und Instandsetzung) über die ganze Laufzeit etwa so hoch sein wird, wie die getätigten Anfangsinvestitionen.

Hitzige Diskussion des Konzeptes der Energiesparpartnerschaften

Trotz aller Erfolge wird das Konzept des Energiesparcontractings allgemein deutschlandweit und auch in Berlin innerhalb der Verwaltungen sehr kontrovers diskutiert. Die gegensätzlichen Positionen werden dabei häufig vehement vertreten, können aber nur zum Teil mit sachlichen Argumenten oder objektiven Analysen gestützt werden. Im Vordergrund steht die Frage, ob das Konzept für die Verwaltung langfristig unter Einbeziehung aller Kosten eine günstigere Lösung darstellt als andere Finanzierungsinstrumente bzw. die Durchführung von Maßnahmen in Eigenregie. Eindeutige Analysen oder Bewertungen zu dieser Frage existieren nicht. Die auf einer sehr unsicheren Datenlage geführten Debatte ist zum Teil hochgradig emotionalisiert.

In der Diskussion um die Berliner Energiesparpartnerschaften werden u.a. folgende Argumente vorgetragen:

- Rosinenpicken: In den Pools würden die Gebäude mit dem am einfachsten und wirtschaftlichsten zu erschließenden Energiesparpotential zusammengefasst. Für die Bezirke blieben die „Kröten".
- Gegenargument: Genau dies würde durch die breite Streuung innerhalb der Pools vermieden. Im Gegenteil würden sogar solche Gebäude aufgenommen, bei denen sich das sonst nicht lohnen würde.
- Lokale Mittelständler blieben in den Ausschreibungen außen vor, da in den Großprojekten nur große Firmen und überregionale Konsortien eine Chance hätten.
- Eine Prüfung durch das Kartellamt ergab diesbezüglich keine Unregelmäßigkeiten [Kist in DIFU 1996]
- Durch die Vergabe von Unteraufträgen profitierten gerade Berliner Mittelständler von den Modernisierungsmaßnahmen, die sonst wegen der drohenden Haushaltssperre gar nicht durchgeführt werden könnten.
- Durch die Vergabe an einen Generalunternehmer schreibt die Kommune keine Einzelleistungen mehr aus und hat daher keinen Einfluss darauf wie diese erbracht werden. So werden Sozial- und Umweltstandards unterlaufen, an die die Kommune sonst gebunden ist.
- Die Einhaltung dieser Standards kann in den Contractingvereinbarungen festgeschrieben werden.

- Lange Laufzeiten der Contractingprojekte. Der Zeitpunkt an dem die Stadt in den Genuss der Energieeinsparungen kommt, liegt sehr weit in der Zukunft. Die Laufzeiten sind länger als die Armortisationszeiten bei Durchführung der Maßnahmen in Eigenregie.
- Die Laufzeiten werden durch den von den Bezirken gewünschten Gewinnanteil weiter verlängert.
- Da auch die Wartung während der Laufzeit vom Contractor übernommen wird, kommt eine entsprechende Entlastung der Stadt zugute.
- Langfristige Tendenzen seien nicht abzusehen: Verlust von Know-how und Entscheidungskompetenz. Nach Ablauf der Contracting-Verträge seien sofort wieder Sanierungen nötig.
- Aufwendungen (Personal, Betreuung) auf Seite der Verwaltung werden nicht erfasst.

Erfolgsfaktoren und Hemmnisse bei der Umsetzung

Als entscheidende Faktoren für den Erfolg oder Misserfolg einzelner Contractingprojekte stellten sich insbesondere die Konzeption der Pools, die Auswahl der Liegenschaften und das Vergabeverfahren heraus:

- Die Ermittlung der Referenzwerte der Energiekosten (Baseline) vor Projektbeginn waren für die ersten Pools extrem aufwendig. Mittlerweile hat sich das Energiecontrolling in den meisten Bezirken Berlins deutlich verbessert, so dass der immer noch große Aufwand handhabbar geworden ist.
- Für die beteiligten Verwaltungsstellen waren die Modalitäten der Ausschreibung der Contractingprojekte neu und entsprechend arbeitsaufwendig. Aufgrund der langen Laufzeiten von Contractingprojekten und der verteilten Zuständigkeiten für die unterschiedlichen Liegenschaften werden auch in Zukunft Contractingprojekte für die meisten Bearbeiter in der Verwaltung eine Einmaligkeit darstellen. Daher ist die Unterstützung durch eine Stelle, die bereits Erfahrung mit Contracting hat (in diesem Falle die Berliner Energieagentur), sehr hilfreich für die einzelnen Verwaltungsstellen.
- Die zunächst gewählte Variante von bezirksübergreifenden Pools hatte sich als ungünstig erwiesen. Der Koordinierungsaufwand zwischen Contractor und den vielen beteiligten Verwaltungsstellen war zu hoch. Mittlerweile wird in der Regel nur eine Bezirksverwaltung an einem Pool beteiligt.
- Die Tatsache, dass sich bei manchen Liegenschaften der ersten Pools die Eigentumsverhältnisse als ungeklärt erwiesen, hat in Einzelfällen zu erheblichen Schwierigkeiten geführt. Sie ist jedoch der speziellen Situation Berlins nach der Wiedervereinigung zuzuschreiben und dürfte in Zukunft keine Rolle mehr spielen.
- Eine bestehende Schwierigkeit hingegen sind Unsicherheiten bei der langfristigen Nutzungsplanung einzelner Liegenschaften. Generell können Kommunen wesentlich langfristiger die Nutzung ihrer Gebäude vorhersehen, als dies etwa bei privaten Firmen der Fall ist. In Ost-Berlin führten jedoch die dramatisch

zurückgegangenen Schülerzahlen zu einem geringeren Bedarf an Schulen und einer damit einhergehenden Nutzungsänderung bzw. zwischenzeitlichen Nicht-Nutzung der Schulgebäude. Wenn solche Gebäude Teil eines Contractingprojektes sind, kann dies je nach Vertragsgestaltung für die Stadt teuer werden.

In Bezug auf telematische Anwendungen sollte im Ausschreibungsverfahren darauf geachtet werden, dass die Ausschreibungen offen bleiben und weder explizit noch implizit Automationstechnologien oder Gebäudeleittechniken spezieller Hersteller vorgeschrieben werden. Bereits benutzte Technik sowie Vorlieben der Techniker dürfen nicht zu zwingenden Vorgaben werden. Sonst besteht die Gefahr, sich von einzelnen Produkten und somit deren Herstellern abhängig zu machen. Dies besonders dann, wenn diese auch als Contractoren auftreten und somit einen Wettbewerbsvorteil haben. Wenn sie diesen ausnutzen, kann dies auch zum Nachteil der Kommune sein. Ein Anbieter guter technischer Produkte muss nicht notwendigerweise für die beste Abwicklung des Energiespar-Projektes stehen. Generell sollte der innovative Charakter des Energiesparcontractings durch möglichst offene Ausschreibungen erhalten bleiben. Im Gegenzug können und sollten Contractoren dazu angehalten werden, möglichst detailliert offen zu legen, welche Modernisierung mit welchen technischen Komponenten sie planen, so dass eine Bewertung der verschiedenen Angebote durch die Verwaltung möglich ist.

Bewertung

In den Liegenschaften, die im Rahmen der Berliner Energiesparpartnerschaften modernisiert wurden, konnten erhebliche Energieverbrauchsreduktionen von in der Regel über 20% realisiert werden. Das Konzept, verschiedene Liegenschaften in Pools zusammenzufassen, hat sich aus Sicht der Berliner Verwaltung bewährt und wird zukünftig in verstärktem Maße angewendet. Anfängliche Schwierigkeiten bei der Zusammenstellung der Pools und bei der Vertragsgestaltung wurden behoben und seit der Formulierung des Mustervertrages „Energiespar-Garantievertrag“, haben die Energiesparpartnerschaften Berlin das Niveau eines Modellprojektes entgültig verlassen.

Aus Sicht der Contractoren hat die Berliner Nachfrage nach Contracting Projekten eine Größenordnung erreicht, die es für viele Unternehmen interessant macht, diesen Markt zu bedienen. Allerdings wird immer wieder darauf hingewiesen, dass „für beide Seiten etwas drin sein müsste“. Selbst wenn man davon ausgeht, dass „jammern zum Geschäft gehört“, zeigt allein die Tatsache, dass sich die Contractoren sehr selektiv an den Ausschreibungen beteiligen und einige sich wieder aus dem Geschäftsfeld Energiesparcontracting für kommunale Liegenschaften zurückziehen, dass die häufig geäußerte Kritik, die Contractoren würden sich eine „goldene Nase“ verdienen, so nicht aufrecht zu erhalten ist. Vielmehr ist mit der Betreuung des Vergabeprozesses durch die Berliner Energieagentur zu einem erheblichen Maße gewährleistet, dass im Rahmen harter Verhandlungen ein maximaler Gewinn für die Stadt erzielt wird.

Eine Bewertung des Konzeptes Contracting, das alle Vor- und Nachteile, Gewinne und Ausgaben für die Stadt über den ganzen Projektzeitraum hinweg berücksichtigt, ist derzeit noch nicht möglich. Die Frage was nach Ablauf der Contractingverträge geschieht, erhitzt jedoch die Gemüter in der Diskussion um das Konzept Einsparcontracting. Mit Blick auf die technologischen Modernisierungen ist davon auszugehen, dass die telematischen Komponenten zur Datenerfassung und Regelung der Anlagen zwar noch funktionstüchtig sein dürften, aber sicherlich nicht mehr dem Stand der Technik entsprechen werden. Dies ist für sich genommen nicht problematisch, wenn gewährleistet werden kann, dass Ersatzteile für einzelne Komponenten weiterhin verfügbar sind (ist vertraglich gewährleistet). Schwierigkeiten können allerdings bei zukünftigen Erweiterungen oder Umbauten entstehen. Aufgrund der Schnelllebigkeit von Informations- und Kommunikationstechnologien können Kompatibilitätsprobleme dann dazu führen, dass für kleine Erweiterungen große Teile der Anlage ausgewechselt werden müssen.

Im Gegensatz zu den telematischen Bauteilen dürften etwa Brenner oder Kessel der Heizungsanlagen Lebensdauern aufweisen, die deutlich über die Laufzeit der Contractingprojekte hinausgehen. Insgesamt ist davon auszugehen, dass der Sanierungsbedarf der entsprechenden Liegenschaften nach Ablauf der Vertragslaufzeiten nicht höher, sondern eher geringer sein dürfte als vor Beginn des Contractingprojektes.

Im Bezug auf das Energiecontrolling ist festzuhalten, dass das Konzept der Gebäudepools dazu beiträgt, dass das Controlling auch auf Gebäude ausgeweitet wird, die für sich nicht lukrativ für Contracting-Maßnahmen wären. Diese Gebäude erhalten in der Regel auch fernauslesbare Zähler oder werden auf die Leittechnik mit aufgeschaltet. Nicht bewertet werden kann allerdings, ob dadurch langfristig ein Gewinn für die Stadt verbunden ist, in dem Sinne, dass hier telematische Anwendungen installiert werden, die dann später von der Stadt selbst für ihr eigenes Controlling genutzt werden können. Neben der grundsätzlichen Frage, ob heute installierte Technik nach Ablauf der Contractingverträge noch modern genug ist, um in eine gesamtstädtische automatisierte Energiedatenerfassung integriert zu werden, ist zu bemerken, dass derzeit von den Contractoren sehr unterschiedliche Systeme installiert werden, die sich ohnehin nicht einfach zu einem System integrieren lassen. Darüber hinaus gibt es auch das Problem, dass seitens der Verwaltung kein Know-how aufgebaut wird, die installierten Systeme zu betreuen. Derzeit werden die erhobenen Daten von städtischer Seite meist nicht weiter analysiert, so dass auch hier keine Kompetenzen aufgebaut werden. Die relevanten Daten werden nur in Bezug auf die durch den Contractor erzielten und zu vergütenden Leistungen überprüft. Mehr ist jedoch auch nicht nötig, da die Betriebsführung der Gebäude zum großen Teil in den Händen des Contractors liegt.

7.2.7 Fifty-Fifty – Energiesparen an Schulen

1995 wurde mit Unterstützung der Berliner Senatsverwaltung für Schule, Jugend und Sport begonnen, Fifty-Fifty Projekte an Berliner Schulen umzusetzen. Nach dem Vorbild des Hamburger Modells konnten die Schulen freiwillig Energiespar-Projekte umsetzen und sollten zur Hälfte an den erzielten Einsparungen beteiligt werden. Getragen werden die Energiesparbemühungen von den „Energieteams“[8] der einzelnen

[8] Da hier eine Begriffsdopplung besteht, ist etwas Vorsicht angebracht. Die Energieteams der Fifty-Fifty Projekte haben nichts mit den ABM - Energieteams für das Energiecontrolling zu tun.

Schulen, Gruppen von Schülern, die unter der Anleitung eines oder mehrerer engagierter Lehrern versuchen, das Thema Energiesparen praktisch in ihre Schulen zu tragen.

Eine einheitliche Organisationsform wurde nicht entwickelt und so haben die einzelnen Verwaltungsbezirke verschiedene Verfahrensweisen mit unterschiedlichen Beteiligten und differenzierten Berechnungs- und Bonusmodellen entwickelt. Mittlerweile führen fast alle Bezirke Fifty-Fifty Projekte durch. 2001 waren 222 von 817 Berliner Schulen beteiligt und erzielten 562.000 € jährliche Einsparungen (5% der Energiekosten). Davon wurden 292.000 € an die Schulen ausgezahlt.

Das Projekt wird vom Unabhängigen Institut für Umweltfragen (UfU e.V.) unterstützt. Das UfU leistet logistische Hilfe, organisiert Informations- und Diskussionsveranstaltungen, berät und unterstützt die einzelnen Schulen, entwickelt und verteilt Informations- und Arbeitsmaterialien für die Einbeziehung von Energiespar-Projekten in den Unterricht. Finanzielle Förderung für diese Arbeiten erhielt das UfU von der Berliner Senatsverwaltung für Stadtentwicklung. Seitens der Senatsschulverwaltung wurde das Fifty-Fifty Projekt bisher nur in geringem Umfang unterstützt. Es ist geplant einen beteiligten Lehrer fünf Stunden für die Betreuung des Projektes freizustellen [Schmidthals 2002].

In der Evaluation der Fifty-Fifty-Aktivitäten wurden folgende Erfordernisse für eine erfolgreiche Weiterführung der Projekte hervorgehoben [ESI 2001]:

- Klare Angebote seitens der Verwaltungen
  Die Verwaltungen müssen eindeutige Zusagen gegenüber den Schulen machen, die verlässlich eingehalten werden. Die Kommunikation und Koordination der beteiligten Ämter untereinander sowie zwischen Schulen und Amt müssen so gestaltet werden, dass keine Reibungsverluste durch hohen formalen Aufwand für engagierte Lehrer und Schüler entstehen.
- Arbeitsaufwand
  Für eine erfolgreiche Durchführung des Projektes erscheint ein Arbeitsaufwand von 1-2 Mitarbeitern pro Bezirk erforderlich.
- Das Fifty-Fifty-Projekt greift als Haushalts-Spar-Projekt zu kurz.Ungeachtet der erzielten Einsparungen und finanziellen Erfolge, darf das Projekt nicht ausschließlich an ökonomischen Aspekten orientiert sein. Der umweltpädagogische Aspekt muss durch eine verbesserte didaktische Einbindung in den Unterricht gestärkt werden.
- Überschneidungen mit anderen Projekten
  Öko-Audit an Schulen und Energiesparcontracting (s.u.) sollten beachtet und Synergieeffekte genutzt werden.

Überträgt man die in Hamburg gemachten Erfahrungen und die dort erzielten Einsparungen auf Berliner Verhältnisse, so ergibt sich ein Einsparpotential von 3 Mio €. Als entscheidend zum Erreichen dieser Einsparungen wird eine ausreichende personelle Ausstattung der Verwaltungen angesehen. Erforderlich sind weitergehende organisatorische und inhaltliche (informative und technische) Unterstützungen der verantwortlichen Lehrer.

Die in Berlin gemachten Erfahrungen zeigten auch, dass der Erfolg von Fifty-Fifty Projekten auch vom baulichen Zustand der jeweiligen Schulen, insbesondere dem der Heizungsanlagen abhängig ist [UfU 13.11.01]:

- In maroden Gebäuden überwiegt gerade für ältere Schüler der Eindruck, Motivationskampagnen würden durchgeführt, weil Geld für Investitionen fehlt. Dies wirkt häufig demotivierend, weil von den Schülern ein Engagement eingefordert wird, was Politik bzw. Verwaltung offensichtlich nicht bereit sind aufzubringen. In vielen Fällen sind die Möglichkeiten der Schüler auch stark beschränkt, etwa wenn nur verrostete Heizventile vorhanden sind, die sich nicht verstellen lassen.
- Am besten läuft Fifty-Fifty in Gebäuden mit mittelmäßigen Anlagen (5 bis 15 Jahre alt), die bisher schlecht eingestellt sind. Hier ist das durch die Schüler zu erreichende Einsparpotential am höchsten. Ideen können unmittelbar umgesetzt werden und führen am schnellsten zum Erfolg.
- In modernisierten Gebäuden, in denen die Anlagen gut gewartet und betreut werden, ist auch der Spielraum für Einsparungen durch nicht- und geringinvestive Maßnahmen sehr klein. Zu beachten ist jedoch, dass auch dort die Einsparungen durch eine gute Kooperation mit den Nutzern gesteigert werden können. Vor allem können Einsparungen nicht „gegen“ Schlüsselakteure wie Hausmeister erzielt werden. Dies ist vor allem für die Durchführung von Einsparcontracting-Projekten entscheidend (s.u.).

Telematik

Generell wurden in Berlin Informations- und Kommunikationstechnologien nur in sehr geringem Umfang mit in Fifty-Fifty Projekte oder allgemein in Energiespar-Projekte an Schulen einbezogen. Eines der wenigen Beispiele ist die Askanische Oberschule in Berlin-Tempelhof, an der eine Unterrichtseinheit für den Informatikunterricht entwickelt wurde. Im Rahmen des dort durchgeführten Projektes wurde der Zählerstand eines Elektrozählers mit einer selbst entwickelten „Ableseeinheit“ aus Videokamera- und Monitormodul auf einen Bildschirm übertragen und konnte somit fernausgelesen werden [Eschner, Oswald 2000]. Schulen, die über regenerative Energieanlagen – photovoltaische, solarthermische oder Kleinstwindkraftanlagen – verfügen, verwenden häufig Displays, mit denen die gegenwärtige Leistung und der Jahresertrag in der Schulaula dargestellt werden. Die Anlagen werden jedoch nur selten in den Schulbetrieb, etwa im Rahmen des Physikunterrichts, integriert.

Der Betreuer der Fifty-Fifty Projekte am Unabhängigen Institut für Umweltfragen, Herr Schmidthals, sieht den bisherigen Anteil von neuen Medien und telematischen Anwendungen bei Energiespar-Projekten an Schulen als sehr gering an. Internet und Schule seien meist noch zwei getrennte Bereiche. Das Internet würde, wenn überhaupt, sowohl von Schülern als auch Lehrern vorwiegend privat genutzt. Für Rechnerpools, Datenfernabfrage/Displays o.ä. Geräte sind Verantwortliche nötig, die sich um Wartung und Betrieb kümmern, sonst halten diese nicht lange. Die Einbeziehung von neuen Technologien, mit denen sich auch die Lehrer erst selbst vertraut machen müssen, zieht einen erhöhten Arbeitsaufwand nach sich. Da die Energiespar-Projekte generell auf dem zusätzlichen Engagement einzelner Lehrer beruhen, sei dies kaum zu leisten. Größer ist die Bedeutung des Internets zum überregionalen Informationsaustausch. So bietet das UfU auf seiner Homepage eine breite Palette von praktischen Informationen, Downloads von Musterverträgen und -listen, Links auf durchgeführte Projekte und allgemeine Hinweise zum Thema Energiesparen in Schulen an[9]. In einer vom UfU moderierten Mailingliste werden häufig sehr spezifische Fragen aufgeworfen („Woher bekomme ich einen ‚Hometrainer zur Energieumwandlung' zur Demonstration der menschlichen Arbeitsleistung"), die dann in der Regel sehr schnell und konkret von den anderen Listenteilnehmern beantwortet werden. Dabei wies Hr. Schmidthals jedoch darauf hin, dass sowohl Lehrer als auch Schüler meist noch private Internetzugänge benutzen.

Verfügt die Schule über eine eigene Internetpräsenz, werden dort häufig die Energiespar-Projekte dokumentiert. Dies hat aus für die jeweilige Schule den Vorteil, dass verschiede Generationen von Schülern modular an der Dokumentation arbeiten können. Das ist von besonderem Interesse, da die Besetzung der Energieteams an den Schulen in der Regel relativ schnell wechselt. [Schmidthals 13.03.01]

Energiesparcontracting und Fifty-Fifty

Häufig treten Schwierigkeiten auf, wenn Schulen an denen bereits Fifty-Fifty-Projekte laufen, in Contactingprojekte aufgenommen werden sollen. Prinzipiell sind die Ansätze zwar ergänzend: Im Rahmen des Energiesparcontractings werden vorwiegend investive Maßnahmen durchgeführt, das Fifty-Fifty-Konzept zielt auf Energieeinsparungen durch Nutzermotivation ab, also auf Maßnahmen im nicht- bzw. geringinvestiven Bereich. Zu Konflikten führt jedoch die analoge Anreizstruktur. In beiden Fällen werden die „Energiesparer" über die real erzielten Kostenreduktionen vergütet bzw. belohnt. Da es aber nicht zu trennen ist, auf wessen Konto die jeweiligen Einsparungen gehen, können die beiden Anreizsysteme nicht parallel durchgeführt werden.

In den meisten der Berliner Gebäudepools ist die Nutzermotivation als ein Aufgabenbereich des Contractors in den Verträgen mit erwähnt, ohne dass jedoch klare Vorgaben festgeschrieben sind. Eine Ausnahme bildet der Pool 3. Hier wurde folgende Regelung getroffen: Der Contractor ist verpflichtet, den Schulen eine definierte Zusammenarbeit zur Einbeziehung des Themas Energiesparen im Unterricht anzubieten. Wenn die Schule bestimmte Aktivitäten durchführt, erhält sie vom Contractor 1% der Energiekosten quasi als Prämie zur freien Verfügung. An den Einsparungen, die über die Garantie hinausgehen, wird die Schule mit 60% beteiligt.

Grundlage dieses Konzeptes ist die Einschätzung, dass durch Nutzermotivation auf jeden Fall Energieeinsparung von 2% oder mehr zu erreichen sind. Nach Erfahrungen des UfU gilt dies für allgemeine Energiesparbemühungen (richtiges Lüften, Ausschalten unbenutzter Geräte, Sensibilität für technische Defekte etc.), ohne dass auf die Regelung der Heizanlage Einfluss genommen wird oder gering-investive Maßnahmen durchgeführt werden. (Schmidthals in [UfU 13.11.01])

Zur Erschließung dieses Potentials schließt der Contractor des Pools 3 Einzelverträge mit den interessierten Schulen ab. Hierin verpflichtet sich der Contractor, die Schule bei ihren Energiesparbemühungen zu unterstützen. Für die Durchführung der

---

9 http://www.ufu.de/sites/institut/klimaschutz/fifty/fifty.htm

didaktischen Betreuung hat der Contractor das UfU beauftragt. Außerdem werden den Schulen Informationsmaterialien und ein Messkoffer zur Verfügung gestellt. Die Schule verpflichtet sich zur Bildung eines Energieteams, zur regelmäßigen Erfassung und Auswertung ihrer Energieverbräuche, zur Durchführung von Projekttagen und Energiesparwochen sowie zur Einbeziehung des Themas Energiesparen in den Regelunterricht. Beide Seiten benennen einen Verantwortlichen als festen Ansprechpartner.

Im Rahmen der Energiesparpartnerschaft werden also die zu erwartenden Einsparungen durch die Nutzermotivation (>2%) zwischen Contractor und Schule geteilt (je 1%), wobei der Contractor das Risiko trägt, da die Einsparungen nicht nachgewiesen werden müssen. Außerdem muss der Contractor auf seine Kosten die Schule unterstützen.

Nach Aussage der betreuenden Mitarbeiterin des Contractoren, Frau Wichern, bestand von ihrer Seite aus zunächst einige Skepsis gegenüber diesem Modell. Eigentlich wird das Bonussystem (Fifty-Fifty) ad absurdum geführt, da die Belohnung ohne Nachweis der Verbrauchsreduktion gewährt wird. Nach den Erfahrungen des ersten Jahres bewertet sie das Konzept jedoch als erfolgreich und auch für den Contractor lohnend. Natürlich könnten die real erzielten Einsparungen nicht quantifiziert werden, aber durch das Projekt sei die Arbeit des Contractors an vielen Stellen erleichtert und effizienter gestaltet worden. In erster Linie sei die Kommunikation zwischen Contractor und Schule deutlich verbessert worden. Dies gilt besonders für die Zusammenarbeit mit Hausmeistern und Schuldirektoren. Aber auch die Identifizierung von Defekten (etwa einzelner ausgefallener Thermostatventile) und die Informationsweitergabe über veränderte Nutzungszeiten durch die sensibilisierten und engagierten Schüler wäre im erreichten Umfang durch den Contractor nicht mit vertretbarem Aufwand zu leisten. [UfU 13.11.01]

Seit Herbst 2000 werden im Rahmen des Projektes Einjahres-Verträge abgeschlossen. Diese wurden 2001 mit allen Schulen verlängert. Die hohe Beteiligung der Schulen (im Bezirk Treptow sieben von sieben) ist auch auf das starke Engagement des betreuenden Mitarbeiters im Bezirksamt zurück zu führen. Aber auch aus Sicht der Schüler ist die Zusammenarbeit mit dem Contractor lohnend. Zwar ist der finanzielle Anreiz nicht so hoch wie in anderen Fifty-Fifty-Projekten, die Reaktionen des Contractors auf Anregungen der Schüler erfolgen in der Regel jedoch schneller als in vergleichbaren Fällen gegenüber der Verwaltung, die selbst bei gering-investiven Maßnahmen langwierige Genehmigungs- und Bearbeitungsverfahren durchlaufen muss. Dadurch wird der Erfolg ihres Engagements für die Schüler schneller und unmittelbarer sichtbar und trägt dadurch zu ihrer Motivation bei. [UfU 13.11.01]

Zu einer direkten Einbeziehung der modernen Gebäudeleittechnikanlagen bzw. der automatischen Zählerfernauslese in Energiespar-Projekte der Schüler kam es bisher nicht. Im Rahmen der Schülermotivationskampagne im Pool 3 besichtigte eine Schülergruppe die Leitrechneranlage des Contractoren. Prinzipiell könnte sich jedoch ein auf dem Gebiet tätiges Ingenieurbüro vorstellen, Verbrauchsdaten der Schulen den interessierten Schülerarbeitsgruppen via Internetschnittstelle zur Verfügung zu stellen. Dabei könnten die modernen Anlagen für technikinteressierte Schüler einen großen Reiz darstellen. Ein entsprechendes didaktisches Konzept, wie diese Daten etwa im Rahmen des Physik- oder Informatikunterrichts zu verwenden wären, müsste jedoch noch entwickelt werden. [UfU 13.11.01], [Boysen 30.11.01]

7.2.8 Bezirk Schöneberg: "Low Budget" Facility Management – *selbstgestrickt* auf hohem Niveau

Der Bezirk Berlin-Schöneberg[10] führt ein umfassendes und detailliertes Energiecontrolling durch. Mittlerweile werden sämtliche bezirkseigenen Liegenschaften erfasst. Durch ein im Aufwand angepasstes Facility Management Konzept, das vom Energie- und Umweltbüro e.V. durchgeführt wird, ist es gelungen erheblich Kosteneinsparungen in der energetischen Bewirtschaftung der bezirklichen Gebäude zu erreichen. Grundlage sind selbstentwickelte Sofwarelösungen, die auch anderen Kommunen zur Verfügung gestellt werden. Das Schöneberger Energiemanagement ist außerdem auf eine große öffentliche Transparenz ausgerichtet. Umfangreiche energierelevanten Daten werden im Internet publiziert. Dort finden sich unter anderem die Graphiken der Gesamtenergiekosten und –verbräuche, die in Abbildung 7-5 dargestellt sind. Alle in dieser Fallstudie dargelegten Zahlen sind auch im Energiebericht 1995 - 1999 enthalten, welcher ebenfalls online verfügbar ist [Schöneberg 2001].

Der Bezirk Berlin-Schöneberg unterhält z. Zt. ca. 150 Gebäude. Die Ausgaben für Energie betragen etwa 2,6 Mio. €. In Abbildung 7-4 sind die Verbräuche und Kosten für das Jahr 1999 dargestellt. Im Rahmen des durchgeführten Energiemanagements konnte der Gesamtenergieverbrauch aller Liegenschaften zwischen 1995 und 1999 um knapp 10% gesenkt werden (für Strom und Wärme). Noch deutlicher schlagen sich die Erfolge bei den Kosten nieder. Die Stromkosten konnten im gleichen Zeitraum um 34% gesenkt werden, die Heizungskosten sogar um 36% (witterungsbereinigt).

	Verbrauch		Kosten	
Energieträger	in MWh	in %	in €	In %
Strom	9.580	17	1.224.000	46
Wärme	45.924	83	1.413.000	54
Gesamt	55.504	100	2.636.000	100

Abbildung 7-4: Absolute sowie relative Energieverbräuche und Kosten aller kommunalen Liegenschaften des Bezirks Berlin-Schöneberg aus dem Jahre 1999. Quelle: [Schöneberg 2000]

Verantwortlich für das Energiemanagement im Bezirk Schöneberg ist die Gruppe Fachtechnik im Fachbereich Hochbau. Sie erhält Unterstützung vom Energie- und Umweltbüro e.V. (s.u.) das einen Großteil des Energiecontrollings durchführt. Das Energie- und Umweltbüro hat außerdem Planungs- und Programmierungsarbeiten beim Ausbau der Gebäudeleittechniken übernommen und überwacht den Betrieb der an die GLT angeschlossenen energietechnischen Anlagen. Dabei wird das fir

10 Die Bezirke Schöneberg und Tempelhof sind im Zuge der Bezirksreform zum Bezirk Schöneberg-Tempelhof fusioniert. Da sich unsere Erhebungen auf den Zeitraum vor der Fusion beziehen, beschränken sich alle Angaben auf den alten Bezirk Schöneberg. Das in Schöneberg bisher verfolgte Konzept des Energiemanagements wird mittlerweile auf den neuen Bezirk ausgeweitet.

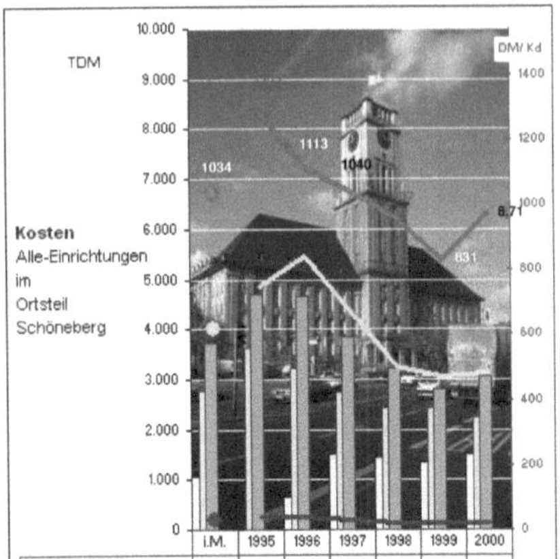

	i.M.	1995	1996	1997	1998	1999	2000
Wasser TDM	1.085	41	650	1.519	1.436	1.347	1.519
Strom TDM	2.780	3.629	3.212	2.747	2.424	2.428	2.243
Heizung TDM	3.713	4.704	4.658	3.846	3.220	2.797	3.055
Wasser DM/m³	3,93	3,31	3,96	4,14	4,17	4,15	3,86
Strom DM/kWh	0,282	0,350	0,317	0,293	0,256	0,251	0,223
Heizung DM/kWh	0,074	0,087	0,083	0,079	0,065	0,061	0,071
Heizwärmedetails:							
Heizung DM/Kd	1.033,9	1.292,4	1.112,52	1.039,7	956,66	830,75	971,36
Heizanlagen TDM	176	245	250	179	125	118	142
Gebäude TDM	4.020	4.867	5.467	4.356	3.248	3.054	3.127
Nutzung TDM	-574	-546	-1.211	-823	-174	-411	-277
dto.Zuwachs TDM	54		-666	388	649	-237	134

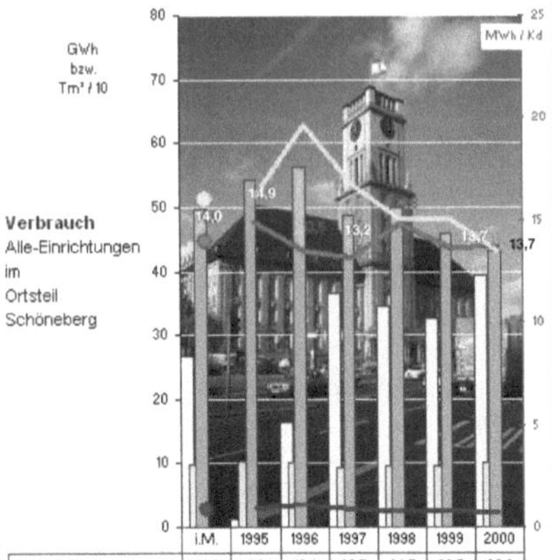

	i.M.	1995	1996	1997	1998	1999	2000
Wasser Tm³/10	26,8	1,2	16,4	36,7	34,5	32,5	38,3
Strom GWh	9,8	10,4	10,1	9,4	9,5	9,7	10,0
Heizung GWh	49,8	54,4	56,4	48,7	49,9	46,0	43,2
Wasser DM/m³	3,93	3,31	3,96	4,14	4,17	4,15	3,86
Strom DM/kWh	0,282	0,350	0,317	0,293	0,256	0,251	0,223
Heizung DM/kWh	0,074	0,087	0,083	0,079	0,065	0,061	0,071
Heizwärmedetails:							
Heizung MWh/ Kd	13,965	14,941	13,462	13,163	14,825	13,670	13,730
Heizanlagen GWh	2,8	3,1	3,6	2,8	2,4	2,6	2,3
Gebäude GWh	51,2	51,4	62,7	53,6	48,1	48,1	43,2
Nutzung GWh	-4,8	-1,0	-10,6	-8,2	-1,2	-5,0	-2,8
dto.Zuwachs GWh	-0,4		-9,7	2,5	6,9	-3,7	2,2

Abbildung 7-5 *Kosten und Verbräuche der bezirkseigenen Gebäude des Bezirkes Berlin-Schöneberg. Quelle: Internetpräsenz des Energie- und Umweltbüros e.V. [GEDEVA 2001]*[11].

menneutrale Datenübertragungssystem FND der Stadt München verwendet (siehe Fallstudie München)

Technisches Herzstück der Leitzentrale ist, wie in München, ein Linux-Server mit Oracle Datenbank, der via FND mit den Gebäudeautomationsknoten der einzelnen Gebäude verbunden ist. Dabei werden auch in Berlin als dezentrale Gebäudeleitrechner alte Verwaltungs-PCs benutzt. Die Anwendungsprogramme, wie die Bedienoberfläche der Leitzentrale und das Controllingprogramm GEDEVA (s.u.) sind auf einem WTS-Citrix NT-Server installiert und laufen auch dort. Das bedeutet für den Nutzer, dass er lediglich einen schwachen Rechner (thin client) benötigt, mit dem er sich über das öffentliche oder behördeninterne Telephonnetz in den Server einwählen kann. Damit ist es prinzipiell möglich, dass unterschiedliche Verwaltungsabteilungen und auch externe Dienstleister auf alle Daten zugreifen und damit arbeiten können. Sicherheit und Operationalisierung werden durch das Vergeben entsprechender Nutzungsrechte gewährleistet.

---

11 Die beiden Graphiken befinden sich auf (Stand 12.06.2001): http://www.gedeva.de/in/schoeneberg/karte/objekte/f/f0001.htm (siehe auch http://www.gedeva.de/in/schoeneberg/index.htm)

Besondere Erwähnung soll hier noch die Internetpräsenz des Energiemanagements finden, die durchaus als besonders gelungenes Best-Practise Beispiel gelten kann. Auf ansprechende Weise werden die Aktivitäten und Erfolge des Energiemanagements, politischen Entscheidungsträgern und der interessierten Öffentlichkeit zugänglich gemacht. Per Mausklick können alle öffentlichen Gebäude auf einer Landkarte des Bezirkes ausgewählt werden. Dargestellt werden Bilder der Gebäude und alle energierelevanten Verbrauchsdaten (analog zur Abbildung 7-5). Die sehr professionelle Gestaltung erfolgt größtenteils automatisiert durch das verwendete Energiecontrolling Programm GEDEVA (s.u.).

Energie- und Umweltbüro e.V.

Der Ansatz des Energiemanagements in Schöneberg hat sich aus dem 1994 begonnenen Energiedienste Projekt (s. Abschnitt 7.2.5) entwickelt. Mehrere Energiedienste-Mitarbeiter haben 1997 das Energie & Umweltbüro e.V. gegründet, um die Dienstleistung Energiecontrolling langfristig für den Bezirk Schöneberg (und mittlerweile auch andere Berliner Bezirke) anbieten zu können. Die Organisationsform Verein wurde gewählt, da es somit möglich war, für das Energiecontrolling Räume im Rathaus selbst zu nutzen und den bestehenden guten Kontakt zu den Mitarbeitern des Hochbauamtes zu intensivieren.

Zielsetzung des Vereins ist es, kommunale Körperschaften bei der energetischen Bewirtschaftung ihrer Liegenschaften zu unterstützen. Dabei soll eine „Hilfe zur Selbsthilfe“ [Gedeva 1999] gegeben werden, wodurch es den Verwaltungen langfristig möglich sein soll, ein effektives Energiemanagement durchzuführen. Dieser Ansatz spiegelt sich unter anderem darin wider, dass vom Verein vorwiegend firmenneutrale Datenübertragungssysteme und Open-Source-Codes verwendet werden. Hierdurch soll gewährleistet werden, dass die Kommunen, unabhängig von Herstellerinteressen, die bei ihnen implementierte Technik zum größten eigenen Vorteil nutzen können.

Der Verein bietet allen Berliner Bezirken an, für sie das Energiecontrolling sowie die Überwachung des laufenden Betriebes der energietechnischen Anlagen zu übernehmen. Er hat dafür eine eigene Software GEDEVA (Gebäude Energie Daten erfassen verwalten auswerten) entwickelt, die er allen Kommunen als Share-Ware gegen eine geringe Gebühr (400 DM) zur Verfügung stellt. Weiterhin bietet der Verein folgende Dienstleistungen gegen Gebühr an:

- Die Erhebung der Stammdaten der kommunalen Gebäude und die Eingabe in die selbstentwickelte Software GEDEVA
- Die Eingabe und Analyse der laufenden Verbrauchsdaten mit Hilfe von GEDEVA
- Konzeption und Aufbau eines firmenneutralen Datenübertragungssystems (FND) mit dem die bezirklichen energietechnischen Anlagen an eine Leitwarte angeschlossen werden können (für FND-Konzept s.a. Fallstudie München)
- Überwachung der energietechnischen Anlagen des Bezirkes mittels einer zentralen Gebäudeleittechnik

- Schwachstellenanalysen und Entwicklung von energetischen Sanierungs-, bzw. Modernisierungskonzepten

Dabei ist der gewählte Ansatz ein „Low-Budget"-Ansatz, der den Gegebenheiten der kommunalen Verwaltung angepasst ist. So werden speziell die energierelevanten Daten erhoben. Für die vollständige Erfassung der notwendigen Stammdaten eines Gebäudes veranschlagt der Verein nur etwa zwei Prozent des Preises, den eine professionelle CAD-Erfassung der Ausbaumaße jenes Gebäudes kosten würde [Gedeva 1999].

Der Verein ist sehr darauf bedacht, die gemachten Erfahrungen weiterzugeben. Neben Informationsveranstaltungen wird hierfür vor allem die Internetplattform des FND-Forums genutzt, über die Informationen sowohl zum FND-Konzept der Stadt München als auch zur Software GEDEVA vermittelt werden. Nach Schätzungen des Vereins wird die Software von ca. 40 deutschen Kommunen für das Energiecontrolling benutzt. Dabei unterstützt der Verein die Kommunen gerade auch bei der Installation und beim Aufbau der GEDEVA Datenbank.

Konzept GEDEVA

Mit der Software GEDEVA – "Gebäude Energie Daten erfassen verwalten auswerten" können Gebäudedaten verwaltet und speziell im Hinblick auf ein effizientes Energiemanagement ausgewertet werden. Dabei erfolgt auch die Erhebung bauphysikalischer Daten, so dass mehr als ein reines Energiecontrolling möglich ist. Aufgrund dieses Facility-Management-Ansatzes ist es insbesondere leicht möglich, die effizientesten Energiespar- und Modernisierungsmaßnahmen zu identifizieren.

Prinzipiell sind folgende Daten und Datenstrukturen zu erfassen und über die Benutzeroberfläche von GEDEVA einzugeben:

- Adressen:
  die abzurechnenden Gebäude (kleinste abzurechnende Gebäudeeinheit)
- Kosten- und Verbrauchsdaten:
  Definition von Zählstationen und Zuordnung der Zähler zu den verbrauchenden Gebäuden bzw. Verbrauchseinheiten (Sammelzähler etc.)
  - Rechnungen: EVU-Rechnungen
  - Ablesungen: hauseigene Ablesungen
  - GLT: aus der Gebäudeleittechnik
- Heizanlagen:
  - Anlagenparameter
  - Abgasmeßwerte
- Gebäudedaten:
  der abzurechnenden Gebäude (=Adressen)
  - Heizwärmebedarf nach WSchV'95: nach Standardklima und tatsächlichem Klima
  - Bauphysik nach DIN 4108:
  - k-Werte, Speicherkapazität, Wasserdampfdiffusion, Gewicht, Kosten
  - Flächen und Rauminhalte nach DIN 277:
  - nach Typ a: geschlossen, b: seitlich offen, c: oben offen
    - BGF/BRI: Brutto
    - NGF/NRI: Netto

- HNF/NNF/VF/FF: Haupt-, Nebennutzflächen, Verkehrs-, Funktionsflächen

Diese Daten werden durch das Programm auf Grundlage von Excel Datenblättern und Routinen verwaltet und ausgewertet. Es können folgende jährliche oder monatliche Konten bilanziert werden:

- Gesamtkonto: alle Einrichtungen über mehrere Jahre
- Einzelkonto Verlauf: jede einzelne Einrichtung über mehrere Jahre
- Einzelkonto akkumuliert: Kosten und Verbrauch werden getrennt akkumuliert
- Einzelkonto Fifty-Fifty: nur Verbrauch mit den jeweiligen Kosten pro Verbrauchseinheit

Das Programm erstellt automatisch eine Webpräsentation für das behördeneigene Intranet oder das Internet. Diese Präsentationen können auch als Leporellos ausgedruckt werden.

Ein Schwerpunkt der Auswertung liegt in der Ermittlung von statistischen Ausreißern. Für Kosten und Verbrauch werden nach einem statistischen Auswahlkriterium diejenigen Gebäude herausgefischt, die, verglichen mit dem innerkommunalen Durchschnitt, besonders schlechte Werte haben. Das Programm untersucht dabei folgende Rubriken:

- Heizwärme
    - Heizanlagen
    - Wärmetechnische Gebäudesubstanz
    - Gebäudenutzung und Nutzerverhalten
    - Kosten und Verbrauch pro beheiztem Gebäudevolumen
- Strom
- Frischwasser, Abwasser, Sprengwasser
- Brauchwarmwasser
- Kleinverbrauch

Interessant ist dabei, dass aufgrund der Eingabe von spezifischen Gebäudedaten der Wirkungsgrad der Heizanlage sowie die Wärmeverluste der Gebäudehülle (k-Werte) berechnet werden können. Somit ist eine Differenzierung des Gebäudebestandes nach Zustand der Heizanlage und der Gebäudehülle sowie der Gebäudenutzung möglich. Weiterhin kann eine Beurteilung des nutzungsbedingten Verbrauches erfolgen. Als Grundlage zur Berechnung der Gebäudenutzung und des Nutzerverhaltens dient die Bilanzgleichung:

$$Q_N = \eta \, E_p - Q_K$$

mit
η dem Wirkungsgrad der Heizanlage
E_p dem Verbrauch
Q_K dem klimaabhängigen Gebäudeheizwärmebedarf
(G15-Gradtage: hochheizen des Gebäudes bis 15°C)

Q_N ist also die Wärmemenge, die benötigt wird um die Innentemperatur des Gebäudes auf über 15°C zu erhöhen. Folgt man der Abschätzung der Softwareentwickler, dann stellt dieser Parameter vorwiegend ein Maß für das Nutzerverhalten dar. Mit den Termen η E_p und Q_K seien die Einflüsse der Heizanlage und der Gebäudehülle auf den Heizenergieverbrauch zum größten Teil bereits abgeglichen. Durch die Wahl der Raumtemperatur und die Art und Weise des Lüftens hat der Nutzer direkten Einfluss auf Q_N. Betrachtet man nun Gebäudeklassen gleicher Nutzungsart und –dauer, so gibt Q_N eine recht gute Abschätzung für das Heizverhalten der Nutzer. Somit können die Liegenschaften identifiziert werden, bei denen eine Veränderung des Nutzerverhaltens ein hohes Potential darstellt.

Bewertung – Übertragbarkeit auf andere Kommunen

Durch den Einsatz der Gebäudeleittechnik war es einerseits möglich die Bewirtschaftungskosten deutlich zu reduzieren. Der Betreuungsaufwand Vor-Ort konnte gesenkt werden. Das Störungs- und Wartungsmanagement konnte an einen externen Dienstleister übergeben werden, ohne die Funktionalität zu gefährden. Durch die Möglichkeit die Anlage aus der Ferne zu schalten, werden Wartungskosten reduziert, da eine detallierte Fehleranalyse möglich ist, die es in den meisten Fällen erlaubt, gleich beim ersten Mal die richtige Wartungsfirma zu kontaktieren und ihr mitzuteilen welches Ersatzteil benötigt wird. Andererseits können über die Leittechnik und das firmenneutrale Datenübertragungssystem einfach Daten für das Energiecontrolling erhoben werden.

Die Energiecontrolling/Facility-Management Software GEDEVA stellt eine kostengünstige Möglichkeit für Kommunen dar, ihre energierelevanten Daten zu verwalten. Die Einbeziehung von bauphysikalischen Daten erlaubt nicht nur ein Energiecontrolling als Grundlage für einen optimierten Betrieb der energietechnischen Anlagen, sie stellt auch ein sehr effektives Hilfsmittel dar, die effizientesten Modernisierungsmaßnahmen zu identifizieren. Dabei können die Gebäude mit den schlechtesten Kennwerten automatisch herausgefiltert werden. Wobei anlagen-, gebäudehüllen- und nutzungsspezifische Kennwerte gewählt werden können. Durch die Integration von Kosten-Nutzen-Rechnungs-Modulen wird eine sehr strategische Modernisierungsplanung ermöglicht.

Die Anforderungen, die die GEDEVA Software an ihre Nutzer stellt, sind nicht sehr hoch. In der Regel reichen einfache EXCEL-Kenntnisse um die Software zu bedienen. Da das Programm nicht an die Verwendung des firmenneutralen Datenübertragungssystems FND gebunden ist, kann GEDEVA auch von Kommunen verwendet werden, die andere Strategien bezüglich der Gebäudeautomation verfolgen als Berlin-Schöneberg. Aufwendig allerdings ist die Ersterhebung der Gebäudestammdaten. Dies ist keine spezielle Anforderung des GEDEVA Programmes, sondern gilt allgemein wenn ein Energiecontrolling auf Basis von Gebäudekennwerten betrieben werden soll. Dennoch ist es wichtig, die entsprechenden personellen Kapazitäten beim

Aufbau eines Energiemanagements einzuplanen. Die Vergabe dieser Aufgabe an einen externen Dienstleister (hier das Energie- und Umweltbüro) erlaubt es, die notwendigen Erhebungen schnell und konzentriert durchzuführen, ohne neue Personalstellen schaffen zu müssen.

7.2.9 Vorliegendes Material

Durchgeführte Interviews

[Kist 22.01.01] Telephonisches Interview mit Hr. Klaus Kist, Senatsverwaltung für Stadtentwicklung Berlin; am 22.01.01

[Schulz 13.02.01] Persönliches Interview mit Hr. Bernd Schulz, Energiespar- und Betreibergesellschaft mbH, ESB, Contractor in Pool 2; am 13.02.01

[Siebald 27.02.01] Persönliches Interview mit Fr. Sabine Siebald, Da.V.id AG; am 27.02.01

[Schmidthals 13.03.01] Persönliches Interview mit Hr. Malte Schmidthals, Projektbetreuer „fifty/fity – Energiesparen an Schulen" am Unabhängigen Institut für Umweltfragen (UfU) e.V.; am 13.03.01

[Graf 01.06.01] Persönliches Interview mit Fr. Gundula Graf, Berliner Energieagentur; am 01.06.01

[Maurer 14.06.01] Persönliches Interview mit Hr. Reinhold Maurer, Energie- und Umweltbüro e.V. am 14.06.2001

[Ringe 19.07.01] Persönliches Interview mit Fr. Ringe, Heinrich-Roller Grundschule Berlin, am 19.07.01

[Boysen 30.11.01] Persönliches Interview mit Hr. Wilfried Boysen und Fr. Anne Schenker; Energiedienstleistung Boysen; am 30.11.2001

[Kist 21.01.02] Telephonisches Interview mit Hr. Klaus Kist, Senatsverwaltung für Stadtentwicklung Berlin; am 21.01.02

[Maurer 13.02.02] Telephonisches Interview mit Hr. Reinhold Maurer, Energie- und Umweltbüro e.V. am 13.02.2002

Besuchte Veranstaltungen

[TU Berlin 30.01.01] Institutskolloquium am Fachgebiet Energiesysteme der TU-Berlin, Präsentation der Studienarbeit von Fr. Christel Meyer *Evaluierung des Modellprojektes Energiesparpartnerschaften Berlin Pool 1* (siehe [Meyer 2001]

[Impulse 14.05.01] Berliner Energietage; Veranstalter: Impulse und Deutsche Energie Agentur; am 14. - 16.05.01

[UfU 01.10.01] Veranstaltung zu fifty/fifty – Fortführung der bezirklichen Energiespar-Projekte nach den Wahlen zum Abgeordnetenhaus; Veranstalter: Unabhängiges Institut für Umweltfragen (UfU) e.V.; am 01.10.01

[UfU 13.11.01] Workshop – Energiesparen an Schulen 2001; Veranstalter: Unabhängiges Institut für Umweltfragen (UfU) e.V.; am 13.11.01

Schriftliches Material

[be 2001] *ESP-Kompakt: Energiesparpartnerschaft - heute und morgen*. Beiträge zum Expertenforum am 16. Mai 2001. Berliner Energieagentur, Veranstaltungsdokumentation der 2. Berliner Energietage 14. - 16. Mai 2001, Berlin, Senatsverwaltung für Stadtentwicklung Berlin, 2001

[be 2002] Persönliche Mitteilung, Fr. Graf, Berliner Energieagentur, Berlin, April 2002

[Berlin 1993] *Energiesparen in öffentlichen Gebäuden*. Dokumentation der Fachtagung am 2. November 1992. Senatsverwaltung für Stadtentwicklung Berlin (Hg.), Neue Energiepolitik für Berlin - Heft 11, Berlin, Redaktion: Forschungsstelle für Umweltpolitik FFU, Juli 1993

[Berlin 1997] Energiebericht Berlin. Energiepolitik in Berlin 1990 - 1996. Senatsverwaltung für Stadtentwicklung Berlin, 1997
Als download erhältlich unter:
http://www.stadtentwicklung.berlin.de/umwelt/klimaschutz/energiebericht/

[Berlin 2001a] *6. Jahresbericht über den Fortgang des Modellprojektes Energiesparpartnerschaft Berlin*. Bericht an den Hauptausschuß des Berlin Abgeordnetenhauses. Senatsverwaltung für Stadtentwicklung Berlin, Berlin, Mai 2001

[Berlin 2001b] *Prioritäre Handlungsfelder für die Berliner Gesamtstädtische Lokale Agenda 21*. Stand 12. Juni 2001. Senatsverwaltung für Stadtentwicklung Berlin, Berlin, 2001
Online verfügbar unter:
http://www.stadtentwicklung.berlin.de/agenda21/de/berlin/senatsag.shtml

[Berlin 2001c] Internetpräsenz der Senatsverwaltung für Stadtentwicklung:
http://www.stadtentwicklung.berlin.de/
Stand: 06. Juni 2001
speziell zum Thema kommunales Energiemanagement:
http://www.stadtentwicklung.berlin.de/umwelt/klimaschutz/berlin_spart_energie/de/oeffentliche_einrichtungen/energiepartnerschaft.shtml
http://www.stadtentwicklung.berlin.de/umwelt/klimaschutz/berlin_spart_energie/en/oeffentliche_einrichtungen/esp-tabelle.pdf

[Berlin 2001d] Protokoll der Sitzung des Abgeordnetenhauses vom 12.07.2001

[David 2002] Persönliche Mitteilung, Fr. Siebald, Da.V.i.D. AG.April 2002

Erfahrungen im Rahmen der Energiesparpartnerschaften in Berlin; Klaus Kist in

[DIFU 1998] *Klimaschutz durch Energiemanagement*. Dokumentation des 3. Fachkongress der Kommunalen Energiebeauftragten in Saarbrücken am 24/25. Oktober 1997. Fischer, Annett/Kallen, Carlo (Hg.), DIFU - Umweltberatung für Kommunen, Berlin, Deutsches Institut für Urbanistik, 1998

[Eschner, Oswald 2000] Eschner, Jörg/Oswald, Hartmut: *Unterichtseinheit - Orientierung im Dschungel der Energiedaten*. Erhebung, Verwaltung und Interpretation von Schulverbrauchsdaten (Energie und Wasser) im Informatikunterricht der Sekundarstufe I. Berliner Impulse, Berlin, 2000

[ESI 2001] *Evaluation des Projektes fifty/fifty in Berlin*. Energiesparende Interessensgemeinschaft ESI e.V. in Zusammenarbeit mit dem Unabhängigen Institut für Umweltfragen (UfU) e.V., Berlin, März 2001

[GEDEVA 1999] Kaiser, Wolfgang/Maurer, Reinhold: *Energetisches "Low Budget" Facility Management nach dem Schöneberger Datenmodell mit unserem neuen gedeva-Service-Angebot*. Energie- und Umweltbüro e.V., Berlin, Jan. 1999
im Internet erhältlich unter: http://www.gedeva.de/

[GEDEVA 2001] Internetpräsenz des Energie- und Umweltbüros e.V. (Stand 12.06.2001):
http://www.gedeva.de/

[IMPULSE 2001] *Energiemanagement in öffentlichen Einrichtungen*. Berliner Impulse, Veranstaltungsdokumentation der 2. Berliner Energietage 14. - 16. Mai 2001, Senatsverwaltung für Stadtentwicklung Berlin, Mai 2001

[Meyer 2001] *Evaluierung des Modellprojektes Energiesparpartnerschaften Berlin Pool 1*, Studienarbeit von Christel Meyer am Fachgebiet Energiesysteme, TU Berlin in Zusammenarbeit mit Landis & Staefa – Zusammenfassung

[Siebald 2001a] Siebald, Sabine: *Energiemanagement in öffentlichen Einrichtungen*. Ein Jahr Energiewirtschaftsstelle des Landes Berlin. Energie-Impulse, Band 1, Februar 2001 Im Internet verfügbar unter: http://www.david-ag.de/grx/010516_ImpulsE-Artikel-Siebald.pdf

[Siebald 2001b] Siebald, Sabine: *Energiedatenmanagement als Grundlade des Energiemanagements*. Die Energiewirtschaftsstelle des Landes Berlin. 2001, Zusammenfassung des gleichnamigen Vortrags auf dem siebten Deutschen Fachkongress der kommunalen Energiebeauftragten in Hamburg, 10.-11. September 2001. Dokumentation wird voraussichtlich im Frühjahr 2002 vom Deutschen Institut für Urbanistik publiziert.

[Schmidthals 2002] persönliche Mitteilung, Herr Schmidthals, Unabhängiges Institut für Umweltfragen (UfU) e.V., Berlin, März 2002

[Schöneberg 2000] Lawrenz, Jürgen/Maurer, Reinhold: *Energiebericht Schöneberg 1995 - 1999*. Leitfaden für ein energetisches Gebäudemanagement. Energie und Umweltbüro e.V. (Hg.), Berlin, Bezirksamt Schöneberg von Berlin, Bau- und Vermessungsamt, 2000

[Schöneberg 2001] Internetpräsenz des Energiemanagements des Bezirkes Schöneberg auf den Seiten des Energie- und Umweltbüros e.V. (Stand 12.06.2001) http://www.gedeva.de/in/schoeneberg/index.htm

[UBA 2000] Agricola, Anegret-Cl./Seifried, Dieter: *Energiesparcontracting als Beitrag zu Klimaschutz und Kostensenkung*. Ratgeber für Eingiespar-Contracting in öffentlichen Liegenschaften. Berlin, Umweltbundesamt, 2000; S. 25 ff

[UfU 2001] Oswald, Hartmut/Schmidthals, Malte: *Energiesparen an Berliner Schulen*. Beste Praxis. Unabhängiges Insitut für Umweltfragen, UfU e.V., Berlin, 2001

[Umweltakademie 1999] Drack, Andreas/Oswald, Hartmut/Schmidthals, Malte: *Energiesparen an Schulen*. Arbeitsbehelf für Lehrer. N, N (Hg.), Berlin, Linz, Oberösterreichische Landesregierung, 1999

7.3 Goslar

7.3.1 Allgemein

Goslar hat 46.000 Einwohner und liegt in Südniedersachsen etwa auf halbem Weg zwischen Braunschweig und Göttingen. Die Stadt Goslar unterhält z. Zt. ca. 120 Liegenschaften wovon etwa 80 im Rahmen des Energiemanagements betreut werden. Die Ausgaben für Energie betragen knapp 1 Mio € In Abbildung 7-6 sind die Verbräuche und Kosten für das Jahr 1999 dargestellt.

	Verbrauch		Kosten	
Energieträger	in MWh	in %	In €	in %
Strom	4.681	20	492.230	50
Wärme	19.123	80	488.330	50
Gesamt	23.804	100	980.560	100

Abbildung 7-6: Absolute und relative Energieverbräuche und Kosten aller kommunalen Liegenschaften der Stadt Goslar aus dem Jahre 1999. Quelle: [Römer 2001]

7.3.2 Zielsetzungen, Schwerpunkte und Erfolge des KEM

Bereits Anfang der 90er Jahre wurde im Stadtrat von Goslar seitens der Grünen der Vorschlag eingebracht, ein kommunales Energiemanagement einzuführen. Dieser Vorschlag wurde jedoch abgelehnt und erst 1994 wieder aufgegriffen und unter Federführung des Umweltreferates umgesetzt.

Der jetzige Energiebeauftragte knüpfte 1994 im Rahmen eines Praktikums in der Stadtverwaltung Goslar Kontakte zur Niedersächsischen Energieagentur. Hieraus entwickelte sich die Idee für ein Pilotprojekt „Erschließung der Energiesparpotentiale für die öffentlichen Liegenschaften der Stadt Goslar durch die Einführung eines EDV-gestützten Energiemanagements". Ziel des Pilotprojektes war es einerseits, ein dauerhaftes Energiemanagement praktisch einzuführen. Dabei sollte der Fokus vor allem auf nicht- und gering-investiven Maßnahmen liegen. Andererseits sollten prinzipiell die Einsparpotentiale ermittelt werden, die mit Hilfe eines computergestützten Energiecontrollings möglich sind.

Im Rahmen des Pilotprojektes wurde eine Umfrage unter 542 Kommunen mit 20.000 bis 100.000 Einwohnern zum Stand des kommunalen Energiemanagements in Deutschland durchgeführt [Goslar 1995]. Aufbauend auf den Ergebnissen wurde ein Energiemanagement in Goslar eingeführt und eine eigene Software zur Verbrauchsdatenauswertung und Liegenschaftsverwaltung entwickelt.

In den folgenden Jahren wurden u.a. sehr erfolgreiche Projekte zur energetischen Schulsanierung durchgeführt. Das Konzept des Energiebeauftragten war es dabei, neben technischen Modernisierungen vor allem auf die Motivation der Nutzer zu setzen und insbesondere die Hausmeister als Bediener der Anlagen zu qualifizieren. In mehreren Schulen wurden Demonstrationsprojekte durchgeführt, bei denen Gebäudeleittechniken zur zentralen Steuerung von Heizung und Licht installiert wurden. Die gemachten Erfahrungen waren jedoch ausgesprochen schlecht. Zusätzlich zu technischen Problemen, waren die Hausmeister als Bediener der komplizierten

Regelanlagen überfordert. Seither werden einfache und praktikable Lösungen angestrebt, „bei denen der Mensch im Vordergrund steht“ [Römer, 08.03.01].

In einzelnen Projekten wurde auch immer wieder versucht, regenerative Energieträger in Versorgungskonzepte mit einzubeziehen und bei anstehenden Sanierungsmaßnahmen als Alternative mit zu berücksichtigen.

Derzeit wird an dem Aufbau eines umfassenden Gebäudemanagements gearbeitet, in dem das Energiemanagement als ein Bestandteil integriert sein soll. Das Gebäudemanagement soll in Form eines Eigenbetriebes ausgelagert werden.

Durch das Energiemanagement konnten die Energie- und Wasserkosten in fünf Jahren von durchschnittlich 1,35 Mio € pro Jahr auf 1,09 Mio € im Jahre 1999 gesenkt werden. Dies entspricht einer Reduktion von knapp 20%, wobei die Energiekosten um 17% gesenkt wurden. Ein großer Anteil der Einsparungen wurde über neue Bezugsverträge für Strom erzielt. Der Stromverbrauch selbst wurde um 14%, der Heizenergieverbrauch um 15% gesenkt. Die kumulierten Einsparungen für Energie betragen in diesem Zeitraum fast 1 Mio €. Hinzu kommen Einsparungen im organisatorischen Bereich i.H.v. 24.000 € und bei den Wasserkosten i.H.v. 70.000 €.

7.3.3 Organisationsstruktur

Auf Grund eines Einstellungsstopps wurde 1995 für das Pilotprojekt Energiemanagement ein 2-jähriger Werkvertrag mit Erfolgsbeteiligung abgeschlossen. Der Energiebeauftragte erhielt einen Raum (sowie Telephon und weitere Infrastruktur) in der Verwaltung. Er arbeitete jedoch eigenständig und erhielt insbesondere keine Weisungsbefugnis.

Nach Abschluss des Pilotprojektes erfolgte die Festeinstellung beim Fachbereich Umwelt der Stadt Goslar. Der Energiebeauftragte sieht seine Aufgabe in der Koordination verschiedener Stellen und in der Motivation der verschiedenen Akteure. Er ist nach wie vor nicht weisungsbefugt. Aus seiner Sicht ist dies jedoch auch nicht notwendig. Viel wichtiger sei die Akzeptanz durch die verschiedenen Akteure, da es immer Möglichkeiten gäbe, sich genau an die Vorschriften zu halten, aber dabei einen Weisungsberechtigten de facto „auflaufen zu lassen“ [Römer, 28.08.01].

Gebäudemanagement

Es ist geplant, einen Eigenbetrieb zum Gebäudemanagement einzuführen. Dieser soll die gesamte Bewirtschaftung aller städtischen Liegenschaften übernehmen. Die Gebäude gehen dann formal in den Besitz des Eigenbetriebs über und werden von diesem an die jeweiligen Fachabteilungen der Verwaltung zurück vermietet. Der Eigenbetrieb soll zu 100% im Besitz der Stadt bleiben. Die Auslagerung der Gebäude soll bis Januar 2003 erfolgen.

Ziel der angestrebten organisatorischen Umstrukturierung ist es, die städtische Gebäudebewirtschaftung als konkurrenzfähigen Dienstleistungsbetrieb zu entwickeln. „Bisher kann uns unser Kunde, die Schule, die wir betreuen, nicht weglaufen.“ so der Energiebeauftragte, der auch die Federführung beim Aufbau des Gebäudemanagements inne hat. [Römer 20.08.01]

Um die öffentlichen Liegenschaften effizient bewirtschaften zu können, soll u.a. eine völlige Kostentransparenz geschaffen werden. Bisher kann die Frage, welche Bewirtschaftungskosten (inklusive Energiekosten, aber auch Abschreibung, Wartungskosten, etc.) in den einzelnen Gebäuden anfallen, nicht eindeutig und schon gar nicht schnell beantwortet werden. Auf der Grundlage aufgeschlüsselter Kostenstellen sollen dann effiziente Betriebsformen identifiziert bzw. entwickelt werden. Dadurch wäre auch eine Bewertung, ob Maßnahmen in Eigenregie günstiger sind oder besser nach außen gegeben werden sollen (outsourcing), eindeutig möglich.

Das künftige Gebäudemanagement der Stadt Goslar soll 14 Mitarbeiter in der Verwaltung, 25 Hausmeister und 72 Reinigungskräfte umfassen. Für das Energiemanagement, als Teil des Gebäudemanagements soll 1 Energiekoordinator zuständig sein, der durch die Objektmanager unterstützt wird.

7.3.4 Finanzierungsstruktur

Für die ersten zwei Jahre wurde mit dem Energiebeauftragten ein Werkvertrag abgeschlossen. In dieser Zeit wurden mit nicht-/ gering investiven Maßnahmen Einsparungen in Höhe von 118.600 € erzielt. Nach Abzug aller Aufwendungen (Honorar, Nebenkosten, Investitionen für Energiesparmaßnahmen) blieb ein Gewinn von 16.900 € netto. Im Rahmen der Werkvertragsregelung erhielten auch die Hausmeister eine Beteiligung an den erzielten Einsparungen.

Mittlerweile ist der Energieberater mit einer vollen Stelle fest angestellt und verfügt über ein eigenes Budget von 15.000 € jährlich für kleine Maßnahmen. Für größere Investitionen wurden unterschiedliche Finanzierungsmöglichkeiten gewählt. Zum Teil werden Maßnahmen aus Sanierungsmitteln des Haushalts finanziert. Andererseits wurden Nutzungscontracting-Ausschreibungen vorgenommen. Ein erheblicher Teil der Modernisierungen in den Schulen konnte über Förderprogramme realisiert werden. In 15 Schulen wurden Modernisierungen der Heizungs- und Beleuchtungsanlagen über das NESSI Programm (Niedersächsische Energie-Spar-Schulen In Aktion) der Niedersächsischen Landesregierung finanziert. Fünf Schulen erhalten als „Solar Schulen 2000“ eine Förderung von solarthermischen Anlagen im Rahmen der „Solar, na klar!“ Kampagne. Das gesamte Volumen externer Förderung zwischen 1995 und 2001 betrug etwa 1.5 Mio €.

Seit zwei Jahren gibt es in Goslar eine vollständige Budgetierung im Schulbereich. Die Schulen können über das zugewiesene Budget frei entscheiden und auch Mittel aus Energieeinsparungen in anderen Bereichen (etwa im Baubereich) verwenden.

7.3.5 Energietechnische Gebäudebewirtschaftung

Im Rahmen der ersten Runde des NESSI Förderprogrammes wurden in drei Schulen (zwei Grundschulen und einem Schulzentrum) Komplettsanierungen durchgeführt. Es wurden Fenster erneuert und Wärmedämmungen angebracht sowie Heizungs- und Beleuchtungsanlagen modernisiert. Dabei wurden auch umfangreiche Gebäudeleittechnikanlagen installiert. Sowohl Heizung als auch die Beleuchtung konnten für einzelne Gebäudeteile zentral gesteuert werden. Es war jeweils ein Leitrechner bei den Hausmeistern, die für den Betrieb der Anlagen verantwortlich waren, untergebracht.

Vor Projektbeginn, bei einer Präsentation durch den Hersteller waren die Hausmeister begeistert von den technischen Möglichkeiten, die durch die GLT geboten werden. Nach Installation der Anlagen tauchten jedoch immer wieder technische Probleme auf, die vom Hersteller erst nach zwei Jahren endgültig behoben werden konnten. Es kam häufig zu Ausfällen der Heizanlagen, so dass morgens die Gebäude oder Gebäudeteile kalt waren. Die Leitrechner mussten insgesamt fünfmal ausgetauscht und neu programmiert werden. Bei auftretenden Fehlern mussten die Hausmeister die Anlagen von Hand im Keller schalten und sich hierzu mit der umfangreichen Bedienungsanleitung der einzelnen Feldstationen auseinandersetzen. Dabei sahen sie sich mit „riesigen" Feldstationen in ihren Kellern konfrontiert, deren Funktionen sie bestenfalls nachvollziehen konnten. Bei auftretenden Problemen waren sie sich jedoch sowohl im Hinblick auf die Software als auch auf die Hardware von den Anbietern völlig abhängig. Sie hatten keine Möglichkeit auftretende Mängel selbst beheben zu können. Häufig kam es aber auch zu Fehlern bei der Betriebsführung durch die Hausmeister, da diese trotz Schulung überfordert waren die Programme der Leittechnik zu bedienen (Einstellen der Heizkurve o.ä.).

Wenngleich der Energiebeauftragte einschränkt, dass es sich um seine persönliche in Goslar gemachte Erfahrung handelt, so fühlte er sich doch von der Technik abgehängt: „Wenn sie funktioniert, funktioniert sie und wenn nicht, funktioniert gar nichts mehr" [Römer, 20.08.01]. Generell, und dies sei nicht vom speziellen Produkt abhängig, stelle eine umfangreiche Gebäudeleittechnik derart hohe Anforderungen an die Hausmeister, dass diese überfordert seien. Dies begründete der Energiebeauftragte unter anderem damit, dass es sich bei den Hausmeistern in der Regel nicht um Techniker, sondern um Generalisten handelt, die mit den unterschiedlichsten Aufgaben betreut sind.

Keine zentrale Leittechnik für Heizungsanlagen gewünscht

Nahezu alle MSR-Anlagen zur Steuerung der Heizungen sind vom selben Hersteller, so dass eine Aufschaltung der einzelnen Liegenschaften auf eine zentrale Leittechnik technisch problemlos möglich wäre. Dies wird jedoch vom Energiebeauftragten nicht gewünscht, da er es nicht als seine Aufgabe ansieht, die Anlagen am Rechner zu überprüfen, um dann im Bedarfsfall selbst technische Optimierungen vorzunehmen oder den Hausmeistern per Telephon entsprechende Anweisungen zu geben. Aus seiner Sicht ist eine Betreuung der Anlagen direkt durch die Hausmeister wesentlich effizienter und erfolgreicher, solange sichergestellt ist, dass es sich um eine einfache Regeltechnik handelt, die sich auf das Notwendige beschränkt.

Sensorgesteuerte Beleuchtungsanlagen

Aufgrund der Schwierigkeiten, die sich im Betrieb der komplexen Leittechnik zur Beleuchtungssteuerung in den zwei Pilotprojekten ergeben haben, werden mittlerweile in Goslar vorwiegend dezentrale Systeme zur Beleuchtungssteuerung eingesetzt. Die einzelnen Lichtstränge in den Klassenzimmern und Fluren sind mit Präsenzmeldern und Helligkeitssensoren ausgestattet. Das Licht geht also automatisch an, wenn sich Personen in den Räumen befinden und das Tageslicht nicht ausreicht. Einige Zeit nach dem Verlassen der Räume, bzw. bei erhöhter Sonneneinstrahlung geht das Licht selbständig wieder aus.

Das System wird von Lehrern und Schülern gut angenommen. Lediglich in wenigen Fällen ging das Licht aus, als die Schüler über einen längeren Zeitraum sehr ruhig saßen. Durch Armbewegungen wurden die Bewegungsdetektoren ausgelöst und das Licht ging wieder an, ohne dass der Unterricht zu sehr gestört wurde.

Aus Sicht der Hausmeister handelt es sich um ein sinnvolles System, das die abendliche Begehung aller Klassenräume, um vergessene Lichter auszuschalten, überflüssig macht. Die Sensoren erwiesen sich als wenig störanfällig und können leicht gewartet werden. Die Empfindlichkeit der Sensoren wird per Hand über eine Stellschraube lokal eingeregelt.

Die im Rahmen der Beleuchtungsmodernisierung erzielten Energieeinsparungen lagen zwischen 35 – 40%. Hinzu kommen Kosteneinsparungen durch geringere Wartung und längere Lebensdauer der Lampen in Höhe von 5 – 10%. Allerdings ist zu beachten, dass die Einsparungen auf das gesamte Maßnahmenbündel (Beleuchtungsreduzierung von 2-flammig auf 1-flammig, Verwendung von Vorschaltgeräten, Einsatz der Sensorik) zurückzuführen ist. Da alle Maßnahmen gleichzeitig durchgeführt wurden, ist der Einspareffekt, der allein auf die Sensorsteuerung zurück geht, nicht zu bestimmen.

7.3.6 Energiecontrolling

Zielsetzung für die Einführung eines EDV-gestützten Energiecontrollings war es, die Energieverbräuche der kommunalen Liegenschaften transparent zu machen:

- nach innen, für die Verwaltung selbst, zur Identifizierung von Einsparpotentialen und zur Entwicklung von Strategien, wie diese Einsparungen erreicht werden könnten
- nach außen, als Rechenschaft gegenüber der Politik

Es wurde ein Pilotprojekt „Erschließung der Energiesparpotentiale für die öffentlichen Liegenschaften der Stadt Goslar durch die Einführung eines EDV-gestützten Energiemanagements“ durchgeführt, das durch das Land Niedersachsen und die Nordharzer Kraftwerke GmbH gefördert wurde. Als Grundlage für den Aufbau des Energiemanagements dienten die Ergebnisse der 1994 bundesweit durchgeführten Umfrage unter 542 Kommunen zwischen 20.000 und 100.000 Einwohnern [Goslar 1995]. Außerdem wurden drei marktgängige EDV-Programme zum Energiedaten-Controlling getestet. Aufgrund dieser Tests und der Umfrageergebnisse beschloss die Stadt Goslar eine eigene Software zu entwickeln mit der Gebäudestammdaten (Gebäudebeschaffenheit, Flächen, energietechnische Anlagen, Ansprechpartner vor Ort, etc.) verwaltet und Energieverbrauchsdaten gesammelt und ausgewertet werden können.

Die Umfrage ergab, dass über 75% der befragten Energiebeauftragten eine EDV zur Verfügung stand, zum großen Teil in Form eines eigenen PC auf dem unterschiedlichste Software zur Energiedatenerfassung und -analyse vorhanden war. Knapp 60% hielten den Einsatz der EDV für unerlässlich. Jedoch konnten 15% den erforderlichen Zeitaufwand für das rechnergestützte Controlling nicht leisten und weitere 17% verfügten über keine entsprechende oder nur unzureichend angepasste Software. Laut dem Energiebeauftragten, Herrn Römer, gab es weiterhin einige Hinweise darauf, dass in vielen Fällen in denen Hard- und Software vorhanden waren, eine umfassende Auswertung der Verbrauchsdaten nicht betrieben wurde. Zum einen lag dies daran, dass viele Kommunen keine Energieberichte erstellten, was bei vorliegenden Verbrauchsdaten die mit entsprechender Software ausgewertet wurden, nur einen geringfügigen Aufwand bedeutet hätte. Zum anderen gaben 44% der befragten Energiebeauftragten an, keine regelmäßige Kontrolle der bereits durchgeführten Sparmaßnahmen vorzunehmen.

Herr Römer führte die geringe Anwendung der Auswertesoftware auf den großen Arbeitsaufwand zurück, der mit der Benutzung der komplexen Programme verbunden ist. Die Tests der drei Energiemanagementprogramme: AKROPOLIS, EKOMM 3.1 und GMS-EWIS durch die Stadtverwaltung Goslar ergab, dass diese nicht den Ansprüchen einer einfachen Bedienbarkeit gerecht wurden.

Aus Sicht der Stadt Goslar war somit zum damaligen Zeitpunkt keine Software verfügbar, die ihren Ansprüchen im Bezug auf ein kommunales Energiemanagement gerecht geworden wäre. Die EDV-Abteilung der Stadtverwaltung Goslar entwickelte daher zusammen mit dem Energiebeauftragten eine eigene, einfache Software „Energie – Informations – System" (EIS). Grundlage bildet eine ACCESS Datenbank in der die Energieverbrauchsdaten abgelegt werden. Die Daten können über Makros (definierte Eingabe- und Auslesefenster, EXCEL-Berechnungen, etc.) verwaltet werden. Die prinzipielle Idee war es, die wichtigsten Daten jeder Liegenschaft auf einer DIN A 4 Seite abrufen zu können. Außerdem sollten Monats- und Jahresberichte für einzelne Liegenschaften für die Verbräuche von Strom, Wasser und Gas erstellt werden können. Dabei sollten die Berichte fortschreib- und ergänzbar sein (Für eine genauere Beschreibung von EIS siehe [Goslar 1997].)

Ursprünglich war die Weitergabe an andere Kommunen geplant. Dies fand jedoch nicht statt, da die notwendigen Unterstützungen (support) und Weiterentwicklungen (up-dates) durch die Stadtverwaltung Goslar nicht langfristig leistbar gewesen wären. Es wurde versucht Kooperationen mit den Energieagenturen der Länder Niedersachsen und Hessen einzugehen um das Programm zu verbreiten und auf eine breitere Basis zu stellen. Diese Versuche scheiterten jedoch.

Im Rahmen des Energiecontrollings der Stadt Goslar wurden folgende Maßnahmen umgesetzt:

- Die Stammdaten der Gebäude wurden aus den vorhandenen Unterlagen zusammengetragen und bei vor Ort Begehungen vervollständigt.
- Die Energieverbrauchsdaten der einzelnen Gebäude wurden monatlich von den Hausmeistern abgelesen und vom Energiebeauftragten am Rechner über eine Eingabemaske eingegeben.
- Es erfolgte die Erstellung und Analyse von Energiedatenblättern der einzelnen Gebäude auf denen die „Gebäude-Energie-Situation" und die „Gebäude-Emissions-Situation" festgehalten wurde. Aufgrund dieser Daten wurden Energiesparmaßnahmen identifiziert, durchgeführt und bewertet.
- Die Energielieferverträge wurden überprüft und Tarifverträge neu ausgehandelt.

Das Programm EIS wurde bis 1999 zur Verwaltung der eigenen Liegenschaften verwendet. Seit etwa Anfang 2000 nimmt der Energiebeauftragte jedoch aus Zeitmangel weder die Dateneingabe noch weitergehende Analysen vor. Da die Verbrauchsdaten zur Zeit nicht ausgewertet werden, soll auch ihre Erfassung vorrübergehend unterbrochen werden und erst im Rahmen des Gebäudemanagements wieder aufgenommen werden. Die dem Energie-Informations-System zugrunde liegende Philosophie, dass die Transparenz der Verbrauchsdaten als Grundlage für einen effizienten Betrieb dient, soll dabei konsequent fortgeführt und in das Gebäudemanagementkonzept integriert werden. Dabei wird mit der Einführung eines umfassenden Gebäudemanagements hierfür neue Software zu beschaffen sein. Es muss dann also auch eine neue Software für das Energiecontrolling beschafft werden, die mit der restlichen Software für das Gebäudemanagement kompatibel ist.

Beispiel – Rollierende Abrechnungen

Wie groß die Notwendigkeit für eine EDV-Unterstützung für ein Energiecontrolling selbst in der relativ kleinen Kommune Goslar und wie schnell etwa ein Karteikartensystem mit Datenblättern für die einzelnen Gebäude an seine Grenzen stoßen würde, zeigt das Beispiel der sogenannten rollierenden (umlaufenden) Ablesung[12] durch den Energieversorger. In Goslar stellte sich das Problem, dass der Energieversorger die Ablese- und Abrechnungspraxis von einer jährlichen Abrechnung auf rollierende Abrechnungen umstellte. Um die Rechnungen des Energieversorgers mit den von der Stadt erhobenen Daten vergleichen zu können, wurden sehr aufwendige Umrechnungen nötig. Da dies jedoch im EIS-Programm nicht vorgesehen war, mussten diese Umrechnungen quasi von Hand (Excel Kalkulationen) durch den Energiebeauftragten durchgeführt werden, was sich als sehr zeitaufwendig herausstellte.

Das Beispiel zeigt jedoch nicht nur, dass generell eine EDV-Unterstützung sinnvoll ist, es zeigt auch, dass das EDV-Programm kontinuierlich überarbeitet und an neue Bedürfnisse angepasst werden muß.

Ablesen der Zählerstände

Bisher werden die Zählerstände in Goslar durch die Hausmeister abgelesen und in Formulare eingetragen. Diese werden monatlich an den Energiebeauftragten weitergegeben. Aus seiner Sicht ist es sehr schwer die Hausmeister dazu zu bekommen, die Zähler regelmäßig und gewissenhaft abzulesen. So werden immer wieder falsche Zählerstände weitergegeben, „da etwa das Komma falsch gesetzt wird."

Das Erfassen der Energieverbräuche durch die Hausmeister führt auch nicht automatisch dazu, dass diese sich auch gewissenhaft um die energietechnischen Anlagen kümmern. „Sie können die Hausmeister nicht in den Keller zwingen, nur weil die für Sie Daten ablesen sollen" [Römer, 20.08.01]. Nach Ansicht des Energiebeauftragten ist die Motivation der Hausmeister entscheidend. Werden die Hausmeister

---

[12] Da der Energieversorger unmöglich alle Zähler seiner Kunden am selben Tag ablesen kann und selbst die Ablesung zum Jahresende kurzzeitig sehr viel Personal beansprucht, gehen immer mehr Energieversorger dazu über rollierende Ablesungen (und Abrechnungen) statt der bisher üblichen jährlichen Abrechnungen einzuführen. Dazu werden die Ablesungen zwar in etwa in Einjahresintervallen vorgenommen, jedoch mit unterschiedlichen Stichtagen für die einzelnen Abnahmestellen (etwa jeweils am 15. März die Schule X in Region A).

lediglich gezwungen Verbrauchsdaten zu ermitteln, schreiben diese häufig „einfach irgendwas“. Auch um sich mit ihren Anlagen auseinanderzusetzen, müssen die Hausmeister anders motiviert werden.

7.3.7 Kommunikation

Im Rahmen der Gebäudebegehungen zum Aufbau des Energiecontrollings führte der Energiebeauftragte intensive Gespräche mit Nutzern und Verantwortlichen der Gebäude. Dies geschah zunächst in Einzelgesprächen. Es wurden also getrennte Termine mit Hausmeistern und Schulleitern vereinbart, um auch unterschiedliche Sichtweisen der Situation erfassen zu können.

Generell nimmt der persönliche Gedanken- und Informationsaustausch in der Arbeit des Energiebeauftragten einen hohen Stellenwert ein. Seine Hauptaufgabe sieht er in der Vermittlung zwischen den unterschiedlichen, für das Energiemanagement relevanten Akteuren, von politischen Gremien über die diversen verwaltungsinternen Stellen (Kämmerei, Hochbauamt, Umweltamt, etc.) bis hin zu Hausmeistern, Nutzern und Firmen, die Sanierungsmaßnahmen durchführen. Nach seiner Einschätzung verbringt er etwa 70% seiner Arbeitszeit außerhalb seines Büros: in Ausschüssen, in den Fachabteilungen, bei Hausmeistern vor Ort oder unterwegs mit Firmen.

Hausmeister

In Goslar obliegt der Betrieb der energietechnischen Anlagen den jeweiligen Hausmeistern der Gebäude. Das Konzept des Energiebeauftragten ist es, den Hausmeistern viel Eigenverantwortung zu geben und sie durch persönliche Beziehungen zu motivieren ihre Gebäude optimal zu betreiben. Dabei hat er ein offenes Ohr für ihre Sorgen und versucht ihr Wissen zu nutzen und ihre Anregungen umzusetzen. In Bezug auf die Zusammenarbeit mit den Hausmeistern sieht sich der Energiebeauftragte als Koordinator, der versucht die Modernisierung der Anlagen voranzubringen und den Hausmeistern Informationen und Weiterbildungen zu verschaffen. Aus Sicht des Energiebeauftragten sind die Hausmeister die Schlüsselpersonen, die entscheidend für den Erfolg oder Misserfolg von Energiesparmaßnahmen sind.

Zunächst wurden sogenannte „Kellertermine“ durchgeführt, bei denen Firmenvertreter die Hausmeister einzeln in der Bedienung ihrer Anlagen geschult haben. Diese Termine fanden ohne den Energiebeauftragten statt, so dass die Hausmeister jene Fragen stellen konnten, die ihnen wichtig waren, ohne sich dabei überwacht zu fühlen. Mittlerweile ist die Weiterbildung der Hausmeister fester Bestandteil des Energiemanagements. Hierzu gehören Austauschrunden der Hausmeister untereinander, allgemeine Schulungen sowie die aktive Einbeziehung bei Sanierungsmaßnahmen, so dass einerseits auf das Know-How der Hausmeister zugegriffen werden kann, andererseits diese gleich von Beginn der Sanierung an lernen, mit den neuen Anlagen umzugehen.

Ein weiteres wichtiges Anliegen des Energiebeauftragten ist es, den Hausmeistern Rückenstärkung zu geben. Ein wichtiges Element ist die formale Unterstützung innerhalb der Verwaltung (etwa wenn Sanierungen notwendig sind) oder gegenüber Nutzern (etwa bei Beschwerden). Vor allem aber erhalten die Hausmeister Erfolgsrückmeldungen durch den Energiebeauftragten. Besonders die Hausmeister in den Schulen sind „für 1000 Dinge zuständig“. Sie sind neben der Schulspeisung für die

Schlüsselverwaltung verantwortlich. Sie müssen für die Lehrer kopieren, sich um verletzte Schüler kümmern und quasi nebenbei noch die energietechnischen Anlagen betreuen. Für letzteres erhalten sie in der Regel jedoch fast ausschließlich negatives Feedback, nämlich immer dann, wenn die Anlagen nicht funktionieren.

Im Rahmen des Werkvertrages erhielten die Hausmeister eine finanzielle Erfolgsbeteiligung an den Energieeinsparungen. Zur Zeit wird dies (zum Bedauern des Energiebeauftragten) nicht mehr durchgeführt. Aus Sicht des Energiebeauftragten haben diese Bonusregelungen in großem Maße zum Erfolg der Energiesparbemühungen beigetragen, da dadurch die Hausmeister zur konstruktiven Mitarbeit motiviert werden konnten: „Wenn jemand Geld in die eigene Tasche bekommt, dann merkt er wirklich, dass seine Arbeit honoriert wird“ [Römer, 28.08.01]. Nach seinen Erfahrungen muss eine Anerkennung allerdings auch nicht notwendigerweise monetär sein. Häufig wirkt auch allein persönliches Feedback motivierend. Die Anerkennung kann etwa in einem offiziellen Rahmen, oder schriftlich, beispielsweise als Urkunde erfolgen. Wichtig sei aber, dass die Hausmeister das Gefühl erhalten, dass sie etwas geleistet haben und ihre Leistung honoriert wird.

Energiesparen an Schulen

In Goslar wurden an den Schulen auch zahlreiche nicht investive Maßnahmen durchgeführt. In 15 Schulen wurden Energiesparkampagnen durch das NESSI Programm gefördert. Es wurde versucht, alle Beteiligten zu integrieren: Schüler, Lehrer, Direktoren und die Hausmeister. In den einzelnen Schulen wurden u.a. sogenannte Energiegruppen gebildet. Diese engagierten Schülergruppen trugen zusammen mit betreuenden Lehrern die Energiesparkampagnen in die Schulen.

Bemerkenswert ist dabei die getroffene Bonusregelung. Demnach sollten die gemachten Einsparungen zum größten Teil wieder in neue Energiespar-Projekte investiert werden. Dabei wurden die Schüler aufgerufen, eigene Vorschläge zu entwickeln. Die Entscheidung welche Maßnahmen umgesetzt werden, wurde mit den Schülern gemeinsam getroffen. Aus Sicht des Energiebeauftragten hat allein diese Gestaltungsfreiheit die Schüler sehr motiviert.

7.3.8 Bewertung der Maßnahmen

Organisationsstruktur

Das Konzept des Werkvertrages mit Erfolgsbeteiligung für den Energiebeauftragten wurde eingeführt, um die Stadt nicht zu langfristig zu binden, sollten die Erfolge des Energiemanagements geringer ausfallen als prophezeit. Die Erfolgsbeteiligung führte zwar zu einem erhöhten Engagement des Energiebeauftragten. Dieser würde das Konzept jedoch so nicht weiter empfehlen, da es verwaltungsintern zu Neid und Missgunst geführt habe. Durch die Erfolgsbeteiligung hatte der Energiebeauftragte in den zwei Jahren des Werkvertrages „sehr gut verdient“. Dass es sich hierbei um eine selbständige Arbeit mit entsprechenden unternehmerischen Risiken gehandelt hat, konnte der Energiebeauftragte nur schwer vermitteln, angesichts der Tatsache, dass er im selben Büro saß wie seine „Kollegen“. Ein weiterer Aspekt, der gegen den Werkvertrag spricht, ist die fehlende Langfristigkeit und Planungssicherheit, die für die Umsetzung umfassenderer Konzepte nötig ist.

Der Energiebeauftragte ist im Umweltamt angesiedelt. Dies unterstützt den generellen Charakter des Energiemanagements als Querschnittsaufgabe, die nicht auf einen Aspekt, etwa die technische Gebäudebewirtschaftung zu limitieren ist. Im Fall Goslar ist die ganze Arbeitsweise des Energiebeauftragten geprägt von dem Ansatz, Vermittler zwischen den verschiedenen verwaltungsinternen und externen Akteuren zu sein.

Der Energiebeauftragte selbst schätzt die Unterstützung des Fachbereichsleiters als essentiell für seine Arbeit ein. Die Einrichtung einer Stabsstelle, bei der der Energiebeauftragte nicht wie bisher im Fachbereich Umwelt angesiedelt, sondern etwa direkt dem Bürgermeister unterstellt ist, wäre aus seiner Sicht keine Verbesserung. Durch den Austausch mit anderen Kommunen kennt der Energiebeauftragte sowohl positive wie auch negative Beispiele und betrachtet daher eine Stabstelle nicht als notwendigerweise bessere Arbeitsgrundlage für das kommunale Energiemanagement.

Gebäudeleittechnik

Die technischen Probleme, die mit der Gebäudeleittechnik auftraten, haben dazu geführt, dass in Goslar zukünftig relativ wenig zentrale Leittechnik und vor allem nur leicht zu bedienende und zu wartende Systeme verwendet werden. Der Energiebeauftragte machte deutlich, dass bei ihm eine generelle Abwehr aufgrund der schlechten Erfahrungen entstanden ist. Er schränkte ein, dass diese vielleicht sogar etwas überzogen sei, da er ja durchaus Beispiele anderer Kommunen oder einzelner Gebäude kennt, in denen eine umfangreiche GLT gut funktioniert.

Eine der Problemursachen liegt darin begründet, dass für die Betreuung einer umfangreichen Gebäudeleittechnik eine hohe Qualifikation des Bedienpersonals notwendig ist. Diese ist von den einzelnen Hausmeister nicht zu verlangen. Möglich wäre jedoch die Installation einer zentralen GLT mit einer Leitstation im Umweltamt, die von einem spezialisierten Mitarbeiter (etwa dem Energiebeauftragten) bedient wird. Hier käme es in Goslar jedoch zu einem Leitbilderkonflikt. Das Konzept der Eigenverantwortung ist in gewissem Maße unvereinbar mit Konzepten, bei denen eine zentrale Steuerung der Anlagen über eine Leittechnik erfolgt. So können sinnvoller Weise die Kompetenzen zur Regelung der Anlagen nur entweder dezentral bei den Hausmeistern oder zentral beim Energiebeauftragten liegen. Würde der bisherige Ansatz des Energiebeauftragten beibehalten und zusätzlich eine zentrale Leittechnik eingeführt, so würden die beiden Konzepte um das knappe Gut der Betreuung durch den Energiebeauftragten konkurrieren. In Goslar ist bewusst die strategische Entscheidung für den vermehrten Einsatz dezentraler, selbstständiger Systeme getroffen worden.

Aus den Erfahrungen in Goslar lassen sich einige generelle Schlüsse für die Konzeption einer Gebäudeleittechnik folgern:

- Die GLT sollte so einfach wie möglich konzipiert sein und sich lediglich auf das Notwendige beschränken.
- Sie sollte an Nutzerwünsche und die Qualifikation des Bedienpersonals angepasst sein.
- Der Wartungsaufwand darf nicht zu hoch sein und sollte zum großen Teil von lokalen Kräften vorgenommen werden können.

- Das System sollte eine hohe Zuverlässigkeit aufweisen. Der Ausfall einzelner Komponenten darf nicht zu einem Zusammenbruch des Gesamtsystems führen (getrennte logische Ebenen, manuelles back-up, etc.)

Bewertung der Software „Energie-Informations-System“

Der Anspruch des Energiebeauftragten, eine möglichst hohe Transparenz der Energieverbräuche zu erreichen, kann selbst bei einer relativ kleinen Kommune wie Goslar in befriedigendem Maße und mit vertretbarem Arbeitsaufwand nur unter der Verwendung eines EDV-gestützten Energiecontrollingsystems eingelöst werden. Durch die Eigenentwicklung des Energie-Informations-Systems hat die Stadt Goslar ein Softwaretool geschaffen welches zunächst die Bedürfnisse des Energiemanagements gut erfüllt hat.

Das Beispiel der rollierenden Abrechnungen (siehe Seite 114) zeigt jedoch nicht nur die Notwendigkeit einer Softwareunterstützung für das Energiecontrolling. Es zeigt auch, wie wichtig eine kontinuierliche Weiterentwicklung einer solchen Software ist. Diese war offenbar langfristig nicht durch die Kommune selbst zu leisten. Durch die Einführung des Gebäudemanagements stellt sich in naher Zukunft darüber hinaus die Anforderung generell, eine neue Software einzuführen.

Bewertung des Energiecontrollings

Die Tatsache, dass in Goslar eine eigene Software zur Verwaltung und Auswertung der Energieverbrauchsdaten entwickelt worden ist, mit ihr gute Erfahrungen gemacht und Erfolge erzielt worden sind, aber schließlich die Software nach einiger Zeit nicht mehr benutzt wird, mutet zunächst einmal bizarr an.

Ein erklärender Faktor ist sicherlich der Umstand, dass der Energiebeauftragte derzeit intensiv mit dem Aufbau des Gebäudemanagements beschäftigt ist. Formal ist er sogar von den Aufgaben des Energiemanagements freigestellt. Da es aber keinen Ersatz gibt, führt er sie de facto weiter. Neben der außergewöhnlichen Arbeitsbelastung stellt das Gebäudemanagement in absehbarer Zeit ohnehin die Aufgabe, auf eine neue umfassendere Software umzusteigen, so dass die Unterbrechung der EDV-Energiedatenerfassung auch als bewusste Pause bis zur Einführung des neuen Systems aufgefasst werden kann.

Dennoch widerspricht das Fallenlassen der Verbrauchsdatenanalyse eklatant den vom Energiebeauftragten selbst formulierten Grundsätzen. So steht etwa im Abschlußbericht des Pilotprojektes: „Nichts erzeugt unter den Beteiligten mehr Enttäuschung, als wenn die Angaben durch Zählung, Inventarlisten und Begehungen zusammengestellt, abgeheftet oder auf Datenträger ‚abgelegt' und nicht weiterverwendet werden“ [Goslar 1997]. Er bezeichnete die jetzige Situation als die, „von der ich zu den Hausmeistern immer gesagt habe, dass sie nie eintreten darf“ [Römer, 20.08.01].

Auf der anderen Seite ist das vorübergehende Einstellen des Energiecontrollings ja nicht gleichzusetzen mit einer Beendigung des Energiemanagements generell. Der Energiebeauftragte hat nach eigenen Angaben mehr mögliche Maßnahmen im Kopf, als er auf Grund von verfügbarem Kapital und Arbeitskraft umsetzen kann. Die Analyse der Verbrauchsdaten zur Identifikation weiterer Energiesparpotentiale erscheint nicht notwendig. Langfristig würde diese Einstellung und das Unterlassen des Controllings sicherlich dazu führen, dass bestehende Einsparpotentiale nicht identifiziert und somit nicht ausgeschöpft werden. Eine Abschätzung der Auswirkungen ist aber zum jetzigen Zeitpunkt nicht möglich. Eine Analyse kann erst vorgenommen werden, wenn das Energiecontrolling im Rahmen des Gebäudemanagements wieder aufgenommen wird.

Kommunikation

Der Energiebeauftragte schafft es sehr gut als Vermittler zwischen den verschiedenen Stellen zu agieren. Sein Konzept, die unterschiedlichen Akteure zu einer kooperativen Zusammenarbeit zu motivieren, wird durch seine unermüdliche, direkte und offene Kommunikation mit allen Beteiligten getragen.

Zu Beginn seiner Arbeit gab es durchaus gewisse Vorbehalte gegenüber dem Energiemanagement. So erweckte der Anspruch der Querschnittsaufgabe zunächst einmal den Verdacht: „Da will uns jemand reinpfuschen" [Römer 20.08.01]. Auch gab es seitens des Baubereiches zuerst Skepsis, dass unter Energiesparmaßnahmen auch Fassadenwärmedämmungen an Fachwerkhäusern sein könnten, wogegen Denkmalschutzrichtlinien sprachen.

Der Energiebeauftragte und der Fachbereichsleiter des Umweltreferates haben sich viel Zeit dafür genommen, gemeinsamen „durch die Ämter zu ziehen" und die Idee des Energiemanagements in die Stadtverwaltung zu tragen. Dadurch konnten die anfänglichen Bedenken größtenteils zerstreut und eine Grundlage zur effizienten Umsetzung von konkreten Energiesparmaßnahmen geschaffen werden. Die durchaus charismatische Persönlichkeit des Energiebeauftragten war hier sicherlich sehr hilfreich.

Aus seiner Sicht war auch seine zu Beginn eher geringe fachliche Kompetenz eindeutig förderlich, die Rolle des Vermittlers und Koordinators gut auszufüllen. Dadurch, dass er anfangs darauf angewiesen war, das Wissen der Hausmeister als Spezialisten für ihre Anlagen zu nutzen, fiel es ihm viel leichter sie zu motivieren, selbst aktiv zu werden, als wenn er als Neuling mit großem Spezialwissen sofort Anweisungen gegeben hätte. Der Energiebeauftragte gibt explizit den Tip für andere Verwaltungen, die ein Energiemanagement aufbauen wollen, jemanden zu suchen, der engagiert, motiviert, kommunikativ und offen ist, der aber fachlich am besten nur oberflächliches Wissen besitzt.

Allgemeine Bewertung – Übertragbarkeit auf andere Kommunen

Das Fallbeispiel Goslar zeigt, dass ohne große Personalkosten und Risiken für die Kommune, allein durch die Umsetzung gering-investiver Maßnahmen schnell Einsparungen im Energieverbrauch realisiert werden können, die sich auch sofort in Netto-Kostenentlastungen für den städtischen Haushalt niederschlagen. Hierbei sind die Bedingungen in Goslar durchaus mit denen anderer Kommunen gleicher Größe in Westdeutschland vergleichbar.

Zur Entwicklung des Konzepts für ein Energiemanagement mit EDV-gestütztem Energiecontrolling und für die Entwicklung einer Software zur Auswertung der Verbrauchsdaten wurden Fördermittel in Anspruch genommen. Mittlerweile, sieben

Jahre später, existieren jedoch eine Vielzahl von Beratungs- und Informationsangeboten (Ratgeber, Schulungen, etc.) für Kommunen, die ein Energiemanagement aufbauen wollen, so dass die umfangreichen Vorarbeiten (Umfrage, Entwicklung des EDV-Programmes) nicht mehr nötig sind. Somit sollten mittlerweile ähnliche Einsparungen, wie sie in Goslar in den ersten Jahren gemacht wurden auch ohne Förderung in anderen Kommunen erreicht werden.

Anders stellt sich die Situation bei den Schulsanierungen dar. Hier sind sehr erfolgreiche Konzepte mit umfangreichen Modernisierungen umgesetzt worden, die ohne eine Förderung nur mit erheblichen Investitionsmitteln erreicht werden können. Auch für die Installation von fünf solarthermischen Anlagen in den Solar Schulen ist die Förderung durch die „Solar, na klar!" – Kampagne ausschlaggebend. Dieser große Anteil an öffentlicher Förderung konnte nur aufgrund eines hohen Engagements des Energiebeauftragten und eines guten Zusammenwirkens aller Akteure in den beteiligten Schulen eingeworben werden.

Die engagierte und zuverlässige Mitarbeit der Hausmeister ist sicherlich zum großen Teil der charismatischen Persönlichkeit des Energiebeauftragten und seinem großen Engagement geschuldet. Dieser tritt dabei nicht als inhaltlicher Experte auf, sondern bündelt das bereits in der Verwaltung vorhandene Expertenwissen und sorgt dafür, dass bei Bedarf weiteres externes Know-how herangezogen wird. Die persönlichen Qualifikationen des Energiebeauftragten kommen in seinem Konzept, als motivierender Koordinator zu agieren, hervorragend zum Tragen. Aufgrund der persönlichen Leitbilder und der Qualifikationen des Energiebeauftragten, ist davon auszugehen, dass in Goslar mit relativ einfachen technischen Lösungen, die aber ein hohes Engagement in der laufenden Betreuung erfordern, bessere Energieeinsparungen erzielt werden können als durch den Einsatz komplexer Technologien, deren Vorteile unter diesen Bedingungen nicht geeignet zum Tragen kommen.

7.3.9 Vorliegendes Material

Durchgeführte Interviews

[Römer, 08.03.01] Telefongespräch mit Hr. Römer, Energiebeauftragter im Umweltamt der Stadt Goslar am 08.03.01

[Römer, 20.08.01] Persönliches Interview mit Hr. Römer am 20.08.01

[Römer, 28.08.01] Telephonisches Interview mit Hr. Römer am 28.08.01

Schriftliches Material

Artikel „Kommunales Energiemanagement (KEM) der Stadt Goslar" von Gottfried Römer in:

[DIFU 1998] *Klimaschutz durch Energiemanagement*. Dokumentation des 3. Fachkongress der Kommunalen Energiebeauftragten in Saarbrücken am 24/25. Oktober 1997. Fischer, Annett/Kallen, Carlo (Hg.), DIFU - Umweltberatung für Kommunen, Berlin, Deutsches Institut für Urbanistik, 1998

[Goslar 1995] Römer, Gottfried: *Energiemanagement - Rationelle und umweltverträgliche Energieverwendung im kommunalen Bereich*. Auswertung einer Bundesweiten Fragebogenaktion unter Städten mit 20. - 100.000 Einwohnern. Stadt Goslar, 1995

[Goslar 1997] Römer, Gottfried: *Erschließung der Energieeinsparpotentiale für die öffentlichen Liegenschaften der Stadt Goslar durch Einführung eines EDV-gestützten Energiemanagements*. Abschlußbericht Pilotprojekt, Stadt Goslar, 1997

[Goslar 1999] Römer, Gottfried: *Energiebericht 1999*. Kommunales Energiemanagement - Stadt Goslar 1999. Goslar, 1999

[Römer 2001] Persönliche Mitteilung, 29.08.2001: Verbrauchswerte der öffentlichen Liegenschaften der Stadt Goslar 1995 – 1999; Römer, Gottfried

7.4 München

7.4.1 Rahmendaten

Die Landeshauptstadt von Bayern hat 1.300.000 Einwohner. Die Stadt München unterhält z. Zt. ca. 1600 öffentliche Liegenschaften mit rund 8.700 Energie- und Wasserabnahmestellen. Die jährlichen Ausgaben für Energie betragen etwa 46 Mio €. In Abbildung 7-7 sind die Verbräuche und Kosten für das Jahr 1998 dargestellt.

	Verbrauch		CO_2-Emissionen		Kosten	
Energieträger	in MWh	in %	in Tonnen	in %	in €	in %
Strom	211.000	30	53.000	35	24.474.500	55
Wärme	503.000	70	100.000	65	20.295.700	45
Gesamt	714.000	100	153.000	100	44.770.200	100

Abbildung 7-7: Absolute und relative Energieverbräuche mit zugeordneten CO_2-Emissionen und Kosten aller kommunalen Liegenschaften der Stadt München aus dem Jahre 1998. Quelle: [München 1999]

7.4.2 Zielsetzungen, Schwerpunkte und Erfolge des KEM

Die Energiesparbemühungen der Stadt München wurden 1973 in Folge der Ölkrise deutlich verstärkt. Es wurde begonnen, systematisch Verbrauchsdaten zu erheben und zusammen zu fassen. Seit 1983 bringt die Stadt München Energieberichte mit immer kürzeren Berichtszeiträumen heraus. Zukünftig sollen jährlich Berichte erscheinen.

Als Motivation für die derzeitigen Energiemanagementaktivitäten steht neben der Senkung der Energie- und Wasserkosten vor allem eine Reduktion der CO_2-Emissionen im Vordergrund. München ist Mitglied im Klimabündnis Allianza del Clima e.V. und setzte sich damit das Ziel, die CO_2-Emissionen bis zum Jahr 2005 um 30% gegenüber dem Vergleichsjahr 1987 zu senken. Im Rahmen des kommunalen Energiemanagements arbeitet München u.a. mit folgenden Institutionen zusammen:

- Münchner Energie-Agentur
- Arbeitskreis für Maschinen- und Elektrotechnik staatlicher und kommunaler Verwaltungen (AMEV)
- Arbeitskreis Energieeinsparung im deutschen Städtetag

Seit 1973 werden monatlich die Verbrauchsdaten im Wärmebereich erhoben. Bezogen auf das Jahr 1987 (Referenzjahr Klimabündnis) betrug 1998 die witterungs- und flächenbereinigte Reduzierung der CO_2-Emmissionen durch Wärmebereitstellung 21%.

Über die Entwicklung der durch Stromverbrauch hervorgerufenen CO_2-Emissionen liegen keine umfassenden Daten vor. Strom- und Wasserverbrauchsdaten werden erst seit 1997 flächendeckend gesammelt und analysiert. Vorher fiel dies in die Zuständigkeiten der einzelnen Fachämter. Zahlen liegen jedoch für die einzelnen Bereiche vor. Im Gebäudebereich etwa stieg der Stromverbrauch 1998 gegenüber 1993 um ca. 18% (21.000 MWh/a) an. Im Bereich Lichtsignalanlagen konnten in den Jahren 1997/98 Reduzierungen von 17% (ca. 170 MWh/a), bei Straßenbeleuchtungsanlagen Einsparungen von 352 MWh/a (ca. 1%) erreicht werden. [München 1999]

Im Energiemanagementbericht 1999 werden folgende Aufgabenbereich des Energiemanagements aufgeführt und beschrieben:

- Energiebeschaffung
- Energiewirtschaftliche Beratung
  - Energiekonzepte,
  - Bauplanungs- und Ausführungsbetreuung
  - Simulationsrechnungen zum Energieverbrauch
- Energiedienst für den Gebäudestand
  - Verbrauchskontrolle
  - Energetische Untersuchungen von Gebäuden
  - Verbrauchsoptimierung
- Immissionsüberwachung
- Information und Schulung für Fach- und Betriebspersonal
- Dokumentation und Öffentlichkeitsarbeit u.a.:
  - Fifty-Fifty an Schulen
  - "Pro Klima – Contra CO_2" Nutzermotivation in Verwaltungsgebäuden
- Bauliche und technische Maßnahmen zur Energie- und Wassereinsparung
  - Energiespar- und Modernisierungsmaßnahmen
  - Einsatz rationeller und regenerativer Energietechnik

Zu den Verwaltungsaufgaben des Energiemanagements gehören auch die Bereiche Wasser und Abwasser. Hier fallen jährliche Kosten in Höhe von über 7,7 Mio € an.

Ein besonderer Schwerpunkt des kommunalen Energiemanagements ist das Münchner Energie-Management-System (MEMS). Das Konzept hierfür wurde 1993 erarbeitet und umfasst 16 Funktionsbausteine, die sukzessive installiert worden sind und ständig weiterentwickelt werden. Kernstück ist die Leitzentrale Haustechnik (LZH), in der alle Daten der bisher 150 angeschlossenen Gebäude verwaltet werden. Neben Ereignisdaten (z.B. Störmeldungen) sind dies auch objektbezogene technische Dokumente (z.B. Grundrisse, Technikpläne), Auswerteergebnisse und Stammdaten. Die Bedienstationen der Nutzer werden über ein lokales Netzwerk (LAN) an den LZH-Server angeschlossen und greifen auf dessen Daten zu. Genauso können Schalt- und Stellbefehle für die Anlagen in den angeschlossenen Liegenschaften abgesetzt werden. Ein wichtiges Merkmal des Leitsystems ist, dass es auf ein firmenneutrales Datenübertragungssystem (FND) zugreift, das von der Stadt München in Eigenregie entwickelt worden ist und von ihr selbst betrieben wird.

Weitere Elemente des MEMS sind u.a. ein elektronisches Verfahren zur Abrechnung von Verbräuchen (ADS), Komponenten des technischen Facilitymanagements, ein System zur Auswertung der Energieverbräuche (EAS), Dokumentation und Präsentation der Ergebnisse.

Mit Blick auf die eingesetzten telematischen Anwendungen werden in der Fallstudienanalyse drei Bausteine des MEMS vertiefend dargestellt:

- Die Leitzentrale Haustechnik und das firmenneutrale Datenübertragungssystem (FND)

- Die Automatisierte Datenübermittlung von den Stadtwerken München (ADS)
- Das Energie-Auswerte-System

Weiterhin wird die Kampagne zur Nutzermotivation „Pro Klima – Contra CO_2" vorgestellt.

7.4.3 Organisationsstruktur

Das Energiemanagement (EM) der Stadt München ist im Hochbau, Abt. Haustechnik, angesiedelt. Mit den Abteilungen Elektrotechnik und der Zentralabteilung des Hochbaus wird eng zusammengearbeitet. Letztere betreut übergreifend den Bereich Ökologisches Bauen. Außerdem besteht eine Anbindung an den Technischen Betrieb, der die Leitzentrale Haustechnik betreibt.

Das Energiemanagement versteht sich als Dienstleister, der den Fachabteilungen Beratungsleistungen anbietet. Entscheidend ist hierfür, dass die Stadt München eine Budgetierung der Fachreferate eingeführt hat. Den Fachreferaten wird ein generelles Budget zugewiesen, aus denen sie auch die laufenden Energiekosten decken müssen. Bei Reduktionen der Energiekosten stehen den Fachreferaten die frei werdenden Mittel für andere Zwecke zur Verfügung. Dadurch wird der Anreiz geschaffen, die Beratungsleistungen des EM in Anspruch zu nehmen.

Stadtintern ist das EM in zwei weitere Gremien eingebunden:

- Energiekommission
  Die Energiekommission berät den Stadtrat in Grundsatzfragen der Energie- und Umweltpolitik.
- Lenkungskreis
  CO_2Aufgabe des Lekungskreises ist die Koordinierung und Beschleunigung der Aktivitäten aller Referate mit Blick auf CO_2 Minderungsstrategien.

7.4.4 Finanzierungsstruktur

Das Energiemanagement erhält eine jährliche Basisfinanzierung von 256.000 €. Hinzu kommen 50 % der jährlich erzielten Energiekosteneinsparungen des Vorjahres (1997 waren dies 60.300 €. Hier werden jedoch nur eindeutig nachweisbare Kosteneinsparungen berücksichtigt, wie etwa tarifliche Verbesserungen beim Bezug von Wärme und Strom durch Anschlussleistungsreduzierungen oder den Einbau von Blindstromkompensationsanlagen. Nicht berücksichtigt werden Einsparungen die etwa durch Planungs- und Beratungsleistungen erzielt werden. Für den Zeitraum 1997-1998 wurden die Mittel nach dem in

Tabelle 7-2 dargestellten Schlüssel verwendet.

Personalkosten	139.000 €
Einschaltung Ingenieurbüros	78.200 €
Investive Maßnahmen	104.800 €
Energetische Untersuchung an 1000 Gebäuden	194.300 €
Sonstige Ausgaben	55.200 €
Gesamtausgaben in 2 Jahren	571.500 €

Tabelle 7-2: Ausgaben im Energiemanagement in den Jahren 1997 und 1998.

Bisher wurde ein Großteil der investiven Maßnahmen direkt aus Haushaltsmitteln finanziert. Dies geschah auf Grund von Kosten / Nutzenanalysen im Rahmen der generellen Anlageninstandhaltung und Sanierung. Mittlerweile wurde die Einführung eines Verwaltungsinternen Contracting (Intracting) beschlossen. Dafür werden 3,3 Mio € zinslos von der Stadtkämmerei über 5 Jahre zur Verfügung gestellt. Gefördert werden sollen Maßnahmen mit einer Amortisationszeit von bis zu fünf Jahren. Die jährlichen Einsparungen werden in einen Fonds zurückbezahlt, so dass sich ab dem 6. Jahr das Finanzmodell selbst trägt und ca. 1 Mio € pro Jahr für weitere Maßnahmen bereit stehen. Die Planungsaufwendung zur Durchführung der Energiesparmaßnahmen werden dann vom Hochbauamt den jeweiligen Fachämtern in Rechnung gestellt.

Einzelne Maßnahmen (wie etwa die energetische Untersuchung von 1000 Gebäuden) wurden durch das Bayerische Staatsministerium für Wirtschaft, Verkehr und Technologie unterstützt. Entwicklungsarbeiten für die Leitzentrale Haustechnik wurden vom Bundesministerium für Bildung, Wissenschaft, Forschung und Technologie (BMBF) gefördert.

1998 wurde vom Stadtrat beschlossen, zur Ausschöpfung der noch nicht erschlossenen Potentiale zusammen mit der Münchner Energie-Agentur eine Ausschreibung für ein externes Contracting (nach dem Vorbild der Berliner Gebäudepools) durchzuführen. Bisher wurden durch das Baureferat 33 Gebäude ausgewählt. Die Maßnahme ist noch in der Vorbereitungsphase.

7.4.5 Energietechnische Gebäudebewirtschaftung - Gebäudeleittechnik mit firmenneutralem Datenübertragungssystem

Die Stadt München betreibt seit Anfang der 80er Jahre eine Leitzentrale Haustechnik (LZH) zur energietechnischen Bewirtschaftung ausgewählter Liegenschaften. Die Leitzentrale war vom Hersteller der haustechnischen Mess-, Steuer- und Regelanlagen (MSR-Anlagen) entwickelt worden. Für die Kommunikation zwischen der LZH und den einzelnen MSR-Anlagen wurde ein herstellerspezifisches Datenübertragungsprotokoll verwendet. Dadurch war die Aufschaltung von MSR-Anlagen anderer Hersteller nur bedingt möglich. Der Wettbewerb wurde stark eingeschränkt. Firmenneutrale Ausschreibungen bei geplanten Erweiterungen des Systems waren begrenzt. Angesichts der hohen Kosten wurde der Anschluss an die LZH hauptsächlich bei größeren Neubauten ausgeführt, für kleinere und mittlere Liegenschaften war die Konzeption zu kostenintensiv. „Anfang der 90er Jahre war die erforderliche Unterstützung des Herstellers der LZH nicht mehr gegeben. Somit wurde eine komplette Neukonzeption der Gebäudeleittechnik (GLT) und der Gebäudeautomation (GA) erforderlich. Ziel war die langfristige Sicherung des Wettbewerbs der getätigten Investitionen und der Unabhängigkeit von Herstellern." [MEMS, Abschlußbericht]

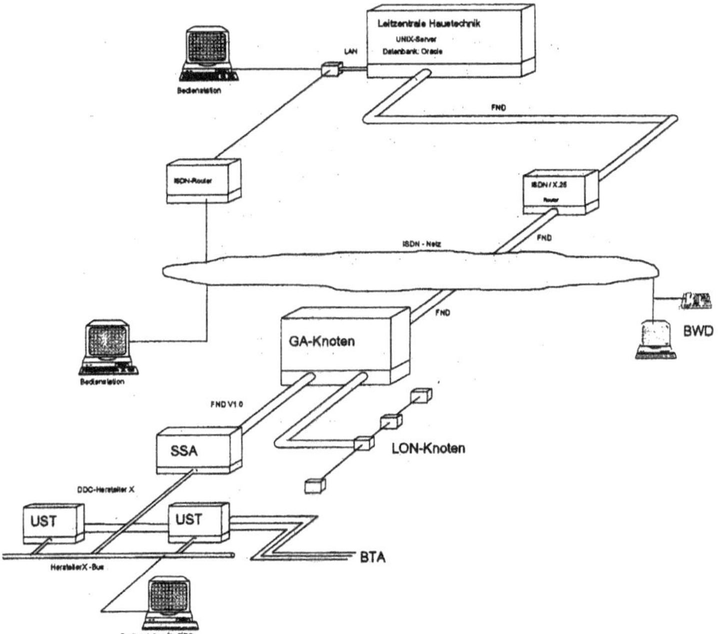

BTA	Betriebstechnische Anlagen	**LAN**	Local Area Network
BWD	Bewachungsdienst	**LON**	Local Operating Network
DDC	Direct Digital Control	**LZH**	Leitzentrale Haustechnik
FND	Firmenneutrales Datenübertragungssystem	**SSA**	Standardschnittstellenadapter
GA	Gebäudeautomatisierung	**UST**	Unterstation

Abbildung 7-8 Wesentliche technische Komponenten der Leittechnik im Münchner Energiemangement System (MEMS). Quelle: [Fries 2001]

Bereits Mitte der 80er Jahre nahm sich der Arbeitskreis Maschinen- und Elektrotechnik staatlicher und kommunaler Verwaltungen (AMEV) der Thematik eines firmenneutralen Datenübertragungssystems (FND) an. Ausgangspunkt waren die bestehenden Probleme und Abhängigkeiten bei der Kopplung von MSR-Anlagen unterschiedlicher Hersteller und deren Zusammenfassung auf einer gemeinsamen Leitzentrale (LZ). Auf der Grundlage der VDI-Richtlinie 3814 wurde 1988 ein Übertragungsprotokoll entwickelt und die FND-Spezifikation in der Version 1.0 vorgelegt.

Diese wurde am 8.1.1990 durch Anmerkungen und Erweiterungen präzisiert und ist in dieser Form in die DIN V 32735 und die EN V 1805/2 eingegangen.

1986 gab die Landeshauptstadt München ein Gutachten zur Entwicklung eines Zentralen Leitsystems in Auftrag. Ziel war es, die Betriebsführung aller technischen Anlagen in den stadteigenen Liegenschaften zu verbessern. Das entwickelte Konzept basierte auf der Verwendung des von der AMEV eingeführten Standards FND 1.0. Das Konzept des zentralen Leitsystems wurde in Teilen umgesetzt, wies jedoch einige Mängel auf. Die anfallenden Kosten waren insbesondere für kleine Objekte zu hoch.

Im Jahre 1993 wurde eine Neukonzeption durchgeführt. Herzstück der neuen Leittechnik ist die Leitzentrale Haustechnik (LZH): ein UNIX-Server mit Oracle Datenbank (siehe auch Abbildung 7-8). Diese kommuniziert über das ISDN-Netz mit sogenannten Gebäude-Automatisierungsknotens (GA-Knoten). Übertragungsprotokoll ist FND 1.0. Aus Sicht der LZH handelt es sich bei den GA-Knoten um Inselzentralen für die verschiedenen MSR-Anlagen. Bezogen auf das jeweilige Gebäude stellt der GA-Knoten eine eigene Leitzentrale dar: die Gebäude werden autark betrieben, alle Daten werden lokal zwischengespeichert und nur selektiv oder auf Abruf an die LZH übertragen.

Die Stadt München entwickelte (gefördert durch das BMBF) eine Software „GA-Knoten", mit der die GA-Knoten auf Grundlage des FND-Protokolls betrieben werden. Diese Software wird anderen Kommunen kostenlos zur Verfügung gestellt. Bisher verwenden u.a. Darmstadt und der Bezirk Berlin-Schöneberg auf FND basierte Gebäudeleittechniken. Lüneburg, Pullach sowie die Universität Stuttgart haben auf FND spezifizierte Ausschreibungen vorgenommen.

Das FND Leittechnikkonzept wie es in München realisiert ist, weist folgende weitere Eigenschaften auf:

- Die Bedienstationen der Nutzer greifen über ein lokales Netzwerk (LAN) oder ISDN auf die Daten des LZH-Servers zu. Es können die aktuellen Ist-Werte abgefragt und bei Bedarf Schalt- und Stellbefehle abgesetzt werden. Die Bedienstationen sind der LZH nachgeordnet, das heißt u.a., dass ein Ausfall einer Bedienstation keinerlei Einfluss auf die Arbeitsfähigkeit des LZH-Servers hat.
- Im Prinzip sind über die Leittechnik alle energietechnischen Anlagen steuerbar. Im modernen Neubau des Baureferates sind dies u.a. die Heizungs- und Lüftungsanlage, die Beleuchtung sowie der Sonnenschutz. Über Einzelraumregelungen kann von der LZH aus auf die Heizung und Beleuchtung jedes einzelnen Raumes zugegriffen werden. Die Jalousien werden in Abhängigkeit von Außentemperatur und Sonneneinstrahlung automatisch gefahren. Dabei verfügt der Nutzer über individuelle Eingriffsmöglichkeiten und kann beispielsweise über einen Taster in seinem Zimmer die Jalousie einstellen. Tut er dies, so wird diese Jalousie für den laufenden Tag nicht mehr von der LZH gesteuert.
- Das technische Konzept ist analog für die Zutrittskontrolle zu Verwaltungsgebäuden im Rahmen von elektronischen Schlüsselersatzsystemen einsetzbar (s.u.).

Als Vorteile des Systems lassen sich benennen:

- Niedrige Kosten für GA-Knoten
  Im Wesentlichen wird ein handelsüblicher PC benötigt, wobei eine geringe Rechenleistung genügt (thin client).
- Unabhängigkeit von Herstellern in der Beschaffung
  Durch die Verwendung offener Standards ist es möglich, in den einzelnen Liegenschaften jeweils MSR-Anlagen von unterschiedlichen Herstellern einzusetzen. Der Kauf einer herstellereigenen Leitzentrale ist nicht nötig. Dadurch werden in Ausschreibungen wesentlich günstigere Angebote erzielt (teilweise Reduktionen um bis zu 50%).
- Einheitliche Oberfläche der Bediensoftware
  Unabhängig vom Anlagenfabrikat in den einzelnen Gebäuden arbeitet der Nutzer immer mit der selben Oberfläche auf den Bedienstationen. Somit wird die Handhabung vereinfacht. Kosten für Schulungen werden minimiert und Vertreterregelungen vereinfacht.
- Offene Schnittstelle
  Der Zugriff auf die Datenbank des Servers wird über eine offenen Schnittstelle realisiert. Dies bedeutet u.a., dass der Einsatz von Standard-Software (z.B. EXCEL, ACCESS, ...) beim Abfragen und Bearbeiten von Daten möglich ist. Das heißt, Anwender können mit geringem Aufwand sehr spezifische Analysen durchführen.
- Open-source Software
  Durch den Einsatz von Open-source Software ist es prinzipiell möglich, spezialisierte Routinen zu implementieren. So kann für die Nutzer vor Ort (Hausmeister, Schuldirektoren, etc.) ein „Taster" entwickelt werden, mit dem komplexe, gewerke- und systemübergreifende Abläufe mit einem Knopfdruck ausgelöst werden können. Der „Taster" kann auch als Programmroutine für einen Rechner oder als Button auf einem Touchscreen ausgeführt werden. Möglich ist etwa ein Ferientaster, der auf Heizung, Lüftung, Beleuchtung, Türverriegelung, etc. wirkt.

Technologische Bewertung

Grundsätzlich stellt sich bei jeder Konzeption einer Gebäudeleittechnik die Frage, inwieweit eine spezialisierte Anwendung bedient oder inwiefern ein universelles, erweiter- und anpassbares System errichtet werden soll. Dabei stehen die beiden Pole „Spezialisierung" und „Universalität" in der Regel in Konkurrenz zueinander.

Wenn firmenneutrale Lösungen angestrebt werden, besteht die Herausforderung, das fabrikatsspezifische funktionale Potential einzelner Komponenten in einer Leittechnik mit Anlagen verschiedener Hersteller auszunutzen. Mittlerweile sind durch bestehende IT-Standards diverse Möglichkeiten für eine Integration verschiedener MSR-Anlagen denkbar [Schenk – Harmonisierung]. Eine optimale Gesamtintegrationsstrategie zeichnet sich jedoch nicht ab. In Analogie zu Anforderungen, die für Computer unterstützte Facility-Management-Systeme in Bezug auf Integrationsfähigkeit und Langlebigkeit gestellt werden [Warner], lassen sich auch für Gebäudeleitsysteme Kriterien formulieren, die diese aufweisen sollten, wenn die Integration verschiedener MSR-Anlagen in eine Leittechnik beabsichtigt ist:

- komplexe Funktionalität
- interne Flexibilität
- offene Schnittstellen
- datenbankorientiertes System mit anpassungsfähigen Applikationen
- modularer Aufbau
- objektorientierte Datenstruktur
- einheitliche Nutzeroberfläche

Aus technologischer Sicht stellt hier die Münchner Umsetzung des FND-Ansatzes eine gelungene Konzeption dar, die alle oben genannten Merkmale aufweist. Insbesondere wird eine beachtliche funktionale Tiefe ermöglicht, ohne dass optionale Leistungsmerkmale vorgesehen sind, die Einzelvereinbarungen nach sich ziehen würden. Auch im Vergleich zu anderen, später entwickelten Busstandards (wie etwa BACNet) kann man FND durchaus als richtungsweisend bezeichnen [Schenk – BACNet vs. FND].

Organisatorische Umsetzung – Anforderungen an die Verwaltung

Wichtiger als die technologische Bewertung ist jedoch die Frage, was und vor allem mit welchem Aufwand dies im Alltag umsetzbar und nutzbar ist. Denn es ist davon auszugehen, dass das technisch Machbare „hinter dem organisatorisch, administrativ und ‚menschlich' Machbaren zurückstehen muss" [Fries]. Bei der Konzeption der Gebäudeautomation lautet die vordergründige Frage: "Wer soll das handhaben und bedienen?" Ansatz des Energiemanagements München ist es, selbst Betreiber der Leitzentrale zu sein und „alle für die Unabhängigkeit wichtigen strategischen Positionen selbst (zu) besetzen" [Fries]. Auf diesem Hintergrund wurde die Stelle des GA-Koordinators eingeführt. Dieser ist im technischen Betrieb angesiedelt und kümmert sich um (Weiter-) Entwicklung und Betrieb der Gebäudeautomation sowie der Leitzentrale.

Erst durch den Ansatz des Münchener Baureferates, einen großen Anteil der technischen Ausgestaltung der Gebäudeautomation zumindest konzeptionell selbst zu übernehmen, wird das Potential des FND-Konzeptes wirklich ausgenutzt. Es ergibt sich für das Energiemanagement ein großer Gestaltungsfreiraum, mit der Möglichkeit, maßgeschneiderte Lösungen zu finden. Am Beispiel der „Taster" für komplexe Abläufe zeigt sich jedoch einerseits die große Anforderung, die damit einher geht. Individuelle Bedienoberflächen müssen eben auch programmiert werden. Andererseits tritt hier wieder das Problem auf, dass individuelle Lösungen die Universalität des Systems einschränken.

Grundsätzlich kann man sagen, dass der in München praktizierte Aufbau und Betrieb einer Leitzentrale in Eigenregie hohe technologische Anforderung an die Kommune stellt. Hierbei sind besonders zwei Aspekte zu beachten:

- Bei Schwierigkeiten mit dem System, können Verantwortlichkeiten nicht generell an einen Hersteller weiter gegeben werden.
- Weiterentwicklungen und Anpassungen an neue Hard- oder Softwarestandards müssen von der Kommune selbst durchgeführt werden, oder in Auftrag gegeben werden.

Beurteilung des Erfolges

Generell ist es dem Energiemanagement in München gelungen, die spezifischen Wärmeverbräuche in den letzten Jahren deutlich zu senken. Eine Quantifizierung inwieweit dies auf die Gebäudeleittechnik zurück zu führen ist, ist leider nicht möglich. Dies liegt unter anderem daran, dass für die Gebäude, die auf die LZH aufgeschaltet sind, keine eigene Energieverbrauchsstatistiken geführt wurden. Auch über andere monetäre Auswirkungen (etwa Reduzierung des Personalaufwandes durch Automatisierung) gibt es kein belastbares Material. Tatsache ist jedoch, dass durch den Aufbau der Leitzentrale die Grundlage für eine effiziente Bewirtschaftung der Gebäude geschaffen wurde, die eine Reduzierung der laufenden Betriebskosten in Aussicht stellt. Als größter Erfolg kann gewertet werden, dass es der Stadt München gelungen ist, ein technologisch funktionierendes System zu etablieren, mit dem eine zuverlässige energietechnische Bewirtschaftung der städtischen Liegenschaften gewährleistet werden kann. Dies ist zu deutlich niedrigeren Kosten geschehen, als dies mit einem kommerziell verfügbaren System eines einzigen Herstellers möglich gewesen wäre.

Erfolgsfaktoren des Gebäudeautomationskonzeptes

Zur Bewertung des Münchner Gebäudeautomationskonzeptes ist es notwendig die Erfolgsfaktoren zu analysieren, die dazu beitragen, dass der Aufbau und der Betrieb einer Gebäudeleittechnik in München in Eigenregie möglich ist. Entscheidend ist, dass das Hochbauamt über erhebliches Know-how zum Thema Gebäudeleittechnik verfügt. Eine Grundvoraussetzung hierfür war sicherlich, dass München eine Stadt ist, die es sich allein auf Grund ihrer Größe leisten kann, eine „Entwicklungsabteilung“ zu unterhalten. Hinzu kommt die relativ gute finanzielle Situation, die es gestattet, Dinge aus eigener Kraft anzugehen ohne auf externe Finanzierungskonzepte (Contracting) zurückgreifen zu müssen. Das Know-how, das jetzt zum Betrieb und zur kontinuierlichen Optimierung der LZH zur Verfügung steht, rührt zum großen Teil daher, dass es sich um eine Eigenentwicklung handelt. Nicht zu unterschätzen sind hierbei aber auch psychologische Effekte. Die Tatsache, dass es sich um eine Eigenentwicklung (gegen die Interessen etablierter Anlagenhersteller) handelt, dürfte auch maßgeblich zur Motivation der Mitarbeiter beitragen, auch in Zukunft ein optimales Funktionieren zu gewährleisten.

Ein weiterer wichtiger Erfolgsfaktor ist die Unterstützung von "oben". Die Entwicklung und der Aufbau der LZH werden durch einen Stadtratsbeschluss getragen. Durch die Grundfinanzierung erhält das Energiemanagement langfristige Planungssicherheiten, die für die Durchführung eines solchen Großprojektes notwendig ist.

Bewertung der Übertragbarkeit auf andere Kommunen

Der Aufbau einer Leitzentrale unter Verwendung des FND Standards stellt auch für andere Städte eine gute Möglichkeit dar, den Betrieb ihrer Liegenschaften mit Gebäudeautomatisierungstechniken zu optimieren, ohne dabei zu große Abhängigkeiten zu einem Hersteller aufzubauen. Besonders interessant dürfte dies sein für:

- Städte in denen aufgrund der Anzahl oder der unterschiedlichen Nutzungsanforderungen der Liegenschaften davon auszugehen ist, dass MSR-Anlagen unterschiedlicher Hersteller in die Gebäudeleittechnik zu integrieren sind oder zukünftig sein werden
- Städte, die bereits über MSR-Anlagen unterschiedlicher Hersteller verfügen

Da die Software für den GA-Knoten kostenlos zur Verfügung gestellt wird, ist keine eigene Entwicklungsarbeit nötig. Mit den vorliegenden Leitlinien zu FND 1.0 und den Ratgebern, die von der AMEV und der Stadt München herausgegeben worden sind, ist eine Implementierung in Eigenregie bzw. eine Ausschreibung mit vertretbarem Aufwand machbar. Dennoch bleibt zu bemerken, dass für den langfristigen Betrieb der Leitzentrale umfangreiches Know-how nötig ist, das gerade von kleinen Kommunen nur schwer aufzubringen sein dürfte. Hier bietet sich die Möglichkeit an, den Aufbau und den Betrieb der Leitzentrale nach den FND 1.0 Spezifikationen auszuschreiben und von einem privaten Anbieter übernehmen zu lassen. Die Wahlfreiheit des MSR-Anlagen Hersteller mit allen verbunden Vorteilen bliebe erhalten. Ob aber in dieser Variante das volle Potential des offenen FND-Standards ausgeschöpft werden kann, dürfte von den konkreten Rahmenbedingungen, insbesondere von der Vertragsgestaltung zwischen Kommune und dem Leitzentralen-Provider abhängen.

7.4.6 Energiecontrolling

Automatisierte Datenübermittlung von den Stadtwerken München (ADS)

Die Verbrauchs- und Kostendaten von nahezu allen Strom-, Wärme-, und Wasserrechnungen werden seit 1998 von den Stadtwerken München monatlich an das Baureferat Hochbau über eine DV-Schnittstelle übermittelt. Nach Durchlaufen mehrer Plausibilitätsprüfungen werden die Daten in eine ORACLE Datenbank für weitere Verarbeitungsschritte archiviert. Zur Durchführung der Buchungen werden die Daten per ISDN-Übertragung an die Stadtkasse weitergeleitet.

Zum Zweck des Energiemanagements werden die Daten automatisch nach Energiearten und Preisarten sortiert, den entsprechenden Bauwerken oder Bauwerksteilen zugeordnet und ggf. gradtagsbereinigt. Über ein integriertes Auskunftssystem sind Datenbankabfragen zur Erfolgskontrolle und zur Identifikation möglicher neuer Energiesparmaßnahmen durchführbar.

Es wird erwartet, dass durch den geschaffenen Datenverbund die Verbrauchsauswertungen verbessert werden, so dass Energiekosteneinsparungen bis zu einer Höhe von 10% realisiert werden können. Zusätzlich entfallen die ansonsten manuell zu erstellenden Auszahlungsanordnungen von jährlich ca. 27.000 Einzelrechnungen für rund 8.700 städtische Abnehmerstellen. [München 1999, S. 30]

Energie-Auswerte-System

Zusätzlich zu den Daten aus der ADS werden für die 150 Liegenschaften, die an die LZH angeschlossen sind noch ausführlichere Analysen mit Hilfe der Software GEDEVA (Siehe Fallbeispiel Berlin – Bezirk Schöneberg) durchgeführt. Da mit der Software jedoch nur monatliche Daten bilanziert werden können, ist die Stadt München auf der Suche nach einer leistungsfähigeren Auswertungssoftware. Gewünscht wird etwa die Möglichkeit, Lastgänge einzelner Verbraucher mit Intervallbreiten von 15 min und kürzer aufzuzeichnen. Dadurch könnten Anlagenparameter noch besser optimiert werden. Außerdem könnten fehlerhafte Komponenten vom Büro aus identifiziert werden. Der Aufwand durch vor Ort Begehungen würde reduziert. [Hofmuth 23.07.01]

Ein weiterer Ansatz die Verbrauchsdatenanalyse zu verbessern, ist die Nutzung von Daten aus dem Zugangskontrollsystem mit elektronischem Schlüsselersatz (ESE). Die Stadt München ist dabei, ein elektronisches Schlüsselersatzsystem einzuführen. Dabei soll jeder Schlüssel ein individuelles Nutzungsprofil erhalten, das in einer zentralen Datenbank gespeichert wird. Technisch analog zu LZH, wird dann an die Schließsysteme in den einzelnen Gebäuden (und Gebäudeteilen) die Information weiter gegeben, wann welcher Nutzer Zugangsrechte hat. Im Gegenzug wäre dann auch sehr einfach die Information verfügbar, welche Nutzer sich wo aufhalten. Diese Information wäre auch zur individuellen Steuerung energietechnischer Anlagen nutzbar. Allerdings ist hier aus Datenschutzgründen Vorsicht geboten. In München wird das System rein als Zugangskontrollsystem und nicht etwa zur Arbeitszeiterfassung verwendet werden. Personengebundene Daten werden nicht erhoben. Das System ist nach außen geschlossen und gesichert. Auch der Server wird in einem besonders gesichertem Schrank stehen. Möglich sind allerdings anonymisierte statistische Auswertungen der Daten, etwa zur Analyse der Energieverbräuche in Abhängigkeit der Anzahl der anwesenden Nutzer in einem Gebäude. [Hofmuth 23.07.01], [Funk 23.07.01]

7.4.7 Kommunikation - Kampagne zur Nutzermotivation „Pro Klima – Contra CO2“

Seit Oktober 1998 wird in München die Kampagne „Pro Klima – Contra CO_2“ durchgeführt. Ziel der Kampagne ist es, durch Information und Motivation der Nutzer die Energieverbräuche in Verwaltungsgebäuden zu reduzieren. Im ersten Jahr beteiligten sich 24 Gebäude in denen im Mittel der Wärmeverbrauch um 5,5 % und der Stromverbrauch um 3,4 % gesenkt werden konnte. Mittlerweile liegen die erreichten Reduktionen in beiden Bereichen bei etwa 5 %. Es existiert eine Auswertung der Kampagne, die die durchgeführten Maßnahmen sehr gut dokumentiert [München 2000]. Diese Broschüre ist als Ratgeber für andere Kommunen gut geeignet, da nicht nur die Erfolge genannt, sondern auch die aufgetauchten Probleme selbstkritisch beschrieben werden.

Das Projekt wird vom Energiemanagement der Stadt München betreut. Für die Projektsteuerung, insbesondere für die Einbindung aller Fachreferate ist der Lenkungskreis CO_2 verantwortlich. Zunächst wurde das Projekt für eine Testphase von einem Jahr geplant. Mittlerweile läuft es im 3. Jahr und soll bis mindestens ins 5. Jahr fortgeführt und danach ggf. weiter verlängert werden.

An der Kampagne können sich alle Verwaltungsgebäude beteiligen, in denen sich eine Person als Ansprechpartner findet und in denen keine Sanierungsmaßnahmen geplant sind, die eine Bewertung der Einsparaktivitäten unmöglich machen würden. Die Ansprechpartner handeln eigenverantwortlich. Es liegt in ihrem Ermessen, wie sie die Kampagne in „ihr“ Haus tragen wollen. Das Energiemanagement setzt bei diesem Ansatz bewusst auf die Einsicht der Nutzer statt auf Anweisungen von oben. Es stellt Informationen und Unterstützung für die Ansprechpartner zur Verfügung, macht aber keine inhaltliche Vorgaben.

Als finanzieller Anreiz werden 35% der eingesparten Energiekosten den Gebäudenutzern zur Verfügung gestellt. Weitere 35% erhält das jeweilige Fachreferat und 30% das Energiemanagement für Projektleitungs- und Materialkosten (Messkoffer, Informationsbroschüre).

Maßnahmen und Erfolge

Zur Identifikation von energiesparenden Maßnahmen wurden den Ansprechpartner Informationsbroschüren an die Hand gegeben. Die Ansprechpartner wiederum gaben ihren Kollegen Tips zum Energiesparen (richtiges Lüften) und ermunterten diese dazu Treppen zu steigen statt Aufzug zu fahren, die Heizung runter zu drehen, elektrische Geräte aus zu schalten, wenn diese nicht benutzt werden, etc..

Im ersten Jahr konnte durch diese Maßnahmen der Heizenergieverbrauch um 5.5 %, der Stromverbrauch um 3,4 % gesenkt werden. Dies entspricht Energiekosteneinsparungen von über 48.600 € bzw. einer Reduktion der CO_2-Emissionen um 228 t. Zusätzlich wurden durch sensibilisierte Mitarbeiter Energielecks in den Gebäuden aufgedeckt, die durch bauliche Maßnahmen behoben werden konnten. Die Einsparungen in den einzelnen Gebäuden waren jedoch sehr unterschiedlich. Von den 23 beteiligten Gebäuden wurden in sechs gar keine Einsparungen erzielt, in acht konnte der Strom- und in weiteren fünf der Heizenergieverbrauch nicht gesenkt werden. Besonders in den großen Gebäuden mit vielen Mitarbeitern waren die Einsparungen eher niedriger als in den kleineren Gebäuden.

Folgende Erfahrungen wurden seitens des Energiemanagements aus der Kampagne gezogen:

- Eigenverantwortlichkeit (Einsicht statt Anweisungen) erwies sich als richtige Strategie, um die Nutzer zu erreichen. Dies gilt besonders, da Verantwortungsgefühl und Umweltengagement als größerer Anreiz als die versprochene finanzielle Belohnung eingestuft wurden.
- Daher sollte auch der Ansprechpartner nicht der Leitungsebene angehören.
- Die Unterstützung durch Führungskräfte ist andererseits eine elementare Vorraussetzung für den Erfolg der Kampagne.
- In größeren Gebäuden sollten neben dem direkten Ansprechpartner noch weitere Beauftragte für einzelne Gebäudebereiche ernannt werden.
- Ansprechpartner vor Ort sollten stärker unterstützt werden.
- Das Angebot "Wir sind da, wenn Ihr uns braucht!" reicht nicht. Es müssen aktiv Angebote gemacht werden. Das Energiemanagement sollte regelmäßig mit

den Ansprechpartner Kontakt aufnehmen und ggf. auch die Kommunikation zwischen den Ansprechpartnern der verschiedenen Gebäude fördern.

- Die Ansprechpartner sollten in geringem Umfang eine Arbeitsfreistellung erhalten, um sich der Kampagne nicht nur zusätzlich zu ihrer gewohnten Arbeit widmen zu können.
- Stetige Informationsvermittlung in kleinen Dosen mit wechselnden Themen ist wirksamer als einmalige „Informationsüberfrachtungen".
- Die persönliche Kommunikation zu den einzelnen Mitarbeitern wurde durch die Ansprechpartner vor Ort als sehr wichtig für den Erfolg der Aktion eingestuft. In einigen Gebäuden wurden Aushänge, etwa zum Benutzen der Treppen statt des Aufzuges mit bissigen Bemerkungen übermalt oder laufend abgerissen. Mit persönlichen Gesprächen ließen sich Kollegen besser überzeugen die Kampagne mit zu tragen, als durch anonyme Aushänge im Flur.
- Nutzer mit höherem Alter sind generell schwerer zu motivieren sich an Energiesparmaßnahmen zu beteiligen, wenn dadurch Gewohnheiten verändert werden müssen.

Möglicher Beitrag telematischer Anwendungen

Bisher wurden im Rahmen der Kampagne in München keine telematischen Anwendungen eingesetzt. Der Betreuer der Kampagne im Baureferat, Hr. Hofmuth, könnte sich aber vorstellen, dass gerade Nutzungsänderungen mit Hilfe einer GLT und automatischer Verbrauchsdatenerfassung leichter und schneller bewertet werden können. Einerseits wären dadurch Nutzungsänderungen, die sonst eine Bewertung unmöglich machen, feststellbar und evt. in ein Anreizsystem einrechenbar. Andererseits könnte damit den Nutzern ein unmittelbares Feedback zum Erfolg ihrer Aktivitäten gegeben werden. Ob letzteres allerdings die Einsparerfolge deutlich verbessern würde, bezweifelte er, da auch das monatliche Ablesen der Zählerstände durch die Ansprechpersonen nicht in gewünschtem Maße dazu geführt hatte, dass sich die Ansprechpartner mit den Verbrauchszahlen auch auseinander setzten.

7.4.8 Vorliegendes Material

Geführte Interviews

[Funk 23.07.01] Persönliches Interview mit Hr. Funk; Mitarbeiter im Hochbauamt der Stadt München

[Hofmuth 23.07.01] Persönliches Interview mit Hr. Hofmuth; Mitarbeiter im Hochbauamt der Stadt München

[Funk 16.08.01] Telephonisches Interview mit Hr. Funk

[Hofmuth 16.08.01] Telephonisches Interview mit Hr. Hofmuth

Schriftliches Material

Herbert Hofmuth: *Umsetzung des Energiemanagements in München*, in:

[DIFU 2000] *Kosten senken durch Energieeinsparung.* Dokumentation des 5. Fachkongress der Kommunalen Energiebeauftragten in Duisburg am 27. und 28. September 1999. Fischer, Annett (Hg.), Deutsches Institut für Urbanistik, DIFU - Umweltberatung für Kommunen, Berlin, Deutsches Institut für Urbanistik, 2000

Herbert Hofmuth: *Pro Klima – Contra* CO_2, in:

[DIFU 2001] *Energie sparen – Kosten reduzieren.* Dokumentation des 6. Deutschen Fachkongress der Kommunalen Energiebeauftragten in Garbsen am 9. und 10. November 2000. Fischer, Annett (Hg.), Deutsches Institut für Urbanistik, DIFU - Umweltberatung für Kommunen, Berlin, Deutsches Institut für Urbanistik, Feb. 2001

[Fries 2001] Fries, Wolfgang: *Bedienkonzept im Münchner Energie-Management System (MEMS) bei der Landeshauptstadt München.* Vortrag von Dipl.-Inf. Wolfgang Fries anlässlich des Symposiums MEMS am 06.03.2001 in München, 2001

[Fries etal. 1998] *Das Münchner Energie-Management-System.* Dezentraler Aufbau spart Kosten. Bundes Bau Blatt, Band 11, 1998, S. 56-58

[MEMS 2001] Fries, Wolfgang/Funk, Heinz/Maurer, Reinhold: *MEMS - Münchner Energiemanagement System.* Abschlussbericht. München, Landeshauptstadt München Baureferat, 2001

[München 1999] *Energie-Management Bericht 1999.* Landeshaupstadt München, Baureferat-Hochbau (Hg.), Der Hochbau informiert, München, 1999

[München 2000] *Pro Klima - Contra CO2.* Energie-Management in städtischen Gebäuden. Landeshaupstadt München, Baureferat-Hochbau (Hg.), Der Hochbau informiert, München, 2000

[Schenk 2000]Schenk, Wolfgang: *Harmonisierung der Gebäudeleittechnik.* IT-Standards vereinfachen den planerischen Spielraum. Bundes Bau Blatt, Band 5, 2000

[Schenk 2001]Schenk, Wolfgang: *Offene Datenübertragungsprotokolle: FND versus BACNet.* März 2001

[Warner 1999] Warner, Torsten: *EDV-Werkzeuge für ein effizientes Facility Management.* Facilitiy Management: Grundlagen - Methoden - Anwednung, Tagung Dresden 11./12.05.1999, Düsseldorf, VDI Verlag, 1999
Im Internet verfügbar unter: http://www.ebert-ingenieure.de/veroef/fm-soft.pdf

Eine Auswahl der obigen Literatur sowie weitere Informationen sind im Internet zu finden unter:

http://www.fnd-forum.de/publikationen/index.html

7.5 Potsdam

Die Landeshauptstadt von Brandenburg hat knapp 130.000 Einwohner.

Die Stadt Potsdam unterhält z. Zt. ca. 220 öffentliche Liegenschaften. Die jährlichen Ausgaben für Energie betragen etwa 6,5 Mio €. Hiervon entfallen 14,8 % auf die Straßenbeleuchtung [Potsdam 2002].

7.5.1 Zielsetzungen, Schwerpunkte und Erfolge des KEM

Potsdam ist Mitglied im Klimabündnis Allianza del Clima e.V. und hat sich zum Ziel gesetzt die CO_2-Emissionen bis zum Jahr 2010 um 50% gegenüber dem Vergleichsjahr 1987 zu senken. Auf gesamtstädtischer Ebene sind Ende der 90'er Jahre umfangreiche Bemühungen unternommen worden Strategien zur CO_2-Reduktion zu entwickeln. Großen Erfolg hatten hier der 1999 eingeführte „Energie-Tisch", bei dem es gelang eine große Anzahl von Schlüsselakteuren für gemeinsame Klimaschutzprojekte zu gewinnen. Diese Arbeit wird unter anderem im Rahmen der Lokalen Agenda weitergeführt. Eine Vielzahl von Aktivitäten ist mit umfangreichen Zahlenmaterial im Klimaschutzbericht der Stadt Potsdam zusammen gefasst [Potsdam 2000].

Im Bereich des kommunalen Energiemanagements wurden eine Reihe von Sanierungs- und Modernisierungsmaßnahmen durch geführt. Dazu gehören beispielsweise die Umrüstung der Heizzentralen von Kohle auf Erdgas oder leichtes Heizöl und wärmedämmende Baumaßnahmen an Potsdamer Schulen. Ein Schwerpunkt der bisherigen Bemühungen lag auf der Errichtung einer Gebäudeleittechnik zur effizienten und energieoptimierten Bewirtschaftung der Verwaltungsgebäude. Bisher sind 13 Gebäude auf die Anlage aufgeschaltet worden. Über ein M-Bussystem werden automatisch Energiemengen erfasst und an den lokalen Energieversorger übermittelt. Grundlage für die Konzeption der Anlage bildeten die systematisch erhobenen Energieverbrauchsdaten der Jahre 1995 bis 1997. Zur Finanzierung der Gebäudeleittechnik wurde 1998 ein Einspar-Contracting Vertrag abgeschlossen. Die Einspargarantie betrug 10%. Mit ca. 18% liegen die tatsächlichen Einsparungen beim Energieverbrauch deutlich über dem garantierten Wert. Da zeitgleich keine weiteren baulichen Änderungen oder Sanierungsmaßnahmen durchgeführt worden waren, sind die Einsparung vollständig auf die Einführung der Gebäudeleittechnik sowie ein verbessertes Energiecontrolling zurück zu führen. Zusätzlich wurden beachtliche Kosteneinsparungen durch eine Reduktion der Anschlussleistungen bei den Fernwärmeanlagen realisiert.

Ein sehr interessanter Ansatz wird auch bei den in Schulen durchgeführten Motivationskampagnen verfolgt. Die Stadt arbeitet hier mit einem externen Consultant zusammen, der langjährige internationale Erfahrung in der Durchführung von Umwelterziehungsprojekten hat. Dabei wird der Consultant direkt aus den erwirtschafteten Energieeinsparungen bezahlt.

7.5.2 Organisationsstruktur

Das Energiemanagement der Stadt Potsdam ist seit Mitte der neuziger Jahre im Bereich Gebäudemanagement angesiedelt. Der Bereichsleiter ist zugleich (neben seinen eigentlichen Aufgaben) Energiebeauftragter der Stadt Potsdam. Es existiert eine

Stelle für eine Klimaschutzbeauftragte, deren Aufgabenspektrum allerdings weit über das kommunale Energiemanagement hinausreicht und die Entwicklung gesamtstädtischer Klimaschutzstrategien umfasst. Das Energiemanagement der Verwaltungsgebäude obliegt vorwiegend einem Ingenieur, der auch für die Betreuung der Handwerker zuständig ist. Letzterer verwendet ca. 1h pro Tag auf die Optimierung der energietechnischen Anlagen mit Hilfe der GLT. Der energiewirtschaftliche Betrieb der Schulen wird durch den Fachbereich Schule und Sport selbst vorgenommen.

7.5.3 Finanzierungsstruktur

Die Gebäudeleittechnik sowie umfassende Modernisierungs- und Energiesparmaßnahmen werden über ein Einspar-Contractingmodell finanziert. Die Einspargarantie beträgt 10% (8% an Contractor; 2% an Stadtverwaltung; bei höherer Einsparung erhält die Stadt gestaffelt mehr). Die Laufzeit des Vertrages beträgt 7 Jahre.

7.5.4 Optimierte Gebäudebewirtschaftung und Energiecontrolling durch Gebäudeleittechnik

Ausgangssituation vor Abschluss der Contracting-Vereinbarung

Mitte der 90er Jahre suchten die Mitarbeiter der Abteilung Gebäude- und Liegenschaftsmanagement nach neuen Möglichkeiten den Energieverbrauch zu senken und die damit verbundenen Kosten zu reduzieren. Hierzu wurden von 1995 bis 1997 die monatlichen Energieverbräuche aller Gebäude systematisch erfasst. Erklärtes Ziel war es, eine Gebäudeleittechnik zu installieren, um ein genaueres Energiecontrolling durchführen und die energietechnischen Anlagen leichter optimieren zu können. Mit der Umsetzung des Einspar-Contracting Projektes wurde explizit die Finanzierung der GLT angestrebt.

Dabei war folgende bautechnische Situation gegeben:

- Die Heizungsanlagen waren in relativ gutem Zustand. Sie sind 1991 saniert worden.
- In den zentralen und großen Liegenschaften war ein umfangreiches Telephonsystem vorhanden, das für die GLT nutzbar gemacht werden konnte.

Installierte Gebäudeleittechnik

1998 wurde das Gebäude-Leitsystem „EXCEL 500" der Firma Honeywell installiert. Bis zum 1.1.1999 wurden sukzessive 13 Liegenschaften über Zweidrahtbus oder Modem an die GLT angeschlossen. Die Aufschaltung weiterer Gebäude ist geplant. Über eine graphische Leitzentrale wird die Regelung und Steuerung der haustechnischen Anlagen betrieben. Dies umfasst:

- Parametrisierung der Heizungsanlagen zum energieoptimierten Betrieb.
- Die automatisierte Erfassung von Energieverbrauchsdaten durch Aufschaltung von Wärmemengenzähler über das M-Bus-Prinzip. Bei Wasser- und Elektrozählern gab es trotz anders lautender Herstellerangaben bisher jedoch Kompatibilitätsprobleme.

- Störungsmanagement
  Fehlermeldung werden an den Leitrechner weiter gegeben sowie per SMS auf das Handy des zuständigen Mitarbeiters. Da die Personen, die mit Wartungsaufgaben betraut sind, häufig unterwegs sind, stellt dies eine sehr zielorientierte Informationsstrategie dar.
- Wartungsmanagement
  Durch Statistiken über Schaltvorgänge und Nutzungsdauer von einzelnen Anlagenkomponenten, kann deren tatsächliche Belastung abgeschätzt werden. Dadurch können angemessene Wartungsintervalle festgelegt werden, die eine effiziente vorbeugende Wartung ermöglichen.
- Lichtsteuerung
  Im umfassend sanierten Stadthaus wurde eine Lichtsteuerungsanlage installiert.

Maßnahmen zur Energieeinsparung

- Temperaturabsenkung Heizung
  Reduktionen im Heizenergieverbrauch werden durch Anpassung des Betriebes an tatsächliche Nutzungszeiten (Nachtabsenkung) sowie durch Absenkung der maximalen Raumtemperaturen erreicht. Dabei erfolgt die Parametrisierung der Anlagen so, dass Raumtemperaturen auf 20°C begrenzt werden.
- Überwachung von Kühlgeräten
  Bei den Kühlzellen der Kantine werden Temperatur und Aktivität erfasst. Da es sich hier um relativ große Stromverbraucher handelt, schlagen sich Anlagendefekte und fehlerhafte Bedienung (Kühlung ohne Bedarf) deutlich zu Buche.
- Lichtsteuerung
  Aufgrund der Tatsache, dass im Stadthaus auch öffentliche Veranstaltungen durchgeführt werden, ist ein ständiger Wechsel in Bezug auf Nutzungsart und Nutzungszeiten abzusehen. Mit Hilfe der Programmsteuerung der Lichtanlage können einzelne Gebäudeteile entsprechend der jeweiligen Nutzung energieoptimiert beleuchtet werden.
- Störungsmanagement
  Da die Notbeleuchtungsanlagen sich manchmal fehlerhafter Weise ohne Grund selbst aktivierten, wurden diese auf die GLZ aufgeschaltet und werden nun automatisiert überwacht. Fehlerhafte Notbeleuchtungen bleiben sonst lange unbemerkt oder werden von den Gebäudenutzern ignoriert. Bei großen Gebäuden kann dies zu erheblich erhöhten Stromverbräuchen beitragen.

Aus Sicht des Mitarbeiters, der die Gebäudeleittechnik betreut, Herrn Oberländer wären die durchgeführten Optimierungsarbeiten an den energietechnischen Anlagen insbesondere den Heizungsanlagen ohne eine zentrale Leittechnik nicht möglich gewesen. Der Arbeitsaufwand 30 verschiedene Heizkreise vor Ort optimieren zu müssen, wäre zu groß gewesen. Darüber hinaus können durch die Gebäudeleittechnik Fehlfunktionen von einzelnen Anlagenteilen detektiert werden, die sonst häufig unentdeckt bleiben, wie etwa fehlerhaft Ventile, die nicht vollständig öffnen oder schließen. [Oberländer 30.05.01]

Auswertung der Energieeinsparungen

In den Gebäuden, die im Rahmen des Contractings mit einer neuen Gebäudeleittechnik augerüstet wurden, konnten Heizenergieeinsparungen in Höhe von über 35% erreicht werden (s. Abbildung 7-9). Die Einsparungen wurden allein aufgrund der optimierten Anlagenparameter und des verbesserten Energiecontrollings erzielt. Sie sind direkt auf den Einsatz der GLT zurückzuführen, da (ausgenommen vom Stadthaus) keine weiteren Energiesparmaßnahmen durchgeführt worden sind!

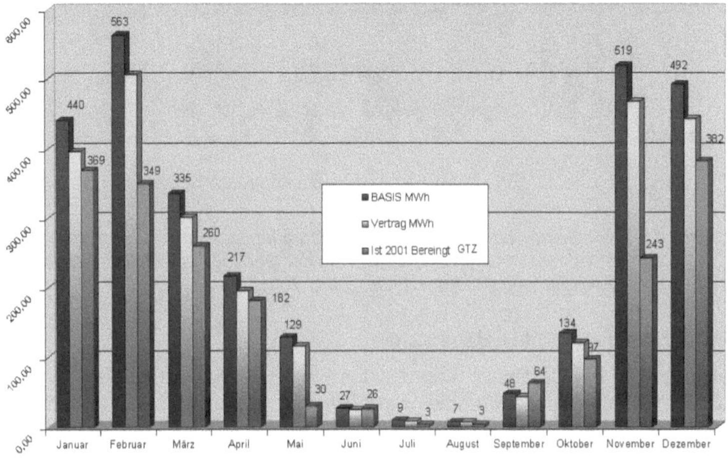

Abbildung 7-9: *Monatliche Energieverbräuche der Liegenschaften, die im Rahmen des Contracting-Projektes modernisiert wurden. Je Monat v.l.n.r: Baseline, vertraglich garantierter Verbrauch und tatsächlicher Verbrauch im Jahr 2001. Quelle: [Potsdam 2002]*

Reduzierung der Anschlusswerte

Weitere Kosteneinsparungen erfolgten durch die Reduzierung der Anschlussleistungen für die Fernwärmelieferung des Energieversorgers Potsdam (vgl. Abbildung 7-10). Hierdurch konnten die Bereitstellungskosten für Fernwärme um 30 % gesenkt werden.

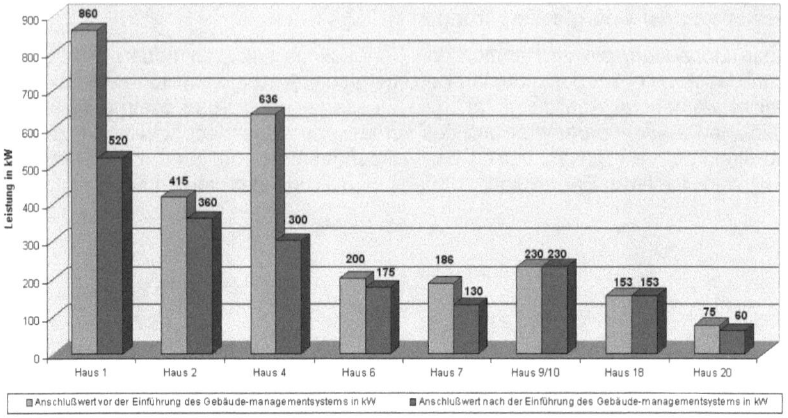

Abbildung 7-10: Anschlusswerte der Fernwärmeversorgung in den Potsdamer Verwaltungsgebäuden vor und nach Installation der Gebäudeleittechnik / Einführung des Energiemanagements Quelle: [DIFU 2001].

Anbindung an das Facility Management

In Potsdam wird ein Computer unterstütztes Facility Management durchgeführt. Neben CAD-Aufmaßen der Gebäude werden Personalinformationen (Mitarbeiter, Arbeitsplatz, Tel., etc.), Raumdaten (installierte Messfühler, zugehöriger Heizkreise, etc.) und Inventarlisten (Tische, Arbeitsgeräte, etc.) mit EDV-Werkzeugen verwaltet. Daten und Tools sind am selben Arbeitsplatz, von dem auch auf die GLT zugegriffen wird verfügbar.

Zur Unterstützung des Energiemanagements sind besonders zwei Anwendungen vorteilhaft:

- Die Räume sind in den CAD Zeichnungen farbig nach Heizkreisen kodiert. Nach Beschwerden von Nutzern kann so direkt vom Rechner aus eine Fehleranalyse über die Gebäudeleittechnik erfolgen. Gerade im Rathaus, in dem es 19 verschiedene Heizkreise gibt, stellt dies eine große Arbeitserleichterung dar, da vor Ort Begehungen reduziert werden können.
- Zählerstände für Energie- und Wasserverbräuche können über eine elektronische Schnittstelle in das Facility-Management System eingelesen werden und stehen dort für Kosten- / Leistungsrechnungen zur Verfügung.

Portable Temperaturfühler

Da in Potsdam im Rahmen der GLT keine vernetzten Temperaturfühler in den einzelnen Räumen installiert sind, werden kleine (ca. 5x4x2 cm; 30 gr.) batteriebetriebene Temperaturmessfühler verwendet, die temporär in einem Raum plaziert werden. Die Messfühler sind programmierbar und können 1800 Datenpunkte mit wählbaren Zeitintervallen aufzeichnen. Die Daten werden direkt in den Computer eingelesen und sind dort etwa als Temperaturverlaufskurve auswertbar. Wenn keine kontinuierlichen Temperaturmessungen durchgeführt werden sollen, stellen die portablen Messfühler eine kostengünstige Variante zu fest installierten, in die Leittechnik integrierten Systemen dar.

Kooperation mit dem Contractor

Die Zusammenarbeit mit dem Contractor ist durch eine enge Kooperation geprägt. Schon bei Planung und Installation der GLT war der Verwaltungsmitarbeiter, der die Anlage jetzt bedient direkt mit eingebunden. Von ihm wird auch jetzt die Anlage betreut. Er führt einen Großteil der energetischen Optimierungen vom Terminal in seinem Büro selbst durch. Die Firma, die der Contractor mit der regeltechnischen Betreuung der Anlage beauftragt hat, verfügt ebenfalls über einen Zugang zum System. Es wurden klare Zuständigkeiten und Eingriffsrechte vereinbart. Zwischen 6:00 und 16:00 Uhr ist die Stadt Potsdam für den Betrieb verantwortlich. Außerhalb dieser Zeit übernimmt der Contractor einen Bereitschaftsdienst. Außerdem obliegt ihm die Grundwartung der Anlage.

Akzeptanz der Maßnahmen

Die Reduzierung der Raumtemperaturen auf 20°C wurde zunächst insbesondere von vielen weiblichen Verwaltungsangestellten nicht akzeptiert. Sie äußerten ihren Unmut direkt gegenüber den Mitarbeitern des Energiemanagements, besonders dem betreuenden Mitarbeiter. Hier war es von großer Bedeutung, dass sich der Referatsleiter persönlich hinter die Mitarbeiter gestellt hat und die durchgeführten Maßnahmen unterstützte. Das alleinige Vorhandensein einer Vorschrift (Arbeitsplatzschutzverordnung), hätte in diesem Fall nicht genügt, um die ausführenden Mitarbeiter vom sozialen Druck seiner Kollegen in genügendem Maße zu entlasten.

Ein Diskussionspunkt war hierbei immer wieder das subjektive Wärmeempfinden. Die Aussage, dass es im Büro „eiskalt" sei, kann in der Regel durch nachfolgende Temperaturmessungen nur teilweise entkräftet werden, da häufig mit: „Na da hätten Sie mal gestern früh hier sein müssen!" gekontert wird. Bei einer hohen Anzahl solcher Beschwerden wird die Arbeitsbelastung für die Mitarbeiter des Energiemanagements schnell sehr hoch. Zur Überprüfung der Temperaturen verwendet Potsdam oben beschriebene portable Messfühler. Mit ihnen kann sehr leicht festgestellt werden, ob es sich tatsächlich um einen technischen Defekt handelt und es in einzelnen Räumen zu kalt ist. Für den Mitarbeiter des Energiemanagements stellt die Temperaturmesskurve eine gute Argumentationsgrundlage dar, um dem subjektiven Wärmeempfinden einzelner Mitarbeiter entgegen zu treten.

Bewertung der Maßnahmen – Übertragbarkeit auf andere Kommunen

Die gemachten Erfahrungen werden von Seite der Mitarbeiter des Energiemanagements in Potsdam als ausgesprochen positiv bewertet. Die Kooperation mit dem Contractor wird als sehr fruchtbar eingeschätzt. Die Konstellation, dass die Stadt selbst einen Großteil der Energieoptimierung durchführt, hat für beide Seiten Vorteile. Für den Contractor minimieren sich aufwendige Kontroll- und Optimierungsarbeiten. Die Verwaltung stellt sicher, dass die Anlagen gemäß ihren Wünschen betrieben werden und hat leichte Zugriffsmöglichkeiten (etwa bei einer Änderung der Belegungspläne von Gebäuden). Außerdem gewinnt sie an technischem Know-How.

Dadurch ist die Grundlage für einen langfristigen, effizienten Betrieb der GLT auch nach dem Ende des Contracting-Vertrages geschaffen.

Für diese Art der Zusammenarbeit ist jedoch ein großes Maß an Kooperationsbereitschaft der Partner nötig. Die Verwaltung muss über einen kompetenten und engagierten Mitarbeiter verfügen, der (auch von seinem zeitlichen Budget her) in der Lage ist, die Anlage optimal zu betreuen. Dieser Mitarbeiter muss auch das Vertrauen des Contractors genießen, da er ja maßgeblich für den Erfolg der Energiesparmaßnahmen mitverantwortlich ist. Die Tatsache, dass im Fall Potsdam der spätere betreuende Ingenieur Konzeption und Aufbau der GLT von Anfang an mit begleitet hat, wird von diesem selbst als essentiell für die erfolgreiche Zusammenarbeit mit dem Contractor eingeschätzt.

Sicherlich ist eine relativ hohe Gewinnbeteiligung der Verwaltung an den Energieeinsparungen vorteilhaft, damit das Engagement der Verwaltung nicht nur durch eine ideelle Motivation getragen wird.

7.5.5 Zwei Programme für den Klimaschutz – Energiesparen an Schulen

Seit Beginn der 90'er Jahre wurden an Potsdams Schulen umfangreiche Baumaßnahmen zur Sanierung und Modernisierung der Schulgebäude durchgeführt. Dies umfasst auch eine Vielzahl von energetisch relevanten Maßnahmen, wie Wärmedämmung an Fassaden, Austausch von Fenstern und die Erneuerung von Heizungsanlagen. Darüber hinaus werden seit Ende der 90'er Jahre zwei verschiedene schulspezifische Energiesparprojekte durchgeführt, an denen sich 40 (von insgesamt 44) Bildungseinrichtungen beteiligen.

Das erste, mit dem Titel "Energiesparprojekt an Schulen", wurde durch den Fachbereich Schule und Sport der Stadt Potsdam begründet. Es basiert auf einer 1997 getroffenen Vereinbarung mit der Deutschen Gesellschaft für Umwelterziehung e.V. (DGU) über die Teilnahme von 7 Schulen in den Schuljahren 1997/ 1998 bis 2000/ 2001.

Für das zweite Projekt mit dem Titel "EEC Öko-Schulprogramm", wurde durch die Stadt Potsdam ein Vertrag mit der canadischen Firma EEC (Energy and Environmental Consulting Inc.) abgeschlossen. Die EEC Inc. ist bereits seit vielen Jahren in Canada, Deutschland und den USA auf dem Gebiet des Klimaschutzes aktiv und verfügt über umfangreiche Erfahrungen speziell bei der Umsetzung von Energiesparpotentialen an Schulen.[13] In Potsdam sind daran 31 Schulen, ein Oberstufenzentrum sowie ein Wohnheim beteiligt. Die Projektlaufzeit beträgt 5 Jahre und endet im Dezember 2004.

---

13 Zur Zeit sind am EEC-Ökoschulprogramm in Deutschland 284 Schulen in folgenden Städten und Gemeinden beteiligt: Augsburg, Emden, Glinde, Lauenburg, Lübeck, Neuss, Potsdam und Kreis Stormarn. Weiter Informationen unter: http://www.eec.ab.ca/german/oeko-schulprogramm/g-aktion_potsdam.html

Bei beiden Initiativen handelt es sich im Wesentlichen um Umwelterziehungsprojekte, die handlungsorientiert und fächerübergreifend angelegt sind. Ziel ist es, im Rahmen des Regelunterrichtes den Schülern Kenntnisse, Fertigkeiten und Maßstäbe zu vermitteln, die sie in ihrer Schulumgebung und darüber hinaus zu einem umwelt- und energiebewußten Verhalten befähigen.

An der Durchführung der Energiesparprojekte arbeiten Projektteams, die sich aus Schülern, Lehrern und dem Hausmeister der jeweiligen Schule zusammensetzen. Darüber hinaus wird die Einbeziehung von möglichst vielen weiteren Lehrern, Eltern sowie der Schulleitung angestrebt.

Aufgabe der Projektteams ist es, die Energieversorgung der eigenen Schule zu analysieren und darauf aufbauend nichtinvestive Maßnahmen zur Energieeinsparung einzuleiten. So steht u.a. die Durchführung von Verhaltensschulungen zum richtigen Umgang mit Energie und Energiedienstleistungen im Schulgebäude auf dem Programm. Ein weiteres Arbeitsfeld besteht in der Entwicklung und Weiterleitung von Konzepten für investive Maßnahmen zur Energieeinsparung.

Die aus nichtinvestiven Energiesparmaßnahmen erzielten Kosteneinsparungen für Strom, Wasser und Heizung belaufen sich für das DGU-Projekt in den Jahren 1997 und 1998 auf über 100.000 €. Dabei schlagen allein die Heizkosteneinsparungen mit 85.000 € zu Buche. Ab dem dritten Jahr der Laufzeit erhalten die beteiligten Schulen, drei Gymnasium, zwei Gesamtschulen sowie zwei Grundschulen, 50% der Kostenersparnisse, die anderen 50% laufen an den Schulträger zurück. Für das erste Jahr hingegen gestaltete sich die Gewinnaufteilung zwischen Schulen und Schulträger als Verhältnis von 30% / 70%, im zweiten Jahr als eines von 40% / 60%. Die klimaschutzrelevante CO_2-Einsparung für die Jahre 1997 und 1998 betrug 250 Tonnen.

Interessant stellt sich die Gewinnaufteilung beim "EEC-Ökoschulprogramm" dar. Hier erhalten die beteiligten Schulen 65% der erwirtschafteten Einsparungen. Nach vertraglicher Vereinbarung stehen davon 20% zu ihrer freien Verfügung, 37,5 % müssen für weitere Energieeffizienzmaßnahmen aufgewendet werden und 7,5% fließen in das Budget der Hausmeister. Die EEC Inc. als Contrator erhält nur 25% des Erlöses. Die restlichen 10% fließen auch hier an den Schulträger zurück. Für das Jahr 1999 sind Gesamtenergieeinsparungen für alle 33 beteiligten Einrichtungen von knapp 174.000 € belegt. Mit über. 96.000 € lässt sich der Hauptanteil ebenfalls auf die Reduzierung der Heizkosten zurückführen. 1999, im ersten Jahr der Laufzeit, konnten durch das EEC-Ökoschulprogramm in Potsdam fast 560 Tonnen CO_2 eingespart werden. Die Effektivität des Programmes lässt sich ebenfalls an den prozentualen Einsparungen von Strom, Heizung und Wasser ablesen, die im ersten Jahr ca. je 15% betrugen.

[Potsdam 2000]

7.5.6 Vorliegendes Material

Durchgeführte Interviews

[Oberländer 30.05.01] Persönliches Interview mit Hr. Frank Oberländer, Stadtverwaltung Potsdam, Abteilung IV Gebäude- und Liegenschaftsmanagement, Mitarbeiter des Energiemanagements; am 30.05.01

[Grellmann 02.08.01] Telephonisches Interview mit Hr. Knut Grellmann, Stadtverwaltung Potsdam, Abteilung IV Gebäude- und Liegenschaftsmanagement, Bereichsleiter Gebäudemanagement und Grundstücksverwaltung; am 02.08.01

[Oberländer 21.01.02] Telephonisches Interview mit Hr. Frank Oberländer; am 21.01.02

Schriftliches Material

[Potsdam 1999] *Kommunales Energiemanagement – ein Weg zur nachhaltigen Bewirtschaftung kommunalen Vermögens*, Knut Grellmann,

[Potsdam 2000] *Klimaschutzbericht Potsdam 2000, Landeshauptstadt Porsdam*. Landeshaptstadt Potsdam, Der Oberbürgermeister, EVP Energieversorgung Potsdam (Hg.), Potsdam August 2000

[Potsdam 2002] Energieverbrauchsdaten und –graphiken der Stadtverwaltung Potsdam, Persönliche Mitteilung, Fr. Zelwanowa, Klimaschutzbeauftragte in der Stadtverwaltung Potsdam. Juni 2002.

Artikel: *Energiecontrolling mit Hilfe moderner Gebäudeleittechnik in der Stadtverwaltung Potsdam*, Knut Grellmann und Sven Maletzki in:

[DIFU 2001] *Energie sparen – Kosten reduzieren*. Dokumentation des 6. Deutschen Fachkongress der Kommunalen Energiebeauftragten in Garbsen am 9. und 10. November 2000. Fischer, Annett (Hg.), Deutsches Institut für Urbanistik, DIFU - Umweltberatung für Kommunen, Berlin, Deutsches Institut für Urbanistik, Feb. 2001

7.6 Rathenow

7.6.1 Allgemein

Rathenow hat 27.000 Einwohner und liegt in Brandenburg etwa 50 km westlich von Berlin. Rathenow blickt auf 200 Jahre optische Industrie zurück. Allerdings kam es nach der Wende zu umfangreichen Werksschließungen und weitreichenden Umstrukturierungen, die nicht zuletzt Einfluss auf den Energiesektor haben.

Die Stadt Rathenow unterhält z. Zt. ca. 50 Liegenschaften. Die Ausgaben für Energie betragen etwa 770.000 €. In Abbildung 7-11 sind die Verbräuche und Kosten für das Jahr 2000 dargestellt. In den Stromkosten sind Ausgaben i.H.v. 153.000 € für Straßenbeleuchtung und Verkehrsampeln enthalten.

	Verbrauch		Kosten	
Energieträger	in MWh	in %	in €	in %
Strom	2.000	17	260.000	33
Wärme	10.000	83	510.000	67
Gesamt	12.000	100	770.000	100

Abbildung 7-11: Absolute und relative Energieverbräuche und Kosten aller kommunalen Liegenschaften der Stadt Rathenow aus dem Jahre 2000. Quelle: [Heise, Richter, 17.08.01]

Zu den Verwaltungsaufgaben des Energiemanagements gehören auch die Bereiche Wasser und Abwasser. Hier fallen jährliche Kosten in Höhe von etwa (260.000 €) an. [Heise, Richter, 17.08.01]

7.6.2 Zielsetzungen, Schwerpunkte und Erfolge des KEM

Das kommunale Energiemanagement der Stadt Rathenow wird seit 1996 von der Energieagentur Rathenow durchgeführt. Dabei handelt es sich bei der Energieagentur um einen eigenständigen Sonderbereich der Verwaltung, der im Amt für Wirtschaft angesiedelt ist. Arbeitsschwerpunkte der Energieagentur, die als Dienstleistung für die Verwaltung vorgenommen werden, umfassen:

- Identifikation von Einsparpotentialen in den öffentlichen Gebäuden und der Straßenbeleuchtung und Durchführung sich daraus ergebender Maßnahmen
- Überprüfung der Energielieferverträge
- Durchführung von Bürgerberatungen, Veranstaltungen und Ausstellungen
- Demonstrationsprojekte für rationelle Energienutzung und regenerative Energien
- Prüfung der Bauunterlagen bei Baumaßnahmen

Die Energieagentur Rathenow ist eine von 12 durch die EU geförderten „SAVE-Energieagenturen" in Deutschland. Der Aufbau der Energieagentur wurde im Rahmen des Förderprogrammes SAVE II (Specific Actions for Vigorous Energy Efficiency) durch die EU unterstützt. Zur Zeit wird an einem Projekt zur „Entwicklung und Einführung von Lösungen für den rationellen Energieeinsatz in Verwaltungsgebäuden“ gearbeitet, das ebenfalls durch die EU gefördert wird. Beide durch die EU geförderten Projekte wurden gemeinsam mit anderen europäischen Energieagenturen (Kotka, Finnland; Juankoski, Finnland; Judenburg, Österreich; Kilkis, Griechenland) und einer privaten Firma durchgeführt. [Heise, Richter 17.08.01], [Rathenow 2001c]

Durch die bisherige Tätigkeit der Energieagentur ist eine Energiekostenreduzierung in den kommunalen Liegenschaften von über 510.000 € pro Jahr erreicht worden. Etwa 128.000 € davon erfolgten durch Tarifanpassungen (Fernwärme und Strom). [Heise, Richter, 17.08.01]

7.6.3 Organisationsstruktur

Die Energieagentur Rathenow ist als Sonderbereich im Amt für Wirtschaft der Stadt Rathenow angesiedelt. Dem Amt für Wirtschaft ist auch die Liegenschaftsverwaltung zugeordnet. Die Energieagentur hat drei Mitarbeiter, wovon der Leiter gleichzeitig Leiter des Amtes für Wirtschaft ist.

Prinzipiell ist die Energieagentur auch beratend in der Region tätig. Ihre Hauptaufgabe liegt jedoch in der Übernahme von Verwaltungsaufgaben für die Stadt. Zur Zeit ist dies schwerpunktmäßig die Durchführung des kommunalen Energiemanagements. Die Energieagentur hat auch Entscheidungsbefugnisse im Hinblick auf Genehmigungen von Energieanlagen bei Neubauten und Sanierungen.

Die Kontrolle über Arbeit und Ausrichtung der Energieagentur übernimmt ein Lenkungsausschuss, in dem außer dem Bürgermeister und Stadtverordneten u.a. auch noch Vertreter von Industrie, Handwerk, Wohnungsbaugesellschaften und Energieversorger vertreten sind. Die Arbeit der Energieagentur wird vom Bürgermeister persönlich gewünscht und unterstützt. [Heise, Richter, 17.08.01], [Rathenow 2001c]

7.6.4 Finanzierungsstruktur

Die Energieagentur Rathenow erhält von der Stadt ein eigenständiges Budget etwa in Höhe der anfallenden Personalkosten. Dafür übernimmt die Energieagentur das Energiemanagement der öffentlichen Gebäude. Die Aufgaben sind in einem Pflichtenheft definiert und beinhalten auch die Vorgabe, eine jährlich festgelegte Einsparung von derzeit 60.000 €/Jahr zu erreichen.

Zur Gründung der Energieagentur 1996 wurden Fördergelder der EU zur Verfügung gestellt. 1999 wurde ein zweites Projekt aus dem SAVE II Programm der EU gefördert. Die EU-Unterstützung deckte bisher insgesamt etwa 40% der laufenden Kosten der Energieagentur.

Es wurde ein Contractingprojekt ausgeschrieben, das aber nicht durchgeführt wurde, da keine Angebote eingereicht wurden. Offensichtlich waren die zu erzielenden Einsparungen zu gering, um für einen privaten Investor ein lohnendes Geschäft darzustellen. [Heise, Richter, 17.08.01]

7.6.5 Allgemeine und beratende Aktivitäten der Energieagentur

Zu einer der ersten Aktivitäten der Energieagentur gehörte die Erarbeitung eines Energiekonzepts für die Stadt Rathenow. Nach der Wende kam es zu vielen und weitreichenden Umstrukturierungen, die auch eine Neukonzeption der Energieversorgung der gesamten Stadt notwendig machte. So stand u.a. zur Debatte, ob eigene Stadtwerke gegründet werden sollen, dies wurde jedoch auf Empfehlung der Energieagentur nicht getan.

Ein Fokus der städtischen Energiepolitik ist der Erhalt und Ausbau des existierenden, umfangreichen Fernwärmenetzes. Es wurde ein Fernwärmevorranggebiet ausgewiesen. Werden hier Neubaumaßnahmen oder energietechnische Sanierungen durchgeführt, dann ist ein Anschluss an das Fernwärmenetz vorzunehmen. Ausnahmen von dieser Regelung können gemacht werden, wenn regenerative Energieträger zur Heizung eingesetzt werden, oder wenn andere Alternativen wirtschaftlicher sind. Letzteres kam nach Aussage des Leiters der Energieagentur, Hr. Heise bisher noch nicht vor. Die Stadt betreibt außerdem ein eigenes Blockheizkraftwerk. In den öffentlichen Liegenschaften wird 80% des Heizenergiebedarfes über Fernwärme gedeckt.

Eine weitere Aufgabe der Energieagentur ist die Prüfung von privaten Bauanträgen. Hierfür legt das Bauamt der Energieagentur diejenigen Anträge zur Prüfung vor, bei denen es sich um Bauvorhaben mit energietechnischen Modernisierungen oder Neubauten handelt. [Heise, Richter, 17.08.01]Außerdem werden alle öffentlichen Neu- und Umbauten von der Energieagentur in energietechnischer Hinsicht begleitet. Die Energieagentur nimmt darüber hinaus auch Einfluss auf private Baumaßnahmen, sofern die Bewirtschaftung später in der Hand der Stadt liegen wird. Dabei wurden in der Kooperation mit privaten Investoren gute Erfahrungen gemacht. In ihren Beratungsangeboten versucht die Energieagentur besonders solche Energiesparmaßnahmen zu empfehlen, die nicht mit erhöhten Investitionskosten verbunden sind. Beispielhaft kann hier eine neue Wohnsiedlung genannt werden, die privat erschlossen wurde. Der Bau der Straßenbeleuchtung obliegt dem privaten Investor. Die Stromkosten für die Beleuchtung müssen später aber von der Stadt getragen werden. Die Energieagentur optimierte das ursprüngliche Konzept. Da hier u.a. der Mastabstand der Leuchten erhöht werden konnte, führten die Energiesparmaßnahmen insgesamt nicht zu einer Erhöhung der Investitionskosten. [Richter, 22.08.01]

7.6.6 Energiecontrolling

Im Rahmen des Energiecontrollings wurden zuerst die Tarife für den Energiebezug überprüft und angepasst. Dadurch konnten sehr schnell sehr große finanzielle Einsparungen erzielt werden.

Vor Einführung des Energiemanagements existierte bereits ein Karteikartensystem zur Erfassung der Energieverbräuche. Ablesungen und Rechnungen des Energieversorgers waren in der Regel zeitlich gegeneinander verschoben. Eine Zuordnung der Rechnungen zu einzelnen Gebäuden war oft nicht möglich, so dass das Karteikartensystem nur eine geringe Kontrollmöglichkeit darstellte. Somit wurde eine Prüfung der Rechnungen und Verbräuche von Kämmerer und Hauptamt nur teilweise durchgeführt.

Mittlerweile werden die Verbrauchsdaten für alle Liegenschaften monatlich (manuell über ein Listensystem) erfasst und gebäudespezifisch in einfach und übersichtlich gehaltenen Excel-Tabellen abgelegt. Eine Witterungsbereinigung wurde bisher nicht durchgeführt. Die Auswertung erfolgt für jedes Gebäude einzeln. Verbrauchsanalysen für alle Liegenschaften werden nicht durchgeführt. Der Leiter der Energieagentur

Hr. Heise begründete dies damit, dass bisher immer noch ein sehr starker Gebäudewechsel statt findet, so dass Betrachtungen des gesamten Bestandes kaum aussagekräftig sind. Die Gebäudewechsel kommen zustande durch:

- Neubauten und Schließung von Gebäuden bzw. Institutionen
- Neubauten auch im privaten Bereich, etwa bei neuen Wohnsiedlungen, bei denen die Stadt jedoch Teile des Betriebs (Straßenlaternen) sicherstellen muss.
- Umzüge öffentlicher Institutionen, z.T. in frei werdende / frisch sanierte Gewerbegebäude

Bei der Auswertung der Energieverbräuche der einzelnen Gebäude werden nicht immer alle Daten analysiert. Stattdessen finden punktuell vertiefende Analysen von Problemfällen und von einzelnen Liegenschaften statt, in denen neue Energiesparmaßnahmen durchgeführt werden sollen. Bei starken Kostensteigerungen in einzelnen Objekten werden Kämmerer oder Mitarbeiter des Hauptamtes häufig von sich aus aktiv und fragen in der Energieagentur nach. [Heise, Richter, 17.08.01]

7.6.7 Energietechnische Gebäudebewirtschaftung

Einzelraumregelung für Heizung

Im Rathaus sowie in mehreren Schulen der Stadt Rathenow werden Einzelraumregelungen für die Heizung eingesetzt. Die Heizung jedes einzelnen Raumes erfolgt individuell in Abhängigkeit eines zeitlichen Nutzungsprofils und der tatsächlichen Raumtemperatur. Das eingesetzte System hat folgende technischen Eigenschaften:

- Jeder Raum ist mit einem Temperatursensor und einem Mikroprozessor ausgestattet. Der Prozessor vergleicht Soll- und Istwerte der Raumtemperatur und regelt die Heizungsventile des Raumes.
- Die Prozessoren aller Räume sind auf einen Datenbus aufgeschaltet und mit einem Leitrechner verbunden. Hier können Nutzungszeiten gemäß der Belegung individuell für jeden Raum eingetragen werden. Belegt entspricht einer Raumtemperatur von 20°C oder 21°C. Nicht belegt entspricht 15°C.
- Neben den Standard-Wochenprogrammen können Optionen für Ferienzeiten (Heizung nur zum Frostschutz) und einmalige Sonderregelungen (Elternabend) eingegeben werden.
- Wird ein Fenster geöffnet, schließt die Elektronik die Heizkörperventile dieses Raumes bis die Fenster wieder geschlossen werden (oder die Temperatur bis zur Frostgefahr abgesunken ist). Die Elektronik erkennt ein geöffnetes Fenster an einer plötzlichen Absenkung der Raumtemperatur, wie sie nur durch Fensteröffnen und nicht durch die normale Abkühlung hervorgerufen werden kann.
- Mit Hilfe einer Überwachungsfunktion können die Temperaturverläufe in den einzelnen Zimmern sowie die Öffnungsstellungen der Ventile aufgezeichnet, gespeichert und ausgedruckt werden.

In den Schulen wird die Eingabe des Stundenplans in den Leitrechner durch das Sekretariat vorgenommen. Im Rathaus erfolgt die Programmierung der Belegung durch einen Mitarbeiter der allgemeinen Verwaltung. Da die Mitarbeiter des Rathauses ein Gleitzeitsystem (zwischen 6:30 und 18:00 Uhr) haben, wurde zuerst eine Umfrage zur Regelarbeitszeit der einzelnen Mitarbeiter durchgeführt. Hierauf basierend wurde die Standartbelegung im Heizprogramm eingetragen. Urlaubszeiten und Krankheiten werden von den Sekretariaten der einzelnen Fachabteilungen erfasst und in einem von der Stadt Rathenow selbst entwickelten Anwesenheitsprogramm eingetragen. Über das Computerhausnetz haben die Sekretariate Zugriff auf eine zentrale Excelliste in der alle Abwesenheitszeiten gespeichert werden. Dabei sind die Zugriffsrechte (Lesen und Schreiben einzelner Listenteile) der einzelnen Sekretariate in der Regel auf die Mitarbeiter ihrer Abteilungen limitiert. Die Programmierung des Heizprogrammes erfolgt bisher manuell. Der betreuende Mitarbeiter muss also die Abwesenheitsliste durchgehen und täglich die entsprechenden Räume von der Heizung ausnehmen. Der Arbeitsaufwand für die Änderung der Heizzeiten beträgt (während der Saison) zwischen 15 und 30 Minuten pro Tag.

Das Programm für die Einzelraumregelung ist leicht zu bedienen und sehr suggestiv und benutzerfreundlich aufgebaut. Allerdings ist das Programm für die Heizung von Schulen entwickelt worden. Den sich hier stellenden Anforderungen – Eingabe eines Wochenstundeplans, Ferienprogramm und einfache Änderungen für Ausnahmen an einem Tag (Elternabend) – wird es sehr gut gerecht. Beim Einsatz in einem Verwaltungsgebäude entstehen andere Anforderungen, die laut des betreuenden Mitarbeiters bisher nur in ungenügender Weise durch das Programm abgedeckt werden. So ist etwa eine Eingabe der Art: *Raum X ungenutzt bis 13. Dezember* nicht möglich, stattdessen muss entweder die Standardeinstellung verändert oder täglich der jeweilige Raum von der Heizung ausgenommen werden.

Die Erfahrungen, die in Rathenow mit der Einzelraumregelung gemacht wurden, sind ausgesprochen gut. Bei spezifischen Kosten in Höhe von 15 - 20 €/m^2 wurden Energieeinsparungen bis zu 30% erzielt. Dies entspricht einer Amortisationszeit von ca. 5 Jahren. Neben einer Anpassung der Heizzeiten an die tatsächliche Nutzung ist es durch die zentrale Überwachung der einzelnen Räume auch möglich, Defekte (ausgefallene Temperaturfühler, verklemmte Heizventile) einfach und schnell zu erkennen.

Im Technologie- und Gründerzentrum Havelland, in dem u.a. die Stadt Rathenow mit 80% als Gesellschafter ist, wird ebenfalls eine Heizungseinzelraumregelung verwendet. Diese wird hier auch zur Einzelabrechnung der Heizenergieverbräuche der einzelnen Firmen und Institutionen verwendet.

Bei der Einführung der Einzelraumregelung gab es zunächst Akzeptanzprobleme, die mittlerweile aber überwunden wurden. Der betreuende Mitarbeiter im Rathaus wurde am Anfang häufig von Kollegen angerufen, da die Heizung in den jeweiligen Räumen kalt war. Dies lag jedoch nicht an Defekten, sondern einfach an der Tatsache, dass die entsprechende Raumtemperatur bereits erreicht war. Zudem waren die Vorlauftemperaturen gesenkt worden, so dass die Heizkörper generell nicht mehr so heiß wurden wie früher. Im subjektiven Empfinden der Mitarbeiter war hier also etwas nicht in Ordnung. Sie konnten erst nach und nach von der Funktionstüchtigkeit des

Systems überzeugt werden, in dem sie mit Hilfe von Thermometern auf die vorhandene und eigentlich ausreichende Raumtemperatur hingewiesen wurden.

Dabei muss gesagt werden, dass in Rathenow durchaus individuelle Regelungen vorgenommen werden, die von den sparsamen Richtwerten abweichen. So wird Rücksicht auf Mitarbeiter mit chronischen Krankheiten genommen und deren Räume werden selbstverständlich stärker beheizt. Auch für die Zimmer in denen sich etwa die Politessen und Mitarbeiter des Außendienstes aufwärmen wollen, wird eine höhere Temperatur vorgegeben. Dies dürfte entscheidend zur generellen Akzeptanz des Systems beigetragen haben.

[Heise, Richter, 17.08.01], [Rathenow 2001c], [Kühn, 23.08.01]

Beleuchtungsoptimierung

In Rathenow sind in mehreren Schulen, einer Kindertagesstätte sowie im Rathaus Sanierungen und Optimierungen an den Beleuchtungsanlagen vorgenommen worden. In exemplarischen Lösungen wurden Einsparungen von bis zu 73% im Innenbereich und 83% im Außenbereich erreicht. Die gewonnenen Erfahrungen sollen sukzessive auf alle Gebäude des Bestandes übertragen werden.

Bei Sanierungsmaßnahmen wurden generell die bisherigen Standardleuchtstoffröhren (meist 38mm Durchmesser) gegen Dreibandenlampen (26mm) getauscht. Diese weisen eine gute Farbwidergabe und eine hohe Lichtausbeute bei mittleren Kosten auf. Im Vergleich zu Standardlampen kann die gleiche Beleuchtungsstärke mit einer deutlich reduzierten Lampenzahl erreicht werden. Außerdem wurden die konventionellen durch elektronische Vorschaltgeräte ausgetauscht. Hierdurch sind Energieverbrauchsreduktionen zwischen 30% und 65% erreichbar [Vortragsunterlagen Rathenow].

Umfangreiche Sanierungen der Beleuchtungsanlagen wurden in Rathenow in mehreren Schulen durchgeführt. Da hier ohnehin neue Kabel verlegt werden mussten (Austausch der alten Aluminiumleitungen gegen Kupferkabel), war es möglich, ohne zusätzlichen Kostenaufwand die Geometrie der Leuchten zu verändern. Mit einem computergestützten Optimierungsprogramm wurde die günstigste Verteilung der Leuchten an der Decke eines Standardschulzimmers ermittelt. Unter Einhaltung der geltenden Vorschriften (Beleuchtung am Arbeitsplatz; hinsichtlich Helligkeit, Blendwirkung, Sicherheit etc.) konnte die Anzahl der Leuchten auf die Hälfte reduziert werden. Weiterhin wurden dimmbare Vorschaltgeräte zur Tageslichtsteuerung verwendet. Pro Leuchtenreihe (Wand-, Mitte-, Fensterreihe) wird mittels eines Helligkeitssensors die Lampenleistung in Abhängigkeit des tatsächlich einfallenden Tageslichtes geregelt.

Durch die Kombination aller Maßnahmen konnten in einer Schule Verbrauchsreduzierungen i.H.v. 73% erzielt werden. Dieser Wert ist besonders bedeutsam, wenn man bedenkt, dass die Beleuchtung vor der Sanierung 70% des Elektroenergieverbrauches der Schule ausmachte. Durch die Sanierung konnte der Anteil auf unter 50% gesenkt werden.

Die technische Modernisierung (Dreibandlampen, dimmbare EVG, Tageslichtregelung) hat eine Amortisationszeit von 6 Jahren (Vergleichsbasis: Energie- und Wartungskosten einer Beleuchtung mit konventionellen Leuchtstoffröhren), bei einer erwarteten Lebensdauer von 20 Jahren. Dabei muss allerdings berücksichtigt werden, dass manche Maßnahmen nur ökonomisch darstellbar sind, wenn sie im Rahmen eines Neubaus oder einer umfassenden Gebäudesanierung durchgeführt werden. So wird durch die Neupositionierung der Lampen Malern und neues Kabellegen erforderlich. In Rathenow waren Sanierungen teilweise auch aus Sicherheitsgründen nötig gewesen: Die alten Aluminium-Elektroinstallationen mussten ausgetauscht werden. Teilweise bestand auch Verletzungsgefahr durch lockere Leuchtenteile.

Im Rathaus wurde ebenfalls eine umfassende Beleuchtungsoptimierung durchgeführt. Hier handelte es sich um einen Neubezug nach Renovierung eines alten Gewerbekomplexes. Das Gebäude befindet sich in privatem Besitz und wird von der Stadt gemietet. Bei der Planung wurde der Fokus nicht auf eine Minimierung der Energie- und Betriebskosten gelegt. Daher überarbeitete die Energieagentur noch vor Sanierungsbeginn das Beleuchtungskonzept. Durch eine Optimierung der Leuchtengeometrie und dem Einsatz von EVG konnte der Beleuchtungsstromverbrauch gegenüber der ursprünglichen Planung um 55% gesenkt werden. Da eine geringe Anzahl von Lampen verwendet werden konnte, waren die Optimierungen insgesamt kostenneutral und wurden vom Investor als ganzes in das Sanierungskonzept integriert.

[Rathenow 2001c], [Heise, Richter, 17.08.01]

7.6.8 Kommunikation - Energiesparen an Schulen

Die Energieagentur Rathenow unterstützt die Schulen bei Projekten und Kampagnen zum Thema Energie, wobei für die Projektarbeit folgende Grundsätze gelten:

- Schüler, Lehrer und technische Angestellte müssen einbezogen werden.
- Die Aufgaben von Schule und Schulverwaltung müssen eindeutig definiert werden.
- Der Themenkomplex “Energie” sollte weitestgehend in den Fachunterricht praxisnah integriert werden.
- Die Projektarbeit soll Spaß machen.
- Praktische Übungen, Laborversuche und die Nutzung von Demonstrationsmodellen sollten wesentlicher Bestandteil der Projektarbeit sein.
- Eine dauerhafte und nachhaltige Wirkung der einzelnen Aktivitäten sollte erreicht werden.
- Die Schule muss am finanziellen Nutzen des Projektes spürbar teilhaben.

Für die Motivationskampagnen wurden sogenannte Energiesparverträge zwischen Schule und Schulträger abgeschlossen, die die Aufgaben und Rechte beider Seiten regeln. Aus Sicht des Leiters der Energieagentur, Herrn Heise, ist der finanzielle Anreiz in Form einer hohen Beteiligung der Schulen an den erzielten Einsparungen ein entscheidender Faktor für den Erfolg der Motivationskampagnen. In Rathenow erfolgt deshalb die Verteilung der eingesparten Energiekosten nach folgendem Schlüssel:

- 50% für weitere Energiesparmaßnahmen in der Schule
- 25 % zur freien Verfügung der Schule

- 25 % für die Stadt (Kämmerei)

Dabei sind jedoch die tatsächlich erzielten Energieeinsparungen aus Sicht der Energieagentur immer nur ein Teilaspekt der Projekte an Schulen. Mindestens ebenso wichtig ist die praxisnahe Auseinandersetzung mit den Themenfeldern Energie und Ökologie. Aus Sicht von Herrn Heise erhalten diese Themen durch den unmittelbaren Bezug der eigenen Aktionen für die Schüler eine neue Attraktivität. Das Thema Ökologie würde sonst häufig an abstrakten, entfernten Themen (Regenwald) behandelt. Über die Projekte zum Energiesparen sei der Zugang auch zu globalen ökologischen Themen wesentlich konkreter und fassbarer gestaltbar. Dabei sei das Thema Energie nicht nur auf den Physikunterricht beschränkt, sondern auch in den Politik-Gesellschafts- und Erdkundeunterricht integrierbar.

[Rathenow 2001c], [Heise, Richter, 17.08.01]

7.6.9 Bewertung

Finanzierung / Organisation / Konzeption Energieagentur

Durch die Gründung einer SAVE-Energieagentur, war es möglich umfangreiche EU-Fördergelder einzuwerben. Dadurch konnten auch im Bereich des kommunalen Energiemanagements Maßnahmen durchgeführt werden, die für sich nicht wirtschaftlich sind und sonst über den kommunalen Haushalt hätten finanziert werden müssen. Insofern sind gerade die spektakulären Einsparerfolge mit Prozentsätzen weit über 50% zum Teil diesen Finanzierungsmöglichkeiten geschuldet und daher nicht als repräsentativ anzusehen. Die großen Haushaltsentlastungen, die durch die Arbeit der Energieagentur erreicht wurden, zeigen aber, dass sich der allergrößte Teil der durchgeführten Maßnahmen wirtschaftlich rechnet.

In Bezug auf die EU-Förderung ist es bemerkenswert, dass die Initiative von einer privaten Firma kam, die mit der Stadt Rathenow in diesem EU-Projekt kooperieren wollte. Dem Leiter der Energieagentur war bis dahin das SAVE-Programm nicht bekannt gewesen. Hier wäre zu prüfen, wie verbreitet das Wissen über bestehende Förderprogramme (inkl. Schwerpunkte, Förderberechtigung, Umfang, Beantragungsaufwand etc.) ist und wie sehr mangelndes Wissen zu einer Nicht-Inanspruchnahme führt.

Die Konzeption der Energieagentur darf aber nicht auf ein Instrument zur Erlangung von Fördergeldern reduziert werden. Entscheidend für die erfolgreiche Arbeit waren aus Sicht von Hr. Heise auch die organisatorischen und finanziellen Freiheiten, die sich aus dem Konzept ergeben. Die Energieagentur verfügt über ein eigenständiges Budget, das insbesondere in das nächste Haushaltsjahr transferierbar ist. Dadurch können auch langfristige und umfangreiche Maßnahmen sicher geplant werden und die Agentur erhält einen großen Gestaltungsspielraum.

Im Gegenzug ist die direkte, personelle, räumliche und institutionelle Anbindung der Energieagentur an das Amt Rathenow von entscheidender Bedeutung. Gerade die Erfolge, die bei privaten Bau- und Sanierungsvorhaben erzielt wurden, wären sonst nicht möglich gewesen. Aufgrund der starken Umstrukturierungen und Neubautätigkeiten nach der Wende hatte hier die Einflussnahme auf richtungsweisende Entscheidungen einen noch höheren Stellenwert als etwa in Kommunen vergleichbarer

Größe in Westdeutschland. Deutlich wird aber, und dies ist generell übertragbar, dass es durch eine geschickte organisatorische Anbindung möglich ist, dass Know-how, das im Bereich des kommunalen Energiemanagements erworben wird, für andere Bereiche nutzbar zu machen.

Einzelraumregelung Heizung

Durch den Einbau von Einzelraumheizungssteuerungen wurden in Rathenow deutliche Energieeinsparungen erzielt. Es muss aber gesehen werden, dass die Betreuung einer Einzelraumregelung einen gewissen Aufwand bedeutet. Dieser muss unbedingt geleistet werden, da sonst die Energieeinsparungen sehr schnell drastisch zurückgehen, sobald die im Programm eingestellten Nutzungszeiten nicht mehr den realen Nutzungszeiten entsprechen. Im Falle des Rathauses in Rathenow, wo hohe Einsparungen erzielt werden konnten, handelt es sich bei dem betreuenden Mitarbeiter um jemanden, der die Programmierung der Einzelraumregelung sehr gewissenhaft ausführt und mit Nachdruck die entsprechenden Informationen von den einzelnen Sekretariaten einfordert.

Um den Betreuungsaufwand möglichst gering zu halten, ist es fundamental wichtig, dass das Programm zur Einzelraumsteuerung hier zielgerichtete Unterstützung anbietet. In Rathenow zeigte sich, dass das Programm zwar für den Einsatz in Schulen optimiert wurde, für Verwaltungsgebäude wären aber noch technische / konzeptionelle Verbesserungen nötig.

Eine denkbare Verbesserung wäre etwa die Kopplung der Heizungssteuerung mit dem (in Rathenow vorhandenen) elektronischen Arbeitszeiterfassungssystem. Mit Hilfe von selbstlernenden Algorithmen könnte das System sich an die üblichen Nutzungszeiten anpassen[14]. Außerdem wäre eine zusätzliche Ansteuerung per SMS möglich[15].

Energiecontrolling

Durch das verbesserte, zentrale Energiecontrolling konnten mit Hilfe von EDV-Liegenschaftsblättern (Excel-Tabellen) sehr schnell große Kosteneinsparungen realisiert werden. Gerade durch Tarifanpassungen Ende der 90er Jahre wurden erhebliche Einsparungen erzielt. Darüber hinaus wurde die Verbrauchsdatenerfassung zum Monitoring von Erfolgen der einzelnen Maßnahmen (auch zu Rechenschaftszwecken gegenüber Kämmerei und Beirat der EA) sowie zur Verbrauchsüberwachung in den jeweiligen Liegenschaften verwendet.

Jedoch ist das durchgeführte Controlling nicht sehr umfassend: Es wurde keine Witterungsbereinigung vorgenommen. Außerdem wird der Energieverbrauch über alle Gebäude nicht dargestellt oder ausgewertet. Auf Grund der hohen Fluktuationen ist dies u.U. aber auch nicht zweckmäßig. Der Ansatz eines Controlling auf der

---

14 siehe auch Kapitel 6 – Überblick telematischer Systeme, Einzelraumregelungen (Dr. Riedel)

15 Ähnliches wird etwa von envia dem Energieversorger Sachsens und Brandenburgs angeboten: e-home services. Artikel in Zeitung für kommunale Wirtschaft, November 2001, S.6 *Per Handy eine warme Stube – envia: Neuer Service für individuelle Energie- und Zeitsteuerungen.* S.a.: http://www.envia.de/ehome-services/index.html

Ebene der einzelnen Gebäude ist auch durch die Strategie der Energieagentur begründet, exemplarische Einzelmaßnahmen mit Modernisierungen auf sehr hohem Niveau durchzuführen. Es ist davon auszugehen, dass so alle Liegenschaften nach und nach weitgehend modernisiert werden. Allerdings ist festzuhalten, dass auf strategische Hilfsmittel wie witterungsbereinigte Kennzahlen nur deshalb verzichtet werden kann, weil es sich um eine Kleinstadt mit einer überschaubaren Anzahl von Liegenschaften handelt.

7.6.10 Vorliegendes Material

Geführte Interviews:

[Richter, 31.07.01] Telephonisches Interview mit Hr. Richter, Mitarbeiter der Energieagentur Rathenow.

[Heise, 14.08.01] Telephonisches Interview mit Hr. Heise, Leiter der Energieagentur Rathenow und Leiter des Amtes für Wirtschaft der Stadtverwaltung Rathenow.

[Heise, Richter, 17.08.01] Persönliches Interview mit Hr. Heise und Hr. Richter in Rathenow

[Richter, 22.08.01] Telephonisches Interview mit Hr. Richter

[Kühn, 23.08.01] Telephonisches Interview mit Hr. Kühn, Mitarbeiter der Stadtverwaltung Rathenow, u.a. zuständig für die Betreuung der Einzelraumheizung im Stadthaus

Schriftliches Material

[Rathenow 2001a] Persönliche Mitteilung vom 05.03.01: Kurzbeschreibung der Arbeitsschwerpunkte der Energieagentur Rathenow.

[Rathenow 2001b] Internetpräsentation der Energieagentur Rathenow, Stand August 2001; http://www.brandenburg.de/kommunen/rathenow/eprojekt/

[Rathenow 2001c] Persönliche Mitteilung vom 26.09.01: Präsentationsfolien der SAVE-Energieagentur Rathenow

7.7 Remscheid

7.7.1 Allgemein

Remscheid ist eine Kommune mit ca.121.000 Einwohnern und liegt im Bergischen Land südlich des Ruhrgebiets (Nordrhein-Westfalen).

Ein internes Dienstleistungsdezernat verwaltet mehr als 250 kommunale Gebäude mit über 500 Strom- und Wasserabnahmestellen sowie ca. 170 Heizanlagen für eine beheizte Fläche von 370.000 m² und täglich mehr als 30.000 Nutzern. Für die Energie und Wasserversorgung aller Gebäude wurden im Jahr 2000 ca. 2,5 Mio € aufgewendet.

In Abbildung 7-12 sind die Verbräuche und Kosten für das Jahr 1999 dargestellt.

	Verbrauch		CO_2-Emissionen		Kosten €	
Strom	8941 MWh	14%	5740 t	36%	1.110.000 €	46%
Wärme	52981 MWh	86%	10204 t	64%	1.288.000 €	54%
Gesamt	61922 MWh	100%	15944 t	100%	2.398.000 €	100%

Abbildung 7-12: Absolute und relative Energieverbräuche mit zugeordneten CO_2-Emissionen und Kosten aller kommunalen Liegenschaften der Stadt Remscheid aus dem Jahre 1999. Quelle: [Remscheid 2000]

7.7.2 Zielsetzungen, Schwerpunkte und Erfolge des KEM

Nicht nur die leeren Kassen, sondern auch die Vorbildfunktion der Kommune gegenüber Ihren Bürgern motiviert die Verwaltung der Stadt Remscheid zum sparsamen Umgang mit Energie. Schon in den 70-er Jahren führten die Energiekrisen zu einem Umdenkprozess, der dann Anfang der 80-er zu ämterübergreifenden Energiesparmaßnahmen führte. Nachdem diese Aktivität vorübergehend versiegte, betreibt die Stadt Remscheid seit 1986 ein zunehmend konsequentes Energiemanagement. In den letzten Jahren wurde die Erkenntnis umgesetzt, dass erst das reibungslose Zusammenspiel aller am Gebäude beteiligten Personen unter Einbeziehung der optimalen Technik die Erschließung von Einsparpotentialen ermöglicht. Ziel ist jetzt das baulich und technisch komplett versorgte und gepflegte Gebäude aus einer Hand.

Im Rahmen seiner Mitgliedschaft im Klimabündnis Allianza del Clima e.V. setzte sich Remscheid das Ziel, die Forderung der Enquête-Kommission des Deutschen Bundestages zum Schutz der Erdatmosphäre aus dem Jahr 1990 zu erfüllen und die CO_2-Emissionen in den Jahren 1987 bis 2005 um 30% zu senken. Im Rahmen des kommunalen Energiemanagements arbeitet die Stadtverwaltung Remscheid außerdem mit den Stadtwerken Remscheid (Förderprogramm Rationelle Verwendung von Energie...) und dem Wuppertal-Institut für Klima, Umwelt, Energie zusammen.

Ab dem Jahr 1980 liegen in Remscheid nachvollziehbare und gesicherte Verbrauchsstatistiken vor, seit 1986 wird eine monatliche Verbrauchskontrolle durchgeführt. Bezogen auf das Jahr 1987 betrug die witterungs- und flächenbereinigte Gesamtenergieeinsparung 1999 32%, gegenüber 1980 sogar 48%. Betrachtet man die bereinigten Verbräuche im Einzelnen, ergibt sich bezogen auf das Jahr 1980 bei Elektroenergie eine Reduzierung um 17% (ca. 2900 MWh/a) und bei der

Heizenergie um über 49 % (ca. 39.000 MWh/a). Der Wasserverbrauch konnte sogar um 75% gesenkt werden.[Remscheid 2000] Die Haushaltsentlastungen verglichen mit dem Jahr 1980 betrugen Ende 2000 bereits 2,3 Mio € pro Jahr. [Brücher 03.09.01] Hierzu ist noch anzumerken, dass die Einsparungen bei der Elektroenergie gegen den allgemeinen Trend der massiven Zunahme von Bürokommunikationstechnik erreicht wurden. Zur CO_2-Minderung hat zusätzlich der weitestgehende Ausstieg aus den Energieträgern Öl und Kohle zugunsten des umweltfreundlicheren Erdgases beigetragen. Dadurch ergibt sich die aktuelle Reduzierung CO_2-Emission zum Basisjahr 1987 mit 39% (48% im Energiebereich Wärme, 12% im Energiebereich Strom).[Remscheid 2000]

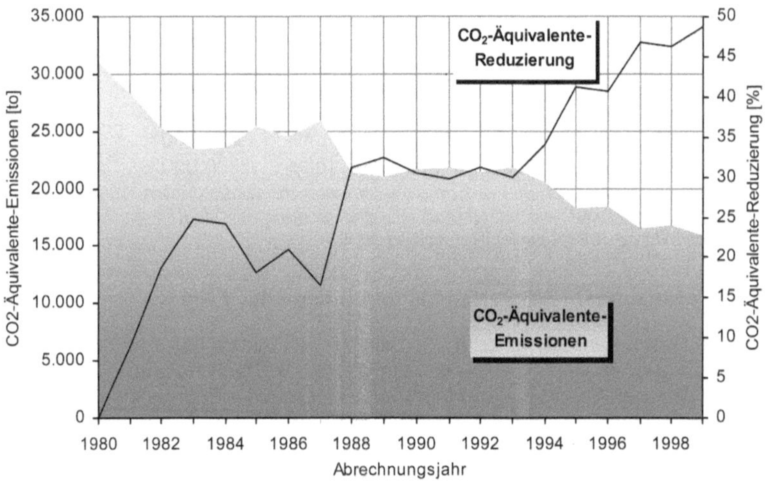

Abbildung 7-13: unbereinigte CO_2-Äquivalente-Emissionen und deren Reduzierung, [Remscheid 2001]

Trotz oder gerade wegen der beachtlichen Erfolge soll auch in Zukunft größter Wert auf den ökologisch und ökonomisch sinnvollen Einsatz der Bau- und Haustechnik gelegt werden. Als wichtig wird auch die noch stärkere Einbindung der Nutzer in Energiesparaktivitäten angesehen. Mit pädagogischen Projekten und Anreizsystemen wird eine dauerhafte Verhaltensänderung der Nutzer angestrebt. Dabei baut Remscheid sein kommunales Energiemanagement auf folgenden Pfeilern auf [Remscheid 2000]:

- technisches Zeitplanmanagement, Gebäudeleittechnik
- Motivation: Energiesparaktivitäten mit allen Beteiligten
- Innovation: rationelle Energieverwendung und regenerative Energien
- Integration: Erfahrungsaustausch, Schwachstellenanalyse, Planungsgrundlagen
- Kommunikation mit Entscheidungsträgern

- Ergebnisanalyse und Präsentation
- Kosten- und Vertragscontrolling
- zeitnahe Verbrauchsüberwachung

Auf verschiedenen Informationswegen, wie zum Beispiel mit Hilfe des Intranets, soll die Problematik ständig allen Beteiligten ins Bewusstsein gerufen werden. Um auch eine dauerhafte Verhaltensänderung der jungen Nutzer zu initiieren, wurden in den letzten Jahren pädagogische Projekte zur Senkung des Energie- und Wasserverbrauchs durchgeführt. Mit Hilfe eines finanziellen Anreizsystems konnten so vielversprechende Erfolge erzielt werden (s.Abschnitt 7.7.6). [Remscheid 2000]

Um die CO_2-Emmission nicht nur zu verringern, sondern langfristig dem Ziel einer Null-Emission nahe zu kommen, treibt Remscheid als Alternative zur Verfeuerung fossiler Energieträger die sukzessive Steigerung des Einsatzes regenerativer Energien voran. Dazu wurde im Rahmen eines Förderprogramms eine solare Warmwasserbereitung an einer Schule installiert. Überzeugt durch den Erfolg der Maßnahme konnten mittels Intracting weitere 7 Schulen mit solchen Anlagen ausgestattet werden. Außerdem wurden an einem Berufskolleg-Technik eine ganze Reihe von Anlagen zur rationellen Energieverwendung (BHKW) und zur Verwendung regenerativer Energien (z.B. Photovoltaik) zu Lern- und Demonstrationszwecken mit einem Investitionsvolumen von 77.000 € angeschafft. Mit weiteren Mitteln in dieser Größenordnung wurde ein zusätzlicher Raum mit Visualisierungstechnik, Leittechnik-Überwachungssystemen und professionellen Netzwerkreglern ausgestattet, damit sich zukünftige Heizungsbauer und Elektrotechniker mittels Simulation einer Gebäudetechnik mit den Funktionen und Strukturen vertraut machen können. Um die Nutzung der Sonnenenergie zur Erzeugung elektrischer Energie weiter voranzutreiben vermietet die Stadt Remscheid darüber hinaus Dachflächen städtischer Gebäude für Photovoltaikanlagen zu einem symbolischen Preis.[16]

Im Bereich der technischen Gebäudebewirtschaftung hat sich Remscheid seit über 20 Jahren stetig weiterentwickelt. Durch die Einführung von Heizbüchern, ständigen Raumtemperaturkontrollen, Einführung einer dynamischen, d.h. rückgekoppelten Verbrauchskontrolle und die Überprüfung und Korrektur der Heizungs- und Lüftungsregelungen konnte der Energieverbrauch in den Jahren bis 1985 zwar stark reduziert werden, es war jedoch ein großer Personalaufwand erforderlich. Seit 1986 hat sich immer mehr die Erkenntnis durchgesetzt, dass eine gute Regeltechnik und natürlich eine kompetente Bedienung dieser Technik unabdingbar ist, um anlagentechnische Energiesparmaßnahmen zur Geltung kommen zu lassen. Das Remscheider Modell basiert außerdem auf der Erfahrung, dass wesentliche Erfolge ohne erhöhten Personalaufwand nur erzielt werden können, wenn der Betrieb der Anlagen von einem Leitrechner aus geregelt wird.

---

[16] Seit 1995 fördern die Stadtwerke Remscheid den Einsatz von Photovoltaikanlagen indem sie über die Vertragslaufzeit von 20 Jahren eine kostendeckende Einspeisevergütung zahlen. Da die Stadtverwaltung Remscheid auf Grund der Haushaltslage nicht die Möglichkeit hatte eigene Photovoltaikanlagen auf den Dächern der kommunalen Gebäude zu errichten, wird dieses Programm dadurch unterstützt, das geeignete Dachflächen zu einem symbolischen Preis an Investoren vermietet werden.

Momentan werden schon über die Hälfte der städtischen Gebäude und damit ca. 75% der Heizenergieverbräuche von zentraler Stelle beeinflusst. Im Zuge von Reparatur- und Austauschmaßnahmen sollen weitere Gebäude angeschlossen werden. Die Remscheider Gebäudeautomation ist in 15 Jahren homogen gewachsen und spielt in der dynamischen Daueraufgabe KEM eine entscheidende Rolle. Unter dem Motto „Weniger ist mehr!" wird in Remscheid stets darauf geachtet, dass die GLT überschaubar, bedienbar, beherrschbar und bezahlbar bleibt. [Remscheid 1999]

In dieser Fallstudie soll zum einen die langjährigen Erfahrungen der Stadt Remscheid, besonders im Hinblick auf den Einsatz moderner Mess- Steuer- und Regeltechnologien, genauer untersucht werden. Zum anderen wird an diesem Beispiel deutlich, wie erfolgreiches KEM betrieben werden kann, ohne die Fäden aus der Hand zu geben. Weder aus finanzieller Sicht noch beim technischen Know-how macht sich die Stadt von Externen abhängig.

7.7.3 Organisationsstruktur

1975 begann aus wirtschaftlichen Gründen ein Umdenkprozess, der 1980 zu Gründung einer ämterübergreifenden Energiesparkommission führte und dann 1982 zu einer Organisationseinheit im Hochbauamt. Nach anfänglichen Erfolgen dieser Gruppe wurde sie wegen erheblicher Reibungsverluste aufgrund fehlender Integration, teils mangelnder Kompetenz und wegen Organisationsdefiziten innerhalb der Gruppe 1984 aufgelöst. Daraufhin dauerte es zwei Jahre bis zur Schaffung der Stelle Energiewirtschaft, deren Aufgabenbereich deutlich weiter gesteckt wurde. Hierfür wurde ein Ingenieur als „Energiesparer" eingestellt. [Remscheid 2001] 1989 wurde dann ein zusätzlicher Sachbearbeiter für das Energiemanagement integriert.

Im Jahre 1996 wurden weite Teile der Stadtverwaltung Remscheid neu organisiert. Unter dem Gesichtspunkt der Ressourcenbündelung und der Einrichtung neuer Steuerungsmodelle fand eine Trennung der Aufgaben zwischen den Fachbereichen (Ämter im herkömmlichen Sinne) und den Bereichen mit Dienstleistungsaufgaben innerhalb der Verwaltung statt. Daher fand seit 1997 das kommunale Energiemanagement im Rahmen eines internen Dienstleistungsdezernates „Serviceeinheit Hochbau und Gebäudewirtschaft" in der Fachabteilung „Technisches Gebäudemanagement" statt. Neben den klassischen Abteilungen des ehemaligen Hochbauamtes und des kommunalen Energiemanagements, gehörten auch der zentrale Reinigungsservice und die Hausmeister zu dieser Serviceeinheit. Damit wurden viele bürokratische und tatsächliche Wege, auch der Energiebewirtschaftung, kürzer und manch ein Problem schneller lösbar.

In den Jahren 1997 bis 1999 wurde jedoch klar, dass der eingeschlagene Weg nicht ohne weitere organisatorische Anpassungen einiger Bereiche des ehemaligen Hochbauamtes gangbar sein würde. Neben allen organisatorischen Anpassungen zeigte sich schnell, dass die Identifikation der Mitarbeiter mit dem Dienstleistungsgedanken von ausschlaggebender Bedeutung ist. Die Serviceeinheit, mittlerweile nur noch mit dem Namen „Gebäudemanagement", soll zukünftig warme, beleuchtete, gereinigte und komplett versorgte Gebäude an die Nutzer der Stadt vermieten und eine entsprechende Quadratmetermiete intern verrechnen.

Die neu strukturierte Serviceeinheit gliedert sich in vier Leistungsbereiche [Remscheid 2001]:

- Technisches Gebäudemanagement, welches alle Leistungen umfasst, die zum Betreiben und Bewirtschaften der baulichen und technischen Anlagen eines Gebäudes erforderlich sind.
- Infrastrukturelles Gebäudemanagement, in welchem alle geschäftsunterstützenden Dienstleistungen zusammengefasst sind, welche die Nutzung von Gebäuden verbessern.
- Flächenmanagement
- Kaufmännisches Management

Die Fachabteilung „Technisches Gebäudemanagement" integriert die Sachgebiete:

- „Energiewirtschaft" (erfassen, archivieren, bewerten und präsentieren der Verbräuche)
- „Planung/Unterhaltung" (planen, bauen und optimieren der Anlagentechnik),
- „betriebstechnischer Dienst" (instandhalten, warten und optimieren der Anlagentechnik)
- „Gebäudetechnik" (ablesen, melden und senken der Verbräuche).

Damit sind die komplexen Wechselwirkungen zwischen Energieeinkauf, Verbrauchsüberwachung, Planung und Unterhaltung, den Nutzern und den Handwerkern des betriebstechnischen Dienstes unter einem Dach einfacher zu handhaben und ein ständiger Erfahrungsaustausch zwischen allen Sachgebieten gewährleistet. Aus der Sicht von Remscheid ist dies eine grundlegende Voraussetzung für ein funktionierendes Energiemanagement. Im Rahmen des Remscheider KEM sind je ein Sachbearbeiter für die Energiebuchhaltung, Energiecontrolling + Zeitplanmanagement, sowie Projektplanung + Projektbetreuung zuständig. Projekte sind hier gering-investive Maßnahmen, wie z.B. die Nutzerinformation und –motivation, welche in enger Zusammenarbeit mit dem Umweltamt initiiert wird. Der Sachgebietsleiter „Energiewirtschaft" koordiniert neben seiner Tätigkeit für das KEM noch die Zusammenarbeit mit den anderen Sachgebieten und beteiligt sich maßgeblich an der Planung und Umsetzung gebäudetechnischer Anlagen.

Durch diese Organisationsstruktur wird in Remscheid fast die gesamte Projektabwicklung von der Bestandsaufnahme, Strategieentwicklung und Planung, über den Geräteeinkauf und die Programmierung bis hin zur Optimierung und Nutzungsanpassung in der Fachabteilung durchgeführt. Außerdem wird so die Integration des bestehenden System der Gebäudeleittechnik in ein umfassendes Facility-Management-System ermöglicht.

Aus Sicht des Remscheider Energiemanagers Herrn Künz würde es die Arbeit des KEM effektivieren, wenn es nicht wie in Remscheid in der Energiewirtschaft angesiedelt wäre, sondern eine Stufe höher im technischen Management. So könnte z.B. mehr Einfluss auf Baumaßnahmen erlangt werden Da in Remscheid die abteilungsübergreifende Diskussion von Maßnahmen sehr gut funktioniert, hat eine solche

Umstrukturierung jedoch keine sehr hohe Priorität. In Kommunen wo dies jedoch nicht so gegeben ist, könnte eine solche Organisationsstruktur Vorteile bringen. [Brücher 03.09.01]

7.7.4 Finanzierungsstruktur

In der Regel erfolgt die Finanzierung des KEM über Kommunalkredite. Die Finanzierung der Gebäudeautomation erfolgt im Rahmen der laufenden technischen Unterhaltung. Da in diesen Bereichen die Mittel knapp sind, beschränkt man sich auf die wirklich nötigen Funktionen.

Anfang der 90-iger Jahre waren bei zusätzlichen Investitionen im Bereich der Gebäudeleittechnik Zuschüsse sowohl durch die Landesregierung (REN-Programm, seit 1994 im kommunalen Bereich nicht mehr einsetzbar), wie auch durch das RWE ProKom-Förderprojekt (ebenfalls nach 1994 nicht mehr einsetzbar) hilfreich, indem sie die finanzielle Belastung stark reduzierten. [Remscheid 1995] ProKom fördert 48 Projekte im Stadtgebiet Remscheid mit insgesamt mehr als 400.000 € bei einem Investitionsvolumen von 1.343.000 €. Die Förderung umfasste Einbau neuer Heizungen, Isolierung von Dächern und Fassaden, Einbau neuer Fenster mit Wärmeschutzverglasung und die Optimierung von Beleuchtungsanlagen in Schulen, Kindergärten und Sportanlagen sowie zentrale Gebäudeleittechnik für 22 Gebäude. Diese Maßnahmen haben etwa 3 Mio. kWh Energie eingespart (0,8 t CO_2) [BMP 1995]

Aus Prämien des Energiespar-Projektes „Weniger ist mehr", Fördermitteln der Stadtwerke Remscheid und des REN-Impuls-Programmes des Landes NRW, sowie Mitteln der Stiftung B.A.U.M. e.V. im Rahmen der Förderung „Schulen 2000" wurde im Jahr 2000 eine erste solare Warmwasserbereitungsanlage im Ernst-Moritz-Arndt-Gymnasium finanziert. Von dem Erfolg überzeugt, entschied man sich zur Errichtung von mittlerweile 7 weiteren solchen Anlagen an Remscheider Schulen, welche mittels „lupenreinem" Intracting umgesetzt werden konnten. Die Finanzierung erfolgte ohne externe Kredite mittels Einsparungen des Vorjahres und verschiedener Fördertöpfe. Eine Anschaffung solcher Anlagen auf eigene Kosten würde lange Amortisationszeiten nach sich ziehen. Die Rentabilität ohne Förderung wäre nur in wenigen Fällen[17] gegeben. Mit weiteren Mitteln aus einem Landesförderprogramm sowie von der Deutschen Bundesstiftung Umwelt wurden Schulungsräume und Technik zur rationellen Energieverwendung und zum Einsatz regenerativer Energien an einer Remscheider Berufsschule finanziert.

Auch über Contracting wurde bereits nachgedacht. Nach reiflichen Überlegungen und Erfahrungen aus anderen Kommunen ist man in der Remscheider Verwaltung jedoch der Ansicht, dass Performancecontracting keine optimalen Anlagen bringt, sondern lediglich Dinge, mit denen der Contractor während der Vertragslaufzeit Geld verdienen kann. Das dazu alternative Anlagencontracting andererseits ist teuerer als

---

17 Bei der ersten Anlage fällt der Vergleich zwischen den Anlagenkosten und den erzielten Einsparungen noch am günstigsten aus, da am Ernst-Moritz-Arndt-Gymnasium auch Sommersportbetrieb stattfindet, d.h. in den sonnenreichen Monaten auch wirklich Warmwasser benötigt wird.

die Finanzierung über Kommunalkredite. Da in Remscheid internes Know-how und die nötige Motivation vorhanden sind, ist Intracting hier sicherlich die beste Alternative. In kleineren Kommunen ohne die nötigen Rahmenbedingungen ist Contracting dagegen nach Ansicht der Remscheider Energiesparer eine sinnvolle Variante. [Brücher 03.09.01]

7.7.5 Energietechnische Gebäudebewirtschaftung - Gebäudeleittechnik mit eigenem Know-how

1986 gab es in Remscheid sehr viel analoge Technik und sehr viele Hausmeister, die sich nicht darum kümmerten. Der heutige Abteilungsleiter der Abteilung „Technische Gebäudeausrüstung und Energiewirtschaft" Dipl.-Ing. Klaus Dieter Brücher formte das Remscheider KEM mit dem Wissen, dass die beste Technik nichts wert ist, wenn man ihre Möglichkeiten nicht ausschöpft. Mit der Einstellung eines Ingenieurs als Energiebeauftragtem setzte er daher frühzeitig auf technische Kompetenz und stellte somit die Weichen für die weitere Entwicklung. Gemeinsam mit dem noch heute als Leiter des kommunalen Energiemanagements tätigen Dipl.-Ing. Wolfgang Künz wurde schon 1986, bei der Schaffung der Stelle Energiewirtschaft, darauf gesetzt, mit der neuer Technik ein Gebäudeleitsystem aufzubauen, um den Aufwand der regelmäßigen Besichtigungen der Anlagen vor Ort zu vereinfachen.

Herr Brücher war bereits aus seiner vorhergehenden Tätigkeit bei Siemens mit der technischen Ausstattung von Gebäuden vertraut, u.a. auch mit Gebäudeleittechnik auf der Basis von Analogtechnik[18]. 1986 wurde nach der Ausschreibung einer konventionelle Kessel-Regelung mittels Analogtechnik von der beauftragten Firma auf die neue DDC-Regelungstechnik hingewiesen. Da die technische Kompetenz vorhanden war, weckte besonders die Möglichkeit der einfachen Einbindung der Regelungstechnik in ein übergeordnetes zentrales Leitsystem das Interesse, auch wenn sich später herausstellte, dass es doch nicht ganz so einfach war, wie anfangs angenommen [Brücher 03.09.01]. Nach finanziellen Eingeständnissen des Herstellers, welcher ein großes Interesse daran hatte eine Referenzanlage zu bauen, war diese Technik sogar preiswerter als die ausgeschriebene Analogtechnik. Anfänglich wurde die Anlage dezentral über einen Computer vor Ort gesteuert. Bereits im ersten Jahr wurden so Energieeinsparung von mehr als 20% erreicht, was in erster Linie durch das vorbildliche Engagement des Bedienpersonals möglich war. Die Mitarbeiter des Stadttheaters passten ständig die Zeitprogramme der Nutzung des Gebäudes an und kontrollierten den Betrieb. Von dem schnellen Erfolg überzeugt, wurde die DDC-Steuerung, auch unter dem Gesichtspunkt der Wirtschaftlichkeit, zum Standard bei Neu- und Umbauten, und damit zum integralen Bestandteil des Energiemanagements in Remscheid.

Schon nach der Installation der zweiten Anlage erkannte man jedoch, dass die Programmierung nicht dem gewünschten Standard entsprach. Um im Laufe der Jahre einen Wildwuchs unterschiedlicher Anlagen und Software zu vermeiden, wurde im Folgenden eine Nomenklatur entwickelt, wie die Gebäudeleittechnik auszusehen hat,

---

[18] Analoge GLT war jedoch zu keinem Zeitpunkt wirtschaftlich und wurde deshalb lediglich in Versuchsprojekten eingesetzt.

welche Hierarchien einzuhalten sind und wie die Programmierung durchzuführen ist. Daraus ist ein internes Handbuch entstanden, welches auch heute noch benutzt wird.

Im Jahre 1990 wurden aus der Überlegung heraus, die schwer überschaubare Dezentralisierung der DDC-Anlagen im Sinne besserer Ausschöpfung ihrer Energie-Einsparpotentiale in Zukunft zentral zu überwachen, alle 12 vorhandenen DDC-Anlagen auf einen Leitrechner im Hochbauamt aufgeschaltet. Auch hier wurde die Finanzierung erst durch Eingeständnisse des Herstellers möglich. Die Hardware für die Leitzentrale konnte auf dem freien Markt und dadurch zu einem viel günstigeren Preis erworben werden. Außerdem wurde dem Hochbauamt zugestanden, die Programmierung und grafische Aufarbeitung der GLT selbstständig durchzuführen, wodurch das gesamte Engineering eingespart werden konnte. Das zusätzliche Einsparpotential, welches allein mit der Aufschaltung einer vorhandenen und gut funktionierenden DDC-Steuerung auf eine Gebäudeleittechnik ausgeschöpft werden kann, beziffern die Energiesparer der Stadt Remscheid mit 4% bis 6%. [Brücher 03.09.01]

Bis heute sind bereits 140 Gebäude mit ca. 10 bis 15 Regelkreisen pro Gebäude (bei Einzelraumregelung) an die GLT angeschlossen. Somit verfügt Remscheid über ein umfangreiches, gut strukturiertes Netz von Hard- und Softwaredatenpunkten. Nach wie vor werden in Remscheid die Kosten erheblich gesenkt, indem viele Leistungen bei Erstellung und Betrieb der Gebäudeautomation intern erbracht werden. Die intensive Zusammenarbeit mit dem Hersteller führt zu einer so guten Qualifikation der städtischen Mitarbeiter, dass nicht nur die Programmierung und grafische Darstellung der GLT durch die Mitarbeiter der Fachabteilung erfolgt, sondern komplette Anlagen der GA (bis auf Schaltschrankaufbau und Verkabelung) selbstständig realisiert werden können. In der Zukunft möchte man weiterhin konsequent den eingeschlagenen Weg verfolgen. Was sich ändert ist die Technik, und so wird man auch in Remscheid versuchen, stets auf dem neusten Stand zu bleiben.

Das GLT-System der Stadt Remscheid:

Basis des gesamten GLT-Systems sind verschiedene Typen von DDC-Unterstationen. Sie dienen als Schnittstelle zwischen der haustechnischen Anlage und dem Gebäudeleittechnik- und Energiemanagementsystem. Regelung/Überwachung und Kommunikation sind in jedem Fall logisch getrennt, so dass bei Ausfall einer Komponente (Regler bzw. Kommunikation) die andere Komponente autark funktioniert. Softwarebedingte Reglerprobleme lassen sich so weitestgehend über Ferndiagnose beheben. Eine eingebaute Notstromversorgung gewährleistet darüber hinaus die volle Funktionalität selbst bei Netzspannungsausfall.

Jede ein- oder ausgehende Anlageninformation wird in der Unterstation als Datenpunkt verarbeitet. Analoge und digitale Hardwaredatenpunkte stellen die direkte Verbindung zur Anlage her. Softwaredatenpunkte verarbeiten die ein- und ausgehenden Informationen und sind für alle internen Verknüpfungen zuständig. Sie bestimmen das Regelverhalten in Abhängigkeit von Regelalgorithmen, anlagenspezifischen Zeit- und Kalenderprogrammen, Kalkulationsdaten, Lastgrenzen, und anderem. Auch ein Softwaredatenpunkt zur Bestimmung von Sollwerten unter Einbeziehung aller Stör- und Verschiebegrößen (Außentemperatur, Wind, Sonne, ...) sowie ein selbstlernender Softwaredatenpunkt zur Berechnung der spätestmöglichen Ein- und frühestmöglichen Ausschaltzeiten von Anlagen in Abhängigkeit von Zeitprogrammen, Außen- und Raumtemperatur stehen zur Verfügung.

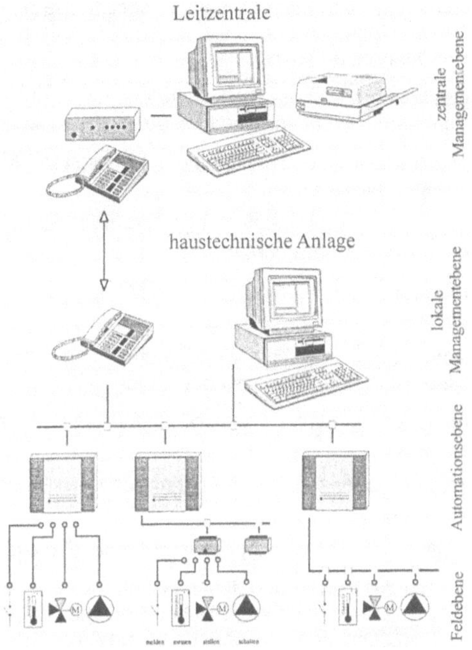

Abbildung 7-14: Struktur der Gebäudeleittechnik, Quelle: [Remscheid 1999]

Neben der anlagenspezifischen Hardware (DDC-Unterstationen) wird vor Ort und an zentraler Stelle im Hochbauamt weitere Kommunikations- und Bedienungshardware eingesetzt. Je nach Größe der Anlage steht dem Hausmeister eine Tasterbedieneinheit (Schaltkasten mit Tastern und Potentiometern) oder ein GLT-Terminal mit festgelegten Zugriffsrechten zur Verfügung. In der Serviceeinheit befinden sich mehrere Programmier- und Überwachungs-PC's, auf denen sämtliche Protokolle und Alarme auflaufen. Die Verbindung der Anlagen untereinander und mit der Zentrale erfolgt über normale Telefonmodems, d.h. eine Verbindung wird nur zu Protokoll- oder Alarmzwecken, bzw. auf Anforderung aufgebaut.

Zur Realisierung der umfangreichen Gebäudeleittechnik- und Energiemanagementfunktionen wird eine leistungsstarke Software mit der gemeinsamen Schnittstelle WINDOWS eingesetzt. Die Grundsoftware der örtlichen Bedienterminals ist WINDOWS 95 bzw. NT, bei der Zentraleinheit im Hochbauamt kommt noch MICROSOFT EXCEL zur Auswertung und Manipulation der Anlagendaten und MICROGRFX DRAW PLUS zur Erstellung von Anlagengrafiken hinzu.

Zur Erstellung aller leittechnischen Funktionen und zur Überwachung und Auswertung des gesamten Systems wird außerdem folgende Systemsoftware eingesetzt:

- Abfragesoftware zur Abrage von Datenpunkten und zur manuellen Schaltung und Verstellung von Datenpunkten
- Datenaufzeichnungsprogramme für anlagenspezifische Daten und Zählerwerte, zur Ermittlung der Gradtagszahl, sowie zur grafischen Aufzeichnung des zeitlichen Anlagenverhaltens
- Datenmanipulationsprogramme zur Auswertung oder zur Weiterverarbeitung der aufgezeichneten Informationen mit externen Programmen
- Optimierungsprogramme zur Ermittlung der günstigsten Ein- und Ausschaltzeiten von Anlagenteilen
- Lastabwurfprogramme zur Einhaltung vereinbarter Lastgrenzen, z.B. durch zyklische Nutzung von Verbrauchern
- Wartungsprogramme zur Überwachung und Meldung von Betriebszeiten und Wartungsintervallen
- Alarmprogramme zur Überwachung und Zustandsmeldung, sowie zur Weiterleitung kritischer Alarme an Handys oder Pager
- Textprogramme zur Protokollierung von Ereignissen und als Hilfestellung für das Bedienpersonal
- Übertragungsprogramme, u.a. zur Fernsteuerung von Bedieneinheiten über Telefon oder Handy
- Konvertierungsprogramme zur Anpassung fremder Protokollformate
- Grafikprogramme zur aktiven und dynamischen Darstellung von Anlagenübersichten und Schaltschemata, zur grafischen Bedienerführung und zur manuellen Änderung von Datenpunkten innerhalb von Anlagenübersichten und Schaltschemata
- Programmierwerkzeuge

Die hier aufgeführten Software der GLT ist auf einer Basissoftware des Herstellers aufgebaut, die allerdings vollkommen „leer“, dann entsprechend der jeweils eingesetzten Hardwarekomponente programmiert wurde. Mit ihr können sämtliche Anlagen unabhängig von der Herstellerfirma im Gebäudeleitsystem der Stadt Remscheid betrieben werden. Ein Versuch, die Grundlagen der Programmierung auf alle Mitarbeiter des „Technischen Gebäudemanagements“ zu übertragen scheiterte. In Remscheid bereitet dies allerdings kein Kopfzerbrechen, da es ausreicht, wenn einige Personen sich genau mit der Programmierung auskennen. „Wenn man so etwas aufgebaut hat, wird man auch dafür sorgen, das für die Zeit danach das Wissen weitergegeben wird.“, wie Klaus Dieter Brücher versicherte. Außer der Software zur Gewährleistung und Überwachung der Funktionalität der technischen Anlagen nutzen die Remscheider verschiedene Facility-Management-Tools, auf die in einem gesonderten Kapitel näher eingegangen werden soll.

Professionelle Software bietet nach Ansicht von Dipl.-Ing. Wolfgang Künz (Leiter des KEM in Remscheid) in der Regel nur begrenzte Möglichkeiten, da sich die Firmen ein enges Korsett anlegen lassen würden, wenn die Auftraggeber sagen könnten, wo es lang geht. Erst durch Zugeständnisse des Leittechnikherstellers an die Stadt Remscheid wurde es möglich, die eigenen Strategien umzusetzen. Um sich nicht von dieser Firma abhängig zu machen, ist man stets auch mit anderen Regelfabrikanten im Gespräch geblieben, und wäre somit jederzeit in der Lage, ein zweites System parallel aufzubauen und zu integrieren. Auch hier sieht man es in Remscheid als großen Vorteil an, dass die eigenen „Vollblutingenieure" wahrscheinlich sehr schnell eine beliebige andere Anlage beherrschen könnten. [Brücher 03.09.01]

Allerdings ist man froh, dass dieser Schritt bisher nicht nötig war, da ein homogenes System von einem Hersteller immer besser ist, als die Verwendung verschiedener Fabrikate. Jahrelang war es viel zu teuer, verschiedene Hard- und Software auf einer vernünftigen Managementebene zu verknüpfen. Auch wenn man in Remscheid zugesteht, dass das Münchner FND-Konzept mittlerweile einen guten Ansatz bietet, weist man darauf hin, dass immer noch eigenständige Leitzentralen benötigt werden, um alle Feinheiten eines Systems ausnutzen zu können. [Künz 03.09.01]

Umsetzung der Gebäudeautomation in Remscheid

Dadurch dass in Remscheid alle Bereiche der Verwaltung zusammengeführt wurden, die gebäudewirtschaftliche Leistungen erbringen, ist die Berücksichtigung der Gebäudeautomation (GA) bei jeder Sanierungs- und Instandhaltungsmaßnahme möglich. So werden beispielsweise bei Fenstererneuerungen standardmäßig Kontakte für Einzelraumregelung vorgesehen, auch wenn diese noch nicht realisiert werden kann. Vorgabe für alle an der Planung Beteiligten ist eine gemeinsame strategische Ausrichtung, die sicherstellt, dass sämtliche Regel- und Steuerfunktionen aus einer Hand kommen und somit später alle Anlagefunktionen zentral über die GA zur Verfügung stehen. Bei der Umsetzung der GA wird daher sehr darauf geachtet, Programme zu vereinheitlichen, sowie die Bezeichnung von Datenpunkten und Regelkreisen nach einem verbindlichen Schema zu strukturieren. Jeder Mitarbeiter soll sich in jedem Gebäude zurechtfinden.

Abweichend vom Contracting-Konzept als Projektvergabe an externe Anbieter, bzw. Betreiber, hält man es in Remscheid für unverzichtbar, zumindest die Bestandsaufnahme, die Entwicklung der Strategie und die Dokumentation der Projektabwicklung intern durchzuführen, um eine funktionsgerechte Eingliederung in ein gesamtkonzeptionelles Gebäude- und Energiemanagement zu ermöglichen und um nicht auf spätere, meist sehr teure Dienstleistungen angewiesen zu sein.

Als notwendige Funktionen einer Gebäudeleittechnik sieht man in Remscheid folgende Aspekte [Künz 03.09.01]:

- Softwareflexibilität, die weitestgehende Regelstrategien zulässt und durch den Bediener in weiten Bereichen programmier- und parametrierbar ist
- Zentrales Zeitplanmanagement
- Zentrales Störmanagement mit Aktivierung der Rufbereitschaft
- Historisierte Daten
- Hardwareflexibilität, Netzwerkfähigkeit lokal und regional ohne großen Aufwand

- Schnittstelle zur technischen Datenbank zur Erfassung von Betriebsstunden diverser Anlagenteile, um ein präventives Wartungsmanagement zu ermöglichen

Die technischen Datenbank zur Erfassung von Betriebsstunden liefert innerhalb der GA in Remscheid Laufzeiten von Anlagen, Informationen über deren Störanfälligkeit, sowie eine permanente Überwachung der Regelkreise, deren Informationen als Entscheidungshilfe und Planungsgrundlage für Wartungen und Erneuerungen dienen. Ein Problem ist die Pflege des Datenbestandes. Die Sachbearbeiter leisten zuviel Büroarbeit, so dass sie kaum noch in Ihren Gebäuden um die Probleme vor Ort kümmern können. Die Datenbank sollte diese Büroarbeit eigentlich reduzieren, aber da die Datenpflege noch nicht richtig eingespielt ist, scheint sie eher eine Mehrbelastung darzustellen. Einen positiven Effekt erwartet man in Remscheid für die regelmäßige präventive Wartung der GA, indem die Arbeit des ausschließlich hierfür eingestellten Ingenieurs durch die automatische Überwachung der Betriebsstunden in der Zukunft zunehmend effektiver organisiert werden soll. In diesem Bereich sind auch bisher schon beträchtliche finanzielle Einsparpotentiale ohne größeren Aufwand erschlossen worden. Gerade auf Grund der hohen Kosten externer Wartungsfirmen 61 € pro Arbeitsstunde wird erwartet, dass sich das Gehalt des eigenen Fachmanns mindestens amortisiert.

Aus Remscheider Sicht beschreibt die Kernaussage „Weniger ist mehr!“ kurz und unpräzise das Erfolgsgeheimnis zur Verwirklichung eines effektiven KEM. Das Rezept zur Umsetzung dieser Philosophie beinhaltet eine Reihe grundlegender Voraussetzungen:

- Fäden in der Hand halten, indem man z.B. sowohl die Bestandsaufnahme wie auch die Konzeptentwicklung in eigener Regie durchführt
- Einflussnahme auf die GA-Strategien, indem man zumindest an deren Entwicklung beteiligt ist
- Beschränkung auf absolut notwendige Funktionen, da zusätzliche Datenpunkte zu Kosten führen und die Beherrschbarkeit mindern [19]
- Softwarelösungen sind Hardwarelösungen vorzuziehen, da sie die Kosten entscheidend mindern. So ermöglicht beispielsweise ein Abgleich zwischen Soll- und Ist-Parametern die Überwachung der Handbedienebene.
- eine preiswerte Handbedienebene der Regelventile und diversen Schalter stellt den Notbetrieb bei Störung oder Ausfall sicher
- ein intensiver Umgang mit den Programmen führt zur Beherrschung aller Funktionen zur rationellen Anwendung

[19] Nötig ist dabei eine übersichtliche Anzahl von Hardware-Datenpunkten, wie Wolfgang Künz, Leiter des Energiemanagements in Remscheid, erklärte. Es gibt sicher Gebäude vergleichbarer Größe von Remscheider Gebäuden und einer vielfachen Anzahl von Hardware-Datenpunkten. „Man fühlt sich erst mal klein und rückständig wenn man das sieht, aber in Wirklichkeit ist es einfach nicht nötig ‚jedes Lämpchen im Schaltschrank' separat zu überwachen“. [Interview]

Die Remscheider Energiemanager weisen darauf hin, dass so viele Dienstleistungen wie möglich von der Verwaltung selbst erbracht werden sollten, wenn das technische Know-how vorhanden ist. Hierdurch werden nicht nur die Kosten erheblich gesenkt, sondern bereits in der Planungsphase eine Vertrautheit mit der Anlage entwickelt, die für eine spätere Optimierung, Nutzungsanpassung und evtl. Programmänderung sehr hilfreich ist.

Die Zukunft in Remscheid bleibt vernetzt. Die Anlagenintelligenz soll dabei auf die Ebene der Aktorik und Sensorik verlagert werden (z.B. intelligente Raumfühler, adressierbare Heizkörperantriebe), wobei es wünschenswert wäre, verschiedene Fabrikate z.B. über TCP/IP miteinander zu einer homogenen Anlage verbinden zu können. Allerdings glaubt man in Remscheid nicht recht daran, dass die Firmen sich soweit in die Karten schauen lassen, wie es dafür nötig wäre. Man rechnet damit, dass in frühestens 5 bis 10 Jahren die Elemente unterschiedlicher Hersteller problemlos zusammenarbeiten. Um für die dann kommenden neuen Systeme fit zu sein, wendet man in Remscheid auch hohe Kosten auf, um die Regelung auf die Einzelraumebene zu verlegen.

Bewertung der Maßnahmen – Übertragbarkeit auf andere Kommunen

Entscheidend für den Erfolg des Remscheider KEM ist sicherlich nicht nur die langjährige Auseinandersetzung mit dem Thema, sondern die frühzeitige Entwicklung einer durchdachten Philosophie. Bereits 1986 war der Einstieg in die GLT und der damit verbundene Ausbau technischen Know-hows beschlossene Sache. Mit dieser klaren Zielsetzung konnten Probleme konsequent angegangen werden, Strategien entwickelt und Lösungen gesucht werden. Seitdem hat sich zunehmend die Erkenntnis verfestigt, dass eine wesentliche Energieverbrauchsreduzierung nur erreicht werden kann, wenn der Betrieb der energieverbrauchenden Anlagen von zentraler Stelle aus überwacht, gesteuert und optimiert wird. So wurde neben dem frühzeitigen Einstieg die interne Kompetenz wesentlich für die erreichten Erfolge. Die in Remscheid entwickelte Strategie halten die Verantwortlichen ohne weiteres für übertragbar auf andere Kommunen. Auch die von der Stadt getätigten Programmierleistungen seien prinzipiell aus durch die Verwaltung selbst vornehmbar, wenn die Basissoftware erworben wurde. Für die Programmierung eines neuen Gebäudes benötigt ein geschulter Mitarbeiter auf dieser Grundlage etwa einen halben Tag, da lediglich vorhandene Leistungen aus anderen Gebäuden entsprechend an die neue Situation angepasst werden müssen. [Künz 03.09.01]

Der Austausch mit anderen Kommunen zeigt allerdings, dass das Remscheider Konzept selten direkt übertragbar ist. Kleine und mittlere Kommunen verfügen meist nicht über ausreichendes Personal zur kompletten Abwicklung der Gebäudeautomation, selbst wenn kompetentes Personal vorhanden ist, das die bestehenden Anlagen und die Anforderungen an deren Betrieb kennt. Gerade für kleinere Kommunen muss daher eine stärkere Einbeziehung Externer oder der Zusammenschluss mehrer Kommunen in Betracht gezogen werden.

Bei Projekten die extern durchgeführt werden müssen, sollte gemäß den Erfahrungen in Remscheid die Bestandsaufnahme und die Entwicklung der Strategie durch die Kommune erfolgen, da bei diesen Prozessschritten die Weichen für eine funktionsgerechte Eingliederung ins Gebäude- und Energiemanagement gestellt werden.

Auch sollte eine gemeinsame Inbetriebnahme mit Einweisung erfolgen, die eine spätere Optimierung, Nutzungsanpassung und evtl. Programmänderung ohne fremde Hilfe ermöglicht. Spätere Dienstleistungen sind in der Regel sehr teuer.

Um die Voraussetzungen für ein effektives KEM nach dem Remscheider Modell erfüllen zu können, hält es Klaus Dieter Brücher durchaus auch für sinnvoll technisch versiertes Personal einzustellen. Seiner Meinung nach rechtfertigen die Einsparmöglichkeiten die dadurch entstehende finanzielle Mehrbelastung. Häufig ist allerdings lediglich eine Personalverschiebung notwendig. So gab es in einigen Gebäuden der Stadt Remscheid technisches Personal, welches einzelne Anlagen betreute und damit nicht gerade überfordert war. Dieses (eigentlich kompetente) technische Personal, welches „verlernt hatte zu arbeiten", wurde mit viel Mühe geschult und wieder in die Verantwortung übernommen und bildet nun die Eingreiftruppe bei technischen Problemen. Darüber hinaus ist der Abteilungsleiter der „Technischen Gebäudeausrüstung und Energiewirtschaft" ist darüber hinaus sogar davon überzeugt, dass ohne technisch kompetentes Personal ein effektives Energiemanagement auf Dauer nicht zu realisieren ist.

Bei kleineren Kommunen sollte nach Ansicht von Klaus Dieter Brücher zumindest ein Mitarbeiter die gesamten technischen Anlagen betreuen und mit Sachverstand den Einsatz der GA koordinieren. Nur so lassen sich strategische Ziele umsetzen und eine gewisse Homogenität der Anlagen erreichen. Auch hält er es für vernünftig, wenn sich mehrere kleine Kommunen zusammenschließen, um ein KEM nach dem Remscheider Modell aufzubauen. Er betont, dass das Energiemanagement niemals ein Nebenjob sein sollte, da es dann bestimmt nicht auf Dauer funktionieren würde. Lohnt sich die Schaffung einer entsprechenden Stelle nicht, sei ein Zusammenschluss mehrerer Gemeinden immer besser.[20] Ebenso könnten die Energiesparagenturen aktiv werden und entsprechende Dienstleistungen anbieten. Der Remscheider Energiemanager ist darüber hinaus der Ansicht, dass das Energie- und Kostensparen stets mit den Investitionsentscheidungen in Personalunion organisiert werden sollte. [Künz 03.09.01]

Die Erfahrung hat den Verantwortlichen in Remscheid gezeigt, dass nur langfristig angelegte Strategien erfolgreich sind. In Zeiten knapper Kassen führen auch kleine Schritte zum Ziel. Auf die Frage nach den größten Hemmnisse bei Nachahmern war die klare Antwort: „Halbherzigkeit oder der Versuch auf biegen und brechen schnell zum Erfolg zu kommen".

7.7.6 Computer gestütztes Facility-Management

Der Ansatz ein Computer gestütztes Facility-Management-System (FM Software) für die Liegenschaften der Stadt Remscheid einzuführen, spiegelt auf der Ebene der Datenverarbeitung den Ansatz und die Organisationsstruktur des Energiemanagements wieder. Die Liegenschaften sollen zur rationellen und effektiven Bewirtschaf-

---

[20] Zur notwendigen Größe von Kommunen und Rahmenbedingungen verweist er auf Veröffentlichungen von AMEV und Difu.

tung von zentraler Stelle aus umfassend betreut, entsprechende Kompetenzen zur Bearbeitung aller energierelevanten Prozesse sollen gebündelt werden.

Die anfänglich getestete Akropolis-Software zur Verwaltung und Auswertung der Energieverbrauchsdaten erwies sich relativ schnell als ungeeignet, da sie nicht auf die Rahmenbedingungen und Bedürfnisse der Remscheider Gebäudebewirtschaftung zugeschnitten und wenig flexibel war. Um eine Kompatibilität mit der Gebäudeleittechnik zu gewährleisten, entschied man sich im folgenden für eine Software des GLT-Herstellers. Anfänglich war man mit den Möglichkeiten der Tools nicht sehr zufrieden, aber der Hersteller verbesserte das Produkt nach und nach aufgrund von Wünschen und Anregungen der Stadt Remscheid. Mittlerweile ist man sehr zufrieden mit dem Programm, da auch kein besseres bekannt ist. Die Software soll weiterhin vom Hersteller erweitert und verbessert werden, der sich von einem funktionierenden Produkt eine breite Auftragslage erhofft. Die Qualität des Programmpaketes ist auf einem Stand angelangt, der für den Einsatz in der Praxis eine Reihe von Arbeitserleichterungen und Optimierungen verspricht. So erledigt das System diverse Arbeitsschritte automatisch, die vorher manuell durchgeführt werden mussten, bzw. gar nicht durchgeführt wurden und sorgt für eine klare Struktur aller Informationen, Kompetenzen und Verantwortlichkeiten im Gebäudemanagement:

- Meldungsmanagement (Störungen, Betriebsmeldungen)
- Informationen werden von den Hausmeistern oder dem Stördienst via Telefon an den zuständigen Sachbearbeiter weitergegeben und von diesem in das System eingepflegt. Die Hausmeister haben keine eigene Möglichkeit in die Datenbank einzutragen und dies ist auch nicht vorgesehen. So sind klare Kompetenzen ohne Überschneidungen gewährleistet.
- Bündelung von objektbezogenen investiven Maßnahmen
- Ermöglicht vorausblickendes Planen indem nötige Maßnahmen mit bestimmter Priorität in das System eingespeist werden. Dadurch wird ein durch die Fachabteilung verursachter Investitionsstau vermieden. Die Maßnahmen müssen allerdings regelmäßig vom zuständigen Sachbearbeiter verfolgt und gegebenenfalls in ihrer Priorität angepasst werden.
- Anlageninformationen
  Ermöglichen eine Fabrikatsbewertung aufgrund der Anzahl der Störungen in einem bestimmten Zeitraum, Angaben über die Effektivität der Anlage, u.a. Momentan werden nur die Betriebsstunden automatisch vom GLT-System übernommen, die automatische Sammlung von Störmeldungen soll in nächster Zeit umgesetzt werden.
- Finanzbuchhaltung und Haushaltabbildung
- Das System ermöglicht die direkte Bewertung der Haushaltslage und stellt sowohl Methoden des kameralistischen Rechnungswesens als auch des Finanzcontrollings aus der Privatwirtschaft zur Verfügung. Dies kann insbesondere bei einer möglichen Umstellung von der bisher verwendeten kameralistischen Haushaltsführung zur doppelten Buchhaltung von Vorteil sein.
- Auftragsmanagement
  Die Vergabe von Aufträge an externe Dienstleister wird durch schnelle Preis-

vergleiche, vorhergehende Ausführungsergebnisse, Referenzen und ähnlichem vereinfacht.

Die FM-Software verknüpft also GLT-Datenerfassung, manuelle Datenerfassung, Informationen über den personellen, zeitlichen und finanziellen Aufwand, Anlageninformationen, kaufmännische Aspekt (Abrechnung) und historisierte Daten zu einem komplexen System, welches möglichst alle relevanten Informationen zur Verfügung stellt und eine einfache Weiterverarbeitung ermöglicht. Eine automatische Übernahme der Verbrauchsdaten vom Energieversorger wird in Zukunft realisiert werden, die bisher von den Hausmeistern durchgeführte Ablesung soll aber aus Motivationsgründen beibehalten werden (vgl. 7.7.7).

In Remscheid sieht man aber auch durchaus Probleme bei der Einführung eines umfassenden Computer gestützten Facility Management Systems. Dabei werden von technischer Seite keine ernsthaften Schwierigkeiten erwartet. Hemmnisse werden mehr unter psychologischen Gesichtspunkten bei der Integration in die kommunale Verwaltungsstruktur gesehen. Die eigenen Mitarbeiter haben Berührungsängste, von denen man aber hofft, dass sie sich mit der Zeit immer mehr abbauen werden. Es existierten Bedenken bei den Beschäftigten, dass Ihre Arbeit durch das FM-System überwachbar wird, da jeder Arbeitsschritt in das System eingegeben werden muss, um direkt die Kosten einer Maßnahme ermitteln zu können. Allerdings hat niemand außer dem Arbeitnehmer selbst die Möglichkeit spezielle personenbezogene Informationen zu erhalten. Die Software liefert lediglich gebäude- oder maßnahmenbezogene Auswertungen. Das mit Abstand größte Problem bei der Einführung eines Facility-Management-Systems sieht man in Remscheid im Datenerfassungsaufwand. Dieser ist nach internen Schätzungen 5 bis 10 mal so hoch wie die Anschaffungskosten. Dies bedeutet dass in Remscheid ca. 3 Personen 2 bis 3 Jahre beschäftigt wären, um die komplette Datenbasis zu erstellen. Daher beginnt man im Remscheider Gebäudemanagement mit relevanten Bereichen und baut den Datenbestand nach und nach weiter auf. [Brücher 03.09.01]

7.7.7 Kommunikation

„Mit der besten Technik kann man nichts bewegen, wenn es an Engagement der Beteiligten mangelt," betont Wolfgang Künz, Leiter des Energiemanagements in Remscheid. Daher wird in Remscheid großer Wert auf eine gute Kommunikation nicht nur innerhalb der Verwaltung, sondern auch in Richtung Entscheidungsträger einerseits und Gebäudenutzer andererseits gelegt.

Die Unterstützung aus der Politik hält er für unerlässlich für den Erfolg eines kommunalen Energiemanagements. Sie wirkte in Remscheid als Motor für die stetige Weiterentwicklung der Energiemanagementkonzepte. Daher wird auf die Kommunikation mit den politischen Entscheidungsträgern sehr viel Wert gelegt. In einem Arbeitskreis wirken interessierte und engagierte Mitglieder aller Fraktionen unabhängig von parteipolitischen Interessen und auch unabhängig von den Interessen der Stadtwerke, sehr effektiv zusammen. [Brücher 03.09.01]

Betrachtet man den Werdegang der Organisationsstruktur des Remscheider KEM zeigt sich, dass in zunehmendem Maße kurze bürokratische (und auch räumliche) Wege als entscheidendes Mittel eingesetzt werden, um eine gute Kommunikationsbasis innerhalb der Verwaltung zu ermöglichen. Weiterhin werden die Delegation von Verantwortung, die Transparenz der durchgeführten Maßnahmen und der Rückfluss der Ergebnisse als essentiell für eine effektive Kommunikation angesehen, die auch zur Motivation der Mitarbeiter beiträgt. Unterstützend soll hier das neue Gebäudeinformationssystem ansetzen, welches seit kurzem im Intra- und Internet verfügbar ist. Dieses System ermöglicht das Abrufen aller gebäudespezifischen Daten. In einem zweitem Schritt soll demnächst auch die Bearbeitung der Daten im Intranet/Internet durch allen Fachabteilungen der Stadt möglich sein, die mit den kommunalen Gebäuden zu tun haben.

Hausmeister

Beim Unterhalt eines Gebäudes ist der Hausmeister stets der erste Ansprechpartner vor Ort. Allerdings sieht man sie in Remscheid nicht, wie in anderen Kommunen, als Schlüsselpersonen im KEM, da es gute und schlechte Hausmeister gibt. Hausmeister bedürfen einer ganz intensiven Anleitung im Umgang mit der Technik. In Remscheid gibt man den Hausmeistern, die kompetent und motiviert sind alle Hebel in die Hand, um mit der Gebäudeautomation an ihrem Gebäude für eine Verbesserung zu sorgen, wobei trotzdem alle Vorgänge von der Zentrale überwacht werden. In den Fällen in denen die Resultate unbefriedigend sind, übernimmt die Leitzentrale die Aufgaben. Das komplette Zeitplanmanagement aller Gebäude wird zentral von einem Mitarbeiter durchgeführt. Auch die Störmeldungen wurden automatisiert und werden von der Zentrale bearbeitet. Dies wird aufgrund der in Remscheid gemachten Erfahrungen als effektiver bewertet, als wenn diese Aufgaben bei den Hausmeistern liegen. Für die Umsetzung dieser Philosophie ist es vor allem wichtig, dass in der Zentrale, im Energiemanagement „Fachleute sitzen, die wissen was sie tun. Wirklich wissen was sie tun!". [Brücher 03.09.01]

In Remscheid wird die manuelle Verbrauchsdatenerfassung durch die Hausmeister als ein Element angesehen deren Motivation zu steigern. Daher verzichtet man ganz bewusst auf eine automatisierte Zählerablesung. Durch die sog. „dynamische" Verbrauchskontrolle, d.h. Meldung und Rückmeldung, sowie Nachfrage bei Ausbleiben einer Meldung, entsteht den Hausmeistern ein Arbeitsaufwand von etwa einer halben Stunde monatlich. Das Konzept der manuell durchgeführten „dynamischen" Verbrauchskontrolle ist nach Ansicht der Remscheider Energiemanager extrem wichtig, um eine Identifizierung der Hausmeister mit ihrer Anlage zu erzeugen und diese somit zur verantwortungsvollen Betreuung zu motivieren. So begründen Hausmeister oft schon von allein am Telefon Abweichungen vom normalen Verbrauch, suchen also selbstständig nach den Ursachen. Ohne eine direkte Kontrolle würde die Datenerfassung nach den in Remscheid gemachten Erfahrungen nicht funktionieren. Die Verbrauchswerte müssen nicht nur erfragt, sondern auch ausgewertet und die Ergebnisse zurückgemeldet werden, da sonst das Desinteresse der Hausmeister schnell zunehmen würde. Diese äußern auch jetzt schon ihren Unmut darüber während der Schulferien zweimal im Monat die Zählerstände ablesen zu müssen. [Künz 03.09.01]

Nutzermotivation in Schulen

Um auch eine dauerhafte Verhaltensänderung der jungen Nutzer zu initiieren, wurde 1998 das pädagogische Projekt „Weniger ist mehr" zur Senkung des Energie- und

Wasserverbrauchs an Schulen ins Leben gerufen, sowie im Jahr 2000 die Aktion „Energiesparschwein“ zur spielerischen Auseinandersetzung mit dem Energie- und Wasserverbrauch an Kindertagesstätten von der Stadt Georgsmarienhütte übernommen. Auch wenn die meisten Projekte noch nicht abgeschlossen sind, lässt sich schon sagen, dass mit Hilfe eines finanziellen Anreizsystems beachtliche Erfolge erzielt werden konnten, die den doch relativ hohen personellen Aufwand rechtfertigen. Durch mehr Engagement und Einsicht ließen sich nach Meinung der Remscheider Gebäudemanager ohne weiteres bis zu 20% Energie sparen. [Remscheid 2000] Die Initiative zum Energiesparen geht allerdings oft nur von den Hausmeistern aus. Es gibt zwar vereinzelt pädagogisch sehr aktive Schulen, aber ohne die Einrichtung einer AG mit ein oder zwei engagierten, betreuenden Lehrern würde an den Schulen meist gar kein Lerneffekt erzielt. [Künz 03.09.01]

Dabei sollen die Motivationskampagnen nicht nur zu einer Bewusstseinsänderung im Umgang mit Energie beitragen sondern generell für einen verantwortungsvollen Umgang mit den materiellen Gütern der Schulen sensibilisieren. Ein Aspekt ist hier auch vereinzelt auftretender Vandalismus durch Schüler. Im Rahmen der Energiespar-Projekte werden die Reparaturkosten die durch Vandalismus entstehen den Schulen von ihren Prämien abgezogen. Dies soll in Zukunft zu verstärkter Einflussnahme der verantwortlichen Lehrer und Schulleiter führen.

Um den Schülern die Funktionsweise energietechnischer Anlagen näher zu bringen wird beispielsweise im Ernst-Moritz-Arndt-Gymnasium die solare Warmwasserbereitungs-Anlage, auf einem Display im Eingangsbereich der Schule grafisch dargestellt. Die Schüler und Lehrer haben hier die Möglichkeit die Wechselwirkungen zwischen den verschiedenen aktuellen Parametern (Sonne, Außentemperatur, Wassertemperatur, Kesseltemperatur, ...) beobachten zu können.

7.7.8 Vorliegendes Material

Geführte Interviews

[Brücher 03.09.01] Persönliches Interview mit Hr. Brücher; Abteilungsleiter Technische Gebäudeausrüstung und Energiewirtschaft der Stadt Remscheid

[Künz 03.09.01] Persönliches Interview mit Hr. Künz; Leiter des kommunalen Energiemanagements der Stadt Remscheid

[Deutermann 03.09.01] Persönliches Interview mit Hr. Deutermann; Mitarbeiter der Serviceeinheit Hochbau und Gebäudewirtschaft der Stadt Remscheid

[Künz 20.11.01] Telephonisches Interview mit Hr. Künz

Schriftliches Material

[Bley et al. 2001] Bley, Herbert/Brücher, Klaus-Dieter/Künz, Wolfgang: *Das Remscheider Modell- „Weniger ist mehr“*. Gebäudeautomation als integraler Bestandteil des technischen Gebäudemanagements. Artikel in BundesBauBlatt Nr.3 – März 2001, Seite 24 ff. Bundesministerium für Verkehr, Bau- und Wohnungswesen (Hg.). BAUVERLAG GmbH, Walluf. 2001

[BMP 1994] *RWE fördert Energiesparen in öffentlichen Gebäuden.* Artikel in der Bergischen Morgenpost vom 01.06.1994. RP Verlagsgesellschaft mbH, Düsseldorf. 1994

[BMP 1995] *780 000 Mark fürs Energiesparen.* Artikel in der Bergischen Morgenpost vom 01.06.1994. RP Verlagsgesellschaft mbH, Düsseldorf. 1994

Energiesparen mit Intelligenz – Gebäudeleittechnikeinsatz in Remscheid; Klaus-Dieter Brücher und Wolfgang Künz in:

[DIFU 1998] *Klimaschutz durch Energiemanagement.* Dokumentation des 3. Fachkongress der Kommunalen Energiebeauftragten in Saarbrücken am 24/25. Oktober 1997. Fischer, Annett/Kallen, Carlo (Hg.), DIFU - Umweltberatung für Kommunen, Berlin, Deutsches Institut für Urbanistik, 1998

[HR 1994] *Energiesparen zahlt sich aus!* Fallstudie am Beispiel der Stadt Remscheid. Haustechnische Rundschau, Sonderdruck. Krammer Verlag, Düsseldorf. März 1994

[Remscheid 1992] *Energiebericht 1992.* Zusammenfassung der Jahre 1980 bis 1991. Schriften der Stadt Remscheid Reihe 6, Heft 4. Hochbauamt, Abteilung Heizung, Lüftung, Sanitär, Energiewirtschaft (Hg.). Remscheid, Sep. 1992

[Remscheid 1995] *Energiebericht 1995.* Fortschreibung des Energieberichts `92. Schriften der Stadt Remscheid Reihe 6, Heft 6. Hochbauamt, Abteilung Technische Gebäudeausrüstung, Energiewirtschaft (Hg.). Remscheid, Juli 1995

[Remscheid 1998] Brücher, Klaus-Dieter/Künz, Wolfgang: *Energiesparen mit Intelligenz.* Gebäudeleittechnik in Remscheid. Veröffentlichung der Stadt Remscheid. Hochbau und Gebäudewirtschaft, Abteilung Technische Gebäudeausrüstung (Hg.). Remscheid, 1999

[Remscheid 1999] *Gebäudeleittechnik in Remscheid.* Entwicklung der Jahre 1986 bis 1998. Schriften der Stadt Remscheid Reihe 6, Heft 7. Hochbau und Gebäudewirtschaft, Abteilung Technische Gebäudeausrüstung, Energiewirtschaft (Hg.). Remscheid, Juli 1999

[Remscheid 2000] *Energiebericht 2000.* Fortschreibung der Energieberichte `92 und `95. Schriften der Stadt Remscheid Reihe 6, Heft 8. Hochbau und Gebäudewirtschaft, Abteilung Technische Gebäudeausrüstung, Energiewirtschaft (Hg.). Remscheid, Juli 2000

[Remscheid 2000b] *Solar – NaKlar!.* Gemeinsame Pressemitteilung des Ernst-Moritz-Arndt-Gymnasiums und der Serviceeinheit Hochbau und Gebäudewirtschaft der Stadt Remscheid. Remscheid, 24.10.2000

[Remscheid 2001] Brücher, Klaus-Dieter/Künz, Wolfgang: *Kommunales Energiemanagement als integraler Bestandteil des Gebäudemanagements der Stadt Remscheid.* Veröffentlichung der Stadt Remscheid. Gebäudemanagement, Abteilung Technische Gebäudeausrüstung, Energiewirtschaft (Hg.). Remscheid, 2001

[rga 1994] *Sparen durch Computer.* Artikel im Remscheider General-Anzeiger vom 23.02.1994, J.F. Ziegler KG Druckerei und Verlag, Remscheid. 1994

7.8 Schwabach

7.8.1 Allgemein

Schwabach hat etwa 40.000 Einwohner und liegt 30 km südlich von Nürnberg. Die Stadt Schwabach unterhält zur Zeit 41 Gebäude. Die jährlichen Ausgaben für Energie betragen etwa 800.000 €. In Abbildung 7-15 sind die Verbräuche und Kosten für das Jahr 1999 dargestellt.

Energieträger	Verbrauch	Kosten in €	in %
Strom	5.160 MWh	324.670	41
Gas	1.395.000 m^3	250.530	32
Fernwärme	5.000 MWh	214.740	27
Gesamt		789.940	100

Abbildung 7-15: Absolute und relative Energieverbräuche und Kosten aller kommunalen Liegenschaften der Stadt Schwabach aus dem Jahre 1999. Quelle: [Schwabach 2001a]

Zu den Verwaltungsaufgaben des Energiemanagements gehören auch die Bereiche Wasser und Abwasser. Hier fallen jährliche Kosten in Höhe von über 100.000 € an.

7.8.2 Zielsetzung, Schwerpunkte und Erfolge des KEM

Im September 1996 wurde innerhalb der Verwaltung der Stadt Schwabach damit begonnen, eine umfassende Rahmenplanung für den technischen Gebäudebetrieb der städtischen Liegenschaften zu erstellen. Als Vorarbeit war Ende 1995 begonnen worden, die Energiedaten der einzelnen Gebäude zu erfassen. Dies erfolgte über ein manuelles Listenrücklaufsystem, mit dem jedoch unbefriedigende Erfahrungen gemacht wurden (vgl. Abschnitt 7.8.6).

Der bauliche Zustand der Anlagen zur energetischen Versorgung war vor Einführung eines zentralen Energiemanagements teilweise sehr schlecht. Vielfach waren die Anlagen veraltet. Erneuerungen wurden nur vorgenommen, wenn eine Sanierung durch einen drohenden Ausfall der Anlage unvermeidbar geworden war. Zur Modernisierung der Anlagen wurden 1998 Energiesparcontractingverträge für drei Pools mit insgesamt 7 Gebäuden abgeschlossen. 1999 folgte ein weiterer Pool mit vier Gebäuden. Derzeit ist die Grobanalyse eines weiteren Gebäudepools bereits abgeschlossen, die städtische Kläranlage und ein weiteres Gebäude stehen kurz vor Abschluß eines Contracting-Vertrages (Stand März 2002).

Zielsetzung der Gemeinde war es, über das Contracting die nötigen Sanierungen der energietechnischen Anlagen zu finanzieren, um die Energieverbräuche und –kosten senken zu können. Gleichzeitig sollte Know-how zur energietechnischen Bewirtschaftung der eigenen Liegenschaften in die Kommune getragen werden. Langfristig soll das Energiemanagement in der Verwaltung bleiben. Um hierfür eine Basis zu schaffen, wurde ein computergestütztes Energiedaten-Management aufgebaut. Die Daten werden über die Gebäudeleittechnik der sanierten Liegenschaften sowie mit fernauslesbaren Verbrauchszählern der nicht ins Contracting einbezogenen, kleineren Liegenschaften erfasst. Dabei geht der in Schwabach verfolgte Ansatz für ein umfassendes Energiedatenmanagement weit über die Erfassung und Analyse von Energieverbrauchsdaten, wie sie im Rahmen des Energiecontrollings normalerweise betrieben wird, hinaus und integriert auch die Analyse von Tageslastgängen, Temperaturverläufen und Anlagenparametern. Mittlerweile werden über die installierten Systeme 90 % des Wärmeverbrauchs und 60% des Stromverbrauchs automatisch erfasst.

Über die Contracting-Projekte konnte eine Reduzierung des Energieverbrauchs (gegenüber dem Jahr 1996) um 1100 MWh erreicht werden. Im Mittel entspricht dies einer Energieeinsparung von 22% in den betreffenden Gebäuden. Bezogen auf alle Liegenschaften beträgt die Einsparung etwa 14 %. Die jährlichen Energiekosten konnten dadurch um 54.200 € reduziert werden. Davon kommen ca. 20.000 der Stadt schon jetzt (während der Laufzeit der Contracting-Verträge) als Haushaltsentlastung zugute. [Schwabach 2001]

7.8.3 Organisationsstruktur

Das Energiemanagement wird in Schwabach von einem Energiebeauftragten betreut, der zuerst im Umweltamt und seit Oktober 2001 in der stadteigenen Abfallwirtschafts GmbH angesiedelt ist. Der Energiebeauftragte hat eine halbe Stelle inne. Derzeit verwendet der Energiebeauftragte etwa die Hälfte seiner Arbeitszeit auf das kommunale Energiemanagement. In der verbleibenden Zeit werden allgemeine Arbeiten durchgeführt. Es werden unter anderem Beratungen für Bürger angeboten, Informationsmaterial erstellt und kommunal-intern energierelevante Informationen weitergegeben.

7.8.4 Finanzierungsstruktur

Zur Finanzierung der energietechnischen Modernisierungsmaßnahmen wurden mehrere Contracting-Verträge geschlossen. 1998 wurden dafür 6 Liegenschaften in 3 Pools zusammengefasst. Der größte Pool umfasst 4 Gebäude. Das getätigte Investitionsvolumen betrug 92.000 €. Im kleinsten Pool mit einer Liegenschaft (zwei Gebäudeteile) wurden 24.500 € investiert. Im August 1999 wurde ein weiterer Pool mit vier Liegenschaften und einem Investitionsvolumen von 197.400 € aufgelegt. Derzeit laufen Voruntersuchungen für die Kläranlage und den Baubetriebshof sowie einen weiteren Pool aus 5 Gebäuden. Durch das Zusammenfassen von mehreren Gebäuden in einem Pool, soll zum einen ein für den Investor interessantes Volumen erreicht werden. Andererseits soll das unternehmerische Risiko, das ja insbesondere durch die Einspargarantie gegeben ist, vermindert werden. Aus Sicht der Kommune soll durch das Poolmodell erreicht werden, dass kein „Rosinenpicken“ stattfindet und auch Gebäude, die für sich genommen für einen privaten Investor nicht interessant wären, mit in das Contracting-Projekt aufgenommen werden können.

Die Contracting-Verträge haben eine Laufzeit von 13 Jahren. Im Mittel wurde eine Einspargarantie von 22 % gegeben. Bis zur Höhe der Garantie erhält der Investor 100% der eingesparten Energiekosten. Von den Einsparungen, die über den garantierten Betrag hinausgehen, erhalten Stadt und Investor je ein Drittel. Über das verbleibende Drittel wird gemeinsam verfügt und es wird zur Nutzermotivation verwendet (s.u.).

Zusätzlich kommen in allen Contracting-Projekten die Stromeinsparungen durch optimierte Heizungsumwälzpumpen (bis zu 3% des Gesamtstromverbrauchs der Gebäude) vollständig der Stadt zugute.

Die Stadt hat aus eigenen Mitteln etwa 12.800 € in einen Leitrechner, einen Arbeitsplatzrechner sowie fernauslesbare Energieverbrauchszähler für 8 nicht im Contracting integrierte Gebäude investiert. Andererseits wurden in den ersten Jahren der Contracting-Projekte bereits Haushaltsentlastungen in ähnlichen Größenordnungen erzielt. Außerdem wurden Fördermittel für weitere Datenlogger sowie zur Durchführung der die Contracting-Projekte vorbereitenden Gebäudeanalysen eingeworben.

7.8.5 Modernisierung der energietechischen Anlagen mit Hilfe von Contracting in Gebäudepools

Vor Durchführung der Modernisierung der energietechnischen Anlagen im Rahmen des Contracting-Projektes waren insbesondere die Regelungen der Heizanlagen zum großen Teil veraltet und stellenweise defekt. Darüber hinaus bestand das Problem, dass Heizungsregler von fünf verschiedenen Herstellern aus jeweils mindestens drei verschiedenen Baujahren bzw. in unterschiedlichen Ausführungen installiert waren. Durch die so entstandene Gerätevielfalt war eine angepasste und energieoptimierte Feineinstellung der Anlagenparameter nicht zu gewährleisten. Hierfür notwendige Einzelschulungen der Hausmeister konnten wegen des hohen zeitlichen Aufwandes nicht durchgeführt werden. In den allermeisten Fällen wurden somit die Grundeinstellungen der Anlagen nach Inbetriebnahme belassen. Auch versehentliche Fehleinstellungen konnten häufig nicht erkannt oder korrigiert werden. Wegen ihrer Kompliziertheit wurden selbst die Zeitprogramme der Regelgeräte nicht immer der wechselnden Gebäudenutzung angepasst.

Bei den Gebäuden, die bisher in das Contracting-Verfahren eingeschlossen wurden, handelt es sich um sechs Schulen, eine Turnhalle, ein Hallenbad, die Feuerwehr und das Bürgerhaus. Gemeinsamkeit dieser z.T. sehr unterschiedlich genutzten Gebäude ist, dass es sich um relativ große Energieverbraucher handelt. Sie tragen zusammen mit 70% zu den Wärmekosten und 30% zu den Stromkosten der kommunalen Liegenschaften Schwabachs bei.

In allen Gebäuden, die im Rahmen des Contracting-Verfahrens modernisiert wurden, wurde die Heizungsregelung erneuert und optimiert sowie auf die Gebäudeleittechnik aufgeschaltet. Dabei handelt es sich bei den MSR-Anlagen und der Leitzentrale um Produkte des Contractors. Weiterhin sind in einzelnen Gebäuden neue Heizkessel oder Einzelraumregelungen installiert worden. In einer Turnhalle konnte durch neue Beleuchtung und Beleuchtungssteuerung eine Stromeinsparung von über 40% erzielt werden.

In sechs Gebäuden sind ausschließlich regeltechnische Erneuerungen und Optimierungen (Einbau oder Erneuerung von Heizkesselregelungen mit DDC-Reglern, Verkabelung, Installation von Feldgeräten sowie Aufschaltung auf die Gebäudeleittechnik) vorgenommen worden. Dadurch sind Heizenergieeinsparungen zwischen 9 und 22% realisiert worden, die somit eindeutig auf Optimierung der Anlagenparameter bestehender Heizungsanlagen zurückgeführt werden können.

Zwei weitere Gebäude mit relativ großem Energieverbrauch wurden nicht in das Contracting mit einbezogen, da hier DDC-Regler für die Heizanlagen vorhanden waren, die „zu gut zum Wegwerfen" waren [Baedeker 14.08.01]. Da es sich aber nicht um Fabrikate des Contractors handelt, konnten diese Gebäude nicht mit auf die Gebäudeleittechnik aufgeschaltet werden. Hier wurden Datenlogger (s.u.) zur Verbrauchsdaten- und reduzierten Temperaturerfassung installiert.

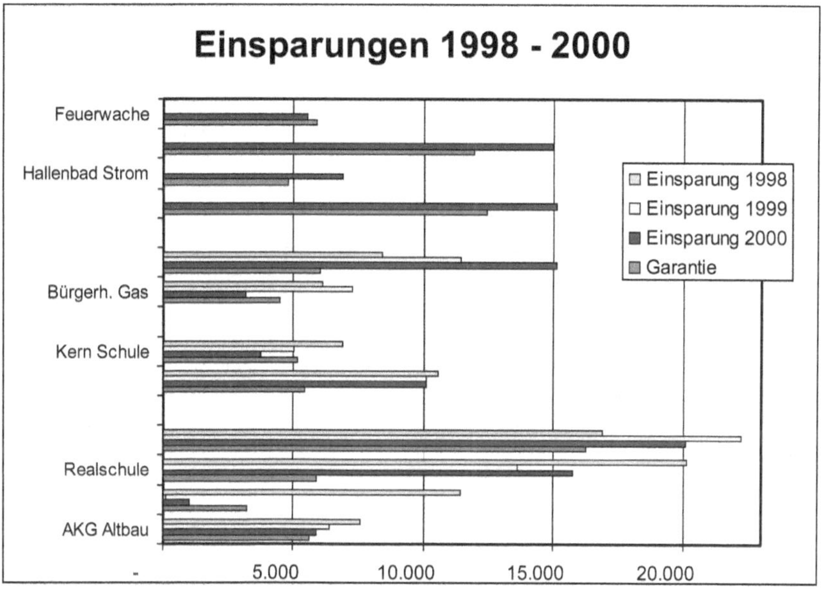

Abbildung 7-16: Erzielte Einsparungen in DM in den einzelnen Liegenschaften des Contracting-Projektes der Stadt Schwabach (witterungsbereinigt). Auffällig ist, dass bei vielen Liegenschaften die Einsparungen mit der Zeit rückläufig sind. Quelle: [Schwabach 2001a]

Betrachtet man die erzielten Einsparungen in den einzelnen Liegenschaften über die ersten drei Jahre hinweg (siehe Abbildung 7-16), so zeigt sich, dass bereits im zweiten bzw. dritten Jahr die Einsparungen im Heizungsbereich in vielen Fällen wieder abnehmen. Es ist zu beachten, dass es sich um witterungsbereinigte Werte handelt. Wettereinflüsse können also nicht als Erklärung für die gestiegenen Heizenergieverbräuche herangezogen werden.

Mittlerweile wurden in den betreffenden Liegenschaften Optimierungen an den Regelungsanlagen vorgenommen, so dass davon auszugehen ist, dass die Verbrauchswerte wieder sinken werden. Bemerkenswert ist, dass keine auffälligen Ereignisse (Anlagendefekte, Nutzungsänderungen, etc.) vorlagen, auf die die Verbrauchssteigerungen zurückzuführen wären. Eine Beurteilung, was genau zu den erhöhten Verbräuchen geführt hat, war somit bisher nicht möglich. Dies wird unter Umständen erst dann erfolgen, wenn die ergriffenen Optimierungsmaßnahmen langfristige Erfolge zeigen. Nach Aussagen des Energiebeauftragten kämen jedoch folgende Erklärungen in Frage:

- In manchen Fällen lagen offensichtlich Programmfehler in der Regelungstechnik vor, die sich erst nach einiger Zeit oder in bestimmten Situationen bemerkbar machten.
- Häufig sind die Programme zur Heizungssteuerung nicht von Anfang an optimal parametriert bzw. komplex genug, um wirklich zu gewährleisten, dass zu allen klimatischen Bedingungen die notwendigen Raumtemperaturen, bei minimalem Energieverbrauch erreicht werden. So kann es vorkommen, dass die Steuerungsparameter (Vorlauftemperatur, etc.) von Hand nachgeregelt werden müssen, wenn etwa an besonders kalten und windigen Tagen die gewünschte Temperatur nicht in allen Räumen erreicht wird. Wird die Regelung nicht zurückgesetzt, bzw. optimiert, wenn die Schlechtwetterperiode wieder vorbei ist, führt dies zu einem erhöhten Energieverbrauch.
- Bei Belegungs-/Nutzungsänderungen könnten Zeitprogramme in manchen Fällen nur um neue Nutzungszeiten erweitert worden sein. Wenn Belegungen wegfallen, fällt es nicht notwendiger Weise auf, dass Räume sinnlos beheizt werden.

Der Contractor vermutet, dass die Mehrverbräuche auf (teilweise temporäre) Nutzungsänderungen zurückzuführen sind, die nicht kommuniziert worden sind.

Der Effekt, dass sich der Energieverbrauch von Heizanlagen im Laufe der Zeit erhöht, wenn keine kontinuierliche Optimierung erfolgt, wurde auch in anderen Kommunen beobachtet. Es besteht grundsätzlich das strukturelle Problem, dass kalte Räume in der Regel sofort Reaktionen seitens der Nutzer hervorrufen. Das Heizen ungenutzter Räume bleibt jedoch häufig unbemerkt. Dem berechtigten und häufig massiv vorgetragenem Interesse der Nutzer, warme Räume zu haben, muss also ein institutionalisiertes Interesse, Energie zu sparen, gegenüber gestellt werden. Sonst werden Anpassungen nur in eine Richtung vorgenommen.

In Schwabach besteht zusätzlich die Situation, dass das Interesse des Contractors, die Anlagen im absoluten energetischen Optimum zu fahren, nur bedingt gegeben ist. Denn wird die Einspargarantie überschritten, so ist der Contractor an weiteren Einsparungen nur noch mit 33% beteiligt. Unter diesen Umständen könnte ein „relativ guter“ Betrieb der Anlagen für den Contractor sogar ökonomisch günstiger sein, als die Gewährleistung des energetischen Optimums, das zwar höhere Einsparungen erbringt, aber nur mit großem Wartungsaufwand erreicht werden kann. Im ersten Jahr wurden sehr gute Ergebnisse erzielt und die Einspargarantie weit überschritten. Die Tatsache dass die aufgetretenen Verbrauchssteigerungen erst relativ spät entdeckt wurden, könnte dadurch verursacht worden sein, dass wegen des bisherigen Erfolgs des Projektes der Betreuungsaufwand vom Contractor zu niedrig angesetzt worden ist.

Bezeichnend im Fall Schwabach ist jedoch, dass die Ursachen für die Verbrauchssteigerung schwer zu identifizieren und nicht eindeutig auf spezielle Ereignisse zurückzuführen sind. Das heißt aber insbesondere, dass sie ohne ein intensives Monitoring der Verbrauchswerte unter Umständen völlig unbeobachtet geblieben wären.

7.8.6 Energiecontrolling - Erfassung der Energieverbräuche

Manuelle Verbrauchsdatenerfassung

Vor Einführung des Energiemanagements in Schwabach lagen keine systematisch erfassten oder strukturiert ausgewerteten Energieverbrauchsdaten vor. Die einzig verfügbaren Daten waren die Abrechnungen der Energieversorger. Hierbei war jedoch bereits eine eindeutige Zuordnung von Energieverbräuchen zu Gebäuden (oder Gebäudeteilen) und Zeiträumen schwierig und aufwendig. Darüber hinaus wiesen die jährlichen oder monatlichen Ablesedaten Schwankungen zwischen 10 und 20 % auf, denen keine besonderen Ereignisse oder Nutzungsänderungen zugeordnet werden konnten.

Ende 1995 wurde daher ein manuelles Listenrücklaufsystem gestartet, bei dem die Hausmeister monatlich die Strom-, Gas- und Wasserverbräuche ablesen und an das Umweltamt zurücksenden sollten. Dort sollten die Daten nach Liegenschaften und Abrechnungszeiträumen getrennt in einem Rechner abgelegt werden. Mit diesem Verfahren entstanden jedoch folgende Schwierigkeiten [Schwabach 2001]:

- Je nach Engagement des Hausmeisters, aber oft auch unterbrochen durch Urlaubs- oder Krankheitszeiten, war das gewonnene Datenmaterial sehr lückenhaft. Wenn die anfängliche Motivation nach einer längeren Laufzeit gesunken ist, können die Daten sehr unzuverlässig werden. Es besteht die Gefahr, dass weniger engagierte Hausmeister „Phantasiedaten" eintragen oder großzügig interpolieren.

- Der Versuch, in möglichst regelmäßigen Abständen abzulesen, wird naturgemäß immer wieder durch Wochenenden unterbrochen. Zu bedenken ist hier, dass eine durch ein verlängertes Wochenende verschobene Ablesung um vielleicht drei Tage bereits eine monatliche Schwankung von 10% bedeutet. Besonders mit zunehmender Routine wird auch der Ablesezeitpunkt nicht immer genau mitgeteilt werden. Die Genauigkeit des Verfahrens liegt somit in der Größenordnung des Beobachtungsinteresses und ist daher grundsätzlich bedenklich.

- Der monatliche Aufwand, pro Liegenschaft mindestens drei Daten in entsprechende Tabellen einzutragen, erscheint spontan betrachtet gering, ist jedoch über viele Jahre Laufzeit tatsächlich sehr hoch. Zudem ergab sich in vielen Fällen die Notwendigkeit, telefonisch nachzufragen oder eine Ablesung anzumahnen.

- Häufig sind die monatlichen Werte wegen Havarien oder Sondernutzung (z. B. Ferien) untereinander nicht vergleichbar.

Zusammenfassend lässt sich sagen, dass manuelle Listensysteme folgende Nachteile aufweisen:

- Hoher Arbeitsaufwand
- große Fehleranfälligkeit
- geringe Datendichte

Gerade der letzte Punkt ist aus Sicht des Energiebeauftragten Schwabachs von besonderer Bedeutung. Manuelle Ablesungen seien bis kürzestens alle 14 Tage realistisch und vom Arbeitsaufwand zumutbar. Das Hauptproblem bestehe aber darin, selbst bei lückenlos aufgezeichneten, zum Beispiel monatlichen Verbrauchswerten, Konsequenzen abzuleiten. Durch ein solches Energiecontrolling sind zwar erhöhte Verbräuche zu identifizieren, die Gründe, die dazu führen, lassen sich aber dadurch nicht bestimmen und damit auch nicht beheben.

Nach Einschätzung des Energiebeauftragten sollte die Auswertung der Daten selbst bei relativ kleinen Städten mit nur wenigen Liegenschaften auf jeden Fall per Computer erfolgen, da sonst notwendige routinemäßige Bearbeitungs- und Analyseschritte der Energiedaten, wie etwa die Bereinigung mit Witterungsdaten und der Bezug auf Flächen oder Nutzung nur mit nicht vertretbarem Aufwand durchzuführen sind.

Datenlogger für kleinere Gebäude

Mittlerweile werden in Schwabach die kleineren Gebäude, die aus Kostengründen nicht an die Gebäudeleittechnik angeschlossen werden, mit sogenannten Datenloggern ausgestattet. Mit diesen Geräten werden die Verbräuche von Strom, Gas, Wasser und Fernwärme lokal erfasst, digitalisiert und per Modem an den Rechner des Energiebeauftragten übermittelt. Die Datenübertragung erfolgt nach Bedarf oder automatisiert einmal am Tag, in der Regel Nachts, wenn die Übertragung uneingeschränkt möglich ist. Die Kosten für die Datenlogger und die notwendige Verka belung betragen etwa je nach Montageaufwand ca. 800 € pro Gebäude. Es handelt sich damit um eine technisch relativ einfache und kostengünstige Variante der Fernauslese von Energieverbrauchsdaten.

Allerdings treten technische Probleme auf. In der Regel werden die Datenlogger auf die vorhandenen analogen Verbrauchszähler aufgesetzt. Es werden die ausgehenden Impulse gezählt und daraus die Zählerstände im Datenlogger digitalisiert nachgebildet. Hierbei kommt es häufig zu Ungenauigkeiten in der Erfassung der Impulse.

Die hauptsächliche Schwierigkeit aus Sicht des Energiebeauftragten besteht aber darin, dass die erreichbare Datendichte auch mit dieser Erfassung zu gering ist. Technisch bedingt werden gerade bei Gas relativ große Energiedurchlaufmengen in einem Zählimpuls erfasst. Insbesondere bei kleinen Liegenschaften führt dies dazu, dass die Anzahl der gemessenen Pulse mit drei oder weniger pro Stunde so gering wird, dass eine Analyse des Lastgangs nicht mehr möglich ist. Diese Form der Verbrauchsdatenanalyse ist also vor allem zur Erfassung von Tages- bzw. Wochenverbräuchen sinnvoll.

7.8.7 Integriertes Energiedatenmanagement zur technische Gebäudebewirtschaftung und zum Energiecontrolling

Ziel des Energiebeauftragten von Schwabach war und ist es, ein Energiemanagementsystem aufzubauen, mit dem sowohl eine effiziente technische Gebäudebewirtschaftung als auch ein detailliertes Energiecontrolling möglich ist.

Seiner Einschätzung nach ist bei den verschiedenen auf dem Markt verfügbaren Energiemanagement-, Leittechnik- oder Datenerfassungssystemen eine an zukünftigen Aufgaben der Gebäudewirtschaft orientierte Gesamtintegration der notwendigen Funktionen bisher nicht erreicht. Die Systeme bieten überwiegend entweder eine reine Datenerfassung ohne die Möglichkeit, Betriebszustände einer größeren Anlage differenziert zu analysieren, oder eine reine Fernwirk- beziehungsweise Leittechnik, die nicht für Datenerfassung ausgelegt und besonders in kleineren Gebäuden zu aufwendig ist.

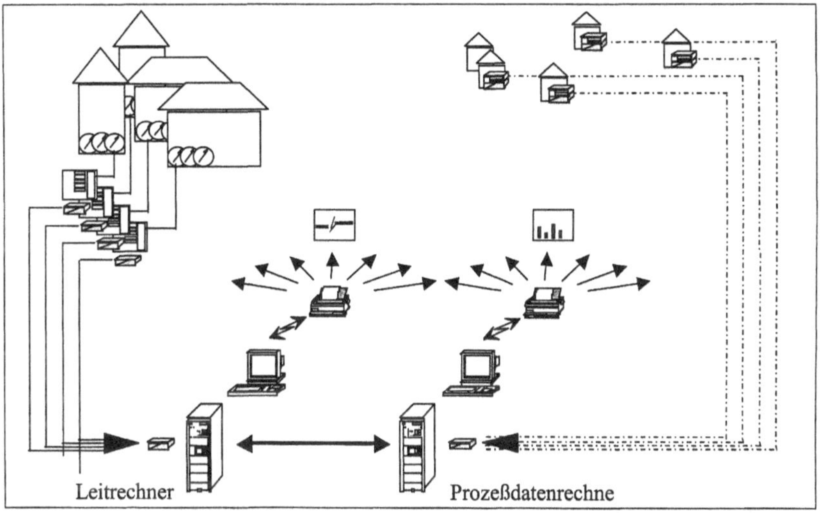

Abbildung 7-17: Schema des in Schwabach installierten Energiedatenmanagementsystems. Bisher handelt es sich um zwei physisch getrennte Systeme, die entweder auf Gebäude mit GLT (links) oder mit Datenloggern (rechts) zugreifen. (Quelle: Schwabacher Abfallwirtschafts GmbH)

Das in Schwabach verfolgte Konzept versucht beide Teilaufgaben - einmal die umfassenden Möglichkeiten einer modernen Gebäudeleittechnikanlage und gleichzeitig die Anbindung an ein einfaches Datenerfassungskonzept - zu vereinen. Allerdings ergibt sich in der praktischen Umsetzung auch hier das Problem, dass defacto zwei Systeme installiert werden mussten (Abbildung 7-17): Ein Leitrechner, der auf die Messdaten aus der Leittechnik zugreift sowie einen weiteren Prozessdatenrechner, über den die Daten der Datenlogger aufgenommen werden. Zusammengeführt werden die Messwerte in einer gemeinsamen Datenbank.

Aus den in Schwabach gemachten Erfahrungen wurden folgende Anforderung an eine Software zur Bearbeitung von Energieverbrauchsdaten formuliert [Schwabach 2001], [Baedeker 14.08.01]:

- Die routinemäßige Bearbeitung der Rohdaten muss:
    - die Witterungsbereinigung von Heizenergieverbräuchen,
    - die Berechnung von Energiekennwerten (pro Fläche, pro Nutzer, etc.)
    - und die Berechnung von Verbräuchen pro frei wählbarem Zeitintervall

  umfassen.
- Die Datenauswertung muss:
    - für einzelne Gebäude (Zeitverläufe, Situationsanalysen, ...),
    - zum Vergleich von Energiekennwerten verschiedener Gebäude und
    - für Zeitreihen von Gebäudegruppen (alle Schulen, alle Gebäude, ...)

  möglich sein.
- Eine automatisierte Darstellung muss möglich sein, als:
    - Graphische Darstellung und
    - Aufarbeitung für Energieberichte

Zur Integration einer Gebäudeleittechnik in ein Energiemanagementsystem mit oben formuliertem Anspruch, werden folgende Anforderung an eine moderne GLT gestellt:

- Automatische Archivierung ausgewählter Datenpunkte
- Automatische Monatsberichterstattung und Weiterleitung per Fax
- Anbindung an eine offene Datenbank
- Störmeldemanagement – Generierung eines Wartungskalenders

Dabei sollten die möglichen Zeitintervalle für Meßdaten im Minutenbereich liegen. Insbesondere gilt dies für Temperaturen (Heizkreise) und Regelzustände der Anlagen (Ventilstellungen etc.). Werden Lastgänge für Analysezwecke in 1 bis 10 Minuten-Intervallen abgetastet, lassen sich ohne Mühe alle Umschaltvorgänge nachvollziehen und eventuell unnötig oder fehlerhaft entstandene Verbräuche identifizieren. Dabei ist nach Erfahrungen des Energiebeauftragten die Vorlauftemperatur am aussagekräftigsten. Diese sollte von jedem Heizkreis separat erfasst werden können.

Mittlerweile werden von den Gebäuden, die auf die zentrale Gebäudeleittechnik aufgeschaltet wurden bzw. mit Datenloggern ausgerüstet worden sind, 90 % des Wärmeverbrauchs und 60% des Stromverbrauchs der öffentlichen Liegenschaften automatisch erfasst.

7.8.8 Kommunikation

Im Rahmen des Contracting-Vertrages sind 1/3 der Energieeinsparungen, die über dem garantierten Wert liegen, für Maßnahmen zur Nutzermotivation vorgesehen. Bisher wurden davon einmal im Jahr Weihnachtsfeiern für die Hausmeister finanziert.

Dort wurden u.a. die Einsparungen der einzelnen Gebäude vorgestellt und diskutiert. Die Hausmeister erhielten in Abhängigkeit der erzielten Einsparungen in ihrem Gebäude Mittel für kleine Anschaffungen zur Verfügung gestellt.

Der betreuende Mitarbeiter beim Contractor wertete die Idee als erfolgreich. Es gebe Überlegungen, das Konzept auch auf andere Contracting-Projekte zu übertragen, allerdings sei dabei immer die Zustimmung des jeweiligen Hochbauamtes erforderlich. Generell seien die Hausmeister „zentrale Figuren", die den Erfolg von Energiesparmaßnahmen entscheidend beeinflussen. Dies gilt auch für Gebäude, die über eine Gebäudeleittechnik betrieben werden und in denen der Hausmeister selbst keine eigene Leitwarte besitzt, sondern nur über Handeingriffmöglichkeiten für besondere Fälle auf die Anlage zugreifen kann [Ullmann 16.08.01].

Zur weiteren Motivationssteigerung ist es vorgesehen, zukünftig den Hausmeistern monatlich die Verbrauchsdatenauswertung (graphische Aufbereitung, Vergleich zu Vorjahreswerten, etc.) für ihre Gebäude zukommen zu lassen. Die Auswertungen sollen von der Controlling-Software automatisch erstellt und per Fax verschickt werden.

7.8.9 Bewertung der Maßnahmen – Übertragbarkeit auf andere Kommunen

Contracting – Bildung von Gebäudepools

Durch das Konzept der Poolbildung ergab sich die Möglichkeit, einen Großteil (gemessen am Anteil des Energieverbrauches) der öffentlichen Liegenschaften energietechnisch zu modernisieren. Dabei ist es für die Kleinstadt Schwabach entscheidend, dass eine Reihe von relativ kleinen Liegenschaften zusammengefasst werden konnten, um so das für ein Contracting-Projekt wirtschaftlich nötige Volumen zu erreichen. Aus Sicht des Contractors stellt die Poolbildung eine Risikominderung dar, die es erlaubt, realistische Garantien geben zu können, ohne allzu hohe Sicherheitsabschläge kalkulieren zu müssen. Allerdings reduziert sich hierdurch auch das Investorinteresse, in jedem einzelnen Gebäude maximale Einsparungen zu erreichen. Daher muss, bei Contracting-Projekten generell und Poolmodellen im speziellen, gewährleistet sein, dass der Contractor ein vitales Interesse an einer optimalen Energieführung hat. Wenn die zu erwartenden Einsparungen durch Optimierungen der Heizanlage zu gering sind, wird er nur wenig Arbeit auf Wartung und Betrieb der Anlagen verwenden. Neben dem notwendigen monetären Anreiz ist aber auch die Kooperation und Kommunikation zwischen Verwaltung und Contractor entscheidend.

Technologische Bewertung

In Schwabach wurden alle Contracting-Maßnahmen von der Firma durchgeführt, die auch Hersteller der verwendeten MSR-Anlagen und der Leittechnik ist. Der Energiebeauftragte schätzt den Gewinn durch ein Angebot aus einer Hand größer ein, als das Problem, dass sich die Kommune dadurch in Abhängigkeit zu einem Hersteller begibt und bei zukünftigen Modernisierungen oder Erweiterungen eine schlechte Verhandlungsbasis hat. Bei der Installation der GLT gab es durchaus technische Probleme, so dass der Energiebeauftragte die sicherlich aufwendigere Variante der Integration mehrerer Systeme in eine Leitzentrale (etwa über ein firmenneutrales Datenübertragungssystem → siehe Fallbeispiel München) generell als schwierig einschätzt. Weil alle neu modernisierten Gebäude mit MSR-Anlagen einer Baureihe ausgestattet wurden, ergibt sich zudem der Vorteil, dass sich der Schulungsbedarf für die Hausmeister verringert.

Aufbau eines Energiemanagements

Das Energiemanagement in Schwabach kann sich mittlerweile nicht nur auf ein umfassendes Controlling stützen, es stellt auch sicher, dass wesentliche strategische Entscheidungskompetenzen in der Verwaltung verbleiben. Im Rahmen der Contracting-Projekte wurden Modernisierungen durchgeführt, ohne den Verwaltungshaushalt mit Investitionen zu belasten. Außerdem wurde auf externes Know-How zugegriffen, das darüber hinaus in Form von Hausmeisterschulungen in die Kommune getragen worden ist. Mit der aufgebauten Leittechnik steht dem Energiebeauftragten ein Steuerungsinstrument zur Verfügung, das dieser unabhängig von den Aktivitäten des Contractors nutzen kann.

Die grundsätzliche Strategie des Energiebeauftragten der Stadt Schwabach ist es, eine umfassende und detaillierte Informationsbasis aller energierelevanten Daten der öffentlichen Liegenschaften zu schaffen. Der Aufbau eines manuellen Listenrücklaufsystems zur Energiedatenerfassung hatte sich in diesem Falle nicht bewährt. Die automatisierte Verbrauchsdatenfernauslese mit Datenloggern stellt demgegenüber eine deutliche Verbesserung dar. Für eine Detailanalyse zur Identifizierung von Einsparpotentialen ist jedoch eine höhere Informationsdichte (zeitliche Auflösung) notwendig. Diese ist über die Datenausgabe der Gebäudeleittechnik realisierbar über die dann auch auf eine Vielzahl von Anlagenparametern zugegriffen werden kann.

Erfolgsfaktoren

Da im Falle Schwabach, wie in vielen kleineren Kommunen, für wesentliche Aufgaben des Energiemanagements nur eine Person, der Energiebeauftragte, zuständig ist, liegt auch der Erfolg zum großen Teil in seinen Qualifikationen und seiner Persönlichkeit begründet. Der Energiebeauftragte von Schwabach hat den Aufbau des Energiemanagements zu seiner Aufgabe gemacht. Er verfolgt das Energiesparen mit Engagement und kommuniziert auch die Ergebnisse seiner Arbeit mit einem gewissen Enthusiasmus nach außen (etwa auf Tagungen und Informationsveranstaltungen für Energieberater).

Er ist als Ingenieur qualifiziert, Konzepte für technische Modernisierungen zu entwickeln, bzw. die Maßnahmen des Contractors ggf. auch kritisch zu begleiten und später fortzuführen. Dabei ist nicht eine besonders tiefe Detailkenntnis einzelner Energiesparoptionen entscheidend (diese wird ja gerade zum Teil vom Contractor eingekauft), sondern vielmehr ein generelles technisches Verständnis. Zur Durchführung der Analysen der Verbrauchsdaten und Anlageparameter braucht es nach der Selbsteinschätzung des Energiebeauftragten auch eine gewisse Begeisterung an der technischen Optimierung. Um langfristig die Potentiale der Leittechnik zu nutzen, muss der Verwaltungsmitarbeiter, der sie bedient, auch „Spaß“ daran haben, Analysen durchzuführen, Schwachstellen zu identifizieren und Verbesserungsvorschläge zu entwickeln.

Bei einem so umfangreichen Energiedatenmanagement, wie es in Schwabach durchgeführt wird, ist es von entscheidender Wichtigkeit, dass es nicht zum Selbstzweck vorgenommen, sondern zielgerichtet zur Identifikation von Schwachstellen eingesetzt wird. Sonst steigt gerade bei großen Datenmengen der Bearbeitungsaufwand sehr schnell an. In Schwabach zeigt das vom Energiebeauftragten geäußerte Credo: „Daten wegwerfen kostet mich nichts!", dass er nicht Gefahr läuft von der „Datenflut" überrollt zu werden, sondern die hochaufgelösten Messdaten sinnvoll zu nutzen weiß. Seine Strategie ist es, bei auftretenden Fehler immer ausreichend historische Daten zur Verfügung zu haben. Die Dimensionierung der eingesetzten Messtechnik orientierte sich (soweit dies wirtschaftlich vertretbar war) am Maximalbedarf der durchzuführenden Analyse. Dies stellt aus technischer Sicht einen Erfolgsfaktor dar, wenn die personellen Kapazitäten und Kompetenzen vorhanden sind, diese hochaufgelösten Messdaten auszuwerten.

Ein weiterer entscheidender Faktor für den Erfolg der Schwabacher Energiesparmaßnahmen ist das Zusammenspiel von Energiebeauftragten (beim Umweltamt) und dem Hochbauamt. Gemäß dem Energiebeauftragten existiert hier ein „Vertrauensverhältnis". Dies ermöglicht es, anstehende Sanierungsarbeiten effektiv und ohne große Reibungsverluste durchzuführen.

Weiterhin wichtig ist, dass sowohl der Energiebeauftragte, als auch Entscheidungsträger aus dem Hochbauamt und der Verwaltungsspitze hinter dem gewählten Contracting Modell stehen. Dass die Kooperation zwischen Contractor und Verwaltung von beiden Seiten als effektiv empfunden worden ist, fußt sicherlich zum großen Teil auf dieser Einstellung. Es bestanden keine persönlichen Bedenken, dass die Kompetenzen von Verwaltungsmitarbeitern durch das Contracting-Projekt eingeschränkt oder Stellen abgebaut werden. Eine notwendige Vorraussetzung hierfür war, dass das Contracting-Projekt in ein langfristiges Energiemanagementkonzept eingebettet wurde, bei dem ein Augenmerk darauf gelegt worden ist, die strategischen Entscheidungskompetenzen in der Verwaltung zu behalten.

Schließlich ist noch die gute Einbeziehung der Hausmeister von entscheidender Bedeutung. Im Fall Schwabach wird diese Erkenntnis sowohl vom Energiebeauftragten als auch Seitens des Contractors und des Hochbauamtes getragen. Durch diese gemeinsame Überzeugung war es möglich, Regelungen wie die Beteiligung der Hausmeister an den Einsparungen umzusetzen und so die Hausmeister für ein stärkeres Engagement für die Energiesparmaßnahmen zu motivieren.

Hemmnisse / Schwierigkeiten

Als größte Schwierigkeiten des Projektes sind sicherlich die starken Einbrüche bei den Energieeinsparungen mancher Gebäude im zweiten und dritten Jahr nach der Modernisierung zu werten. Die Ursachen hierfür sind bisher ungeklärt. Es stellt sich hieraus jedoch die Frage, wie ein Contractor in die Pflicht genommen werden kann, ein Controlling durchzuführen das solche Einbußen verhindert. Offensichtlich reichte in diesem Fall das häufig proklamierte „ureigenste Interesse" des Contractors an hohen Energieeinsparungen nicht aus. Dies bedeutet aber auch, dass die Vertragsgestaltung und somit die Festlegung des monetären Anreizes für den Contractor, von entscheidender Bedeutung ist, wenn es darum geht, nicht nur gute, sondern sehr gute Erfolge zu erzielen. In dieser Hinsicht kann sich das Poolkonzept auch hemmend auswirken. Die für den Contractor positive Risikominimierung verstärkt unter Umständen den Effekt, das nicht maximale Einsparungen erzielt werden, da schlechte Ergebnisse in einem Gebäude von Erfolgen in anderen wettgemacht werden. Prinzipiell kann dem natürlich durch vertragliche Regelungen, wie Garantiegrenzen für die einzelnen Gebäuden eines Pools begegnet werden.

Übertragbarkeit auf andere Kommunen

Das Beispiel Schwabach zeigt, dass es auch für eine relativ kleine Kommune möglich ist, ein langfristig tragfähiges Energiemanagement mit nur geringen eigenen Investitionen aufzubauen und dabei innerhalb weniger Jahre deutliche Einsparungen des Energieverbrauchs zu erreichen.

Das Konzept der Poolbildung zur Ausschreibung von Einspar-Contracting-Projekten hat sich in Schwabach bewährt und kann als Vorbild auch für andere kleinere Kommunen dienen. Diese haben dadurch die Möglichkeit, Finanzierung und Know-How für energetische Modernisierungen zu erhalten. Insbesondere kann somit ein eigenes EDV-gestütztes Energiecontrolling aufgebaut werden. Nach Aussagen des Energiebeauftragten von Schwabach genügen die Energieeinsparungen, die in einer kleinen Kommune mit 20 – 25 öffentlichen Gebäude zu erzielen sind, um einen Controllingrechner (+ Datenlogger, etc.) zu finanzieren [UBA 2000a]. Die Kommunen selbst müssen nur die Stelle des Energiebeauftragten schaffen. Das Beispiel Schwabach zeigt, dass bereits mit einer 50%-Stelle einiges zu erreichen ist, wenn hierfür eine qualifizierte und engagierte Person gefunden wird. Vorraussetzung ist allerdings auch eine gute Integration des Energiebeauftragten in die Verwaltung.

Die Einsparungen in Schwabach wurden neben der Installation von energiesparender Beleuchtungstechnik im wesentlichen durch eine regeltechnische Optimierung bestehender Heizungsanlagen, der Kontrolle der verwendeten Zeitprogramme und durch ein umfassendes Energiecontrolling mit Hilfe automatischer Datenerfassung und –übertragung sowie ein computergestütztes Datenmanagement erreicht. In der Konzeption des Schwabacher Energiemanagements steckt implizit das Leitbild des Controllings der energietechnischen Anlagen von einem zentralen Rechner aus, auf dem alle relevanten Daten auflaufen und über den auch Steuerungsbefehle absetzbar sind. Entscheidend für den Erfolg dieses Konzeptes ist nicht nur seine technische Umsetzung, sondern insbesondere auch, ob die Person, die das Energiemanagement betreut, dieses Leitbild teilt. Sie muss auf Grund ihrer Qualifikationen dazu fähig und auf Grund ihrer Persönlichkeit motiviert sein, eine entsprechende technologische Steuerungsfunktion einzunehmen. Nur dann kann das vorhandene Potential dieser technischen Lösungen zur Erschließung von Energiesparpotentialen optimal genutzt werden.

7.8.10 Zugrundeliegendes Material

Geführte Interviews

[Baedeker 27.06.01] Persönliches Interview mit Hr. Baedeker; Energiebeauftragter der Stadt Schwabach

[Baedeker 14.08.01] Telephonisches Interview mit Hr. Baedeker

[Ullmann 16.08.01] Telephonisches Interview mit Hr. Ullmann, Landis & Staefa, verantwortlicher Mitarbeiter für das Contracting Projekt Schwabach

[Baedeker 12.11.01] Telephonisches Interview mit Hr. Baedeker

Schriftliches Material

[Schwabach 2001] Baedeker, Harald: *Energiemanagement durch Performance Contracting*. Anforderungen an ein kommunales Leittechnikkonzept. Schwabach, Umweltschutzamt Schwabach, 2001

[Schwabach 2001a] Datenblätter über Energieverbräuche und –einsparungen der öffentlichen Liegenschaften der Stadt Schwabach, persönliche Mitteilung, Hr. Baedeker Stadt Schwabach, 15.08.01

Artikel „Energiemanagement durch Performance-Contracting", in

[DIFU 2000] *Kosten senken durch Energieeinsparung*. Dokumentation des 5. Fachkongress der Kommunalen Energiebeauftragten in Duisburg am 27. und 28. September 1999. Fischer, Annett (Hg.), Deutsches Institut für Urbanistik, DIFU - Umweltberatung für Kommunen, Berlin, Deutsches Institut für Urbanistik, 2000

Dokumentation der Folien zum Vortrag „Energiemanagement durch Performance-Contracting in Gebäudepols", Baedeker, Harald; in

[UBA 2000a] Tagungsunterlagen des Kongresses *Klimaschutz bei leeren Kassen – Energiesparcontracting in öffentlichen Einrichtungen*. Umweltbundesamt (Veranstalter), Berlin, 7 Dezember 2000

[Schwabach online] Homepage der Stadt Schwabach: http://www.schwabach.de/sa/umwelt.html

8 Schriftliche Umfrage

Ergänzend zu den Erhebungen in den sieben Fallstudien wurde ein Umfrage unter 71 deutschen Kommunen durchgeführt. Hierbei handelt es sich zum größten Teil um Kommunen, die bereits einige Erfahrungen im kommunalen Energiemanagement gemacht haben. Die Ergebnisse der Umfrage geben somit keinen repräsentativen Überblick des KEM in Deutschland wider, sondern charakterisieren vielmehr den „latest state of the art“. In der Umfrage wurden einerseits die Rahmenbedingungen der Kommunen (Größe, Ausgaben für Energie, Beschäftigte im KEM etc.) sowie die im KEM durchgeführten Maßnahmen und andererseits die gemachten Erfahrungen abgefragt. Zu letzterem wurde nach

- einer Bewertung von technologischen Maßnahmen,
- einer Beurteilung nicht-technologischer Hemmnisse und Probleme sowie
- Empfehlungen, die anderen Kommunen gegeben werden könnten,

gefragt. Diese Bewertungen und Empfehlungen erhalten ihr besonderes Gewicht dadurch, dass gezielt ein breites Spektrum von Kommunen mit langjährigen Erfahrungen im kommunalen Energiemanagement ausgewählt wurden.

8.1 Auswahl der Kommunen / Methodisches Vorgehen

Bei den 71 befragten kommunalen Körperschaften handelt es sich um Gemeinden, Städte und Landkreise. Der Einfachhalt halber wird im folgenden nur noch der Begriff „Kommune“ verwendet. Lediglich bei Aussagen, die sich direkt auf die Energiekosten beziehen, werden die Landkreise gesondert betrachtet. Dies wird jeweils im Text spezifiziert.

Den Kommunen wurde ein Fragebogen mit offenen und geschlossenen Fragen zum Themenkomplex KEM geschickt (siehe Anhang). Drei Wochen nach Versenden des Fragebogens wurde in den bisher unbeantworteten Fällen telephonisch nachgefragt. Insgesamt antworteten 44 Kommunen, darunter 39 Gemeinden bzw. Städte und 5 Landkreise. Dies entspricht einer Rücklaufquote von über 60%.

Es handelt sich bei den angeschriebenen Kommunen um zwei Gruppen. Im Dezember 2001 wurden Fragebögen an 17 Kommunen verschickt, die an einem Treffen der Energiebeauftragten der Energieagentur Schleswig-Holstein teilgenommen hatten. Ein im Umfang etwas reduzierter Fragebogen wurde an 54 weitere Kommunen im ganzen Bundesgebiet verschickt. Dieser ging an all diejenigen Kommunen, von denen Informationen im Rahmen des Forschungsprojektes ausgewertet worden waren (ohne die Kommunen der Fallstudien). In beiden Fällen handelt es sich also um Kommunen, die überdurchschnittliche Aktivitäten im kommunalen Energiemanagement zeigen. Somit spiegeln die Ergebnisse der Umfrage die Erfahrungen derjenigen Kommunen wider, die sich Energiemanagement bereits als zentrale kommunale Aufgabe gesetzt haben.

8.2 Kennziffern und Maßnahmen

Bei den 44 Kommunen, die den Fragebogen beantwortet haben, handelt es sich um 21 Kommunen mit weniger als 50.000 Einwohnern, 18 mit 50.000 bis 300.000 Einwohnern und 5 mit über 300.000 Einwohnern.

Energiekosten

Durchschnittlich verbrauchen die befragten Kommunen für die Bewirtschaftung ihrer Liegenschaften Energie im Wert von 28 € pro Einwohner und Jahr. Die Spanne reicht dabei von 3 € bis zu 51 € pro Einwohner und Jahr. Für 80% der Befragten liegt sie zwischen 16 € und 41 €. Wie in Abbildung 8-1 ersichtlich findet sich keine eindeutige Korrelation zwischen relativem Energieverbrauch und Größe der Kommunen. Es fällt jedoch auf, dass die fünf großen Städte mit über 300.000 Einwohnern alle überdurchschnittlich hohe Energiekosten haben. Dagegen liegen alle Landkreise unter dem Durchschnitt. Sie betreuen allerdings auch im Verhältnis zur Einwohnerzahl deutlich weniger Liegenschaften.

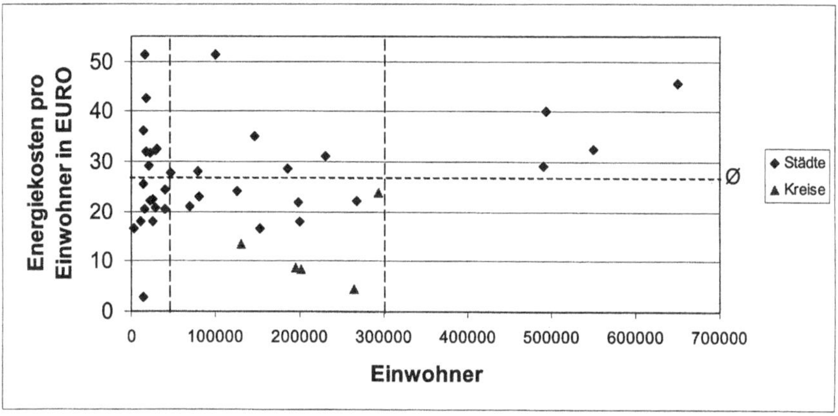

Abbildung 8-1: Energiekosten pro Einwohner von 40 der befragten Kommunen

Weiterhin wurde abgefragt, wie lange schon ein Energiemanagement durchgeführt wird. Erstaunlicherweise gibt hier keine Korrelation zwischen der Höhe des Energieverbrauchs und der Länge der Erfahrung der Kommunen mit Energiemanagement (Abbildung 8-2). Die Erwartung, dass die Kommunen mit langer Erfahrung einen geringeren Pro-Kopf-Energieverbrauch haben sollten, bestätigt sich nicht. Betrachtet man jedoch die Streuung der Energiekosten, so zeigt sich, dass diese ein Vielfaches der zu erwartenden Effekte durch Energiesparmaßnahmen beträgt, welche in der Größenordnung von 30% liegen sollte. Somit muss es andere Faktoren geben, die größeren Einfluss auf die Verbrauchszahlen haben. Eine mögliche Erklärung wäre, dass die unterschiedliche Ausstattung mit Liegenschaften stärker ins Gewicht fällt als die im Energiemanagement erzielten Einsparungen. Gerade bei kleinen Kommunen kann das zufällige Vorhanden- oder Nichtvorhandensein von Großverbrauchern, wie etwa Spaßbädern oder Theatern, die Verbrauchsstatistik dominieren.

Andererseits lässt sich aus den gegebenen Antworten bereits ersehen, dass der Begriff Energiemanagement nicht scharf definiert ist und nicht alle Energiebeauftragten dasselbe darunter verstehen. Somit können die angegebenen Zeiten die Aufnahme sehr unterschiedlicher Aktivitäten beschreiben. Die Antworten variierten von Angaben mit exaktem Datum über „Seit 1923 - intensiv seit ca. 1960“ bis hin zu „Echtes Energiemanagement findet bisher nicht statt“. Um hier Klarheit zu schaffen, müsste der Begriff Energiemanagement an bestimmte überprüfbare Kriterien, wie etwa durchgeführte Maßnahmen, gekoppelt werden. Hier besteht allerdings die Schwierigkeit, dass den sehr unterschiedlichen strategischen Ansätze der einzelnen Kommunen Rechnung getragen werden muss.

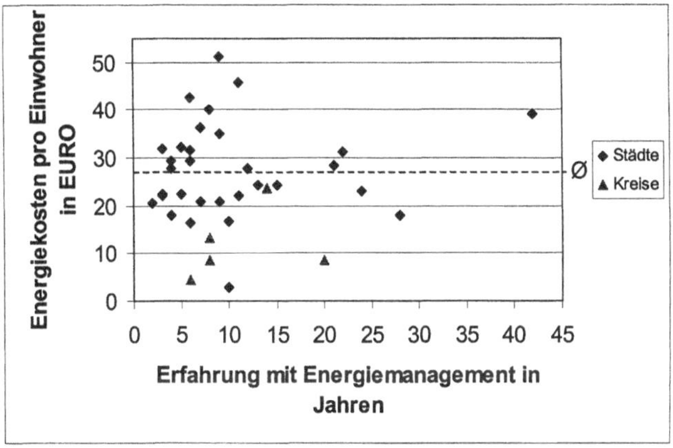

Abbildung 8-2: Einfluss der Erfahrung mit Energiemanagement auf die Energiekosten (35 Kommunen)

Personalausstattung

Bei der Auswertung der Personalausstattung zeigt sich, dass ein Großteil der Kommunen weniger als eine viertel Stelle pro 1Mio. € Energiekosten/Jahr für das Energiemanagement einsetzt (Abbildung 8-3).

Vergleicht man die Anzahl der tatsächlich eingesetzten Energiemanager mit den Empfehlungen des Deutschen Städtetages (Balken in Abbildung 8-4), so zeigt sich, dass die meisten Kommunen deutlich weniger Personal für das kommunale Energiemanagement einsetzen, als vom Deutschen Städtetag empfohlen (vgl. [Kallen, Lottermoser 1998]). Die Empfehlungen des Arbeitskreises „Energieeinsparung“ beim Deutschen Städtetag orientieren sich an der Wirtschaftlichkeitsgrenze: Bis zu dieser Personalausstattung sind die Personalkosten durch die Energieeinsparungen der umgesetzten Maßnahmen erwirtschaftbar. Die Tatsache, dass die meisten Kommunen weit unter dieser Grenze liegen, bedeutet, dass sie weder das ökologische noch das ökonomische Potential von Energiesparmaßnahmen ausschöpfen.

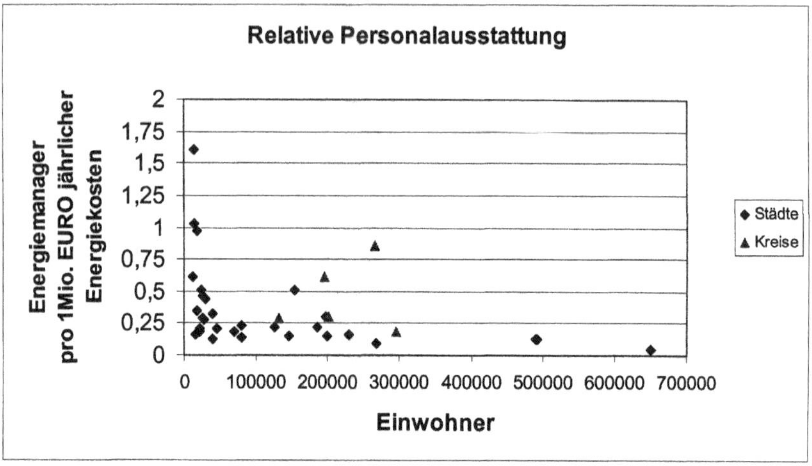

Abbildung 8-3: *Abhängigkeit der Personalausstattung von der Einwohnerzahl (Angaben von 35 Kommunen)*

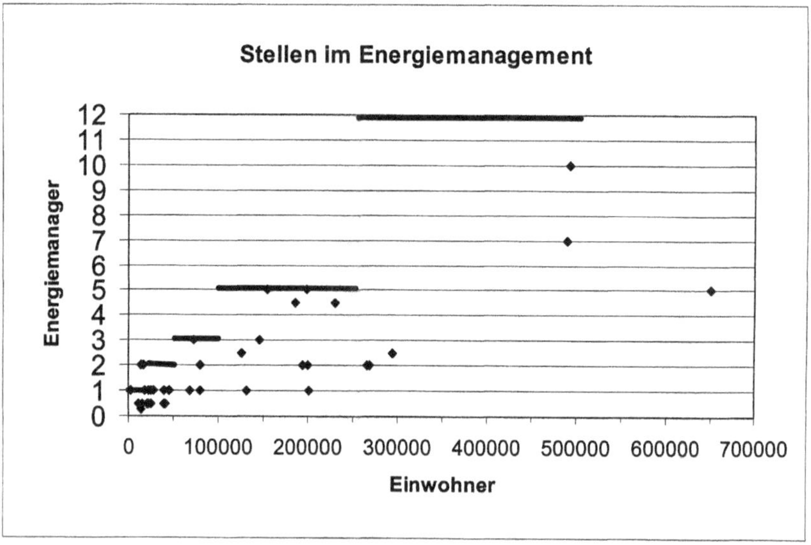

Abbildung 8-4: *Anzahl der Stellen im Energiemanagement der 39 befragten Städte und Gemeinden. Zum Vergleich (Balken): Personalbedarf für energiewirtschaftliche Planung und Energiedienst gemäß den Empfehlungen des Deutschen Städtetages*

Durchgeführte Maßnahmen und eingesetzte Technologien

In einer geschlossenen Frage wurde ermittelt, welche technologischen Mittel die Kommunen beim Energiemanagement in welchem Umfang einsetzen. Vorgegeben waren 6 Rubriken, für die jeweils angegeben werden sollte ob sie "für alle Liegenschaften", "für manche Liegenschaften" oder für "keine Liegenschaft" zum Einsatz kommen.

Wie in Abbildung 8-5 dargestellt, ist die systematische Verbrauchsdatenanalyse die Maßnahme, die von allen befragten Kommunen durchgeführt wird. In 75% der Fälle wird dies für sämtliche Liegenschaften getan. Hierbei ist jedoch nicht weiter bestimmbar, was die Antwortenden unter systematischer Verbrauchserfassung verstehen. Die zweite Maßnahme, die in einem Teil der Kommunen für alle Liegenschaften durchgeführt wird, ist die „EDV-gestützte Verbrauchsdatenanalyse" (60%). Bemerkenswert ist, dass bei ca. 10% keine EDV-gestützte Verbrauchsdatenerfassung zum Einsatz kommt, obwohl eine systematische Verbrauchsdatenanalyse durchgeführt wird.

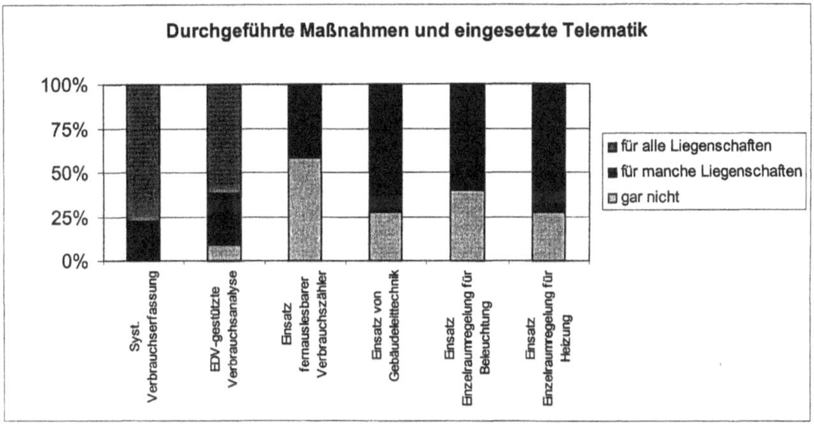

Abbildung 8-5: Antworten auf die Originalfrage: Welche Maßnahmen werden bei Ihnen im Rahmen des Energiemanagements durchgeführt?

Die übrigen Maßnahmen werden immer nur für ausgewählte Liegenschaften durchgeführt. Relativ weit verbreitet sind offenbar der Einsatz von Gebäudeleittechnik sowie von Einzelraumregelungen für Heizung (jeweils 72%) und der Einsatz von Einzelraumregelungen für Beleuchtung (59%). Weniger verbreitet ist dagegen der Einsatz von fernauslesbaren Verbrauchszählern (41%). Die weitere Analyse der Daten ergibt, dass 39% der Befragten sowohl fernauslesbare Zähler als auch Gebäudeleittechnik einsetzen, und dass 27% der Kommunen alle aufgeführten Maßnahmen durchführen.

Um sehen zu können, ob der Einsatz der Technologien von der Größe der Kommunen beeinflusst wird, wurden die untersuchten Kommunen in drei Größenklassen eingeteilt: „klein" = weniger als 50.000 Einwohner, „mittel" = zwischen 50.000 und 300.000 Einwohner und „groß" = mehr als 300.000 Einwohner. Beim Einsatz von fernauslesbaren Zählern ergibt sich hierbei eine leichte Tendenz für die Zunahme des Einsatzes mit der Größe der Kommune (siehe Abbildung 8-6).

Noch deutlicher fällt diese Tendenz beim Einsatz von Gebäudeleittechnik aus (siehe Abbildung 8-7). Während 50% der kleinen Kommunen Gebäudeleittechnik einsetzen, sind es bei den mittleren und großen Kommunen 90% - 100%.

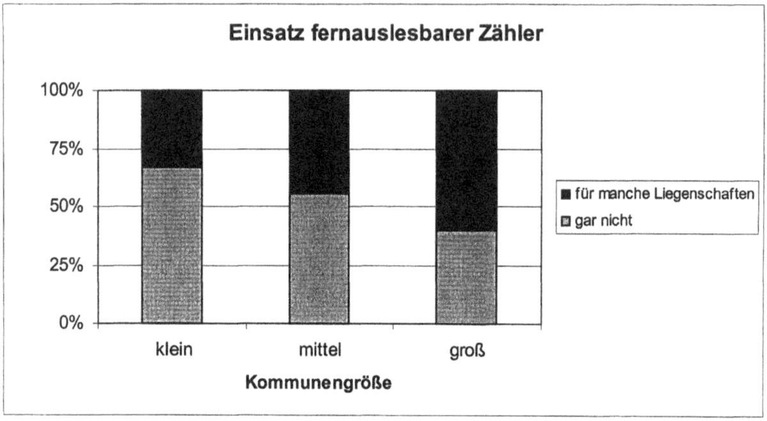

Abbildung 8-6: Abhängigkeit des Einsatzes fernauslesbarer Zähler von der Kommunengröße

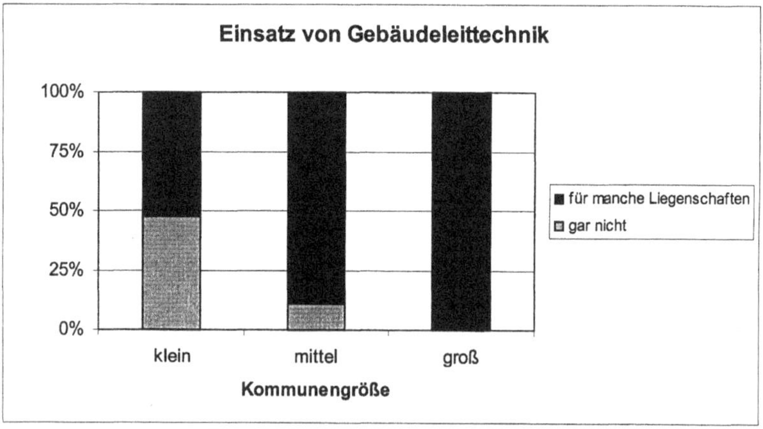

Abbildung 8-7: Abhängigkeit des Einsatzes von Gebäudeleittechnik von der Kommunengröße

8.3 Erfahrungen und Empfehlungen

Einschätzung der technologischen Erfolgsfaktoren

Die Antwortgebenden sollten 6 verschiedene, vorgegebene technologische Erfolgsfaktoren in ihrer Wichtigkeit einschätzen. Die Ergebnisse sind in Abbildung 8-8 dargestellt.

Große Einigkeit besteht bei der systematischen Verbrauchserfassung. Sie wurde von allen Antwortenden als sehr wichtig eingestuft. In allen anderen Bereichen gehen die Auffassungen sehr stark auseinander. Hier reicht das Spektrum der Antworten jeweils von unwichtig (1) bis sehr wichtig (5).

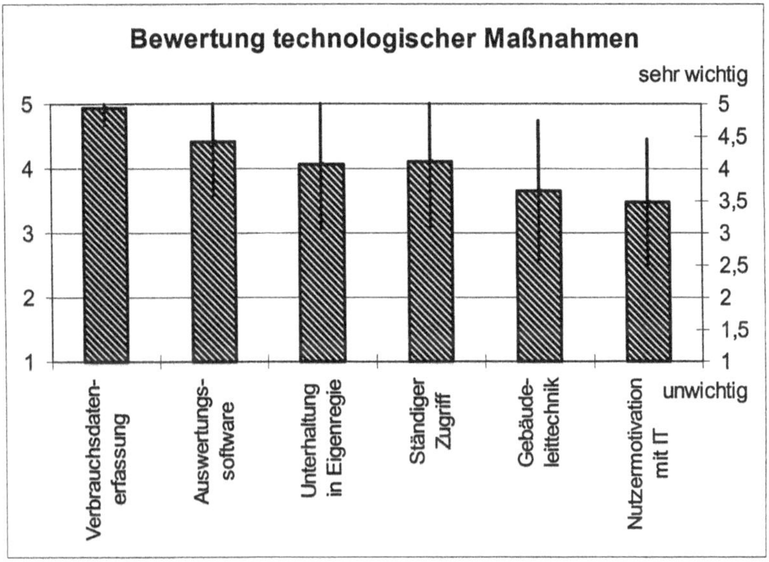

Abbildung 8-8: „Für wie wichtig halten Sie die folgenden Erfolgsfaktoren auf technologischer Ebene?" Mittelwert der Antworten und Standardabweichung.

Im Mittel als sehr wichtig eingeschätzt wird die Verwendung von Software zur Verbrauchsdatenanalyse. Die technische Unterhaltung der Gebäude in Eigenregie und die Möglichkeit, ständig auf die energierelevanten Informationen zugreifen zu können, wird von der Mehrheit der Antwortenden als wichtig erachtet. Der Einsatz von Gebäudeleittechnik und von Informationstechnologien zur Nutzermotivation wird dagegen mehrheitlich nur als mittel wichtig beurteilt.

Gewünschte technologische Unterstützung

Zur offenen Frage „Welche technologische Unterstützung würden Sie sich wünschen?" wurden insgesamt 27 Antworten abgegeben. Dabei zielten 14 Beiträge auf Technologien ab, die im Prinzip verfügbar sind und deren Einsatz sich die Energiebeauftragten in ihrer Kommune wünschen würden. Sieben Beiträge zielten auf technologische Verbesserungs- oder Neuentwicklungswünsche ab. Fünf Beiträge gingen in Richtung einer generellen Unterstützung (unabhängige und kompetente Beratung durch den deutschen Städtetag oder ökologisch motivierte Planungsbüros, Fördermittelprogramme oder die Vergabe eines Qualitätsstandards).

An vorderster Stelle steht der Wunsch nach Vereinfachung der Verbrauchsdatenerfassung (8 Nennungen). Hier standen die Einführung fernauslesbarer Verbrauchszähler (4 Nennungen) und die Onlinevernetzung mit dem Energieversorger (2 Nennungen) im Vordergrund. Zweiter wichtiger Punkt war der Ausbau der Gebäudeleittechnik zur energietechnischen Bewirtschaftung der Gebäude (5 Nennungen). Hier wurde der Wunsch konstatiert, sowohl eine größere Anzahl von Liegenschaften mit GLT auszurüsten als auch die funktionellen Anwendungsbereiche zu erweitern.

Als technologische Verbesserungswünsche wurde vor allem eine bedarfsgerechte und nutzerfreundliche KEM-Software für das Energiecontrolling gefordert. Als weitere wichtige Punkte wurden die Vereinheitlichung bzw. Normung von Bussystemen und Datenprotokollen sowie die Kompatibilität von verschiedenen Fabrikaten genannt.

Probleme und Hemmnisse für die Planung und Umsetzung von KEM

Vorgegeben waren bei dieser Frage acht Problembereiche, die bei der Planung und der Umsetzung von KEM betroffen sein können. Die Befragten sollten einschätzen, in welchem Umfang der jeweilige Problembereich aus ihrer Sicht ein Hindernis darstellt. Zusätzlich konnten in einem offenen Teil weitere Faktoren benannt werden.

Abbildung 8-9 zeigt die Ergebnisse des geschlossenen Fragenteils. Hiernach werden als größte Hindernisse die schlechte Ausstattung mit Finanzen und Personal wahrgenommen. Als mittelmäßig problematisch werden mangelnde Motivation, unzureichende Vollzugskontrolle, fehlendes Fachwissen, unzureichende Kooperation und die mangelnde Unterstützung seitens der Politik angesehen. Schwierigkeiten auf der persönlichen Ebene wird mehrheitlich eine untergeordnete Rolle zugeschrieben. Auch bei dieser Frage sind die Antworten sehr unterschiedlich verteilt. Zu jedem Problempunkt finden sich Zustimmungen wie auch Ablehnungen.

Zusätzlich konnten von den Befragten weitere Hemmnisfaktoren genannt werden. Diese (häufig positiv als Erfolgsfaktoren formulierten) Faktoren lassen sich alle bis auf eine Aussage den fünf Bereichen zuordnen, die im quantitativen Teil als eher mittelmäßig problematisch eingestuft wurden. Am häufigsten wurden Aspekte der organisatorischen Einbindung des Energiemanagements in die Verwaltung genannt. Neben der festen Einbindung in existierende Verwaltungsabläufe und die Ausstattung des Energiebeauftragten mit ausreichend Kompetenzen wurde besonders die Unterstützung des Energiemanagements durch die Verwaltungsspitze oder einen Ratsbeschluss als Erfolgsfaktor hervorgehoben. Außerdem wurden Motivationsaspekte als wichtig angesehen. Dabei wurde mangelnder Kooperationswille sowohl bei den Nutzern als auch bei Mitarbeitern der Verwaltung, Lehrern und Schuldirektoren beklagt. Hier wurden vertrauensbildende Maßnahmen, regelmäßige Arbeitstreffen und eine offenere Kommunikation gefordert.

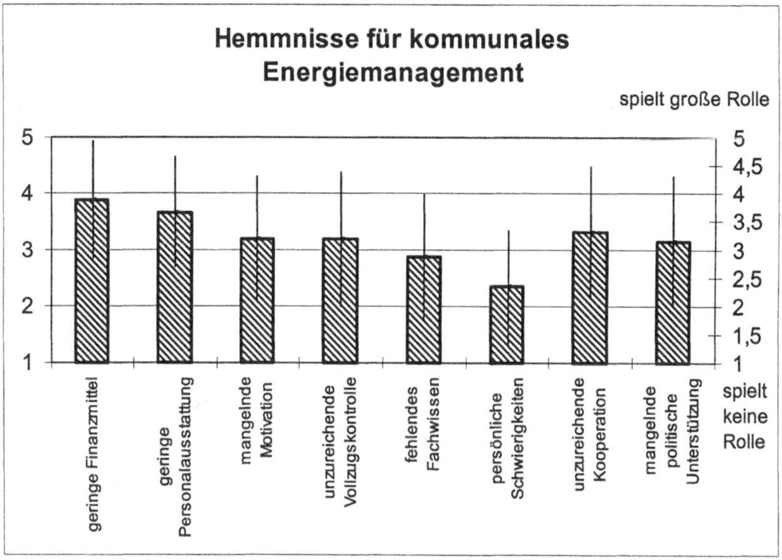

Abbildung 8-9: „Welches sind aus Ihrer Sicht die Hauptprobleme und Hemmnisse für die Planung und Umsetzung von Maßnahmen im Energiebereich?" Mittelwert der Antworten und Standardabweichung.

Empfehlungen für andere Kommunen

Auf die Frage: „Was würden Sie einem Anfänger in einer gleichgroßen Nachbarkommune als Hauptempfehlung geben?" kamen zahlreiche und zum Teil sehr detaillierte Antworten. Insgesamt wurden 70 Einzelempfehlungen gegeben.

Das größte Gewicht hatte hier die ***Erfassung und Analyse von Energieverbrauchs- und Gebäudedaten*** (15 Nennungen). Danach stellt die systematische und kontinuierliche Erfassung von Verbrauchsdaten die Grundlage dafür dar, Schwachstellen zu analysieren, Gebäudekennwerte zu errechnen und somit Handlungsprioritäten identifizieren zu können. Parallel dazu wurden Handlungsempfehlung für die Herangehensweise in der Anfangsphase eines Energiemanagements gegeben (10 Nennungen). Begonnen werden sollte mit den größten Verbrauchern um danach eine sukzessive Ausweitung auf alle Liegenschaften vorzunehmen. Gerade am Anfang sollten leicht realisierbare Maßnahmen im Vordergrund stehen, deren Erfolg sich gut kommunizieren lässt.

Ein weiterer wichtiger Schwerpunkt der Antworten ist die Empfehlung, sich ***Unterstützung*** zu ***sichern*** und verwaltungsinterne Kooperation aufzubauen (12 Nennungen). An erster Stelle stand hier die Festlegung von Prioritäten und Leitlinien, die von den politischen Institutionen bestätigt und der Leitungsebene getragen werden sollen. Hervor gehoben wurde dabei nochmals die Wichtigkeit der verwaltungsinternen Organisation. Demnach sollte das Energiemanagement entweder direkt beim Bauamt angesiedelt werden oder in guter Kooperation mit diesem zusammen arbeiten. Zuständigkeiten und auch Zugriffsrechte auf Daten müssen geklärt werden.

Fast ebenso viele Empfehlungen betrafen den ***Erwerb von Fachwissen*** (10 Nennungen). Hier wurde vor allem die Wichtigkeit unterstrichen, externe Informationsquellen zu nutzen - seien diese Ingenieurbüros, andere Kommunen, die bereits Erfahrungen gemacht haben oder institutionelle Gremien, wie die Arbeitsgruppe Energieeinsparung des deutschen Städtetages. Dabei zeigt die Menge der detaillierten Antworten zu dieser Frage, dass es offensichtlich eine große Bereitschaft gibt, sich über die gemachten Erfahrungen auszutauschen. Am deutlichsten ist dies in der Antwort: „Sich mit mir zusammensetzen, um meine Erfahrungen zu nutzen" formuliert worden.

Eine Reihe von Empfehlungen bezogen sich auf ***technische Maßnahmen***. Die meisten fokussieren auf eine Unterstützung der systematischen Verbrauchsdatenerhebung und –analyse („Einbau von Verbrauchszählern", „Datenlogger beschaffen", „Daten über GLT erfassen und auswerten", „Energiedaten mit IT-System erfassen", „gutes EDV-System zur monatlichen Verbrauchkontrolle und zur Berechnung von Kennwerten (Benchmarking)"). Zwei ***Aspekte zur Ausschreibungspraxis*** sollen besonders hervorgehoben werden. Zum einen wurde die Empfehlung gegeben, eine Fabrikatwahl zu treffen und durch genaue Konfigurationsbeschreibungen zu verhindern, dass eine Produktvielfalt entsteht. Der andere Aspekt betrifft speziell die Leittechnik. Es wurde empfohlen, diese gemeinsam mit anderen Leistungen auszuschreiben und nicht als extra Los zu vergeben.

8.4 Bewertung und Belastbarkeit der Ergebnisse

Die Mehrzahl der befragten Kommunen hatte bereits seit mehr als fünf Jahren intensive Erfahrungen auf dem Gebiet des kommunalen Energiemanagement. Lediglich eine Kommune setzt keine der abgefragten telematischen Anwendungen an und setzt auch keine EDV zur Verbrauchsdatenanalyse ein. Die Kommunen haben also auch weitreichende und intensive Erfahrungen mit dem Einsatz von Telematik im KEM gemacht.

Bemerkenswert ist vor diesem Hintergrund die starke Unterschiedlichkeit der Einschätzungen von Erfolgsfaktoren und Hemmnissen. Diese wird in der starken Streuung der Bewertungen in den Abbildung 8-8 und Abbildung 8-9 deutlich sichtbar. Dies könnte darauf hinweisen, dass die Problemlagen in den Kommunen tatsächlich sehr unterschiedlich sind, da bei jeder Kommune eine jeweils andere Ausgangskonstellation bezüglich Budget, Anzahl und Verfasstheit der Liegenschaften, Verwaltungsstruktur usw. vorzufinden ist. Die Analyse der Einzelfallstudien zeigte, dass Kommunen sehr unterschiedlichen Lösungsstrategien im KEM verfolgen. Diese unterschiedliche Ansätze und die hierbei gemachten spezifischen Erfahrungen, Erfolge und Misserfolge könnten dazu führen, dass Hemmnisse und Erfolgsfaktoren so unterschiedlich bewertet werden. Allerdings zeigt die Auswertung der offenen Fragen keine Inkonsistenzen auf. Es existiert also ein breites Spektrum von Lösungsansätzen, die sich jedoch nicht wiedersprechen, sondern sich ergänzen oder unterschiedliche Alternativen aufzeigen.

Grundsätzlich kann gesagt werden, dass die von den befragten Experten gegebenen Bewertungen und Empfehlungen sich mit den Ergebnissen der sieben Fallstudien sehr gut decken. Somit bestätigt die Umfrage auf einer breiten Basis die Aussagen aus den exemplarischen Fallstudien.

9 Defizite und Erfolgsstrategien im kommunalen Energiemanagement

Im folgenden werden sowohl Hemmnisse, die die Umsetzung eines effizienten Energiemanagements behindern, als auch Erfolgsfaktoren, die es befördern, benannt. Dabei werden zunächst allgemeine Erfolgsstrategien für ein effektives kommunales Energiemanagement genannt. Danach werden in den einzelnen Arbeitsbereichen des KEM (Energiecontrolling, Energietechnische Gebäudebewirtschaftung, Kommunikation sowie Planung und Umsetzung von Modernisierungsmaßnahmen) Hemmnisse und Erfolgsfaktoren analysiert. In diesen Bereichen werden existierende Defizite dargestellt, die bei den Aktivitäten zum Energiemanagement der untersuchten Kommunen auftraten.

Besonders aus der Analyse der in Kapitel 7 dargestellten Fallstudien wurde deutlich, dass die einzelnen Kommunen sehr unterschiedliche Strategien eines kommunalen Energiemanagements verfolgen. Aufgrund der variierenden Rahmenbedingungen spielen Hemmnisse, die in einigen Fällen auftreten und hier sehr bedeutsam sind, in anderen Fällen nur eine geringe Rolle. Erfolgsfaktoren, die für eine Kommune identifiziert wurden, sind auf andere Kommunen, die grundsätzlich verschiedene Ansätze verfolgen, kaum anwendbar. Es gibt aber erfolgreiche Konzepte, die für einen strategischen Ansatz immer empfehlenswert sind. Eine Reihe von Erfolgsfaktoren sind so grundlegend, dass sie immer beherzigt werden sollten.

Intensives Energiecontrolling vs. Gebäudemanagement mit Leittechnik, KEM in Stuttgart und Duisburg - ein Vergleich

Die Städte Stuttgart und Duisburg gehören zu den Honoratioren des kommunalen Energiemanagements in Deutschland. Beide führen seit ca. 25 Jahren ein Energiemanagement durch. Eine Analyse der Aktivitäten in den Bereichen Energiecontrolling und technische Gebäudebewirtschaftung zeigt jedoch, dass die Ansätze der beiden Kommunen kaum unterschiedlicher sein könnten. In Stuttgart wird auf ein geradezu akribisches Verbrauchsdatencontrolling gesetzt. Wöchentliche, zum größten Teil von den Hausmeistern manuell durchgeführte Verbrauchserfassungen bilden die Grundlage für Anlagenoptimierungen und Sanierungsmaßnahmen. Die Daten werden vom Umweltamt ausgewertet und an die Hausmeister zurückgekoppelt. Diese sind für die Optimierung der Anlagen ihres Gebäudes verantwortlich. In Duisburg hingegen werden alle energietechnischen Anlagen von 6 Leitwarten in den Räumen des Hochbauamtes zentral überwacht und gesteuert. Die technische Gebäudebewirtschaftung liegt vollständig in den Händen der Ingenieure des Hochbauamtes. Die Hausmeister vor Ort müssen sich um ihre Anlagen kaum mehr kümmern. Das Energiecontrolling beschränkt sich im wesentlichen auf die Auswertung der jährlichen Verbrauchsdaten.

9.1 Allgemeine Erfolgsstrategien

Daten als Basis
Unumstritten von allen Beteiligten ist, dass eine gute Datenbasis die absolut notwendige Grundlage für ein erfolgreiches Energiemanagement ist. Dieser Punkt wird in den Abschnitten 9.2 Energiecontrolling und 9.3 Energietechnische Gebäudebewirtschaftung vertieft. Aufgrund seiner Wichtigkeit sei er aber schon an dieser Stelle besonders hervorgehoben. Dabei muss betont werden, dass selbst in engagierten Kommunen die Datenbasis oft lückenhaft ist.

Frühzeitige Strategieentwicklung
Neben der Umsetzung von einzelnen Maßnahmen dürfen langfristige Konzepte nicht aus den Augen verloren werden. Schon frühzeitig sollte damit begonnen werden, langfristige Strategien für das kommunale Energiemanagement zu entwickeln. Welche Strategie gewählt wird, ist unter Umständen nicht so bedeutend, wie die Tatsache, dass eine Strategie gewählt wird und dass Einzelmaßnahmen darauf abgestimmt werden. Gerade bei der Planung von Modernisierungsmaßnahmen können erhöhte Kosten auftreten, wenn Einzelmaßnahmen nicht gebündelt werden. Außerdem müssen Modernisierungen auf die zukünftigen Bewirtschaftungskonzepte angepasst werden. Hierfür sind evt. organisatorische Umstrukturierungen oder die Wahl anderer Finanzierungsmodelle erforderlich.

Verwaltungsinterne Kooperation
Eine gute Kooperation mit anderen Verwaltungsstellen ist eine der Grundvoraussetzungen für ein effektives KEM. Das Energiemanagement ist als Querschnittsaufgabe auf die Zuarbeit anderer Stellen angewiesen. Für die Umsetzung von Energiesparmaßnahmen spielt hier das Hochbauamt häufig eine besondere Rolle. Bei allen unterschiedlichen Ansätzen, wie das Energiemanagement in die Verwaltung integriert werden kann, ist es immer notwendig, dass Handlungsabläufe, Kompetenzen und Zuständigkeiten klar geregelt werden.

Rückendeckung
Ein wichtiger Erfolgsfaktor für alle Aspekte des KEM ist die Rückendeckung für das Anliegen, Energie zu sparen. Wenn Verwaltungsspitzen und politische Entscheidungsträger hinter der Institution Energiemanagement stehen, lösen sich viele Probleme fast von selbst. Gerade für die immer wieder beklagten Finanzierungsprobleme (wirtschaftlicher Energiesparmaßnahmen!) lassen sich Lösungen finden, wenn der politische Wille hierzu existiert. In vielen von uns untersuchten Fällen, in denen es eine explizite politische Unterstützung für das Energiemanagement oder bestimmte Einzelprojekte gibt, wurde diese von Verwaltungsmitarbeitern aktiv eingeworben.

Verfügung über Energiekosteneinsparungen
Das Prinzip, dass die Personen, die Energiekosteneinsparungen erzielen auch über einen Teil des eingesparten Geldes verfügen können, wird in Form von sehr unterschiedlichen Modellen angewandt. Hierzu zählen einerseits Budgetierungsansätze für einzelne Verwaltungsabteilungen, monetäre Anreizsysteme (etwa Fifty-Fifty in

Schulen) und auch Ansätze wonach eingesparte Kosten für das Energiemanagement zur Verfügung stehen (vgl. Fallstudie München). Solche Ansätze stellen fast ausnahmslos einen Erfolgsfaktor im KEM dar. Allerdings liegen Schwierigkeiten häufig im Detail der Ausgestaltung (rechtliche Schwierigkeiten, welche Basis wird gewählt etc.). Hierauf wird in den einzelnen Bereichen gesondert eingegangen.

Externe Finanzierung

In allen von uns untersuchten Fallstudien griff das Energiemanagement zusätzlich zu kommunalen Geldern auf externe Finanzierungsquellen zu. Dabei handelt es sich einerseits um Fördermittel (z.B. des BMBF, der EU und der Landesregierungen) andererseits um Investitionsmittel aus Contracting-Vereinbarungen. In vielen Fällen wurden mehrere dieser Quellen genutzt. Trotz des in der Regel sehr hohen Arbeitsaufwandes zur Erschließung dieser Quellen (Erstellen von Förderanträgen oder Contracting-Ausschreibungen) sind diese Mittel für Energiebeauftragte leichter einzuwerben als kommunale Gelder. Häufig stellt eine anteilige Fremdfinanzierung einen Türöffner für zusätzliche Unterstützung aus der Kommune dar. Das Potential externer finanzieller Unterstützung ist jedoch bei weitem noch nicht ausgeschöpft.

Nutzung externer Erfahrungen

Gerade beim Aufbau des Energiemanagements, bei der Vorbereitung neuer Projekte, aber auch im laufenden Betrieb, ist das Sammeln von Know-how eine wichtige Aufgabe, die entscheidend für den Erfolg des KEM ist. Von den kommunalen Vertretern wird der Informationsaustausch mit anderen Kommunen als eine der besten Informationsquellen bewertet. Für konkrete technische Fragen bieten Ingenieurbüros eine wichtige Anlaufstelle. Gerade bei der Realisierung neuartiger Projekte (Aufbau des KEM, Erstellen einer Datenbasis, Umsetzung des ersten Contractingprojektes etc.) kann der Einkauf externer Beratungsleistungen vorteilhaft sein. Einige der Landesenergieagenturen bieten hier kompetente, neutrale und preisgünstige Beratungen an.

Die Rolle von Einzelpersonen

Besonders in kleinen Kommunen, in denen das Energiemanagement im wesentlichen durch den einen Energiebeauftragten bestimmt ist, spielen die Qualitäten von Einzelpersonen eine entscheidende Rolle für den Erfolg. Es bedarf eines "Kümmerers", der sich in seiner Arbeit vorwiegend und nicht nur nebenbei mit dem Thema Energie beschäftigt [Matthies 2001]. Dabei ist ein breites Qualifikationsprofil gefragt, das sowohl fachlich-technische, rechtliche und auch soziale Kompetenzen umfasst. Gerade letzteres spielt zur Bewältigung der Kommunikationsaufgaben eine entscheidende Rolle (s.a. Abschnitt 9.4).

In all den von uns betrachteten Kommunen, sind wir immer dort, wo ein besonders erfolgreiches Energiemanagement durchgeführt wurde, auch auf besonders engagierte Personen gestoßen. Häufig war das Energiemanagement oder ein Teilprojekt ihr "Steckenpferd", für das sich diese Personen mit besonderem Engagement eingesetzt haben. Die Energiebeauftragten wiesen ein hohes Maß an Kreativität auf. Sie entwickelten neue Konzepte oder unterstützten die Einführung und Adaption neuer Technologien.

9.2 Energiecontrolling

What gets measured gets managed![21]

Das Energiecontrolling stellt die Grundlage für ein strategisch orientiertes und langfristig erfolgreiches kommunale Energiemanagement dar. Sowohl in den Fallstudien, in der Umfrage als auch in dem im Rahmen des Forschungsprojektes durchgeführten Ergebnisworkshop ist immer wieder von kommunalen Praktikern auf die zentrale Bedeutung eines funktionierenden Energiecontrollings verwiesen worden. Zentraler Bestandteil des Energiecontrollings ist die umfassende Erhebung und Analyse der Energieverbrauchsdaten. Sie liefert die Grundlage für:

- direkte Kosteneinsparungen durch Tarifanpassungen,
- die Identifikation von Schwachstellen, technischen Defekten und Einsparpotentialen,
- die Evaluierung durchgeführter Maßnahmen.

Das Energiecontrolling stellt somit die Basis für eine strategische Ausrichtung des KEM und einer Prioritätensetzung zukünftiger Aktivitäten dar. Dabei ergeben sich an den Schnittstellen zu anderen Arbeitsbereichen des KEM sowie des Verwaltungshandelns insgesamt gewisse Überschneidungen:

- Eine Analyse der Verbrauchsdaten ist notwendig, um die Wirtschaftlichkeit des Energiemanagements zu ermitteln. Das Energiecontrolling liefert hier den einen Teil der Daten. Für das Gesamtcontrolling müssen den erzielten Einsparungen die Aufwendungen für Personal- und Sachkosten gegenübergestellt werden.
- Die Ergebnisse des Energiecontrollings stellen die Grundlage für die Entwicklung einer Strategie im kommunalen Energiemanagement dar. Die Energieverbrauchsdaten stellen eine zentrale Informationsbasis für eine Prioritätensetzung bei weiteren Modernisierungen dar. Gerade zur Ermittlung, welche Maßnahmen am wirtschaftlichsten sind, ist ein belastbares Zahlenmaterial notwendig.
- An der Schnittstelle zur Gebäudebewirtschaftung können die größten Überschneidungen auftreten. Aus den Energieverbrauchsdaten können direkte Konsequenzen für die Bewirtschaftung gezogen werden. Andererseits wird der Übergang zwischen den beiden Bereichen fließend, wenn für das Energiecontrolling auch direkt Anlagenparameter wie Vorlauftemperaturen von Heizungsanlagen genutzt werden (vgl. Fallstudie Schwabach).

Die untersuchten Kommunen verfolgen zum Teil sehr unterschiedliche Ansätze, das Energiecontrolling in ihr Energiemanagement zu integrieren. In Berlin etwa wird das Energiecontrolling als eigenständiger Bereich einer privaten Firma übertragen (vgl.

---

[21] Mit dem im Amerikanischen recht gängigen „accounting truism“ wird im Zusammenhang mit ökonomischen Aspekten der Klimaschutzpolitik u.a. John Browne, Group Chief Executive bei Britisch Petrolieum (BP America) zitiert [BMU 2000].

Fallstudie Berlin). In vielen Städten gehen Energiecontrolling und Gebäudebewirtschaftung direkt ineinander über (vgl. Abschnitt 9.3.1, das Beispiel der Stadt Stuttgart).

Unabhängig davon hängt die Leistungsfähigkeit des Energiecontrollings zunächst einmal davon ab, welcher Aufwand bei der Datenerfassung betrieben wird:

- **Was wird gezählt?**
  Welches Medium (Strom, Wärme, Gas,...) wird erfasst?
  Wieviele Zähler pro Gebäude gibt es? Existieren Unterzähler für einzelne Gebäudeteile?
- **Wie häufig wird gezählt?**
  Die Zählintervalle können von „jährlich" bis in den Minutenbereich variieren.
- **Welche Liegenschaften werden erfasst?**
  Auch wenn es prinzipiell wünschenswert ist, alle Liegenschaften durch das Energiecontrolling zu erfassen, so können für die einzelnen Gebäude unterschiedliche Vorgehensweisen sinnvoll sein.

Zur Beantwortung dieser Fragen ist es notwendig, das Ziel der Energiedatenerfassung im Auge zu haben. So ergeben sich aus den Zielvorgaben die erforderlichen Ableseintervalle. In der folgenden Tabelle sind die Intervalle dargestellt, die mindestens nötig sind um einzelne Maßnahmen durchführen zu können:

Ziel des Energiecontrollings	**Ableseintervall mindestens**
• Rechnung prüfen • Kennzahlen ermitteln • Modernisierungsstrategie festlegen	Jährlich
• Defekte und Havarien feststellen • Bedarf für Anlagenoptimierung erkennen	Monatlich
• Grobe Fehleinstellungen von Zeitprogrammen identifizieren (Ferienbelegung Heizung o.ä.)	Wöchentlich
Identifizieren von: • Tagesregelungen für Zeitprogrammen (Wochenendabsenkung Heizung, o.ä.), • besonderen Vorfälle	Täglich
• Erstellen von Tagesverläufen • Identifikation von Nutzungsabläufen • Ermitteln von Spitzenlasten	Stündlich
• Monitoring der Anlagenschaltzustände	Minutentakt

Welcher Aufwand für ein einzelnes Gebäude rentabel ist, hängt sehr vom Energieverbrauch des Gebäudes ab. Hierbei ist zu beachten, dass die 20 – 30 % der größten Liegenschaften häufig über 50% des gesamten Energieverbrauchs ausmachen. Damit ist es sinnvoll, bei den Großverbrauchern (beispielsweise große Schulkomplexe mit Schwimmbädern) häufiger zu messen und dort Unterstationen einzurichten während bei Kleinverbrauchern (wie etwa Kindertagsstätten) ein geringerer Aufwand ausreicht.

9.2.1 Stand des Energiecontrolling in den untersuchten Kommunen

Aus den Fallstudien und Experteninterviews wurde deutlich, dass selbst in denjenigen Kommunen, in denen ein engagiertes Energiemanagement durchgeführt wird, das Energiecontrolling häufig Lücken aufweist. Auf fast alle der untersuchten Kommunen trifft mindestens eine Aussage zu:

- Es werden nicht alle Gebäude erfasst.
- Es treten zeitliche Lücken auf in denen des Energiecontrolling nicht oder nur für eine verminderte Anzahl von Gebäuden durchgeführt wird.
- Es wird keine Witterungsbereinigung der Verbrauchswerte vorgenommen.
- Es werden keine flächenspezifischen Kennwerte ermittelt.

Selbst wenn man davon ausgeht, dass es unterschiedliche Strategien für ein Energiecontrolling gibt und ein vollständiges Energiecontrolling, das die Erstellung von witterungs- und flächenbereinigten Verbrauchswerten für alle Liegenschaften (ggf. mit diversen Unterzählern) umfasst, nicht praktikabel bzw. wirtschaftlich ist, so sind die Lücken im Energiecontrolling doch so ausgeprägt, dass eine Bewertung des Erfolges des Energiemanagements der untersuchten Kommunen auf Grundlage von Kennwerten, etwa im Sinne eines Benchmarkings nicht möglich ist. In einigen Fällen reichen die von den Kommunen erhobenen Daten nicht aus, um die Wirtschaftlichkeit von durchgeführten Maßnahmen zu prüfen, bzw. Vergleiche zu möglichen Alternativen durchführen zu können.

Somit ist auch das Ergebnis der von uns durchgeführten Umfrage [Querverweis] wonach alle befragten Kommunen eine „systematische Verbrauchsdatenerfassung und –analyse" betreiben, kritisch zu werten. Dabei muss hervorgehoben werden, dass lediglich besonders aktive und erfolgreiche Kommunen untersucht wurden. Im Bundesdurchschnitt dürfte die Situation noch wesentlich schlechter aussehen. Mangelhaftes Energiecontrolling kann somit derzeit als ein wesentliches Defizit in den Energiemanagement-Aktivitäten der Kommunen angesehen werden. Auf dem Hintergrund, dass unter den engagierten Akteuren Einigkeit über die Bedeutung des Energiecontrollings herrscht, ist eine allgemeine Verbesserung des Energiecontrollings dringend erforderlich.

9.2.2 Hemmnisse

In der Praxis des kommunalen Energiemanagements treten folgende Hemmnisse auf, die die Effizienz des Energiecontrollings mindern:

Mangel an personellen Kapazitäten
In vielen Fällen sind sich die verantwortlichen Verwaltungsmitarbeiter im KEM durchaus ihrer Lücken im Energiecontrolling bewusst. Aufgrund einer zu geringen Stellenausstattung im KEM allgemein, oder wegen anderer zu verrichtender Tätigkeiten wird das Energiecontrolling trotz der ihm zugeschriebenen Wichtigkeit vernachlässigt (vgl. Fallstudie Goslar).

Manuelle Zählerauslese
Eine manuelle Zählerauslese von Verbrauchsdaten, etwa in Form von Listenrücklaufsystemen, bei denen die Verbrauchswerte von den jeweiligen Hausmeistern erhoben werden, führt in einigen Fällen zu Schwierigkeiten. Einerseits kommt es hier durch Ungenauigkeiten bei der Zählerauslese zu falschen Werten. Viel schwerer wiegt jedoch das Problem, dass die Hausmeister motiviert werden müssen, die Zähler monatlich oder öfter abzulesen. Zusätzlich entsteht hier für den Energiebeauftragten ein nicht unerheblicher Arbeitsaufwand dadurch, dass die abgelesenen Werte per Hand in eine EDV eingetippt werden müssen (vgl. Fallstudien Schwabach und Goslar).

Benutzerunfreundliche Controllingsysteme
Im Rahmen der Verbrauchsdatenanalyse sind z.T. sehr aufwendige Rechnungen durchzuführen (Witterungsbereinigungen, Kennwertberechnungen etc.). Dort wo keine EDV für das Energiecontrolling verwendet wird, unterbleiben in der Regel solche Analysen. Aus dem Kreis der Kommunen, die ein systematisches Energiecontrolling durchführen, benutzen daher mittlerweile nur noch wenige rein manuelle Ansätze, wie etwa Karteikartensysteme. Aber auch die KEM-Software wird von vielen Energiebeauftragten als nicht ihren Bedürfnissen angemessen empfunden. Der Arbeitsaufwand für die Dateneingabe und Analysen ist in vielen Fällen erheblich.

Aufwendige Berichtspflichten
In den meisten Kommunen, in denen ein Energiemanagement durchgeführt wird, werden alle ein bis drei Jahre Energieberichte herausgegeben. Die Erarbeitung solcher Berichte stellt generell einen Erfolgsfaktor dar (s.u.). In einigen Fällen sind jedoch diese und andere interne Berichtspflichten mit einem hohen Aufwand verbunden, ohne dass sich damit ein direkter Erkenntnisgewinn für die Mitarbeiter des Energiemanagements ergäbe. Um hier nicht zu viel Arbeitskraft zu binden, sollten Berichtspflichten auf essentielle Bereiche reduziert werden und soweit wie möglich das Potential elektronischer Datenverarbeitung genutzt werden.

Kooperationsmängel
Gerade in großen Städten mit großen Verwaltungen, bzw. bei aufgeteilten Kompetenzen und Zuständigkeiten kommt es immer wieder zu der Schwierigkeit, dass im Prinzip vorhandene Daten nicht an das Energiecontrolling weitergegeben werden, bzw. die Weitergabe verschleppt wird. Dieses Problem existiert sowohl bei der Arbeitsteilung innerhalb der Verwaltung (etwa Hochbauamt und Umweltamt) als auch bei der Kooperation der Verwaltung mit externen Dienstleistern, die das Energiecontrolling durchführen (vgl. Fallstudie Berlin).

Fehlender Anreiz

Dort wo einzelne Aspekte des Energiecontrollings unterblieben, fehlte häufig der Anreiz für den Energiebeauftragten, ein umfassenderes Controlling durchzuführen. Teilweise wurde keine inhaltliche Notwendigkeit (etwa für Witterungsbereinigungen) gesehen, teilweise war absehbar, dass die zu gewinnenden Erkenntnisse nicht umgesetzt werden könnten, da das Personal für weitere Aktivitäten oder die finanziellen Mittel für Modernisierungen fehlten.

9.2.3 Erfolgsstrategien

Das Energiecontrolling ist als zentrales Element des Energiemanagements sehr unterschiedlich in die Arbeitsabläufe und Organisationsstrukturen der einzelnen Verwaltungen der verschiedenen Kommunen eingebettet. Ansätze die in manchen Kommunen erfolgreich laufen, können sich unter anderen Rahmenbedingungen als schwierig herausstellen bzw. einfach nicht zielführend sein, wenn eine andere Strategie verfolgt wird.

Grundsätzlich fallen die meisten der oben genannten Hemmnisse in der Praxis mit einem der beiden Trends zusammen:

- Das Energiecontrolling neigt dazu, im Alltagsgeschäft unterzugehen. Als Evaluierungsmaßnahme stellt es eine langfristig orientierte Strategie dar, die immer eine geringere Priorität innehat als dringendes Tagesgeschäft.
- Das Energiecontrolling wird zum Selbstzweck. Mit hohem Aufwand werden Verbrauchsdaten erhoben und ausgewertet. Eine Umsetzung der Erkenntnisse erfolgt nur in ungenügendem Umfang.

In den Fällen, in denen ein erfolgreiches Energiecontrolling umgesetzt wird, wurden diese beiden Hürden erfolgreich umschifft. Dabei bieten sich sehr unterschiedliche Strategien an:

- Für den Energiebeauftragten entsteht ein unmittelbarer und erkennbarer Nutzen, der für ihn größer wiegt als der für das Controlling notwendige Arbeitsaufwand.
- Das Energiecontrolling wird von „außen“ oder einer höheren Stelle eingefordert (Rechenschaftspflicht).
- Das Energiecontrolling wird von einer anderen Stelle durchgeführt, die nicht mit der Bewirtschaftung der Gebäude befasst ist.

Berichtspflichten

Eine Berichtspflicht des Energiemanagements nach außen (etwa in Form eines jährlich abzuliefernden Energieberichts, der dem Stadtrat vorgelegt werden muss) trägt dazu bei, dass ein Mindestmaß an Energiecontrolling durchgeführt wird. Auch bei manueller Ablese durch die Hausmeister können Berichtspflichten dazu führen, dass der Forderung nach regelmäßigen Ablesungen mehr Nachdruck verliehen werden kann. Allerdings muss ganz klar festgestellt werden, dass solche Berichtspflichten alleine nicht ausreichen, um ein effizientes Energiecontrolling zu garantieren. Wenn die einzelnen Akteure keinen Sinn in der Erstellung der Berichte sehen, werden diese nur abgearbeitet, ohne dass die Ergebnisse zur Erschließung von Energiesparpotentialen genutzt werden.

Feedbackschleifen
Gerade bei der Verbrauchsdatenablesung durch die Hausmeister haben sich institutionalisierte Feedbackschleifen als sehr sinnvoll erwiesen. Ein erfolgreicher Ansatz ist die „dynamische Verbrauchskontrolle" in Remscheid. Auf die Meldung der Verbrauchswerte durch die Hausmeister wird mit einer kurzen Rückmeldung durch das Energiemanagement reagiert. Bleibt die Meldung durch den Hausmeister aus, erfolgt eine Rückfrage (vgl. Fallstudie Remscheid).

Motivation durch Erfolg
Wird das Energiecontrolling zielgerichtet eingesetzt und werden erzielte Erfolge transparent gemacht, so steigt die Motivation der beteiligten Akteure die notwendigen Arbeiten gewissenhaft auszuführen. Monatliche Verbrauchsdatenablesungen werden in der Regel gewissenhaft durchgeführt, wenn sich die Hausmeister der Sinnhaftigkeit dieser Arbeit sicher sind (vgl. u.a. Fallstudie Goslar). Das Beispiel der Stadt Stuttgart zeigt, dass auch wöchentliche Ablesungen konsequent durchgeführt werden, wenn es ein offensichtliches Interesse an den erhobenen Daten gibt. Für die langfristige Motivation aller Beteiligten ist es jedoch unerlässlich, dass die persönliche Aufwand-Nutzen-Relation positiv bewertet wird. Daher ist es notwendig, dass Handlungsabläufe optimiert werden und der Arbeitsaufwand zur Erhebung und Analyse der Daten so gering wie möglich ausfällt.

Externe Unterstützung im Energiecontrolling
Das Energiecontrolling selbst kann als ganzes Paket sehr gut nach außen vergeben werden, wie das Beispiel der Energiewirtschaftsstelle Berlin zeigt. Hier wird das Energiecontrolling von einer privaten Firma betrieben, welche mit hoher Effizienz sehr viele Daten gesammelt und analysiert hat. Auf dieser Grundlage wurden unter Nutzung eines spezialisierten juristischen Know-hows große Kosteneinsparungen durch Tarifanpassungen erzielt (vgl. Fallstudie Berlin). Eine solche Vergabe des Energiecontrollings nach außen entbindet die Kommune aber nicht davon, eigene Analysen von Verbrauchsdaten zur Ermittlung von Energiesparpotentialen durchzuführen. Wenngleich die von einem Externen erhobenen Daten prinzipiell auch zur Ermittlung von Energiesparpotentialen zur Verfügung stehen, liefern sie hierfür nur erste Ansätze. Häufig sind umfangreichere Erhebungen nötig. Schließlich bedarf es zusätzlicher Arbeit durch die kommunalen Energiebeauftragten, aus den Daten des Controllings wieder inhaltliche Schlüsse zu ziehen und Energiesparpotentiale zu identifizieren.

Einen anderen Ansatz verfolgen einige der regionalen Energieagenturen. Sie unterstützen Kommunen beim Aufbau eines Energiemanagements. Als Teil dieser Arbeit übernehmen sie die Einführung eines Energiecontrollings als (zu bezahlende) Dienstleistung. Da es aber ihr Ziel ist, sich wieder aus der Arbeit in der Kommune zurück zu ziehen, werden Energiecontrolling und Energiebewirtschaftung als integrierte Einheit entwickelt, die langfristig von der Verwaltung übernommen werden soll.

9.3 Energietechnische Gebäudebewirtschaftung

Die energietechnische Gebäudebewirtschaftung stellt gewissermaßen das Tagesgeschäft des Energiemanagements dar. Durch organisatorische oder gering-investive Maßnahmen können hier in kurzer Zeit schnelle Einsparerfolge erzielt werden. Auf der anderen Seite zeigt es sich immer wieder, dass die Energieverbräuche selbst nach Einbau neuester und energiesparender Technik über die Zeit, „wie von alleine" ansteigen, wenn nicht durch eine kontinuierliche und konsequente Optimierungsarbeit im Bereich der Gebäudebewirtschaftung gegengesteuert wird (vgl. u.a. Fallstudie Schwabach und Beispiel Stuttgart S. 213).

Die Zuständigkeiten für die Bewirtschaftung sind in den einzelnen Kommunen sehr unterschiedlich geregelt. Entsprechend gibt es sehr verschiedene Vorgehensweisen, die auch davon abhängen welche Institutionen mit welchen Aspekten der Gebäudebewirtschaftung betraut sind. In manchen Fällen werden die energietechnischen Anlagen direkt durch das Energiemanagement bzw. den Energiebeauftragten optimiert (vgl. u.a. Fallstudien Remscheid, Potsdam). In anderen Fällen arbeitet der Energiebeauftragte eher als Vermittler zwischen unterschiedlichen zuständigen Stellen (Hochbauamt, Hausmeister etc.) und die Gebäudebewirtschaftung wird größtenteils als Kommunikationsaufgabe erledigt.

Grundlage für Optimierungen der energietechnischen Anlagen und auch alle weiteren Aktivitäten in der Gebäudebewirtschaftung ist jedoch immer die genaue Kenntnis der Gebäude und ihrer Nutzungsstrukturen. Dabei gibt es verschiedene Ansätze wie Energiesparpotentiale ermittelt werden können:

- Relativer Vergleich der Liegenschaften
  Die Energieverbräuche der einzelnen Gebäude werden erfasst und untereinander verglichen. Bei einer Analyse über mehrere Jahre können „Ausreißer" und somit neu eintretende Nutzungsänderungen, Mängel und Defekte erkannt werden. Dieser einfache Ansatz kommt ohne Kennwertberechnungen aus. Allerdings ist das Grundniveau des Verbrauchs so nicht festzustellen.
- Kenngrößen ermitteln
  Die Energieverbräuche werden witterungsbereinigt und mit sorgfältig ermittelten Flächen werden Kenngrößen ermittelt. Somit sind sowohl die überdurchschnittlichen Verbraucher als auch auftretende Änderungen festzustellen. Allerdings ist der Arbeitsaufwand zur Erhebung der Gebäudeflächen im Altbaubestand erheblich.
- Systematische Überprüfung der Anlagenfahrweise
  Völlig anders ist der Ansatz, nicht die Energieverbräuche, sondern andere Parameter der energietechnischen Anlagen (Zeitprogramme, Heizungsvorlauf- oder Raumtemperaturen etc.) zu analysieren. Dieses Vorgehen erfordert den automatisierten Zugriff auf eine Gebäudeleittechnik.

Außerdem gibt es natürlich noch den Ansatz, „seine Gebäude zu kennen", bzw. sich auf die Hausmeister zu verlassen, die die Gebäude kennen sollten. Eine persönliche Kenntnis der Gebäude, etwa durch Vor-Ort-Begehungen, ist hilfreich und zur Entwicklung konkreter Handlungsansätze sogar notwendig. Darüber hinaus können Kennwerte, damit sie handhabbar bleiben, immer nur oberflächlich sein. Für eine systematische Erfassung von Energiesparpotentialen und eine Priorisierung sind aber objektivierbare Evaluationen der Energieverbräuche bzw. Anlagenzustände unabdingbar.

9.3.1 Exkurs: Energiedienste in Stuttgart - Verbrauchsdatenerfassung lohnt sich auch nach 20 Jahren

Seit beinahe 25 Jahren betreibt die Landeshauptstadt Stuttgart ein Energiemanagement. Die zuständige Abteilung Energiewirtschaft ist im Amt für Umweltschutz angesiedelt. Es wurde eine Palette unterschiedlicher und umfangreicher Maßnahmen durchgeführt. Unter dem Eindruck der Ölkrise Mitte der 70er Jahre wurde ab 1977 für die städtischen Liegenschaften der Heizenergieverbrauch kontinuierlich gesenkt. Insgesamt beträgt die Einsparung seit 1977 ca. 3,5 Mio. MWh. Im Jahr 2000 wurden noch 324.139 MWh Heizenergie aufgewendet, um ca. 1.400 Gebäude mit einer beheizten Fläche von 2 Mio. m² beheizte Nettogrundfläche mit Wärme (Heizung und Warmwasser) zu versorgen. Die Energiekosten dafür betrugen 13 Mio. € [Görres 2001]. Die Einsparungen, die im gesamten Bereich Energiemanagement erzielt wurden, sind in Abbildung 9-1 dargestellt. Dabei zeigt sich, dass die jährlichen Einsparungen etwa das sechsfache der Aufwendungen betragen.

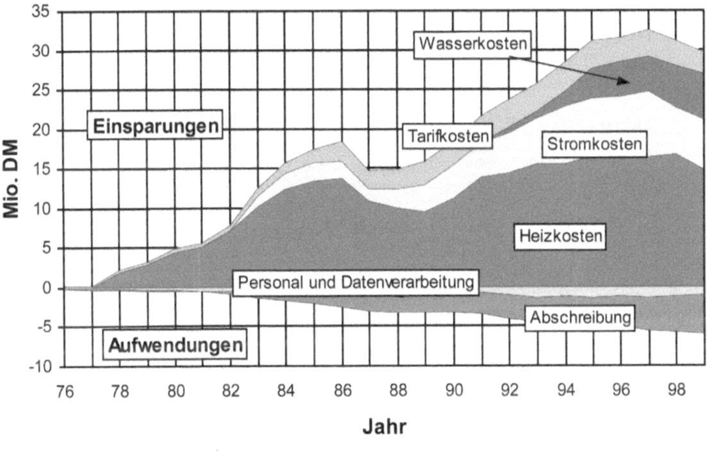

Abbildung 9-1: Jährliche Aufwendungen und Einsparungen des Stuttgarter Energiemanagements seit der Einführung 1977. Quelle: [Görres 2001]

Ein wichtiger Erfolgsfaktor für die erzielten Einsparungen stellt hierbei das „Stuttgarter Modell" der Finanzierung von Modernisierungsmaßnahmen dar. Im Rahmen eines Verwaltungsinternen Contractings (Intracting) wurde 1995 ein Fonds eingerichtet aus dem neue Investitionen finanziert werden. Da die erzielten Energieeinsparungen wieder in den Fonds einbezahlt werden, stehen dauerhaft jährlich ca. 1 Mio. € für Modernisierungen zur Verfügung (vgl. [Kienzlen 1998]).

Die Basis für den Erfolg des Energiemanagements bilden jedoch wöchentliche, zum größten Teil von den Hausmeistern manuell durchgeführte Verbrauchserfassungen, auf deren Grundlage Anlagenoptimierungen vorgenommen und Sanierungsmaßnahmen geplant werden. Im Rahmen dieser „Energiedienste Heizung“ werden ca. 35 % der städtischen Gebäude intensiv betreut. Dies entspricht etwa 47 % der gesamten Heizenergie. Dabei wird gemeinsam mit dem Betriebspersonal vor Ort versucht, durch Schwachstellenermittlung am Gebäude und an der Technik, sowie in der Betriebsweise der Anlagen Energie einzusparen. Die Mitarbeiter der Energiedienste fragen die Zählerstände in regelmäßigen Abständen von den Hausmeistern per Telephon ab und geben sie in das Stuttgarter Energiekontroll-System ein. Noch während des Telephonats erhält der Mitarbeiter den aktuellen Heizkennwert für die einzelne Ableseperiode. Bei extremen Kennwerten kann er durch die prompte Berechnung während der Zählerstandsabfrage am Telefon mit dem Betriebspersonal mögliche Ursachen diskutieren.

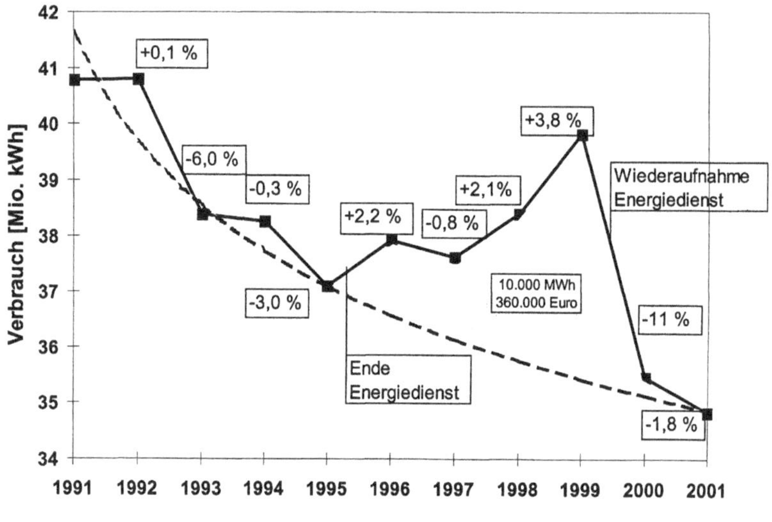

Abbildung 9-2 *Entwicklung des Heizergieverbrauchs (gradtagsbereinigt) von 65 Gebäuden in denen vorübergehend das Energiecontrolling ausgesetzt wurde. Gegenüber dem Trend bei weitergeführtem Controlling (gestrichelte Kurve) sind kumulierte Mehrkosten von ca. 360.000 € entstanden (Quelle: [Görres 2003])*

Wie wichtig die konsequente Weiterführung dieses Konzeptes auch nach Jahrzehnten ist, zeigt der Fall, als aufgrund des altersbedingten Ausscheidens eines Mitarbeiters im Frühjahr 1996, 65 Gebäude nicht mehr betreut werden konnten. Wie in Abbildung 9-2 dargestellt, stieg im Mittel der Energieverbrauch um 1,8 % pro Jahr. In den vier Jahren der fehlenden Betreuung entstand somit ein Verbrauchsanstieg um insgesamt 2.700 MWh. Dies entspricht einem Geldbetrag von über 153.000 €. Aufgrund dieser gravierenden Entwicklung konnte die Stelle Mitte 2000 wieder besetzt werden, d. h. der Energiedienst wurde wieder aufgenommen. Als Konsequenz fällt der Energieverbrauch bereits im ersten Jahr um 11 %. Nimmt man an, dass bei einer konstanten Durchführung des Energiedienstes der Energieverbrauch in etwa der Trendkurve gefolgt wäre, so ist durch das kurzzeitige Aussetzen des Controllings ein kumulierter Energiemehrverbrauch von rund 10.000 MWh mit Kosten von ca. 360.000 € entstanden. [Görres 2003]

In Abbildung 9-3 sind Energieverbräuche von zwei der 65 Gebäude dargestellt. Bild A zeigt den starken Wiederanstieg des Energieverbrauches in einer Schule, nachdem der Energiedienst ausgesetzt wurde. Das Beispiel eines Aufnahmeheimes (Bild B) illustriert, dass technische Modernisierungen alleine nicht ausreichen, um langfristig Energieeinsparungen zu erzielen. Nach einem Kesseltausch geht der Energieverbrauch zunächst deutlich zurück. Mit Aussetzen des Energiedienstes steigt er jedoch kontinuierlich wieder an und erreicht nach 5 Jahren das Ausgangsniveau vor der Sanierung.

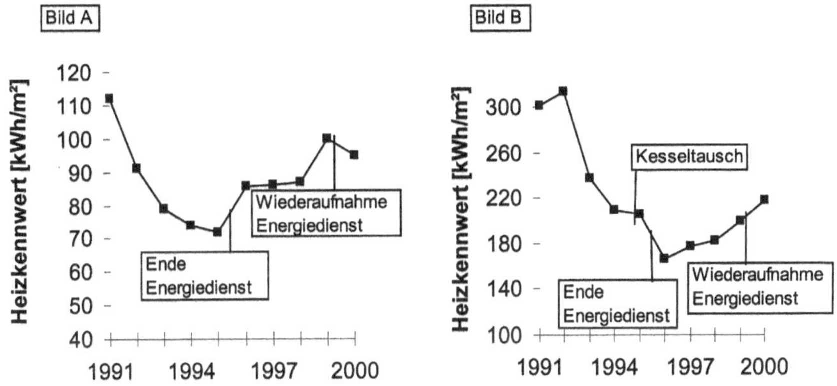

Abbildung 9-3 *Bild A: Entwicklung des Heizkennwerts einer Schule mit und ohne Energiedienst;*
Bild B: Entwicklung des Heizkennwerts eines Aufnahmeheims mit Kesseltausch (Quelle: [Görres 2001])

9.3.2 Hemmnisse und Erfolgsfaktoren

Fehlendes Know-how

Ein bedeutsames Hemmnis bei der energietechnischen Bewirtschaftung von Gebäuden ist das Fehlen von Know-how in den zuständigen Ämtern. Gerade bei dezentral verteilten Kompetenzen fehlt das gebündelte Wissen zu speziellen technischen Aspekten der verschiedenen Anlagen. Die Trennung von Energiecontrolling und Bewirtschaftung, gerade wenn sie mit einer Aufteilung auf mehrere Ämter einhergeht (Hochbauamt und Umweltamt), kann hier hinderlich wirken. In kleinen Kommunen entsteht das Problem, dass an den Energiebeauftragten eine Fülle von sehr unterschiedlichen Anforderungen herangetragen werden. Die Querschnittsaufgabe Energiemanagement wird manchmal sogar noch neben anderen Tätigkeiten verübt. Spezielles technisches Fachwissen kann in solchen Fällen nicht eingefordert werden.

Rolle der Hausmeister

In den Gebäuden, die über eigene Hausmeister verfügen, stellen diese einen entscheidenden Schlüssel zum Erreichen von Energieeinsparungen dar. Vielfach wird allein aus diesem Grund gegen eine Kürzung von Hausmeisterstellen plädiert [U.A.N. 1999]. Dabei muss bedacht werden, dass das Betreuen der energietechnischen Anlagen in der Regel nur eine Nebentätigkeit der Hausmeister ist. Die Aufgabenbereiche der Hausmeister sind in den einzelnen Kommunen sehr unterschiedlich geregelt. In manchen Fällen haben die Hausmeister mit den energietechnischen Anlagen gar nichts zu tun, in anderen Fällen obliegt ihnen die gesamte Betreuung und Optimierung. Entsprechend unterschiedlich ist auch die Verbindung des Energiemanagements mit den Hausmeistern, das im Abschnitt 9.4.3 genauer behandelt wird. Sehr gute Erfahrungen wurden mit finanziellen Anreizsystemen gemacht. Zwar lässt sich im allgemeinen eine direkte Vergütung von Verwaltungsangestellten für erzielte Energieeinsparungen aus rechtlichen Gründen nicht realisieren. Vielfach genügt jedoch die Anerkennung, die mit der Freigabe von Investitionsmitteln zur freien Verwendung verbunden ist (vgl. Fallstudie Goslar). Grundsätzlich ist es fast unmöglich, „gegen" einen Hausmeister energietechnische Anlagen zu optimieren und Energieeinsparungen zu erzielen. Dies gilt auch für den Fall, dass die meisten Anlagen mit einer Leittechnik überwacht oder gesteuert werden [Ullmann 16.08.01]. In Einzelfällen ist es schon zu direkter Sabotage durch Hausmeister gekommen, bei denen etwa die Wochenendabsenkung bei Heizungsanlagen deaktiviert wurde. Wenn die Bewirtschaftung der energietechnischen Anlagen vor Ort nicht vollständig durch mobile Serviceteams übernommen wird, ist die aktive Einbindung der Hausmeister der Schlüssel für eine effektive Gebäudebewirtschaftung.

Contracting zur Bewirtschaftung

Im Rahmen von Energiesparcontracting-Projekten wird häufig die Bewirtschaftung der energietechnischen Anlagen während der Laufzeit des Contracting-Vertrages vom Contractor übernommen (vgl. u.a. Fallstudie Berlin). Für die Verwaltung bedeutet dies eine Entlastung, die über die Vorteile einer reinen Modernisierungsleistung hinaus geht. Dabei ist eine geeignete Integration in ein kommunales Konzept des Energiemanagements erforderlich. Einerseits muss sichergestellt werden, dass ein guter Know-how Transfer in die Kommune erfolgt (vgl. Fallstudie Potsdam). Andererseits entstehen schnell Befürchtungen bei den Verwaltungsmitarbeitern, dass eine Auslagerung der Bewirtschaftung für sie den Verlust von Kompetenzen bedeutet. Diese Befürchtungen sollten ernst genommen werden. Sie können nur entkräftet werden, wenn glaubhaft gemacht werden kann, dass nur Arbeiten an den Contractor weitergegeben werden, für die die Kommune bisher nicht die Kapazitäten hatte, oder dass die freigewordenen Kapazitäten an anderer Stelle eingesetzt werden.

Die Option Energiesparcontracting erzielt bei der Bewirtschaftung der Gebäude jedoch nicht automatisch optimale Ergebnisse. Die häufig geäußerte Meinung, dass möglichst hohe Einsparungen „das ureigenste Interesse" der Contractoren seien, gilt maximal bis zum Erreichen der Grenzkosten in der Bewirtschaftung. Einem erhöhtem Aufwand in der Bewirtschaftung, etwa durch umfangreiche Optimierungsarbeiten seitens des Contractors, muss auch eine entsprechende Gewinnerwartung gegenüberstehen. Wenn der garantierte Energiebetrag eingespart wurde, kann es vorkommen, dass zusätzliche Einsparungen nicht mehr lukrativ sind. Ob dies der Fall ist, hängt maßgeblich von den Details der Contractingvereinbarung, insbesondere von der Gewinnteilung ab (vgl. Fallstudie Schwabach).

Kooperationsstruktur innerhalb der Verwaltung
Traditionellerweise hat bzw. hatte das Hochbauamt die Gebäudebewirtschaftung inne. Wenn das Energiemanagement nicht ohnehin im Hochbauamt angesiedelt ist, sondern als Querschnittsaufgabe etwa dem Umweltamt zugeordnet wird, dann ist gerade für die täglich anfallenden Arbeiten eine klare Kooperationsstruktur nötig. Eine eindeutig beste Konstruktion wie das Energiemanagement in die Verwaltung eingebunden werden sollte, existiert jedoch nicht. Hierfür sind sowohl die Organisationsstrukturen als auch die verfolgten Strategien des Energiemanagements in den einzelnen Kommunen zu unterschiedlich.

Akzeptanz von Temperaturabsenkungen
Bei der Reduzierung des Heizenergieverbrauches gibt es zwar Einsparpotentiale, deren Erschließung keinen direkten Einfluss auf das Wohlbefinden der Nutzer haben oder dieses erhöhen (Wärmedämmung, neue Fenster, Absenkung der Temperaturen in nicht genutzten Räumen). Andere Maßnahmen, etwa die Reduzierung der maximalen Raumtemperatur auf 20°C, bedeuten jedoch häufig eine direkte Komforteinbuße für die Nutzer. Hierbei spielt es letztlich keine Rolle, auf Grund welcher technischen Lösung die Temperaturänderung erfolgt (Thermostatventile, Absenken der Vorlauftemperatur, Gebäudeleittechnik mit Raumfühlern, etc.). Entscheidend sind hier jedoch organisatorische und soziale Aspekte, da viele Maßnahmen ohne die Akzeptanz durch die Nutzer langfristig nicht erfolgreich sind (vgl. Fallstudien Rathenow und Potsdam). Bei der Akzeptanz von Temperaturabsenkungen sind folgende Punkte relevant:

- Wer ist für den Betrieb des Heizsystems zuständig?
  Je näher diese Person (Hausmeister, Mitarbeiter eigener Verwaltung, externer Contractor) an den Nutzern ist, um so mehr Druck ist er ausgesetzt, wenn es Beschwerden seitens der Nutzer gibt. Dadurch steigt die Wahrscheinlichkeit, dass auf Grund sozialer Aspekte, wie dem massiven und andauernden Drängen der Kollegen, dass es „zu kalt“ sei, die Anlage nicht in ihrem energetischen Optimum gefahren wird.
- Aufklärung und Nutzermotivation
  Ein Ansatz, dem Druck seitens der Nutzer zu begegnen, ist eine Sensibilisierung für das Thema Energiesparen. Dies kann sowohl durch generelle Kampagnen (auch schon vor der Durchführung von Maßnahmen) als auch durch spontane Einzelgespräche geschehen. Somit ist der Erfolg der energietechnischen Gebäudebewirtschaftung häufig auch von den kommunikativen Aktivitäten (s.u.) des Energiemanagements abhängig.
- Unterstützung durch die obere Verwaltungsebene
  In der Regel ist es bei größeren Konflikten notwendig, dass sich die Mitarbeiter nicht nur auf Vorschriften (etwa Arbeitsplatzschutzverordnung) berufen können, sondern sie müssen auch direkte und persönliche Unterstützung von "höchster Stelle", also etwa den Amts- oder Referatsleitern erhalten.

- Technische Überzeugungshilfen
  In vielen Fällen können technische Mittel (wie etwa Temperaturfühler) helfen, um Diskussionen zu versachlichen.

9.4 Kommunikation

Je mehr der Energiebeauftragte als Vermittler zwischen den verschiedenen Verwaltungsstellen auftritt, umso mehr spielen kommunikative Aufgaben eine entscheidende Rolle. In manchen Kommunen ist das Energiemanagement sehr technisch auf eine zentral gesteuerte Bewirtschaftung der Liegenschaften orientiert. In den meisten Fällen erfolgt dies mit Hilfe einer zentralen Leitwarte und umfangreicher Gebäudeleittechnik. In diesem Falle sind die kommunikativen Aufgaben von geringerer Bedeutung als etwa in vielen kleineren Kommunen, in denen der Energiebeauftragte, im Umweltamt angesiedelt, die Aktivitäten des Hochbauamtes, der Hausmeister, der Kämmerei und anderer kommunaler und externer Akteure betreut und koordiniert (vgl. Fallstudie Goslar). Da bei den kommunikativen Aufgaben der Querschnittscharakter des Energiemanagements besonders deutlich wird, tauchen auch in der folgenden Beschreibung der Hemmnisse und Erfolgsfaktoren immer wieder Aspekte auf, die sehr stark in die drei Arbeitsbereiche Energiecontrolling, Bewirtschaftung und Modernisierungsmaßnahmen hineinreichen.

9.4.1 Soziale Kompetenzen des Energiebeauftragten

> „Die Fach- und *Sozial*kompetenz des Energiemanagers ist entscheidend für den Erfolg. Daher muß eine Persönlichkeit mit ausreichenden Qualitäten auf beiden Gebieten gefunden werden.“[22]

In Leitfäden, Evaluierungsberichten und Vorträgen wird immer wieder explizit auf die Notwendigkeit von engagierten und sozial kompetenten Energiebeauftragten hingewiesen (etwa: [KEA 1998] S. 18, [U.A.N. 1999]). Je mehr dem Energiebeauftragten eine Vermittler- und Koordinationsrolle zufällt, umso mehr sind soziale Kompetenzen seitens des Energiebeauftragten gefragt. In den von uns untersuchten Fällen, in den ein erfolgreiches Energiemanagement praktiziert wurde, trafen wir immer auf besonders engagierte Personen, die ihre eigene Begeisterung für das Thema Energiesparen und die von ihnen verfolgten Ansätze auch anderen gegenüber vermitteln und so weitere Personen mitziehen können. Ihre Funktion als Vermittler und Koordinator füllen sie gut aus und werden damit den Anforderungen, die sich aus dem Querschnittsaspekt des Energiemanagements ergeben, besonders gerecht. Durch überdurchschnittliche soziale Kompetenzen kann auch ein eher geringes technisches Know-how mehr als kompensiert werden (vgl. Fallstudie Goslar).

9.4.2 Kommunikation nach außen

Die Kommunikation der durchgeführten Maßnahmen und der erzielten Erfolge gegenüber der Öffentlichkeit und den politischen Entscheidungsträgern stellt eine wichtige Funktion im Energiemanagement dar. Sie liefert die Grundlage für eine politische

---

22 aus [KEA 1998] S. 18 – Hervorhebung durch Verfasser

Unterstützung der kommunalen Energiesparaktivitäten. Dies ist ein entscheidender Faktor, da der Erfolg des Energiemanagements sehr stark von verlässlichen Finanzierungszusagen für Modernisierungen abhängt. Unter diesem Gesichtspunkt ist es wichtig, dass gerade bei der Einführung eines Energiemanagements Maßnahmen angegangen werden, die schnelle öffentlichkeitswirksame Erfolge versprechen. Je umfangreicher das Energiecontrolling ist, umso besser können Evaluierungen von durchgeführten Maßnahmen vorgenommen und Erfolge dokumentiert werden.

9.4.3 Einbindung der Hausmeister

Wie in Abschnitt 9.3.2 dargestellt, spielen die Hausmeister in den meisten Kommunen eine zentrale Rolle im kommunalen Energiemanagement. Sie sind häufig für die Verbrauchsdatenerfassung und einen Großteil der energietechnischen Gebäudebewirtschaftung vor Ort verantwortlich. Aber auch bei Nutzermotivationskampagnen wie Fifty-Fifty ist die Mitarbeit der Hausmeister von großer Bedeutung. Daher ist es nötig, die Hausmeister gezielt in das Energiemanagement einzubinden und sie in ihrer Arbeit zu unterstützen.

Hausmeisterschulungen

Zu den Kommunikationsaufgaben des Energiemanagements gehört es, die Hausmeister zu schulen, so dass sie Optimierungen und einfache Wartungsarbeiten an den energietechnischen Anlagen vornehmen können. Gerade wenn Modernisierungen durchgeführt werden und neue technologisch komplexe Anlagen installiert werden, ist dies von besonderer Wichtigkeit. Nur durch qualifiziertes Bedienpersonal können die Potentiale neuer Technologien ausgeschöpft werden. Für eine professionelle Weiterbildung der Hausmeister müssen entsprechende Honorare für die die Schulungen durchführenden Ingenieurbüros oder Anlagenhersteller einkalkuliert werden (vgl. Fallstudie Goslar). Dass ein solcher Aufwand gerechtfertigt und lohnend ist, zeigt sich auch dadurch, dass Contractoren oft selbst Hausmeisterschulungen durchführen, um die garantierten Einsparungen erreichen zu können (vgl. Fallstudie Schwabach).

Honorierung der Erfolge

Entscheidend für eine konstruktive Unterstützung der Energiesparbemühungen durch die Hausmeister ist nicht nur deren Know-how, sondern vor allem auch deren Motivation, sich für das Energiemanagement zu engagieren. Die Anerkennung der durch die Hausmeister erbrachten Leistungen stellt einen wichtigen Schritt dar, der große motivationsfördernde Wirkung hat. Ein sehr erfolgreiches Mittel sind finanzielle Anreizsysteme in Form von Beteiligungen an den Energieeinsparungen (s.a. Abschnitt 9.3.2). Aber darüber hinaus können Leistungen auch in nicht-materieller Form honoriert werden. Häufig ist es einfach wichtig, dass die alltägliche Arbeit der Hausmeister gewürdigt wird. Erfolgreich waren oft auch kleine Gesten wie eine lobende Anerkennung auf der Weihnachtsfeier (vgl. Fallstudien Goslar und Schwabach).

Rückendeckung
Die Hausmeister sind häufig am unmittelbarsten mit unzufriedenen Nutzern konfrontiert. Ihnen gegenüber werden Kritik und Verärgerungen über defekte Geräte und unpopuläre Maßnahmen wie Temperaturabsenkungen geäußert. Damit dies nicht zu einer Frustration der Hausmeister führt, ist es notwendig, ihnen den Rücken zu stärken. Der Energiebeauftragte sollte aber nicht nur gegenüber den Nutzern, sondern auch gegenüber anderen Verwaltungsstellen die berechtigten Interessen der Hausmeister vertreten, z.B. wenn es darum geht, notwendiges Material zu beschaffen.

9.4.4 Nutzermotivation

In vielen Kommunen werden Nutzermotivationskampagnen durchgeführt. Sie stellen eine gute Möglichkeit dar, ohne große Investitionen schnell Energieeinsparungen zu erzielen. Darüber hinaus unterstützen sie den Erfolg anderer Aktivitäten im Bereich der Gebäudebewirtschaftung. Eine große Verbreitung haben Kampagnen an Schulen (Fifty-Fifty oder ähnliche Modelle - vgl. Fallstudien Berlin, Goslar und Rathenow). Es existieren aber auch einige sehr erfolgreiche Beispiele für Energiesparkampagnen in der Verwaltung (vgl. Fallstudie München). Über die direkt erzielten Energieeinsparungen hinaus haben Motivationskampagnen weitere wichtige positive Effekte:

- Erhöhung des Umweltbewusstseins
  Gerade die Maßnahmen an Schulen haben einen hohen didaktischen Wert. Hier können theoretische Inhalte (Physik) mit praktischem Wissen (Funktionsweise von Heizungsanlagen) gekoppelt werden. Ethische Werte (globale Umweltverantwortung) können thematisiert und als positiv und im doppelten Wortsinn gewinnbringend vermittelt werden.
- Förderung der Akzeptanz unpopulärer Maßnahmen
  Die Durchführung von Motivationskampagnen erleichtert die Arbeit bei der energietechnischen Bewirtschaftung, wenn unpopuläre Maßnahmen wie etwa Temperaturabsenkungen durchgeführt werden.
- Geringerer Vandalismus
  Durch Energiesparkampagnen an Schulen kann ein stärkeres Verantwortungsbewusstsein dem Gebäude gegenüber hervorgerufen werden. Besonders bei moderner Regelungstechnik (Heizungseinzelraumregelungen, Beleuchtungssensoren etc.) kann Vandalismus zu ernsten Schwierigkeiten führen. In Schulen, in denen Energiesparkampagnen durchgeführt wurden, stellte Vandalismus in der Regel kein Problem dar.

Trotz der insgesamt sehr positiven Bewertung von Maßnahmen zur Nutzermotivation, müssen einige Einschränkungen gemacht werden:

Hoher Betreuungsaufwand
Der Betreuungsaufwand, den Motivationskampagnen erfordern, darf nicht unterschätzt werden. Das Ausloben von Preisgeldern oder Beteiligungen an Einsparungen allein reicht in der Regel nicht aus. Nimmt man den Arbeitsaufwand aller Beteiligten (Energiebeauftragter, Hausmeister, Lehrer und Nutzer) zusammen, so ist das Verhältnis von Arbeitsaufwand zu Energieeinsparung häufig schlechter als bei anderen Maßnahmen. Allerdings greift eine derart reduzierte Betrachtung zu kurz. Die

oben genannten positiven Nebeneffekte können zwar in der Regel nicht als direkte Einsparung quantifiziert werden, stellen jedoch einen Gewinn dar, der den relativ hohen Aufwand von Motivationskampagnen gerechtfertigt.

Erfolg abhängig vom Gebäudezustand
Ein Großteil der Energiesparpotentiale, die durch verändertes Nutzerverhalten leicht erschlossen werden können, fallen weg, wenn moderne Regeltechnik eingebaut wird. Insofern stehen Nutzermotivationskampagnen in Konkurrenz zum Einsatz von Telematik. Die erzielbaren Erfolge können nur in geringem Umfang akkumuliert werden. Andererseits ist ein zu schlechter technischer Gebäudezustand hemmend für Motivationskampagnen. Wenn beispielsweise an den einzelnen Heizkörpern keine oder nur defekte Ventile vorhanden sind, so gibt es kaum Ansatzpunkte durch verändertes Nutzerverhalten den Heizenergieverbrauch zu senken.

Inkompatibilität mit Contracting
Nutzermotivationskampagnen, die auf finanzielle Anreizsysteme bauen, sind in der Regel nicht mit Energiesparcontracting-Projekten kombinierbar, da nicht festgestellt werden kann, wem die erzielten Einsparungen angerechnet werden müssen. Ein ungewöhnlicher Weg wird in einem Berliner Contracting-Pool beschritten. Hier erhalten Schulen, die Energiesparkampagnen durchführen, eine feste Zuwendung vom Contractor. Dieser geht davon aus, dass durch die Mitarbeit der Schüler Einsparungen in mindestens der doppelten Höhe erzielt werden, welche dann fifty/fifty aufgeteilt werden (vgl. Fallstudie Berlin).

Erfolgsfaktoren für Nutzermotivationskampagnen

Aus den von uns untersuchten Fallstudien können zwei wesentliche Faktoren abgeleitet werden, die den Erfolg von Nutzermotivationskampagnen verstärken:

Finanzielle Anreizsysteme
Sehr gute Erfahrungen wurden allgemein mit finanziellen Anreizsystemen gemacht. Die Beteiligung von Gebäudenutzern an den von ihnen erzielten Energieeinsparungen ist ein Schlüsselfaktor für den Erfolg von Motivationskampagnen. Dabei ist häufig der symbolische Charakter der Anerkennung wichtiger als der monetäre Betrag (vgl. Fallstudie München). Somit ist es entscheidend, dass die Honorierung des Erfolges möglichst schnell und ggf. in einem repräsentativen Rahmen erfolgt. Wenn die Abrechnung der Energieeinsparung erst Jahre später erfolgt, dann bricht gerade bei Schülern die Motivationsgrundlage für eine langfristige Fortsetzung des Projektes weg (vgl. Fallstudie Berlin).

Lokale Ansprechpartner – klare Strukturen
Für Motivationskampagnen bedarf es lokaler Ansprechpartner, die einen unmittelbaren Kontakt zu den Nutzern haben (Lehrer in Schulen, Kontaktperson in Verwaltungsgebäuden). Diese müssen neben Engagement und Begeisterung für die Sache auch über ausreichend zeitliche Kapazitäten verfügen, um das Projekt über mehrere Jahre hinweg begleiten zu können. Um diesen Ansprechpartnern den Rücken zu stärken, ist nicht nur die Weitergabe von Informationen durch das Energiemanagement notwendig. Darüber hinaus sollten klare Verantwortlichkeiten auf Seite der

Verwaltung und transparente Prozesse existieren, um zu verhindern, dass die Ansprechpartner einen Grossteil ihrer Arbeit auf die Überwindung bürokratischer Hürden verwenden müssen.

9.5 Planung und Umsetzung von investiven Energiesparmaßnahmen

Der Bereich Planung und Umsetzung von Modernisierungsmaßnahmen wird in den einzelnen Kommunen sehr unterschiedlich gehandhabt. In der Regel ergeben sich aus den anderen Aufgabenbereichen des KEM Ansatzpunkte für notwendige Modernisierungen. Durch das im Energiecontrolling und bei der Gebäudebewirtschaftung erworbene Know-how können die Mitarbeiter des Energiemanagements günstige Maßnahmen identifizieren und in die Bauplanung einbringen. Die Zuständigkeiten bei der Umsetzung von Modernisierungen sind in den einzelnen Kommunen sehr unterschiedlich geregelt. In der Regel liegt die Betreuung der Bauausführung beim Hochbauamt.

In vielen Fällen beklagen die Mitarbeiter des Energiemanagements, dass das Energiesparpotential, das durch Modernisierungen aus ihrer Sicht erschlossen werden könnte, nicht ausgeschöpft wird. In der Regel werden mangelnde finanzielle Mittel als Gründe genannt. Im folgenden sollen daher einerseits allgemeine Erfolgsfaktoren für die Planung und Umsetzung von Modernisierungsmaßnahmen genannt werden, andererseits werden spezielle Aspekte von verschiedenen Finanzierungsmodellen dargestellt.

9.5.1 Erfolgsstrategien

Datenbasis als Grundlage
Damit Modernisierungsmaßnahmen effizient gestaltet werden können - um also mit einen bestimmten Budget eine maximale Energieeinsparung zu erzielen - ist eine gute Datenbasis eine Grundvoraussetzung. Hier ist allgemein ein Defizit in vielen Kommunen zu konstatieren. Wie in Abschnitt 9.2 Energiecontrolling bereits dargelegt, sind sowohl die Gebäudebasisdaten, als auch Energieverbrauchsdaten häufig lückenhaft. Es können zwar in der Regel eine ganze Reihe von dringend notwendigen Maßnahmen benannt werden. Die Datenbasis reicht häufig jedoch nicht aus, um die rentabelsten Maßnahmen zu identifizieren. Dies wäre jedoch sowohl für eine strategische Planung (s.u.) als auch für die Sicherstellung einer politischen Unterstützung und der daran gekoppelten Finanzierungssicherheit unbedingt erforderlich.

Langfristige Strategieplanung
Eine strategische Modernisierungsplanung stellt in vielerlei Hinsicht einen Erfolgsfaktor für das gesamte kommunale Energiemanagement dar. Durch die Bündelung von Maßnahmen, insbesondere die Zusammenlegung von Energiesparmaßnahmen mit ohnehin anstehenden Sanierungen, können erhebliche Kostenreduzierungen erreicht werden. Technische Modernisierungen sind aber auch langfristig erfolgreicher, wenn sie in ein strategisches Konzept des kommunalen Energiemanagements eingebunden sind. Besonders im Hinblick auf die zukünftige Bewirtschaftung muss geklärt werden, ob diese in Eigenregie erfolgen oder ob sie als Dienstleistung ausge-

lagert werden sollen. Außerdem muss zwischen den Alternativen einer zentral gesteuerten oder dezentralen energietechnischen Gebäudebewirtschaftung entschieden werden. Derartige Strategieentscheidungen haben direkten Einfluss auf die technologische Spezifizierung von neuen Anlagen, z.B. MSR-Anlagen zur Gebäudeautomation. Werden Kaufentscheidungen für neue Produkte vorwiegend ad hoc getroffen, besteht die Gefahr, dass innerhalb kürzester Zeit eine Vielzahl nicht kompatibler Systeme parallel zueinander existieren.

Gebündelte Informationen und Kompetenzen
Um strategisch orientierte Modernisierungsmaßnahmen koordinieren zu können, ist es nicht nur notwendig, dass die hierfür erforderlichen Informationen in der Verwaltung prinzipiell vorhanden sind, sie müssen insbesondere für die Stellen mit Entscheidungskompetenz auch leicht verfügbar sein. Für Maßnahmen, die originär nicht in die Zuständigkeit des Energiemanagements fallen (bauliche Sanierung, Bewilligung von privaten Neu- und Umbauanträgen, etc.), bietet es sich an, dass eine Zurkenntnisnahme durch das Energiemanagement institutionalisiert wird (vgl. Fallstudie Rathenow). So kann das Know-how des Energiemanagements auch von anderen Bereichen genutzt werden.

9.5.2 Finanzierungsmodelle

Bei der Durchführung investiver Energiesparmaßnahmen spielen Finanzierungsmodelle eine entscheidende Rolle. In keinem anderen Bereich des KEM ist das Machbare so stark davon abhängig, wieviel Geld zur Verfügung steht. In der Vergangenheit sind daher einige neue Finanzierungsmodelle entwickelt worden. Eine umfassende Bewertung dieser Modelle würde den Rahmen dieser Untersuchung sprengen. Es sollen jedoch neben allgemeinen Hemmnissen und Erfolgsfaktoren im Bereich der Finanzierung einige spezielle Aspekte der beiden Contracting-Modelle Energiesparcontracting und verwaltungsinternes Contracting (Intracting) beleuchtet werden. Diese beiden Alternativen unterscheiden sich nicht nur in der Form der Finanzierung von Modernisierungen, sondern auch hinsichtlich der beteiligten Akteure und dem Ablauf der Bewirtschaftung der modernisierten Gebäude. Dies hat unmittelbaren Einfluss auf den Einsatz telematischer Anwendungen und ist daher für unsere Untersuchung von besonderem Interesse.

Verlässliche Planung
Grundsätzlich stellen langfristige und verlässliche Finanzierungsplanungen einen Erfolgsfaktor für das kommunale Energiemanagement dar. Bewährt haben sich Konzepte mit einer dauerhaften Grundfinanzierung, die in Abhängigkeit der erzielten Einsparungen aufgestockt wird (vgl. Fallstudien München). Eine Finanzierung die zu 100% von den im Vorjahr erzielten Einsparungen abhängt, wird als zu unsicher eingestuft um ein langfristiges Arbeiten zu gewährleisten. Vorteilhaft ist es darüber hinaus, wenn Mittel über den Jahreswechsel akkumuliert werden können und es so möglich wird, größere Investitionen zu tätigen (vgl. Fallstudie Rathenow).

Nutzung von Fördermitteln
Für eine Reihe von investiven Maßnahmen stehen zum Teil umfangreiche Förderbudgets aus EU-, Bundes- oder Landesmitteln zur Verfügung. Diese werden nur von

wenigen Kommunen in Anspruch genommen. Zum Teil wird das Volumen mancher Förderprogramme nicht voll ausgeschöpft. Dies liegt häufig daran, dass die Energiebeauftragten nicht von der Existenz einzelner Programme wissen oder die Antragstellung zu aufwendig erscheint. Das Einwerben externer Mittel stellt trotz des damit verbundenen Aufwands einen starken Erfolgsfaktor dar. Ein Aspekt hierbei ist, dass durch eine anteilige externe Finanzierung Lobbyarbeit für eine stärkere politische Unterstützung und kommunale Finanzierung des Energiemanagements betrieben werden kann.

Intracting

Das Intracting-Modell stellt eine gute Finanzierungsmöglichkeit dar, mit dem eine langfristige Planung von wirtschaftlichen Modernisierungsmaßnahmen gewährleistet werden kann [Kristof 1998 B], [Kienzlen 1998]. Im Vergleich zum Energiesparcontracting weist es den Vorteil auf, dass die erzielten Gewinne vollständig in der Kommune verbleiben. Weiterhin kann in der Kombination mit anderen Maßnahmen (Sanierungen, laufende Fifty-Fifty Projekte o.ä.) kulanter umgegangen werden, so dass hier mehr Wahlfreiheiten für die Kommune bestehen. Gerade in der Kombination mit Sanierungen besteht die Möglichkeit größere Energiesparpotentiale zu erschließen, die für einen privaten Investor zu lange Amortisationszeiten aufweisen würden.

Es muss allerdings eingeschränkt werden, dass das Modell Intracting nicht für alle Kommunen gleichermaßen geeignet ist. Je nachdem welches rechtliche Konstrukt genau gewählt wird, stehen Intracting-Modelle immer unter dem Vorbehalt von Haushaltssperren. Wenn hier der politische Wille fehlt, ist eine Langfristigkeit nicht zu gewährleisten und das Modell scheitert, wenn der Finanzdruck steigt (vgl. Fallstudie Berlin). Außerdem ist Intracting nur für diejenigen Kommunen sinnvoll, die über ein hohes technisches Know-how verfügen und die aufgrund ihrer Personalausstattung in der Lage sind, Modernisierungen ähnlich professionell zu betreuen, wie dies ein Contractor tun würde. Große Kommunen mit hochspezialiserten Bauabteilungen (vgl. Fallstudie München) sind hier kleinen Kommunen mit nur einem Energiebeauftragten im Vorteil.

Dabei muss betont werden, dass Intracting und Contracting sich nicht gegenseitig ausschließen, sondern im Gegenteil gut kombinierbar sind. So ist es eine erfolgreich praktizierte Option, einen kleinen Fonds für gering-investive Maßnahmen einzurichten und darüber hinaus große Modernisierungsmaßnahmen aus anderen Mittel, ggf. über Contracting-Modelle, zu finanzieren.

Energiesparcontracting

Das Konzept des Energiesparcontractings ermöglicht es Kommunen, schnell Modernisierungen vorzunehmen ohne eigene Finanzmittel nutzen oder eigenes Know-how aufbauen zu müssen. Dennoch ist das Instrument nicht so weit verbreitet, wie dies zu erwarten wäre, wenn man bedenkt, dass es einerseits ideal auf die Bedürfnisse der Kommunen angepasst zu sein scheint und es andererseits in einer Reihe von erfolgreichen Pilotprojekten seine Umsetzbarkeit bewiesen hat. In den kommunalen Verwaltungen gibt es vehemente Contractingbefürworter und –gegner Im folgenden soll keine abschließende Bewertung des Konzeptes Energiesparcontracting vorgenommen werden. Es sollen lediglich einige hervorstechende Aspekte benannt werden, die bei der Analyse der Fallstudien erarbeitet wurden (vgl. u.a. Fallstudien Berlin, Potsdam, Schwabach)

Hemmnisse
Folgende Faktoren erschweren die breite Umsetzung von Energiesparcontracting-Projekten:

- Aufwendige Baseline-Identfizierung
  Bevor es zur Ausschreibung eines Contracting-Projektes kommt, müssen die Energieverbrauchsdaten der Gebäude erhoben werden. Da diese in der Regel nicht vorhanden sind, ist die Identifizierung der Baseline mit einem hohen Aufwand verbunden.
- Mangelndes Know-how wegen Einzelfallcharakter
  In kleineren Kommunen gibt es häufig nur wenige Liegenschaften die für Contracting-Projekte in Frage kommen. Dadurch geschieht es häufig, dass die Ausschreibung eines Contracting-Projektes etwas einmaliges bleibt. Dies gilt auch für die Großstadt Berlin, in der zwar insgesamt schon 11 Energiesparcontracting-Projekte begonnen wurden. Jedes einzelne Projekt fiel aber in die Zuständigkeit einer anderen Verwaltungsstelle.
- Keine Vollkostenrechnung
  In den meisten Fällen wurden die Aufwendungen auf Seite der Verwaltung (Personal, Betreuung) nicht vollständig erfasst. Somit ist eine objektive Überprüfung, ob eine Umsetzung in Eigenregie günstiger gewesen wäre nicht möglich.
- Langfristige Nutzungssicherheit
  Für Gebäude, die mit Hilfe von Energiesparcontracting modernisiert werden sollen, muss eine langfristig gleichbleibende Nutzung gewährleistet werden können. Diese Einschränkung stellt für öffentliche Liegenschaften in der Regel kein gravierendes Problem dar. Allerdings reduziert sich dadurch die Anzahl der Gebäude, die für Energiesparcontracting in Frage kommen.

Erfolgsfaktoren
Folgende Faktoren tragen zum Erfolg von Energiesparcontracting-Projekten bei:

- Poolbildung
  Das Konzept, mehrere Gebäude in einem Pool auszuschreiben, hat sich sowohl in kleinen wie auch in großen Städten bewährt (vgl. Fallstudien Berlin und Schwabach). Hierdurch reduziert sich der Bearbeitungsaufwand für das einzelne Gebäude. Zusätzlich wird das Risiko für den Contractor gemindert. Dies führt insgesamt dazu, dass auch Gebäude mit geringerem Energiesparpotential für das Instrument Contracting in Frage kommen.
- Unterstützung durch Berater
  Gerade da die Ausschreibung von Contracting-Projekten aufwendig ist und in den meisten Fällen ein Novum für den betreuenden Mitarbeiter darstellt, ist eine Unterstützung bei der Projektabwicklung durch einen unabhängigen Berater hilfreich. Hier muss gewährleistet sein, dass der Berater sowohl kompe-

tent ist als auch kein Eigeninteresse hinsichtlich der ausgeschriebenen Leistungen verfolgt.

- Know-how Transfer durch frühzeitige Einbindung
  Um die Vorzüge des Konzeptes auch in der Bewirtschaftungsphase und nach Ablauf des Contracting-Vertrages optimal nutzen zu können, ist es nötig, einen Know-how Transfer vom Contractor in die Kommune einzufordern und aktiv zu unterstützen. Hierfür ist es sinnvoll, dass diejenigen Verwaltungsmitarbeiter, die für die Bewirtschaftung der Gebäude verantwortlich sind frühzeitig und eng in das Contracting-Projekt mit eingebunden werden (vgl. Fallstudien Schwabach und Potsdam).

10 Erfolgsfaktoren und Hemmnisse für den Einsatz von Telematik im KEM

Die Rahmenbedingungen in denen Telematik eingesetzt wird, haben entscheidende Auswirkungen darauf, ob der Einsatz erfolgreich ist oder nicht. Die in Kapitel 12 dargestellten Potentiale telematischer Anwendungen werden nicht allein durch die Installation bestimmter Technologien erreicht. Zu welchem Anteil diese Potential ausgeschöpft werden, hängt stark davon ab, ob bestimmte Erfolgsfaktoren gegeben sind oder nicht.

Die in den Fallstudien analysierten Kommunen haben einschlägige Erfahrungen mit telematischen Anwendungen gemacht. Die Faktoren, die zu einem erfolgreichen Einsatz von Telematik im kommunalen Energiemanagement geführt haben und die Hemmnisse, die hinderlich waren, werden im folgenden dargestellt. Dabei wurden die Erfolgsfaktoren und Hemmnisse aus vier Untersuchungsebenen ermittelt:

- Organisationsstruktur
- Finanzierung
- Technische Funktionalität
- Psycho-soziale Faktoren

Im folgenden werden entweder Hemmnisse oder Erfolgsfaktoren benannt. Prinzipiell lassen sich natürlich durch die Negativierung von Erfolgsfaktoren immer Hemmnisse formulieren und umgekehrt. Dabei orientiert sich die folgende Darstellung in welcher Weise die einzelnen Faktoren in den einzelnen Fallstudien, bzw. in der Mehrzahl der untersuchten Fälle aufgetreten ist. Die Tatsache, dass in einigen Bereichen mehr Erfolgsfaktoren als Hemmnisse genannt werden, ist nicht gleichbedeutend damit, dass es bezogen auf das kommunale Energiemanagement in Deutschland hier nur geringe Defizite gäbe. Vielmehr spiegelt dies nur die Tatsache wider, dass von uns vorwiegend Best-practice-Beispiele untersucht wurden.

10.1 Allgemeines

Gesteigerte Anforderung in der Bedienung

Durch den Einsatz von Telematik ergeben sich meist gesteigerte Anforderungen an das Bedienpersonal. In vielen Fällen ist ein spezialisiertes technisches Know-how erforderlich. Dabei bieten sich unterschiedliche Strategien an, ein solches Know-how zu mobilisieren – es muss nicht notwendigerweise von den Verwaltungsmitarbeitern selbst erworben werden. Grundsätzlich muss hier beachtet werden, dass großen Städten ganz andere Möglichkeiten zur Verfügung stehen, eine solche Spezialisierung ihrer Verwaltungsmitarbeiter zu fördern, als dies in kleinen Kommunen der Fall ist.

Contractoren nutzen Telematik

Im Vergleich zu kommunalen Verwaltungen setzen Contractoren in wesentlich höherem Umfang telematische Anwendungen ein. Die Installation einer Gebäudeleittechnik mit zentraler Leitwarte sowie von fernauslesbaren Verbrauchszählern ist bei

Einsparcontracting-Projekten etablierter Standard. Hierfür gibt es eine Vielzahl von Gründen, die aus den unterschiedlichen Rahmenbedingungen resultieren unter denen Kommunen und Contractoren arbeiten. Zum einen können Contractoren einige Vorteile der Telematik besser nutzen als Kommunen. Zum anderen werden manche Vorteile der Telematik von Kommunen nicht als solche wahrgenommen. Bei den folgenden Hemmnissen und Erfolgsfaktoren für den Einsatz von Telematik wird öfters der Vergleich zu Contractoren gezogen, um aufzuzeigen, wie auch Kommunen die Potentiale telematischer Anwendungen besser ausnutzen können.

Strategische Planung
Ein Erfolgsfaktor für den effizienten Einsatz von Telematik ist die frühzeitige Entwicklung einer Modernisierungsstrategie. Die Installationskosten telematischer Anwendungen können deutlich reduziert werden, wenn Einzelmaßnahmen geschickt gebündelt werden. So bietet es sich an, bei Gebäudesanierungen prinzipiell Busleitungen zu verlegen und Raumfühler zu installieren, auch wenn eine Modernisierung mit telematischen Komponenten erst später erfolgt (vgl. Fallstudie Remscheid). Hierfür muss aber ein langfristiges Konzept existieren, das insbesondere die Festlegung auf bestimmte technische Systeme beinhaltet, wie etwa die Wahl des Gebäudeleittechniksystems oder ähnliches.

10.2 Organisationsstruktur

10.2.1 Erfolgsfaktoren

Organisatorische Anbindung an das Baureferat
Die organisatorische Anbindung an das Hochbauamt erleichtert die Umsetzung telematikbasierter Strategien im Energiemanagement. In der Regel sind die Hochbauämter sehr technisch ausgerichtet. Ihre Mitarbeiter verfügen über technisches Know-how und haben auch das persönliche Leitbild, neue Technologien zu verwenden. Dies unterstützt den erfolgreichen Einsatz von Telematik. Der Fokus der Aktivitäten des Hochbauamtes liegt auf der energietechnischen Gebäudebewirtschaftung und der Durchführung von Modernisierungsmaßnahmen. Wird das kommunale Energiemanagement im Hochbauamt angesiedelt, werden technisch orientierte Lösungen gesucht, um Energieeinsparungen zu erzielen.

Schulungen und Einbindung des Bedienpersonals
Für das Funktionieren telematischer Anwendungen ist es essentiell wichtig, dass die Personen, die die Anlagen bedienen, dafür geschult werden. In der Regel ist eine umfangreiche erste Einweisung erforderlich. Es hat sich aber als günstig erwiesen, Schulungen zyklisch wiederkehrend mit kleinen wohldosierten Informationsportionen durchzuführen. Damit die erreichbaren Energiesparpotentiale auch wirklich ausgeschöpft werden, muss sichergestellt sein, dass das Bedienpersonal die Funktionsweisen und Fähigkeiten ihrer Anlagen kennt. Sonst kommt es schnell zu Situationen wie der folgenden: In einer Schule mit Unterrichtsbeginn 8:00 Uhr, war im Belegungsplan der Einzelraumheizung 6:00 Uhr eingegeben, „damit es um 8:00 Uhr dann auch warm ist“. Die Anlage verfügte über einen selbstlernenden Algorithmus, der die

Hochheizzeiten für jeden Raum berechnet. Ein Vorheizen wäre damit völlig unnötig gewesen.

Gerade bei der Installation komplexer Technologien mit hohem Anspruch in der Bedienung, wie etwa Gebäudeleittechniken oder vernetzte Datenbanken, kann es vorteilhaft sein, wenn die betreuenden Mitarbeiter bereits bei der Konzeption und beim Aufbau aktiv mit eingebunden werden (vgl. Fallstudie Potsdam). Dadurch können einerseits Planungsfehler minimiert werden. Andererseits erhalten die Mitarbeiter hier die beste Möglichkeit, sich mit der Anlage vertraut zu machen.

Einbindung des Betriebsrats
Die Durchführung von Energiesparmaßnahmen und der Einsatz von neuen Technologien hat unter Umständen Veränderungen der Arbeitsbedingungen der Verwaltungsmitarbeiter zur Folge. Diese reichen von einer Reduzierung der Raumtemperatur bis hin zu Datenschutzaspekten bei der Erfassung von Nutzerverhalten zur energieoptimierten Regelung technischer Anlagen bzw. bei der Kopplung von elektronischen Schlüsselsystemen mit Automationstechnologien zur Steuerung der energietechnischen Anlagen. Eine frühzeitige Information des Betriebsrates über anstehende Modernisierungen hilft die Akzeptanz zu erhöhen und Fehlplanungen zu vermeiden. Unter Umständen müssen in die Betriebsvereinbarung neue Aspekte aufgenommen werden.

Personelle Flexibilität
Der Einsatz von Telematik ermöglicht es, viele Arbeitsschritte im KEM effizienter zu gestalten. Häufig kann auf zeitintensive Vor-Ort-Begehungen verzichtet werden (s.a. Kapitel 12.2.2). Ob solche Arbeitserleichterungen auch einen Gewinn darstellen, hängt davon ab, in wie weit freiwerdende personelle Kapazitäten für andere Zwecke genutzt werden können oder ob sie zu direkten Kostenentlastungen führen. Arbeitserleichterung und Zeitersparnis werden häufig von Contractoren als Argumente für den Einsatz von Telematik angeführt. Dabei muss berücksichtigt werden, dass Contractoren wesentlich flexibler mit Personal umgehen können, als Kommunen (Zuweisen anderer Aufgaben, Neueinstellung und Entlassung). Außerdem haben Kommunen im Bezug auf die Bewirtschaftung ihrer Gebäude weitreichendere Aufgaben als Contractoren, welche nur die Bewirtschaftung der energietechnischen Anlagen übernehmen. So beschäftigen die Kommune in vielen Liegenschaften Hausmeister, die das Ablesen der Zählerstände mit nur geringfügigem Mehraufwand übernehmen können. Einen Hausmeister für diese Arbeit extra einzustellen, wäre für einen Contractor völlig unsinnig.

Personalkostencontrolling
Ob Rationalisierungseffekte die durch Telematik erschlossen werden, als solche erkannt werden, hängt davon ab, in wie weit sie in einem Personalkosten- bzw. Arbeitszeitcontrolling erfasst werden. Hier weisen die Kommunen deutliche Defizite auf. In der Regel kann nicht benannt werden wie hoch der Personalkostenanteil einzelner Maßnahmen ist. Dadurch ist es nicht möglich, belastbare Vergleichsrechnung durchzuführen, in denen die Investitionskosten für Telematik den eingesparten Personalkosten gegenübergestellt werden. Auch hier zeigt der Vergleich zu den

Contractoren, dass diese Telematik wesentlich effektiver einsetzen, weil der Faktor Lohnkosten in ihrer Kalkulation eine entscheidende Rolle spielt.

10.2.2 Hemmnisse

Mangel an Verantwortlichen in Schulen
In Schulen gibt es häufig keine institutionell Verantwortlichen für telematische Systeme. Nur wenn einzelne Lehrer mit großem privaten Engagement dafür sorgen, dass internetfähige Computer funktionstüchtig bleiben oder dass die Messtechnik der Photovoltaikanlage gewartet wird, sind die technischen Vorraussetzungen vorhanden, telematische Anwendungen für den Schulunterricht nutzbar zu machen.

10.3 Finanzierung

Planungssicherheit durch feste Grundfinanzierung
Eine langfristig verlässliche Finanzierungsplanung stellt einen generellen Erfolgsfaktor im kommunalen Energiemanagement dar (s.a. Abschnitt 9.5.2). Im Bezug auf die Installation von telematischen Anwendungen hat sie jedoch eine besondere Bedeutung. Beim Aufbau vernetzter Datenbanken oder bei der Installation von Gebäudeleittechniken mit zentraler Leitwarte handelt es sich um Projekte deren Realisierung sich über mehrere Jahre hinzieht. Es werden technologische Entscheidungen getroffen, die langfristig Bestand haben müssen. Hierzu gehört insbesondere, dass die Finanzierung des ganzen Systems gesichert sein muss. Sonst kann es passieren, dass hohe Investitionen getätigt werden, der Erfolg aber gefährdet ist, weil einzelne Komponenten nicht mehr finanzierbar sind.

Firmenneutrale Ausschreibungen
Wenn die Ausschreibung von Gebäudeleittechniken firmen- bzw. produktneutral erfolgt, können durch die hervorgerufene Konkurrenz der Anbieter die Kosten für Modernisierungen erheblich gesenkt werden (s. a. FND in Abschnitt 10.4.1). Dies gilt insbesondere für Contracting-Ausschreibungen. Hier führt eine produktbezogene Ausschreibung der zu installierenden Leittechnik fast zwangsläufig zu einer Vorauswahl des Contractors. Wobei zu bedenken ist, dass die Hersteller von MSR-Anlagen diese zwar zu einem günstigen Preis liefern können, aber nicht notwendigerweise die besten Energieeinsparungen erzielen.

Einschränkend ist hier jedoch anzumerken, dass es durch firmenneutrale Ausschreibungen schnell zu einer Produktvielfalt in den einzelnen Liegenschaften kommt, deren Nachteil in einer aufwendigen Bedienung und geringer Kompatibilität besteht (s.a. Kap. 10.4). Firmenneutrale Ausschreibungen sind daher nur zu empfehlen: in großen Kommunen, in denen eine Limitierung auf ein Fabrikat ohnehin nicht aufrecht zu erhalten wäre, bei Contracting-Projekten und bei der Verwendung eines firmenneutralen Datenübertragungssystems (FND, vgl. Fallstudie München).

10.4 Technische Funktionalität

10.4.1 Erfolgsfaktoren

Weniger ist mehr
Selbst wenn die Faszination des technisch Machbaren gerade bei telematischen Anwendungen besonders hoch ist – *alle Funktionen eines Gebäudes können per Knopfdruck oder Mausklick vom Schreibtisch aus gesteuert werden* – so sollte der Leitspruch „Weniger ist mehr" doch beherzigt werden. Die Tatsache, dass gerade das Energiemanagement der Stadt Remscheid, welche seit Jahren überaus erfolgreich umfangreiche Gebäudeleittechnik in Eigenregie plant, installiert und betreut, dieses Motto als ihr Leitbild ausgewählt hat, spricht für sich (vgl. Fallstudie Remscheid). Nur wenn Telematik zielgerichtet eingesetzt und auf das funktional Notwendige beschränkt wird, kann gewährleistet werden, dass das Potential der telematischer Anwendungen ausgeschöpft wird. Andernfalls kann es leicht dazu kommen, dass „die Technik den Mensch beherrscht" (vgl. Fallstudie Goslar).

Dezentrale selbständige Einheiten
Der Einsatz leicht zu bedienender und wenig zentralisierter GLT hat sich sehr bewährt (vgl. Fallstudie Goslar). Wo immer möglich sollte lokalen Regelmechanismen und interaktiven Systemen (s. Kap. 6.3.2.2) der Vorzug vor zentral zu steuernden Einheiten gegeben werden. Ein gutes Beispiel stellt die Lichtsteuerung mit Helligkeits- und Präsenzmeldern dar, die wesentlich fehlerresistenter arbeitet als komplexe Gebäudeleittechniken, bei denen der Hausmeister von einer Zentrale aus das Licht in allen einzelnen Räumen steuert.

Angepasste Eigenentwicklungen
Viele der untersuchten Kommunen haben größere oder kleinere technische Eigenentwicklungen im KEM eingesetzt. Diese reichten von einzelnen Programmroutinen (vgl. Fallstudie Rathenow) über ganze Programme zum Energiecontrolling (Goslar, Berlin, Stuttgart, Heidelberg, u.a.), bis hin zu Leittechnikkonzepten mit Soft- und Hardwarekomponenten (Remscheid, München). Diese Anwendungen waren auf die speziellen Anforderungen angepasst und funktionierten daher fast immer sehr gut. Darüber hinaus hatten sich die Kommunen ein spezielles Know-how bei der Entwicklung dieser Computerprogramme und telematischen Konzepte erworben das dann für die spätere Nutzung zur Verfügung stand, so dass es hier nur selten zu Schwierigkeiten kam.

Einheitliche technische Standards
Durch einheitliche technische Standards in einer Kommune wird die Bedienung telematischer Anwendung erheblich erleichtert. Für den einzelnen Mitarbeiter ist es von Vorteil, wenn er nur einen oder möglichst wenige Systemtypen betreuen muss. Der Bedarf an Schulungen sinkt dadurch beträchtlich. Die Potentiale des Systems können besser ausgeschöpft werden. Gerade für Gebäudeleittechniken stellt dies einen großen Vorteil dar. Wenn darüber hinaus nur ein System innerhalb einer Kommune verwendet wird, erleichtert dies die Vertretung einzelner Mitarbeiter (etwa im Krankheitsfall oder Urlaubszeiten) zu arrangieren. Wenn gleichzeitig unterschied-

liche Gebäudetypen optimal bedient werden sollen, müssen zumindest zum Teil Eigenentwicklungen der Kommunen, bzw. firmenneutrale Datenübertragungssysteme eingesetzt werden (vgl. Fallstudien Remscheid und München).

Firmenneutrales Datenübertragungssystem
Mithilfe eines firmenneutralen Datenübertragungssystems (FND) können Gebäudeleittechniken unterschiedlicher Hersteller auf eine zentrale Leitwarte aufgeschlossen werden. Dadurch ergibt sich die Möglichkeit, die GLT einzelner Gebäude firmenneutral auszuschreiben und die damit einhergehenden Kostenvorteile zu nutzen und gleichzeitig die Vorzüge einer zentralen Leitwarte genießen zu können. Das FND-Konzept der Stadt München stellt hier eine technisch ausgereifte Lösung dar, die anderen Kommunen kostenlos zur Verfügung gestellt wird (vgl. Fallstudie München). Allerdings muss eingeschränkt werden, dass für den Betrieb ein höheres technisches Know-how vorhanden sein sollte, als beim Kauf einer kommerziellen Leitwarte eines Systemherstellers, der bei Schwierigkeiten umfangreiche Service- und Unterstützungsleistungen anbietet.

10.4.2 Hemmnisse

Bedienerunfreundlichkeit / beschränkte Möglichkeiten
Telematische Anwendungen und Software (etwa für Energiecontrolling oder für Leittechniken) weisen häufig nur beschränkte funktionale Möglichkeiten auf, die nicht an die Bedürfnisse im KEM angepasst sind. Darüber hinaus erweisen sich einige kommerzielle Produkte als benutzerunfreundlich. Auf diese Aspekte wird in Kapitel 11 vertiefend eingegangen. In der Praxis führt dies dazu, dass das Potential telematischer Anwendungen nicht ausgeschöpft wird, weil der Arbeitsaufwand zu hoch ist oder weil frustrierte Nutzer frühzeitig vor der Technik kapitulieren.

Eigenentwicklungen sind pflegebedürftig
Problematisch bei der Eigenentwicklung technischer Lösungen ist seltener die initiale Entwicklung, sondern meist die langfristige Gewährleistung der Funktionalität. Mit neuen wachsenden Ansprüchen müssen Erweiterungen programmiert werden. Durch Veränderung der allgemeinen Standards (Übergang von Windows 3.11 auf Windows 95 o.ä.) müssen zyklisch Weiterentwicklungen (Updates) vorgenommen werden. Für eine einzelne Kommune ist dies auf Dauer oft nicht zu leisten (vgl. Fallstudie Goslar). Lösungsansätze bieten hier ein Zusammenschluss mehrerer Kommunen (etwa im FND-Netzwerk, vgl. Fallstudien München und Berlin) oder die Möglichkeit, technische Eigenentwicklungen an eine private Firma zur Vermarktung weiterzuverkaufen. Der Vertrieb (ggf. Verkauf) von neuen technologischen Entwicklungen in Eigenregie ist für Kommunen nur schwer praktizierbar (vgl. Fallstudie Goslar).

10.5 Psycho-soziale Faktoren

10.5.1 Erfolgsfaktoren

Technisches Leitbild des Energiebeauftragten
Neben der fachlichen Qualifikation des Energiebeauftragten, bzw. der Mitarbeiter des Energiemanagements sind ihre Leitbilder entscheidend für den erfolgreichen Einsatz telematischer Anwendungen. Energiebeauftragte, die eher technisch orientierte Leitbilder haben, begreifen Schwierigkeiten, wie sie bei dem Einsatz telematischer Anwendungen immer auftreten, als Herausforderung, der es sich zu stellen gilt und nicht als katastrophale Auswirkungen einer per se unbeherrschbaren Technik. Quer durch alle Fallbeispiele zeigte es sich, dass der Einsatz von Gebäudeleittechniken dort gut funktionierte, wo diese von Personen bedient wurden, die Spaß an der ingenieurtechnischen Optimierung der Anlagen hatten.

In dieser Hinsicht spielen auch bei Contractoren die vorherrschenden Leitbilder eine entscheidende Rolle für den häufigen und erfolgreichen Einsatz von Telematik. Für sie steht Effizienz im Sinne von Arbeitsminimierung im Vordergrund, weshalb Ansätze, die einen reduzierten Betreuungsaufwand auch nur versprechen, von Contractoren bevorzugt werden. Darüber hinaus gehört für einen Anlagenhersteller oder Anbieter von Systemtechnik der professionelle Umgang mit modernster Technologie einfach zum Geschäft. Aufgrund des sich hieraus ergebenden Leitbildes, grundsätzlich modernste Technologien einzusetzen, werden einfachere Alternativen nicht so kritisch überprüft wie etwa in Verwaltungen.

Dienstleistungsanspruch
Viele der allgemeinen Erfolgsfaktoren im kommunalen Energiemanagement unterstützen den effektiven Einsatz telematischer Anwendungen. Hierzu gehören insbesondere ein Dienstleistungsanspruch und hohe Motivation der Mitarbeiter des Energiemanagements.

Kooperation der Hausmeister
Auch beim Einsatz einer hochgradig automatisierten Gebäudeleittechnik sind immer einzelne Wartungs- und Bedienungsarbeiten vor Ort zu erledigen. Wenn diese nicht vollständig von mobilen Servicetrupps vorgenommen werden, bleiben die Hausmeister Schlüsselfiguren in dem Bemühen, durch den Einsatz von Gebäudeautomationstechnologien Energie zu sparen.

10.5.2 Hemmnisse

Schlechtes Aufwand Nutzen Verhältnis
Wenn der Aufwand in der Bedienung telematischer Systeme zu hoch oder zu kompliziert ist, kann es sein, dass nach anfänglicher Begeisterung die Systeme nicht mehr ordnungsgemäß betrieben werden. Dies gilt um so mehr, wenn das System keinen direkten oder kurzfristig erfahrbaren Nutzen für die Person verspricht, die für den Betrieb zuständig ist.

Vandalismus

Mutwillige Zerstörung von telematischen Anwendungen stellt nur in wenigen Einzelfällen ein Problem dar. Am häufigsten ist Vandalismus noch in Schulgebäuden festzustellen. Leicht zugängliche Sensoren (z.B.: Temperaturfühler) oder Regler für Einzelraumheizungen sind leicht zu zerstören. Sie auf technischem Wege zu sichern, ist häufig aufwendig und kostspielig. Daher sind die Erfolge telematischer Anwendungen in einer Liegenschaft nicht ohne weiteres auf eine andere übertragbar. Vandalismus spielt in Grundschulen eine weit geringere Rolle als in Schulen mit älteren Schülern. Entscheidend ist auch die Atmosphäre der Schule: Je stärker das Wir-Gefühl, um so seltener sind Sachbeschädigungen. In diesem Zusammenhang sind Energiesparkampagnen ein sehr gutes Instrument um die Probleme hinsichtlich mutwilliger Zerstörungen zu reduzieren.

11 Anforderungen an telematische Systeme

Bei den telematischen Systemen, die im kommunalen Energiemanagement bereits eingesetzt werden, handelt sich zum großen Teil um etablierte Technologien, die aus technischer Sicht weitgehend ausgereift sind. Jedoch sind sie in vielen Aspekten noch nicht optimal an die Anforderungen des kommunalen Energiemanagements angepasst.

Im folgenden werden Anforderungen formuliert, die aus der Analyse der in der Praxis eingesetzten telematischen Systeme resultieren. Dabei beschränken wir uns auf die Bereiche Energiecontrolling und Gebäudebewirtschaftung, da hier die umfangreichsten Erfahrungen vorliegen und das größte Anwendungspotential (s.a. Kap. 12) zu konstatieren ist. Da hier eine strikte Trennung zu rein telematischen Systemen im Energiecontrolling nicht sinnvoll ist, werden außerdem prinzipielle Anforderungen an Controllingsoftware formuliert.

11.1 Allgemeines

Für die Weiterentwicklung telematischer Anwendungen im kommunalen Energiemanagement müssen nicht nur die technischen Anforderungen, wie sie sich etwa aus der Gebäudebewirtschaftung ergeben, berücksichtigt werden. Telematische Systeme müssen insbesondere auch an organisatorische, rechtliche, finanzielle und personelle Rahmenbedingungen der kommunalen Verwaltungen angepasst werden. Dies gilt insbesondere für die Software. Beispielsweise muss beim Energiecontrolling den möglichen Buchhaltungsansätzen der Verwaltungen Rechnung getragen werden.

Ein wichtiger Aspekt ist die Bedienungsfreundlichkeit telematischer Anwendungen und der damit verknüpften Software. Dies bedeutet zunächst, dass die Softwareoberflächen einfach, d.h. mit wenig spezialisiertem Know-how zu bedienen sind. Gerade in kleinen Kommunen, in denen Energiebeauftragte einen sehr breiten Arbeitsbereich haben, kann nicht vorausgesetzt werden, dass sie über detaillierte technische Kenntnisse verfügen.

Darüber hinaus müssen telematische Systeme so beschaffen sein, dass sie den in Kap. 9 formulierten Erfolgsfaktoren - besonders auch unter psycho-sozialen Gesichtspunkten - nicht zuwiderlaufen. Das heißt insbesondere, dass telematische Systeme in folgendenden Aspekten zu einer Effektivierung des KEM beitragen müssen:

- Arbeitsentlastung
  Der Aufwand für die Bedienung muss so gering wie möglich sein. Telematische Systeme werden dann langfristig erfolgreich eingesetzt, wenn der Aufwand für den einzelnen Mitarbeiter niedriger ist, als der für ihn zu erzielende Nutzen.
- Motivationsfördererung
  Telematische Systeme sollten unangenehme Routineaufgaben automatisch ausführen, so dass die Mitarbeiter mehr Zeit für interessante Tätigkeiten erhalten.

- Information
  Vorhandene Informationen müssen transparent gemacht werden. Ein schneller und direkter Zugriff muss möglich sein.
- Kommunikationsförderung
  Telematische Systeme müssen so konzipiert werden, dass sie die Kommunikation unter den Mitarbeitern vereinfachen. Eine automatisierte Weitergabe von Informationen darf nicht zu einem nebeneinander Herarbeiten führen.

Telematische Systeme dürfen darüber hinaus nicht bevormundend sein, sondern müssen den Mitarbeitern des Energiemanagements und den Gebäudenutzern die Möglichkeit geben, die Technik in der von ihnen gewünschten Weise zu nutzen.

11.2 Energiecontrolling

Controlling-Software

Unabhängig von der Art der Dateneingabe (manuell oder elektronische Schnittstelle) sollte ein computergestütztes Energiecontrollingsystem folgendes leisten:

- Automatisierte Prüfung der Eingangsdaten (Plausibilitätscheck)
- Die routinemäßige Bearbeitung der Rohdaten muss
  - die Witterungsbereinigung von Heizenergieverbräuchen,
  - die Berechnung von Energiekennwerten (pro Fläche, pro Nutzer, etc.)
  - und die Berechnung von Verbräuchen pro frei wählbarem Zeitintervall

  umfassen.
- Die Datenauswertung muss
  - für einzelne Gebäude (Zeitverläufe, Situationsanalysen, ...),
  - zum Vergleich von Energiekennwerten verschiedener Gebäude und
  - für Zeitreihen von Gebäudegruppen (alle Schulen, alle Gebäude, ...)

  möglich sein.
- Die Analysetools sollten anpassbar sein.
- Eine automatisierte Darstellung muss möglich sein, als:
  - Graphische Darstellung und
  - Aufarbeitung für Energieberichte.
- Exportierbarkeit in Standarddatenformate (EXCEL, ACCESS etc.)

Generell sollte die Oberfläche der Controllingsoftware einfach und assoziativ gestaltet sein. Eine variable Detailtiefe sollte wählbar sein, damit mittelmäßig qualifizierte Nutzer nicht von einer Datenflut überrollt werden, detaillierte Daten aber für spezielle Analysen zur Verfügung stehen.

Standardarbeitsprozesse sollten einfach durchführbar sein und nicht das Öffnen weit verzweigter Untermenus erfordern. Dies gilt insbesondere für die Dateneingabe. Die

Importierbarkeit aus anderen Datenformaten wäre hierbei wünschenswert. Es sollte die Option bestehen, für häufig benutzte Prozessketten eigene Makros zu definieren.

Onlinevernetzung mit dem Energieversorger

Von vielen kommunalen Praktikern im Energiemanagement wurde gefordert, dass Möglichkeiten zur Onlinevernetzung mit dem Energieversorger etabliert werden. Von einigen Energieversorgungsunternehmen (EVU) gibt es auch schon Angebote, das Energiecontrolling meist über internetbasierte Onlineverbindungen zu unterstützen. Dies wird in den nächsten Jahren sicherlich zunehmen. Allerdings ist auf Seite der EVU's darauf zu achten, dass Kommunen ein anderes Profil haben als industrielle Nutzer solcher Angebote. Im Gegenzug muss bei der Weiterentwicklung der bestehenden Energiecontrollingsoftware darauf geachtet werden, dass solche Online-Angebote genutzt werden. Speziell sind entsprechende Schnittstellen für ein automatisches Dateneinlesen zu programmieren.

Automatische Verbrauchsdatenerfassung

Der Einsatz von fernauslesbaren Verbrauchszählern ist stärker umstritten als andere telematische Anwendungen etwa im Bereich der Gebäudeleittechnik. Dies liegt unter anderem an folgenden bestehenden Schwächen:

- Kompatibilitätsprobleme
- hohe Kosten
- geringe zeitliche Auflösung

Nach wie vor gibt es technische Schwierigkeiten bei der Aufschaltung von Massezählern (besonders Wärme und Gas) an computergestützte Controllingsysteme. Prinzipiell ist dies immer machbar. In der praktischen Ausführung treten jedoch häufig Probleme im Detail auf. Eine Schwierigkeit ist, dass die bisher standardmäßig verwendeten Zähler für alle Medien (Strom, Wärme, Gas und Wasser) analoge Zähler sind und über keine digitalen Ausgänge verfügen. Der Aufwand, der betrieben werden muss, um fernauslesbare Zähler zu installieren, ist dadurch sehr hoch. In der Regel muss zusätzlich zum vorhandenen Zähler ein zweiter fernauslesbarer Zähler installiert werden. Ein weiterer wichtiger Kostenfaktor ist die Verkabelung. Gerade für einen nachträglichen Einbau stellen drahtlose Zähler mit Funkübertragung ein Kostenreduktionspotential dar.

Ein weiteres Kostenreduktionspotential ergäbe sich, wenn die mit fernauslesbaren Zählern erhobenen Verbrauchsdaten auch für die Abrechnung mit dem Energieversorger zur Verfügung stehen (vgl. Fallstudie Potsdam). Auch hierfür sind spezielle technische Vorraussetzungen zu erfüllen, um die Datensicherheit zu gewährleisten. Insbesondere müssen Zählerstände und nicht Einzelimpulse übertragen werden.

Wie in Kapitel 12.1 detailliert dargestellt, ist die Leistungsfähigkeit fernauslesbarer Zähler stark abhängig vom zeitlichen Auflösungsvermögen. Je nach Messintervall können unterschiedliche Informationen gewonnen und Schlüsse gezogen werden:

- täglich
  → allgemeine Verbrauchsüberwachung

- 15-Minuntentakt
  → Tagesverläufe, Nutzungsabläufe, Spitzenlasten
- Minutentakt
  → Schaltzustände von Anlagen, Parameter Optimierung

Das Auflösungsvermögen wird bei Massezählern durch die minimal zu messende Menge bestimmt (etwa x m^3 pro Impuls). Gerade bei Gaszählern in Gebäuden mit geringen Verbräuchen kann damit die zeitliche Auflösung weniger als 15 Minuten betragen. Dies genügt nicht, um Schaltzustände von Anlagen zu bestimmen. Somit können solche Zähler zwar zur Verbrauchsmessung und für das Energiecontrolling verwendet werden, die Datendichte genügt jedoch nicht, um Anlagenoptimierungen im Rahmen der Bewirtschaftung vorzunehmen.

Anbindung Gebäudeleittechnik

Prinzipiell können viele Daten aus der Gebäudeleittechnik für das Energiecontrolling genutzt werden. Auch hier treten jedoch technische Restriktionen auf. Dies führt dazu, dass kommerziell erhältliche Gebäudeleittechniksysteme physisch getrennt bleiben von computergestützten Systemen für das Energiecontrolling. Häufig werden zwei unabhängige Rechner verwendet - einer als Leitwarte, der andere zum Verbrauchscontrolling (vgl. Fallstudie Schwabach). Zur Integration einer modernen GLT in ein Energiemanagementsystem werden daher folgende Mindestanforderungen gestellt:

- Automatische Archivierung ausgewählter Datenpunkte
- Automatische Monatsberichterstattung und Weiterleitung per Fax
- Anbindung an eine offene Datenbank
- Störmeldemanagement – Generierung eines Wartungskalenders

Weitergehende Anforderungen werden im nächsten Abschnitt formuliert.

11.3 Energietechnische Gebäudebewirtschaftung

Gebäudeleittechnik mit zentraler Leitwarte

Soll die energietechnische Gebäudebewirtschaftung über eine Gebäudeleittechnik mit zentraler Leitwarte, etwa in Form eines Computers im Hochbauamt, erfolgen, so sind folgende Anforderungen zu stellen:

- Ausreichende Datendichte
  Zum Überprüfen und Optimieren der Schaltzustände einzelner Anlagenteile sind Intervalle im Minutenbereich notwendig.
- Sicherheit vor Datenverlust
  Durch geeignete Hard- und Softwarelösungen muss gewährleistet werden, dass wichtige Daten nicht verloren gehen (u.a. Einsatz von Zwischenspeichern oder Ringspeichern). Gleichzeitig müssen entsprechende Routinen vor-

handen sein, nicht benötigte Daten zu selektieren, um ein überlaufen der Speicher zu verhindern.

- Sicherheit durch Redundanz und dezentrale Subsysteme
  Die lokale Funktionsfähigkeit (Feldgeräte) darf nicht durch Ausfälle auf der Managementebene der Leittechnik gefährdet werden. Daher müssen (ggf. mehrere) funktional eigenständige Ebenen vorhanden sein, die bei einem Fehler in der nächsthöheren Hierarchieebene weiterarbeiten.

Kompatibilität

Das wohl größte Problem beim Einsatz von Gebäudeleittechniken stellt die mangelnde Kompatibilität von Systemen verschiedener Hersteller dar. Eine Integration auf Automations- bzw. Feldebene (s. S. 62) ist bisher überhaupt nicht möglich. Erste Ansätze existieren, auf der Managementebene verschiedene Systeme zusammen zu führen (vgl. Fallstudie München, FND-Konzept). Hier ist generell ein geringer Kooperationswille der führenden Systemhersteller zu konstatieren. Eine stärkere Standardisierung der Bus-Protokolle, wie sie bereits in Ansätzen mit den Standards LON und EIB besonders aber BACNet und FND begonnen hat, wäre jedoch nötig. Hilfreich wäre eine Offenlegung der herstellerspezifischen Protokolle (open source codes) oder die klare Definition von Schnittstellen in Anbindung an firmenneutrale Übertragungsprotokolle.

Grundsätzlich führt die Verwendung von standardisierten Protokollen zu einer funktionalen Beschränkung der zum Teil sehr spezialisierten GLT-Systeme oder zu aufwendigeren Übertragungsprotokollen. Ein langfristiges Ziel sollte jedoch die Integrationsmöglichkeit sehr unterschiedlicher und spezialisierter Endgeräte auf allen Ebenen einer Gebäudeleittechnik sein. Als Vision könnte hier das TCP/IP Protokoll des Internets dienen. Durch einen vergleichbaren Standard in der Gebäudeautomation wäre es möglich, für die sehr spezifischen Anforderungen einzelner Gebäudenutzungen funktional ausgereifte technische Lösungen zu entwickeln.

Einzelraumregelungen Heizung

Bei Einzelraumregelungen haben sich speziell in Schulen zentral verwaltete Belegungspläne als sehr praktikabel erwiesen, um den Heizungsbedarf auf die realen Nutzungszeiten zu reduzieren. Allerdings ist das Programmieren der Belegungspläne mit einem nicht zu unterschätzenden Arbeitsaufwand verbunden. Bedienerfreundlichkeit beim Ändern der Belegungszeiten (generell) und bei Ausnahmeregelungen (Urlaub, Ferien etc.) ist ein essentieller Faktor, der maßgeblich für die langfristige Höhe der erzielten Energieeinsparungen ist. Ist nämlich der Arbeitsaufwand zu hoch, besteht die Gefahr, dass nach einiger Zeit nicht mehr alle Nutzungsänderungen gewissenhaft eingetragen werden.

Die von uns untersuchten Systeme waren an die Verhältnisse von Schulen sehr gut angepasst. Für andere Gebäudetypen (Verwaltungsgebäude – vgl. Fallstudie Rathenow) wären noch Verbesserungen in der Programmierung der Belegungszeiten nötig. Denkbar wäre hier auch die Kopplung an andere Datenschnittstellen wie etwa Arbeitszeiterfassungssysteme oder elektronische Schlüssel. Damit könnten die Räume automatisch in Abhängigkeit von der Anwesenheit der einzelnen Mitarbeiter geheizt werden.

Akzeptanz intelligenter Nutzer

Sogenannte „intelligente“ Systeme werden von Planern zwar häufig gelobt, sind bei den Nutzern aber sehr umstritten. Durch die Kopplung von Sensorik mit etwas komplexeren Logiken für die Regelung lassen sich prinzipiell weitere Energiesparpotentiale erschließen. Aus energetischer Sicht macht es beispielsweise Sinn, die Beleuchtung automatisch abzuschalten, wenn die Jalousien heruntergefahren werden, da offensichtlich genügend Tageslicht vorhanden ist. Für die Nutzer kann dies aber lästig sein, wenn etwa während eines Diavortrages das Licht nicht kurz angeschaltet werden kann.

Viele Nutzer reagieren sehr sensibel auf eine „Bevormundung“ durch technische Systeme. Grundsätzlich sollten immer einfache Optionen existieren, um manuell Ausnahmen in Anspruch zu nehmen. Bei der Planung und Entwicklung „intelligenter“ Steuerungslogiken sind auf jeden Fall die Bedürfnisse der Nutzer zu berücksichtigen. Besser noch ist es, die zukünftigen Nutzer in den Planungsprozess mit einzubeziehen. Häufig ist es für die Akzeptanz förderlich, wenn Schlüsselpersonen (Hausmeistern, Lehrern etc.) die Funktionsweise und das Ziel (Energieeinsparung!) der Anlagen nahe gebracht wird.

12 Potentiale von Informationsmanagement und Telematik im KEM

Im folgenden Kapitel werden die Potentiale eines verbesserten Informationsmanagements im kommunalen Energiemanagement aufgezeigt. Insbesondere wird dargestellt, inwiefern telematische Anwendungen in den vier Bereichen des KEM (Energiecontrolling, Gebäudebewirtschaftung, Kommunikation, Modernisierung) einen Beitrag zu Energie- und Kostensparungen leisten können.

Die Aufgabenbereiche des kommunalen Energiemanagements, in denen das größte unmittelbare Potential für den Einsatz von Telematik besteht, sind Energiecontrolling und Gebäudebewirtschaftung. Viele Anwendungen haben sich hier schon bewährt. Zum großen Teil handelt es sich um etablierte Technik, die auch außerhalb des kommunalen Energiemanagements mit Erfolg eingesetzt wird. Durch eine breitere Anwendung dieser Technologien können vielfältige Energie- und Kostenreduktionspotentiale erschlossen werden. Im Bereich der Kommunikation und bei der Planung von Modernisierungsmaßnahmen wird Telematik bisher nur in geringem Umfang eingesetzt. Aufgrund der derzeit im kommunalen Energiemanagement existierenden Defizite und Hemmnisse bleibt in diesen beiden Bereichen das Potential telematischer Systeme auf wenige Anwendungen beschränkt.

Die folgenden Aussagen zu den Energie- und Kostenreduktionspotentialen wurden aufgrund von Erfahrungen in bisher erfolgten Anwendungen getroffen. Wir beziehen uns einerseits auf Literaturangaben und andererseits auf die von uns direkt erhobenen Daten der Umfrage, der Fallstudien sowie der geführten Experteninterviews. Dabei gestaltet sich eine Quantifizierung der Potentiale als schwierig:

- Nutzungsbedingtes Potential
  Der Einsatz von Telematik verbessert die Verfügbarkeit von Informationen und erleichtert deren Weitergabe. Telematik unterstützt eine optimierte Regelung und Steuerung von Anlagen. Ob aufgrund dessen Energie gespart wird, hängt von der konkreten Nutzung im Einzelfall ab. Es ist prinzipiell nicht möglich, potentielle Energieeinsparungen, die mit telematischen Anwendungen erreicht werden können, auf Grundlage technischer Daten zu berechnen. Weder die Referenz (Wie häufig vergaß der Hausmeister die Ferienzeiten in der Heizungsanlage zu programmieren?) noch das erzielte Ergebnis (Wird der Energiebeauftragte die Gebäudeleittechnik wirklich effektiv nutzen, um die Heizungsanlagen zu optimieren?) können bestimmt werden[23]. Aussagen über erzielbare Energieeinsparungen durch Telematik können nur auf Grundlage empirischer Betrachtungen gewonnen werden. In vielen Fällen sind hierfür umfangreiche statistische Erhebungen notwendig, die nicht Zielsetzung dieser Studie waren (vgl. Kapitel 0).

---

[23] Im Gegensatz dazu sind die Energieeinsparungen in Kapitel 5 dargestellten Energiespartechnologien weitgehend benutzungsunabhängig. So kann der Energieverbrauch pro Lebensdauer für eine Glühbirne und eine Energiesparlampe berechnet werden. Das Energiesparpotential für einen Tausch kann also angegeben werden.

- Maßnahmenbündel
  In der Regel werden bei Modernisierungen immer ganze Maßnahmenbündel durchgeführt. Die Identifikation der durch den Einsatz einer einzelnen Technologie eingesparten Menge Energie lässt sich in diesen Fällen nicht genau beziffern.
- Ungenügende Erfolgskontrolle
  In vielen Fällen betreiben die Kommunen eine ungenügende Erfolgskontrolle. Vielfach sind die Energieverbräuche vor der Modernisierung gar nicht genau bekannt, so dass eine quantitative Auswertung der Einsparung unmöglich ist. In einigen Fällen geschieht es aber auch, dass nach Modernisierungen keine genauen Daten erhoben werden. Insbesondere werden de facto anfallende Kosten (Material- und Personalkosten) nicht projektbezogen den Energiekosteneinsparungen gegenübergestellt. Häufig erschwert zudem der Buchhaltungsansatz der Verwaltungen eine solche Gegenüberstellung.

Aus diesen Gründen können nur wenige Energie- und Kostenreduktionspotentiale beziffert werden. Häufig stützen sich diese auf die Betrachtung weniger Einzelfallanalysen. Statistisch belastbare Erhebungen existieren für den Bereich des kommunalen Energiemanagements nicht. Erhebungen aus anderen Bereichen, wie etwa der Wohnungswirtschaft können aufgrund der unterschiedlichen Nutzungsformen nur bedingt übertragen werden.

Ob die Potentiale, die im folgenden dargestellt sind, in der Praxis ausgeschöpft werden, hängt auch davon ab, ob die in Kapitel 10 genannten Erfolgsfaktoren im Einzelfall vorzufinden sind. Neben den Potentialen, die sich auf gemachte Erfahrungen in bereits existierenden Anwendungen stützen, werden zusätzlich weitere funktionale Potentiale benannt, die zwar möglich erscheinen, aber bisher in der Praxis nicht umgesetzt werden. Schließlich werden Neben- und Reboundeffekte benannt, um die Grenzen der Anwendung aufzuzeigen.

12.1 Energiecontrolling

Das Energiecontrolling kann durch ein verbessertes Informationsmanagement deutlich effektiviert werden. Hier besteht ein großes Potential für den Einsatz von Informations- und Kommunikationstechnologien. Mit Hilfe von computergestützten automatisierten Analyseroutinen sind zeitnahe Verbrauchsüberwachungen und die Bestimmung von Gebäudekennwerten einfach zu realisieren.

Durch den Einsatz von fernauslesbaren Zählern zur Verbrauchserfassung lassen sich Energieverbräuche in 1 bis 15 Minuten-Intervallen ablesen. Die Grenze manueller Erfassungen, die mit vertretbarem Aufwand längerfristig betrieben werden können, liegt bei maximal einmal pro Woche, wobei hier die Ablesegenauigkeit durch Feiertage beeinträchtigt ist. Die Rate der Ablesefehler wird durch eine Automatisierung deutlich reduziert. Datenlogger zur automatischen Erfassung von Energieverbräuchen lohnen sich insbesondere dort, wo keine Gebäudeleittechnik (GLT) vorhanden ist (und auf absehbare Zeit auch nicht sein wird) und wo kein Hausmeister beschäftigt ist. Dies ist meist in kleineren aber nicht ganz kleinen Gebäuden mit ca. 10.000 bis 30.000 € Energiekosten pro Jahr der Fall.

12.1.1 Energiesparpotentiale

Ein zeitnah gestaltetes Energiecontrolling mit Verbrauchsdatenerfassung in Tagesintervallen und kürzer eröffnet die Möglichkeit, umfangreiche Energiesparpotentiale zu identifizieren. Diese liegen vor allem in folgenden Bereichen:

- Technische Fehlfunktionen und Defekte
- nutzer- bzw. betreuerbedingte Fehler (Heizung läuft am Wochenende etc.)

Die im Energiecontrolling identifizierten Einsparpotentiale können im Rahmen der energietechnischen Gebäudebewirtschaftung und durch Modernisierungsmaßnahmen erschlossen werden.

12.1.2 Kostenreduktionspotentiale

Tarifliche Entlastungen
Ein großes Kostenreduktionspotential, das sich durch ein intensives Energiecontrolling sehr schnell erschließen lässt, sind tarifliche Entlastungen. Allein durch das Überprüfen von Rechnungen des Energieversorgers lassen sich Abrechnungsfehler identifizieren, die bis zu 5% der gesamten Energiekosten betragen (vgl. u.a. Fallstudie Berlin). Im Zuge der Energiemarktliberalisierung waren in den letzten Jahren durch Tarifverhandlungen weitere zusätzliche Kostenreduktionen zu erzielen. Die Reduzierung der Leistungsgrenzen bei Fernwärme- und Mittelspannungsanschlüssen ermöglicht es, Kosteneinsparungen in der Größenordnung von 30% zu erschließen (vgl. u.a. Fallstudie Potsdam). Um dieses Potential ausschöpfen zu können, muss der Jahresspitzenverbrauch bestimmt werden. Da der Tag mit dem höchsten Verbrauch[24] jedoch a priori nicht bekannt ist, sind zeitlich aufgelöste Verbrauchsmessungen in Form von Tagesverläufen über das gesamte Jahr hinweg nötig. Für deren Erstellung ist eine automatisierte Verbrauchsdatenerfassung notwendig. Eine zusätzliche Reduzierung der Leistungsgrenzen ist durch ein automatisches Lastmanagement möglich (s.u.).

Reduzierung des Arbeitsaufwandes
Durch das elektronische Einlesen von Rechnungsdaten über Online-Schnittstellen zum Energieversorger wird der Arbeitsaufwand für Buchungsvorgänge im Rahmen der Energiebeschaffung deutlich reduziert. Gerade für mittlere und große Städte sind hier die Kostenreduktionen erheblich, so dass sich der technische Mehraufwand sehr schnell amortisiert (vgl. Fallstudie München).

Auch der Einsatz fernauslesbarer Verbrauchszähler trägt dazu bei, den Arbeitsaufwand für die Verbrauchsdatenerfassung deutlich zu reduzieren. Besonders in Gebäuden ohne eigenen Hausmeister sind manuelle Verbrauchserfassungen selbst in Monatsintervallen mit einem unverhältnismäßig hohem Arbeitsaufwand verbunden.

---

24 Der Heizenergieverbrauch etwa ist in komplexer Weise abhängig von Außentemperatur, Wind und solaren Wärmegewinnen, so dass es nicht einmal genügen würde den kältesten Arbeitstag a priori zu kennen.

Zeitnahe Erfolgskontrolle
Telematische Systeme ermöglichen es, die Intervalle in denen die Erfolge von einzelnen Maßnahmen evaluiert werden, deutlich zu verkürzen. Somit kann das Risiko von erhöhten Kosten (und erhöhten Energieverbräuchen) durch Defekte und fehlerhaft eingestellte Anlagenparameter stark reduziert werden. Besonders für Contractoren ist eine zeitnahe Kontrolle von entscheidender Bedeutung um sicherzustellen, dass garantierte Energieeinsparungen auch wirklich erreicht werden.

12.1.3 Funktionale Potentiale

In einigen Kommunen werden Konzepte entwickelt, das Energiemanagement in ein umfangreiches Gebäude- oder Facility-Management einzubetten. Bisher liegen hier auf kommunaler Ebene wenig praktische Erfahrungen vor. Um solche Ansätze effizient umsetzen zu können, sind jedoch immer computergestützte Facility-Management Systeme (CFM) nötig. Grundlage sind in der Regel vernetzte Gebäudedatenbanken (s. Kapitel 0). Mit Hilfe solcher Systeme ist die Ermittlung der real anfallenden Kosten leichter möglich. Dies würde erheblich zu einer Verbesserung des Energiecontrolling beitragen und eine verstärkte Umsetzung rentabler Energiesparmaßnahmen fördern.

12.1.4 Neben- und Reboundeffekte

Controlling erfordert Arbeit
Wenngleich telematische Anwendungen ein hohes Potential aufweisen, durch Automatisierungsprozesse das Energiecontrolling zu erleichtern und zu verbessern, so muss doch beachtet werden, dass die Analyse der Verbrauchsdaten, die Identifikation von Energiesparpotentialen und insbesondere die Konzeption und Umsetzung von Maßnahmen mit denen diese Potentiale erschlossen werden können, weiterhin einen Arbeitsaufwand mit sich bringen, für den genügend qualifiziertes Personal zur Verfügung stehen muss. Die Anforderungen, die der verstärkte Einsatz von Telematik nach sich zieht, sind in Kapitel 11 dargestellt worden. Bei der Konzeption von telematikgestützten Controllingsystemen ist es wichtig, die zur Betreuung nötigen personellen Ressourcen realistisch abzuschätzen und sich nicht von der Vorstellung leiten zu lassen, dass es technische Lösungen gäbe, die keinerlei Betreuung bedürften.

Plausibilitätschecks bei hoher Automatisierung
Bei einem hohen Automatisierungsgrad des Energiecontrollings ist es nötig, die Plausibilität der eingehenden Daten zu prüfen. Grundsätzlich ist davon auszugehen, dass die Fehlerrate gegenüber manuellen Erhebungen sinkt. Andererseits bleiben Fehler aber leichter unentdeckt. Die Fehlerrate muss durch redundante Überprüfungsroutinen auf ein Minimum gesenkt werden. Zum größten Teil kann dies über Softwarelösungen automatisch durchgeführt werden. Auffällige Zahlenwerte können so an den zuständigen Sachbearbeiter zu Überprüfung weitergeleitet werden.

Anonymisierung
Mit einer Automatisierung wird das Energiecontrolling anonymer. Daher besteht die Gefahr, dass Verantwortlichkeiten ungeklärt sind, da ja die Technik die eigentliche Arbeit übernimmt und somit auch „verantwortlich" ist. Zuständigkeiten müssen also

klar festgelegt und auch mit dem technischen Prozess kompatibel sein. Insbesondere müssen die Zuständigen sowohl das technische Know-how besitzen als auch über die Zeit verfügen, die Verantwortung auch wirklich übernehmen zu können.

Verlust von Informationsforen
Durch eine automatisierte Informationsübertragung wie etwa den Einsatz fernauslesbarer Verbrauchszähler werden Kommunikationsschritte überflüssig. Dies bedeutet zwar eine Effizienzsteigerung, allerdings werden bei einer persönlichen Kommunikation häufig noch weitere Informationen ausgetauscht, für die es nach einer Automatisierung kein Forum mehr gibt. Daher ist darauf zu achten, neue Informationsforen zu etablieren, die die Funktion der bisherigen informellen Kanäle ersetzen können.

Feedback
Wenn durch eine Automatisierung der Verbrauchserfassung die Hausmeister die Energieverbräuche nicht mehr selbst ablesen, muss sicher gestellt werden, dass sie diese Informationen auf anderem Wege erhalten. Dies kann automatisiert, etwa durch ein monatliches Fax erfolgen. Für die Motivation der Hausmeister, sich mit den Energieverbräuchen ihrer Gebäude wirklich auseinander zu setzen und auf Verbrauchsanstiege zu reagieren, sind zusätzliche Anreize wie das Geben eines persönlichen Feedbacks (positiv oder negativ) nötig.

12.2 Energietechnische Gebäudebewirtschaftung

Die energietechnische Gebäudebewirtschaftung ist der Bereich des kommunalen Energiemanagements, in dem bisher im größtem Umfang Telematik eingesetzt wird. Dennoch besteht sowohl für zentrale Leittechniken als auch für dezentrale interaktive Systeme noch vielfach ein großes ungenutztes Potential. Grundsätzlich lässt sich sagen, dass der Einsatz von Telematik um so sinnvoller und lohnender ist, je komplexer die Anforderungen in der Bewirtschaftung eines Gebäudes sind. So werden Gebäudeleittechniken bei Krankenhäusern mit ihren hohen Ansprüchen an Klimatisierung (Wärme, Kälte, Luftfeuchtigkeit) und Funktionssicherheit als zwingend erforderlich angesehen. In abgeschwächter Form gilt dies auch für Schwimmbäder. Aus ökonomischer wie ökologischer Sicht stellen Gebäudekomplexe mit Jahresenergiekosten größer als 50.000 € Einsatzfelder für telematische Anwendungen dar. Bei kleineren Gebäuden hängt dies stark vom Einzelfall ab.

12.2.1 Energiesparpotentiale

Die absoluten Energieeinsparungen, die durch telematische Anwendungen in der Bewirtschaftung erzielbar sind, hängen von vielen Parametern, unter anderem auch vom baulichen Zustand des Gebäudes ab. Die relativen (prozentualen) Einsparungen sind zwar häufig gleich, mit einer Nachtabsenkung beispielsweise nimmt jedoch die zu erzielende absolute Energieeinsparung mit dem Umfang der Wärmedämmung des Gebäudes ab. Dieser Aspekt ist gerade für die ökonomische Bewertung von Energiesparmaßnahmen wichtig. Die wirtschaftliche Rentabilität telematischer Anlagen ist in Gebäuden, die aus baulicher Sicht energetisch optimiert sind, geringer, als in Gebäuden, die einen hohen Energieverbrauch aufweisen.

Da die Installation von telematischen Anwendungen in der Regel wesentlich niedrigere Investitionssummen erfordert, als andere bauliche Maßnahmen (vgl. Kapitel 5) und auch die Amortisationszeiten deutlich kürzer sind, stellt der Einsatz von Telematik gerade bei geringer Liquidität der Kommune eine ökonomisch interessante Alternative dar. Welches Maßnahmenbündel, bezogen auf die Lebensdauer der technischen Komponenten, am wirtschaftlichsten ist, muss für den jeweiligen Einzelfall geprüft werden. Die kurzfristige Rentabilität telematischer Anwendungen darf nicht dazu führen, dass andere große Energiesparpotentiale unerschlossen bleiben.

Gebäudeleittechnik für Heizungsanlagen

Mittlerweile ist die Verwendung von digitalen Reglern (DDC) Standard bei Neubauten oder Modernisierungen. Gegenüber dem Einsatz von analogen Heizungsreglern ermöglichen sie Energieeinsparungen in Höhe von 5-15% (siehe Kap 5.1). DDC-Regler bieten weiterhin den Vorteil, dass sie problemlos auf eine Leittechnik aufgeschaltet werden können. Dadurch können Heizungsanlagen ständig zentral überwacht und ihr Betrieb optimiert werden. Prinzipiell könnte mit hoch qualifiziertem und engagiertem Personal vor Ort eine ähnlich gute Anlagenfahrweise erreicht werden. In der Praxis des kommunalen Energiemanagements ist dies jedoch nur in Ausnahmefällen der Fall. Weiterhin bleiben bei einem rein dezentralen Betrieb der Anlagen auf lange Sicht immer einzelne Energiesparpotentiale unentdeckt. Erfolgt die Optimierung der Anlagen mit Hilfe einer zentralen Leittechnik durch geschultes Personal, so sind nach unseren Erhebungen im Mittel durchaus 4 bis 6 % Energieeinsparung möglich (vgl. u.a. Fallstudie Remscheid).

Heizungs-Einzelraumregelungen

Durch den Einbau von elektronischen Einzelraumtemperaturregelungen sind gegenüber traditionellen Heizkörper-Thermostatregelungen erhebliche Energieeinsparungen möglich. Besonders hohe Einsparpotentiale ergeben sich bei Gebäuden mit stark variierenden Nutzungszeiten der einzelnen Räume. In Schulgebäuden etwa werden im allgemeinen Klassen- und Fachunterrichtsräume unterschiedlich genutzt. Häufig werden einzelne Räume noch durch Fremdnutzer (Volkshochschulen, Musikschule etc.) bis spät in den Abend hinein belegt. Dies führt jedoch dazu, dass für das gesamte Gebäude die Nachtabsenkung auf nur wenige Stunden reduziert wird. In solchen Fällen bietet sich eine Einzelraumregelung an. Über einen zentralen Belegungsplan wird die Abschaltung oder Absenkung der Heizung außerhalb der Nutzungszeiten verwaltet.

Die Installationskosten für einen nachträglichen Einbau von Einzelraumtemperaturregelung liegen je nach Aufwand zwischen 500,- und 1000,- € je Raum, bzw. 15 bis 20 € pro m^2. Im Neubau liegen sie teilweise deutlich darunter. In den von uns untersuchten Fällen betrugen die erzielten Energieeinsparungen in der Regel zwischen 20 und 30 % (vgl. Fallstudie Rathenow). Dies deckt sich mit anderen Erhebungen [U.A.N. 1999]. In Einzelfällen konnte der Energieverbrauch auch um über 40 % gesenkt werden.

Prinzipiell können durch die getrennte Regelung einzelner Heizrohrstränge ähnliche Einsparungen erzielt werden. Verfügt das Gebäude jedoch nicht bereits über unabhängige Heizstränge, so ist der hierfür erforderliche Umbau des Heizrohrsystems sehr kostspielig. Gerade im Bereich von Modernisierungen sind Einzelraumregelungen eine sehr wirtschaftliche Alternative. Die Amortisationszeiten betragen etwa 5 bis 10 Jahre.

Zusätzliche Energieeinsparungen können erreicht werden indem mit selbstlernenden Algorithmen die Heizungsregelung auf das spezifische Nutzungsverhalten und die Gebäudephysik der einzelnen Räume hin optimiert wird. Im Wohnungsbau sind hiermit Einsparungen in Höhe von 10 % erreicht worden [Riedel 2001]. Da in Verwaltungsgebäuden die Nutzungen in der Regel nicht so stark variieren, wie in Wohngebäuden, sind nicht ganz so hohe Einsparungen zu erwarten. In Kombination mit Gleitzeitarbeitserfassungssystemen wäre es jedoch vorstellbar, durch den Einsatz selbstlernender Algorithmen auch in Verwaltungsgebäuden beträchtliche Energieeinsparungen zu erzielen.

Lichtsteuerung
Im Bereich der Lichtsteuerung haben insbesondere interaktive telematische Systeme ein großes Anwendungspotential. Mit sensorgekoppelten Regelungen kann die Beleuchtung an den aktuellen Nutzungsbedarf unter Berücksichtigung der herrschenden Tageslichtverhältnisse angepasst werden. Gerade in Räumen, die selten benutzt werden und in die kein oder sehr wenig Tageslicht dringt (Flure, Toiletten etc.) stellen Anwesenheitssensoren eine einfache Variante dar mit denen Energie gespart werden kann. Aber auch in Arbeitsräumen können telematische Lichtsteuerungen effektiv eingesetzt werden. Durch eine Kombination von dimmbaren Energiesparlampen (dimmbare EVG für Leuchtstoffröhren) und sogenannten Multisensoren, die sowohl die Anwesenheit von Personen erfassen, als auch den Tageslichteinfall messen, können Räume mit minimalem Kunstlichteinsatz gleichmäßig und optimal ausgeleuchtet werden. In Schulen und Büroräumen lassen sich damit gegenüber der Verwendung normaler Leuchtstoffröhren (mit EVG) Energieeinsparungen von 30 bis 50 % erreichen [Rathenow 2001], [Siegfried 2001].

12.2.2 Kostenreduktionspotentiale

Zusätzlich zu den genannten möglichen Energieeinsparungen, aus denen sich direkte Energiekostenreduktionen ergeben, eröffnen telematische Anwendungen weitere Kostenreduktionspotentiale. In wie weit diese Potentiale von kommunalen Verwaltungen ausgeschöpft werden können, hängt sehr stark von den organisatorischen Rahmenbedingungen des Energiemanagements ab (s.a. Kap. 10.2). Hier zeigt es sich, dass diese Potentiale von Contractoren in der Regel besser ausgenutzt werden und generell höher bewertet werden als von den Kommunen.

Geringere Vor-Ort-Präsenz
Durch den Einsatz von zentralen Leitwarten ist es möglich, die Vor-Ort-Präsenzen drastisch zu reduzieren. Der Personalbedarf für Optimierungs- und Wartungsarbeiten kann somit gesenkt werden. Die eingesparten Personalkapazitäten stehen dann für andere Zwecke zur Verfügung.

Lastmanagement
Mit Hilfe einer Gebäudeleittechnik kann ein komplexes Lastmanagement umgesetzt werden, das es erlaubt, in Spitzenzeiten einzelne Verbraucher abzuwerfen, ohne dass der Nutzungskomfort beeinträchtigt wird. Lastspitzen wie etwa das gleichzeitige

bedienen aller Haarföne in Schulturnhallen und Schwimmbädern zum Stundenwechsel, können durch das kurzzeitige Herunterfahren weniger sensibler Verbraucher (Umwälzpumpe der Schwimmbeckenheizung o.ä.) abgefangen werden. Hierdurch sind Kosteneinsparungen durch Reduzierung der Leistungsgrenzen für Mittelspannungsstromversorgungen möglich.

Wartungsmanagement
Für Anlagenteile, die über eine GLT gesteuert werden, können ohne großen Mehraufwand die realen Einsatzzeiten bestimmt werden. Auf Grundlage der echten Betriebsstunden können die Wartungsintervalle optimiert werden. Dies bedeutet einerseits Kosteneinsparungen, da die Wartung nicht häufiger als nötig durchgeführt werden muss. Anderseits wird durch ein fortlaufendes Monitoring der Betriebsstunden das Risiko eines Ausfalls von Anlagenteilen reduziert. Für Heizungspumpen stellt dies einen großen Vorteil dar, da diese in der Regel relativ unbemerkt „mitlaufen", ein Ausfall aber einen Totalausfall der ganzen Heizanlage nach sich zieht.

Risikominimierung bei Defekten
Über Gebäudeleittechniken können Fehlermeldungen der energietechnischen Anlagen automatisiert an die zuständige Verwaltungseinheit sowie ggf. an externe Wartungsfirmen weitergegeben werden. Dies kann per Ausdruck, Fax, e-mail oder SMS geschehen. Dadurch kann mit geringem Aufwand eine 24h-Bereitschaft für Notfälle etabliert werden. So können Mängel schnell identifiziert und behoben werden. Gerade durch Leckagen (Gas- und Wasserleitungen), können große Kosten entstehen, die weit über den Betrag der eigentlichen Energiekosten hinausgehen. In die Bewertung der Wirtschaftlichkeit der GLT sollte also auch eine Risikoabschätzung möglicher Schäden einfließen.

12.2.3 Neben- und Reboundeffekte

Anforderungen an Bedienpersonal
Die Anforderungen an Bedienung und Wartung energietechnischer Anlagen steigen in der Regel durch den Einsatz von Telematik. In dem Maße, wie Informations- und Kommunikationstechnologien neue Optionen in der Bedienung eröffnen, muss auch gewährleistet werden, dass das Bedienpersonal über das nötige Know-how verfügt, um den steigenden Anforderungen gerecht zu werden. Dies bedeutet einerseits, dass Hausmeister, Sekretärinnen, Techniker und andere Kräfte vor Ort entsprechend geschult werden müssen. Andererseits ist häufig spezialisiertes Personal nötig, etwa in Form eines Ingenieurs, der die Leitwarte betreut. Der Begriff Gebäudeautomation darf nicht so interpretiert werden, dass die Bewirtschaftung der Gebäude automatisch im Sinne von „ganz von selbst" geschieht. Für die Bedienung und Wartung der Automationstechnologien muss ausreichend qualifiziertes Personal bereitgestellt werden.

Akzeptanz durch die Nutzer
Wie in Kapitel 11 spezifiziert, müssen telematische Anwendungen auf die Bedürfnisse der Nutzer abgestimmt werden, um langfristig erfolgreich zu funktionieren. Speziell sogenannte „intelligente" Regelungen dürfen den Nutzern Energiesparmaß-

nahmen nicht gegen deren erklärte Wünsche aufzwingen. Im schlimmsten Fall kann mangelnde Akzeptanz zu Sabotage oder Blockierung der Anlagen führen.

Konkurrenz zu Nutzermotivation
Viele der durch Telematik erschließbaren Energieeinsparpotentiale können auch durch bewussteres Verhalten der Gebäudenutzer erschlossen werden. Diese beiden Potentiale sind größtenteils nicht kumulierbar, so dass Telematik und Nutzermotivation „in Konkurrenz zueinander" stehen. Die Gewinnerwartung pro Einzelmaßnahme würde sinken, wenn in einem Gebäude beide Ansätze verfolgt würden. Dies kann dazu führen, dass in hochmodernisierten Gebäuden Nutzermotivationskampagnen schwerer durchzuführen sind. Besonders finanzielle Anreizsysteme (Fifty-Fifty) versagen wegen der geringen zu erzielenden Erfolge.

Energiebewusstsein der Nutzer wird unterschätzt
In Einzelfällen kam es dazu, dass den Nutzern mit dem Einsatz telematischer Systeme mehr Komfort zugebilligt wurde, als diese normalerweise in Anspruch nahmen. Bei einer Vergleichsmessung in Schulräumen wurden bei einer interaktiven Regelung mit Präsenzmelder und Tageslichtsensoren, im Vergleich zur konventionellen Beleuchtung dreimal so lange Beleuchtungszeiten gemessen [U.A.N. 1999]. Das Verantwortungsbewusstsein der Schüler, beim Verlassen des Raumes auch wirklich das Licht zu löschen war unterschätzt worden. Darüber hinaus schalteten sie normalerweise das Licht deutlich später an, als dies die tageslichtgeregelten Dimmer taten.

Gewöhnung an Automatismen
Der Einsatz von Gebäudeleittechniken und interaktiven Systemen kann dazu führen, dass das Verantwortungsbewusstsein der Gebäudenutzer sinkt, da sie von immer mehr Verantwortungen entbunden werden. Präsenzmelder führen dazu, dass das Licht immer „von alleine" ausgeht. Nach einer gewissen Gewöhnung besteht die Gefahr, dass Nutzer auch in Räumen mit normalen Lichtschaltern das Licht nicht mehr ausschalten. Hier konterkarieren telematische Ansätze die Versuche, Nutzer zu energiesparendem Verhalten zu motivieren.

12.3 Kommunikation

Im Bereich der Kommunikation wird Telematik in deutlich geringerem Umfang eingesetzt als zum Energiecontrolling oder zur Gebäudebewirtschaftung. Einige sehr erfolgreiche Beispiele gibt es in den Bereichen:

- Nutzermotivation und
- Kommunikation nach außen.

Die Verbreitung dieser bisher verfolgten Ansätze wird in den nächsten Jahren besonders mit einer verstärkten Nutzung des Internets deutlich zunehmen. Allerdings muss eingeschränkt werden, dass die Potentiale gerade im Bereich der Nutzermotivation von vielen Akteuren des kommunalen Energiemanagements eher gering eingeschätzt werden. Ausschlaggebend sind hier unter anderem organisatorische

Rahmenbedingungen an Schulen, die eine umfangreiche Einbindung telematischer Anwendungen in didaktische Konzepte erschweren (vgl. Kapitel 10.2 und Fallstudie Berlin). Einige prinzipiell denkbare Anwendungen wurden bisher noch nicht umgesetzt.

Die Potentiale, die durch Telematik im Kommunikationsbereich eröffnet werden, tragen größtenteils zu einer Unterstützung der anderen drei Aufgabenbereiche bzw. zu einer Effektivierung des kommunalen Energiemanagements insgesamt bei. Die unmittelbare Erschließung von Energiespar- und Kostenreduktionspotentialen spielt hier nur eine untergeordnete Rolle, so dass diese Untergliederung in diesem Abschnitt nicht beibehalten wird.

12.3.1 Nutzermotivation

Schule online
Schüler können im Internet sowohl Informationen zum Thema Energiesparen erhalten, als auch durchgeführte Projekte veröffentlichen und gemachte Erfahrungen weiter vermitteln. Neben der eigentlichen Informationsweitergabe, ist die Möglichkeit eigene Aktivitäten und Erfolge publizieren zu können sehr motivationsfördernd. Durch Hypertextstrukturen ist es leicht möglich, auf Bestehendem aufzubauen, dieses zu aktualisieren und zu erweitern. Dadurch kann über mehrere Schülergenerationen eine Kontinuität gewahrt werden und es muss nicht immer wieder von Null angefangen werden. Motivationskampagnen wie Fifty-Fifty erhalten durch eine gezielte Nutzung des Internets eine höhere Dynamik und bleiben langfristig interessant.

Faszination Technik
In Schulen, die mit Gebäudeleittechnik ausgestattet sind, besteht die Möglichkeit, diese in den Unterricht zu integrieren. Wenn echte Daten ausgewertet werden und auf modernste Technologien zugegriffen wird, kann ein besonderes Interesse der Schüler für das Thema Energiesparen geweckt und mit anderen Unterrichtsinhalten (Informatik, Physik) verknüpft werden. In einzelnen Schulen wurden schon einige erfolgreiche Projekte durchgeführt. Solche Ansätze werden jedoch bisher in nur sehr geringem Umfang verfolgt. Gerade die Kooperation mit Contractoren könnte hier in Zukunft neue Möglichkeiten eröffnen (vgl. Fallstudie Berlin).

Zeitnahes Feedback zur Nutzermotivation
Wenn Motivationskampagnen durchgeführt werden, ist es für den langfristigen Erfolg unbedingt erforderlich, dass erzielte Energieeinsparungen schnell an die Nutzer kommuniziert werden. Telematische Anwendungen sind hierfür hilfreich, da es mit ihnen möglich ist, Energieverbräuche zeitnah zu erfassen, auszuwerten und an die Nutzer weiter zu geben. Bei den derzeit laufenden Motivationskampagnen (etwa Fifty-Fifty an Schulen) sind im allgemeinen monatliche Feedbackschleifen ausreichend, so dass zwar ein effizientes Energiecontrolling erforderlich, der Bedarf für telematische Unterstützung jedoch nicht sehr hoch ist. Prinzipiell könnten mit fernauslesbaren Zählern erhobene Daten in Echtzeit auf Displays, etwa in der Aula einer Schule, dargestellt oder im Internet verfügbar gemacht werden. Wenn solche Konzepte in entsprechende didaktische Konzepte eingebettet würden, könnte dies die Motivation von Schülern, Energie zu sparen, erhöhen. Hierfür gibt es erste Ideen,

konkrete Erfahrungen liegen im kommunalen Energiemanagement jedoch noch nicht vor.

Ermittlung von Einsparerfolgen

Durch EDV-Programme, die Energiecontrolling und Facilitymanagement-Funktionen integrieren, können Energieeinsparungen einzelner Modernisierungsmaßnahmen berechnet werden. Dadurch wird es möglich, Nutzermotivationskampagnen mit finanziellen Anreizsystemen (wie etwa Fifty-Fifty) weiterlaufen zu lassen, selbst wenn einzelne bauliche Sanierungen oder Modernisierungen vorgenommen werden. Die durch die Modernisierungen erzielten Energieeinsparungen können berechnet werden. Die restlichen erreichten Eisparungen können den Nutzern gutgeschrieben werden. Allerdings sind die Berechnungen der zu erwartenden Energieeinsparungen nicht völlig exakt, so dass eine gewisse Kulanz vorausgesetzt werden muss. Eine Kombination von verschiedenen finanziellen Anreizsystemen, etwa von Contracting und Fifty-Fifty wäre damit nicht möglich.

Akzeptanz durch Information

Gerade bei Temperaturabsenkungen in Arbeitsräumen gibt es immer wieder starke Akzeptanzprobleme. Zum Teil wird erheblicher Druck auf die Mitarbeiter des Energiemanagements ausgeübt, da es „zu kalt" sei. Stationäre oder mobile Temperaturmessgeräte, mit denen Temperaturverläufe über mehrere Tage hinweg mitprotokolliert werden können, helfen nicht nur existierende Mängel zu identifizieren, sondern auch emotionalisierte Diskussionen zu versachlichen.

12.3.2 Kommunikation von Erfolgen

Durch ein verbessertes Informationsmanagement im Bereich Energiecontrolling und durch den Einsatz telematischer Anwendung zur Publikation von Aktivitäten und Erfolgen des Energiemanagements kann die Selbstdarstellung des KEM sowohl verwaltungsintern als auch gegenüber der Öffentlichkeit und politischen Akteuren verbessert werden. Da für die langfristige Finanzierung von Modernisierungsmaßnahmen die politische Unterstützung unabdingbar ist, stellt eine gute Kommunikation von Erfolgen einen wichtigen Erfolgsfaktor des kommunalen Energiemanagements dar.

Automatisierte Energieberichtserstellung

Mittlerweile existieren verschiedene Softwaretools, die es erlauben, aus den Daten des Energiecontrollings automatisch Energieberichte zu erstellen. Die wichtigsten Daten werden in Graphiken zusammengefasst und zusammen mit Bildern der Liegenschaften werden Übersichten in ansprechendem Layout erstellt. Hierdurch wird der Arbeitsaufwand bei der Energieberichtserstellung deutlich reduziert. Lediglich begleitende Texte müssen „von Hand" verfasst werden.

Internetpublikationen

Das Internet stellt eine einfache und kostengünstige Möglichkeit dar, Energieberichte und andere Darstellungen rund um das kommunale Energiemanagement zu veröffentlichen. Auch hier kann auf Layout-Tools zurückgegriffen werden, so dass die Erstellung der Internetseiten zum größten Teil automatisch erfolgt. Die Aktivitäten des Energiemanagements können damit in professioneller Darstellung transparent gemacht werden, ohne dass aufwendige Hochglanzbroschüren gedruckt werden müssten.

12.4 Planung und Betreuung von Modernisierungsmaßnahmen

Gerade in der Planungsphase von Modernisierungsmaßnahmen ist der Einsatz von Telematik durchaus vorstellbar. Wie in Kapitel 6.3.4 dargestellt, existieren einige Expertensysteme zur energieoptimierten Planung von Stadtteilen, zur Entwicklung von Flächennutzungsplänen und zur Modellierung von CO_2-Minderungspotentialen. Analoge Ansätze könnten im kommunalen Energiemanagement eine wertvolle Hilfe darstellen. Vernetzte Expertensysteme, die auf elektronische Daten verschiedener Verwaltungsabteilungen zugreifen, könnten prinzipiell dazu beitragen Modernisierungsmaßnahmen besser zu koordinieren, zu bündeln und in ein strategisches Gesamtkonzept einzubetten.

In der Praxis des kommunalen Energiemanagements jedoch finden solche Instrumente bisher so gut wie keine Anwendung. Das Grundproblem ist hierbei, die mangelnde Datenbasis. Wie in Kapitel 9.2 dargestellt, sind selbst in denjenigen Kommunen, die ein überdurchschnittlich gutes Energiecontrolling betreiben, die vorhandenen Informationen sowohl im Bezug auf Gebäudestammdaten als auch Energieverbrauchsdaten lückenhaft. Eine weitere Automatisierung und Vernetzung im Bereich der Planung von Modernisierungsmaßnahmen scheint beim derzeitigen Stand des KEM nur in geringem Umfang möglich. Wenngleich spezielle computer- bzw. netzgestützte Anwendungen durchaus die Planung von Modernisierungsmaßnahmen verbessern können, so bestehen für komplexe Expertensysteme bisher keine erschließbaren Anwendungsfelder.

12.4.1 Energiesparpotentiale

Identifikation von Energiesparpotentialen
Werden alle Liegenschaften mit zugehörigen Energieverbräuchen und Gebäudestammdaten (insbesondere Nutzungsflächen) in einer Datenbank erfasst, so können schnell diejenigen mit dem höchsten Modernisierungsbedarf identifiziert werden. In der Kombination mit Facility-Management-Anwendungen, lassen sich aussagekräftige Gebäudekategorien entwickeln. Am Computer werden Abschätzungen getroffen, welche Modernisierungsansätze am effizientesten sein werden.

Beleuchtungsoptimierung
Die Verwendung von Simulationssoftware ermöglicht es, bei der Planung von Modernisierungsmaßnahmen und Neubauten Beleuchtungsoptimierungen durchzuführen. Dadurch kann sowohl eine bessere Ausleuchtung der Räume gewährleistet werden, als auch eine energieoptimierte Planung erfolgen. Grundlage solcher Beleuchtungssimulationen sind CAD-Aufmaße der Raum- bzw. Gebäudegrundrisse. In dem von uns untersuchten Fall, wurden mit Hilfe einer Simulationssoftware Beleuchtungskonzepte entwickelt, die zu Energieeinsparungen von über 70% führten.

12.4.2 Funktionale Potentiale

Vernetzte Gebäudeinformationssysteme
In mehreren der von uns befragten Kommunen wurden Gebäudeinformationssysteme geplant oder errichtet, mit denen ein Zugriff auf Gebäudedaten von verschieden Fachabteilungen aus möglich ist. Konkrete Erfahrungen über die dadurch erzielbaren Erfolge und mögliche Schwierigkeiten lagen bisher nicht vor.

Bewertungsysteme
Ohne großen Aufwand könnten in bestehende Energiecontrolling- und Facility-Management-Systeme Routinen integriert werden, die eine automatische Bewertung unterschiedlicher Modernisierungsmaßnahmen nach verschiedenen Kriterien wie Energieeinsparung, CO_2-Reduktion, Kosteneffizienz vornehmen. Bisher gibt es noch keine Ansätze, solche für den Bereich der Bauplanung und Energieversorgung entwickelten Instrumente in das kommunale Energiemanagement zu übertragen. Grundvoraussetzung wäre auch hier das Vorhandensein einer umfassenden Datenbasis.

Planungstools
Durch die Zusammenlegung von Modernisierungsmaßnahmen in öffentlichen Liegenschaften mit Maßnahmen in den benachbarten Gebäuden könnten weitere Energiesparpotentiale erschlossen werden. Beispielsweise könnte der Anteil an Kraft-Wärme-Kopplung (Blockheizkraftwerke) erhöht werden, wenn sich mehrere Nutzer für ein Nahwärmenetz zusammenschließen. Wenn solche Möglichkeiten routinemäßig überprüft werden sollen, ist der Einsatz von telematischen Planungstools, die auf Datensätze unterschiedlichster Verwaltungseinheiten zugreifen, unerlässlich. Nach Einschätzung der Akteure im kommunalen Energiemanagement würde derzeit der Aufwand zur Etablierung solcher Systeme den zu erwartenden Nutzen jedoch nicht rechtfertigen.

13 Handlungs- und Strategieempfehlungen

Im folgenden Kapitel werden Handlungsoptionen dargestellt und Empfehlungen für eine strategische Ausrichtung im kommunalen Energiemanagement gegeben. Dabei behandelt der erste Abschnitt einzelne Entscheidungsoptionen, die vor allem auf Einsatzmöglichkeiten telematischer Anwendungen für die energietechnische Bewirtschaftung und das Energiecontrolling fokussieren. In diesen Bereichen sind die größten direkt erschließbaren Potentiale für Telematik zu konstatieren (s.a. Kapitel 12). Bei den ausgewählten Optionen handelt es sich um Schlüsselentscheidungen, die aber von den verschiedenen Akteuren des kommunalen Energiemanagements durchaus kontrovers bewertet werden. Dabei sind Bewertungen der Optionen abhängig von den Rahmenbedingungen der Kommunen.

Im zweiten Abschnitt werden zwei grundsätzliche strategische Ausrichtungen des kommunalen Energiemanagements dargestellt.

A) Eine Strategie, die auf ein zentrales Controlling und eine eher dezentrale Bewirtschaftung setzt. Die Einbeziehung lokaler Kräfte steht hier im Vordergrund.

B) Sowohl Energiecontrolling als auch Gebäudebewirtschaftung werden zentral durchgeführt. Diese Strategie baut auf dem umfangreichen und gezielten Einsatz telematischer Anwendungen auf.

Dabei geht es nicht um eine vergleichende Bewertung der Ansätze. Für beide gibt es sehr erfolgreiche Beispiele der praktischen Umsetzung. Vielmehr sollen die beiden Ansätze erläutert und anhand von einigen charakteristischen Merkmalen die Unterschiedlichkeiten verdeutlicht werden. Dabei wird insbesondere auf die in Abschnitt 13.1 dargestellten Optionen eingegangen, um aufzuzeigen, welche Konsequenzen die Wahl einer der beiden Strategien für den Einsatz von Telematik hat.

13.1 Entscheidungsoptionen

Innerhalb der variantenreichen Praxis des kommunalen Energiemanagements gibt es einige Entscheidungsoptionen, die häufig und kontrovers diskutiert werden und einen starken Einfluss auf die Ausgestaltung des kommunalen Energiemanagements insgesamt haben. Im folgenden werden die relevanten Optionen dargestellt, die bestimmend für den Einsatz von Telematik sind. Dabei lassen sich die bestehenden Alternativen im wesentlichen auf fünf Optionspaare reduzieren, die jeweils klare entweder-oder-Entscheidungen darstellen:

1) Zentrale Leitwarte vs. dezentrale Mess-, Steuer- und Regelanlagen
2) Gebäudeleittechnik von einem Anbieter vs. Produktvielfalt
3) Firmenproprietäre Leitwarte vs. firmenneutrales Datenübertragungssystem
4) Contracting vs. Eigenregie
5) Manuelles Ablesen vs. fernauslesbare Verbrauchszähler

Alle Optionen können als grundsätzliche Entscheidungen für das Energiemanagement aufgefasst werden. Die erste sowie die beiden letzten Entscheidungen sind zwar für jeden Einzelfall (etwa die einzelnen Gebäude oder einen Gebäudepool) ausschließlich, können prinzipiell aber parallel in eine Strategie integriert werden. Die Reihenfolge der dargestellten Optionen stellt keine Hierarchisierung dar. Lediglich Option 3) ist eine Unteroption der Entscheidung für eine Leitwarte in Option 1) und nur im Rahmen der Strategie B) von Bedeutung.

Im folgenden werden die Optionen zunächst als unabhängige Module behandelt. Für jedes Optionspaar werden die Vorraussetzungen genannt, die gegeben sein müssen, damit die jeweilige Alternative erfolgreich umgesetzt werden kann und die Potentiale telematischer Anwendungen erschlossen werden können. Außerdem werden die Konsequenzen dargestellt, die die getroffene Entscheidung nach sich zieht. Über diese Vorraussetzungen und Konsequenzen sind alle Optionen miteinander verknüpft. Die Bewertung dieser Verknüpfungen und eine Integration in konsistente Strategien wird in Abschnitt 13.2 vorgenommen.

Als Grundvoraussetzung wird angenommen, dass computergestützte Systeme zur Analyse der energierelevanten Daten verwendet werden. Der Einsatz solcher Systeme stellt den derzeitigen Stand der Technik dar und ist unserer Ansicht nach unverzichtbar für ein effektives KEM. Der alleinige Einsatz von Karteikartensystemen o.ä. wird nicht weiter als Option untersucht. In der Praxis stellt sich nicht wirklich die Frage *ob* Energiedaten per EDV analysiert und verwaltet werden sollen, sondern nur *welche* Software und Systeme hier zu wählen sind.

13.1.1 Zentrale Leitwarte vs. dezentrale Mess-, Steuer- und Regelanlagen

Zentrale Leitwarte	**Dezentrale GLT und MSR-Anlagen**
Vorraussetzungen • Entweder: Technisches Know-how im Energiemanagement der Verwaltung vorhanden • Oder: Externer Dienstleister (Contractor)	Vorraussetzungen • Gute kommunikative Fähigkeiten des Energiebeauftragten • Technisches Know-how und Motivation bei Bedienpersonal Vor-Ort
Konsequenzen → Zentrale telematikbasierte Bewirtschaftungsstrategie	Konsequenzen → Dezentrale Bewirtschaftungsstrategie

Die Gebäudeleittechniken (GLT) der einzelnen Liegenschaften können auf eine Leitwarte aufgeschaltet werden. Damit können alle energietechnisch relevanten Funktionen zentral überwacht und gesteuert werden. Alternativ können die Gebäude dezentral (mit moderner GLT oder unabhängigen MSR-Anlagen) mit hohen Verantwortlichkeiten des Bedienpersonals vor Ort bewirtschaftet werden.

Entscheidend für den Erfolg einer zentralen Leitwarte ist, ob es ausreichend qualifiziertes Personal für deren Bedienung gibt. Dazu muss das ingenieurtechnisch notwendige Know-how in der Verwaltung selbst vorhanden sein (bzw. aufgebaut werden). Falls dies nicht der Fall ist, können bestimmte Aufgaben an externe Dienstleister weitergegeben werden.

In den Gebäuden, die nicht auf eine zentrale Leitwarte aufgeschaltet werden, liegt die Verantwortung der Bewirtschaftung in der Regel bei lokalen Kräften, wie etwa Hausmeistern und Sekretären. In diesen Fällen ist deren technisches Know-how und deren Motivation entscheidend für das Erreichen von Energieeinsparungen. Von Seiten des Energiemanagements (des Energiebeauftragten) sind vor allem gute koordinatorische und kommunikative Fähigkeiten gefordert.

Die Entscheidung, ob die Bewirtschaftung der Gebäude eher zentral oder eher dezentral erfolgen soll, stellt eine sehr grundsätzliche strategische Entscheidung dar. Sie ist Ausgangspunkt für die in 13.2 dargestellten Strategien des kommunalen Energiemanagements.

13.1.2 GLT von einem Anbieter vs. Produktvielfalt

GLT von einem Anbieter	**Produktvielfalt**
Vorraussetzungen • für kleine Stadt leichter realisierbar	Vorraussetzungen Keine
Konsequenzen • Leichter bedienbar, geringerer Schulungsbedarf • Keine Kompatibilitätsprobleme • Aufschalten auf kommerzielle Leitwarte einfach möglich • behindert freie Contracting-Ausschreibung	Konsequenzen • Durch offene Ausschreibung günstigere Angebote möglich • Aufschaltung auf gemeinsame Leitwarte nur mit firmenneutralem Datenübertragungsystem möglich

Grundsätzlich sprechen viele Gründe dafür, die Gebäudeleittechniken aller Gebäude von einem Hersteller, am besten mit gleichen oder ähnlichen Typen zu beziehen. In der Praxis existiert jedoch häufig ein historisch gewachsener Bestand mit dem zunächst gearbeitet werden muss, wenn er nicht im Rahmen von Modernisierungen ausgetauscht wird. Dabei ist eine Produktvielfalt bei GLT für große Städte wesentlich schwerer vermeidbar als für kleine Kommunen. Große Städte haben stärker differierende Anwendungen aufgrund eines breiteren Spektrums von Liegenschaften.

Die Fixierung auf GLT-Anlagen von einem Hersteller bringt jedoch auch den Nachteil der Abhängigkeit mit sich. Im Gegensatz dazu lassen sich durch herstellerunabhängige Ausschreibungen Kostenreduktionen erzielen. Gerade für große Städte hat, aufgrund der hohen absoluten Kosten, die Abhängigkeit von einem Hersteller ein starkes Gewicht, so dass die strategische Entscheidung getroffen werden kann, eine Produktvielfalt bewusst in Kauf zu nehmen. Gleichzeitig ist für größere Städte eine Produktvielfalt leichter handhabbar, da der Personalstamm groß genug ist, um Spezialisierungen zuzulassen.

13.1.3 Firmenproprietäre Leitwarte vs. Firmenneutrales Datenübertragungssystem

Firmenproprietäre Leitwarte	**Firmenneutrales Datenübertragungssystem**
Vorraussetzungen • Entweder: Aufzuschaltende GLT alle vom gleichen Hersteller • Oder: Parallel mehrere Leitwarten unterschiedlicher Hersteller	Vorraussetzungen • Hohes technisches Know-how in der Verwaltung vorhanden • GLT Anlagen unterschiedlicher Hersteller im Bestand (oder geplant) • Marktmacht, um Firmen zur Entwicklung von Schnittstellen bewegen zu können
Konsequenzen • Technische Verantwortung kann leichter nach außen gegeben werden (Outsourcing, Contracting) • Abhängigkeit von einem Hersteller	Konsequenzen • Durch offene Ausschreibung günstigere Angebote möglich • Nicht alle Hersteller aufschaltbar

Wenn die Leittechniken der einzelnen Gebäude auf eine gemeinsame zentrale Leitwarte aufgeschaltet werden sollen, stellt sich die Frage, ob ein firmenneutrales Datenübertragungssystem oder firmenproprietäre Leitwarten verwendet werden sollen. Prinzipiell könnten GLT verschiedener Hersteller auch über Schnittstellenadapter in eine firmenproprietäre Leitwarte integriert werden. De facto ist dies beim derzeitigen Stand der (mangelnden) Normierung nicht möglich. In Abhängigkeit der funktionalen Ebenen der Gebäudeleittechnik (Feld-, Automations- und Managementebene) gibt es unterschiedliche Datenübertragungs- bzw. Bussysteme, die einen Ansatz für eine Integration von Komponenten verschiedener Hersteller bieten. Zu nennen sind hier etwa FND, BACNet, EIB und LON. Allerdings führt eine Integration von GLT-Anlagen mehrerer Hersteller bisher immer noch zu einer erheblichen Reduktion der Funktionalität der Einzelanlagen. Der Einsatz eines firmenneutralen Datenübertragungssystems ist nur dann sinnvoll, wenn GLT unterschiedlicher Hersteller im Bestand vorhanden oder angestrebt sind (s. Abschnitt 13.1.2).

Wird die Entscheidung getroffen, eine (oder mehrere) firmenproprietäre Leitwarten einzusetzen, so ist die Vorraussetzung dafür, dass alle aufzuschaltenden GLT vom Hersteller der Leitwarte sein müssen. Hierdurch ergeben sich zwar Vorteile in der Bedienung aber auch stärkere Abhängigkeiten vom Hersteller (s. 13.1.2). Die Abhängigkeit vom Hersteller kann verringert werden, wenn es ein hohes Maß an technischem Know-how in der Verwaltung gibt, das es erlaubt, einen Großteil der anfallenden Installations- und Programmierungsarbeiten selbst zu übernehmen. Damit steigt auch die Fähigkeit bei Bedarf auf ein anderes System zu wechseln (vgl. Fallstudie Remscheid). Grundsätzlich besteht die Möglichkeit, mehrere parallele, logisch getrennte Leitsysteme aufzubauen. Dies führt jedoch zu einer aufwendigeren Bedienung.

Die Anforderungen in der Bedienung eines firmenneutralen Konzeptes an die Verwaltung sind in der Regel höher als bei der Nutzung kommerzieller Systeme. Für die konkrete Umsetzung sind technisch qualifizierte und motivierte Ingenieure in der Verwaltung erforderlich. Dabei muss eine kontinuierliche Anpassung des Systems an neue Regelgeräte geleistet werden, um nicht vom Markt abgehängt zu werden. In der Regel ist es bei der Verwendung firmenneutraler Systeme schwieriger, Aufgaben nach außen abzugeben, als bei firmenprietären Systemen, für die häufig der Anlagenhersteller als Dienstleister auftritt.

Der entscheidende Vorteil eines firmenneutralen Konzeptes ist die größere Freiheit bei der Ausschreibungsgestaltung und die dadurch erzielbaren Kostenreduktionen. Allerdings muss eingeschränkt werden, dass hierfür eine gewisse Marktmacht der Nutzer notwendig ist, damit die Anlagenhersteller dazu gebracht werden entsprechende Schnittstellen zu entwickeln. Das Münchener FND-System ist hier ein Beispiel dafür, wie dieser Weg erfolgreich vorangetrieben werden kann. Allerdings lassen sich auch hier noch nicht alle GLT-Anlagen in das System integrieren.

13.1.4 Contracting vs. Eigenregie

Contracting	**Eigenregie**
Vorraussetzungen • Gebäude mit hohem Modernisierungsbedarf und hohen Energiekosten vorhanden	Vorraussetzungen • Technisches Know-how in der Verwaltung vorhanden • Finanzierungssicherheit für Modernisierungen
Konsequenzen • Intensiver Einsatz telematischer Anwendungen • Beim Einsatz von GLT: firmenproprietäre Leitwarte für alle Gebäude eines Pools	Konsequenzen • Firmenneutrale Konzepte realisierbar

Wie bereits dargelegt, wird das Konzept Contracting durchaus kontrovers diskutiert (vgl. Fallstudie Berlin). An dieser Stelle soll keine generelle Bewertung des Konzeptes Contracting vorgenommen werden. Vielmehr werden die Konsequenzen der Entscheidung, ob Maßnahmen in Eigenregie oder mit Hilfe von Contracting durchgeführt werden, für den Einsatz von Telematik diskutiert. Grundsätzlich müssen für die Durchführung von Energiesparcontracting-Projekten Gebäude mit hohem Modernisierungsbedarf vorhanden sein. Das Volumen eines Projektes muss eine bestimmte Größe aufweisen, damit der Verwaltungsaufwand vertretbar ist. Dies kann auch durch die gemeinsame Ausschreibung mehrer Objekte in einem Pool erfolgen.

Sollen Modernisierungen in Eigenregie durchgeführt werden, so ist es nötig, dass das entsprechende Know-how für die Modernisierung und den laufenden Betrieb der neuen Anlagen in der Verwaltung vorhanden ist. Weiterhin müssen Finanzierungsmöglichkeiten und eine Finanzierungssicherheit langfristiger Konzepte gegeben sein. Ein möglicher Ansatz ist die Etablierung eines Intracting-Konzeptes. Werden Modernisierungen als Contracting-Maßnahmen ausgeschrieben, sinken die diesbezüglichen Anforderungen. Damit erhöht sich der Spielraum der Kommunen, telematische Anwendungen effektiv zu nutzen und deren Potentiale auszuschöpfen.

Grundsätzlich steht der Ansatz einer möglichst offenen Ausschreibung bei Energiesparcontracting-Projekten im Widerspruch zu einer Festschreibung welche GLT verwendet werden soll. Darüber hinaus greifen Contractoren generell auf kommerziell verfügbare GLT zurück und nutzen entsprechend firmenproprietäre Leitwarten. Ein Spezialfall sind die Systemanbieter, die die von ihnen selbst hergestellte GLT verwenden. Die Kombination von Contracting mit firmenneutralen Datenübertragungskonzepten wie FND ist daher prinzipiell schwierig.

Die Entscheidung für Energiesparcontracting stellt implizit die Entscheidung für eine Bewirtschaftung mit zentraler Leittechnik dar, da Contractoren aufgrund der in Kapitel 10 dargestellten Gründe in hohem Umfang bestimmte telematische Anwendungen zur Erzielung von Energieeinsparungen einsetzen. In der Regel wird vorwiegend die Modernisierung der Gebäudeleittechnik vorgenommen und für den jeweils ausgeschriebenen Pool von Gebäuden ein System mit entsprechender Leitwarte installiert, wobei es unterschiedliche Modelle gibt, wie die laufende Bewirtschaftung zwischen Hochbauamt und Contractor aufgeteilt wird (vgl. Fallstudien Potsdam und Berlin).

13.1.5 Manuelles Ablesen vs. Fernauslesbare Verbrauchszähler

Manuelles Ablesen der Verbrauchszähler	**Fernauslesbare Verbrauchszähler**
Vorraussetzungen • Gebäude verfügen ohnehin über Hausmeister • Hohe Motivation der Ableser (Hausmeister)	Vorraussetzungen • Investitionskosten geringer als Arbeitsaufwand des Ablesens • Ableser nicht vorhanden oder unzuverlässig
Konsequenzen • Ableserate max. wöchentlich • Direkte Kommunikation mit Hausmeistern	Konsequenzen • Tagesverläufe / Lastgänge ermittelbar • Höhere Genauigkeit erzielbar

Mit fernauslesbaren Verbrauchszählern können Tagesverläufe und Lastgänge mit hoher Genauigkeit und geringen personellem Aufwand ermittelt werden. Das Kosten-Nutzen-Verhältnis von fernauslesbaren Verbrauchszählern wird von den verschiedenen Akteuren des kommunalen Energiemanagements jedoch sehr unterschiedlich bewertet (s.a. Kap. 11.2 und 12.1). Hierbei muss hervorgehoben werden, dass diese Einschätzungen nicht auf harten Kosten-Nutzen-Rechnungen, sondern eher auf allgemeinen Erfahrungen beruhen.

Für die Entscheidung, ob Verbrauchsdaten manuell oder automatisch erfasst werden, ist es ausschlaggebend, wie die manuelle Erfassung gestaltet werden kann. Die manuelle Erfassung kann nur dann mit vertretbarem Aufwand durchgeführt werden, wenn die Gebäude ohnehin über Personal verfügen, das diese Aufgabe übernehmen kann. Außerdem muss eine hohe Motivation dieses Personals vorhanden sein, um gewährleisten zu können, dass die Daten langfristig mit der erforderlichen Genauigkeit abgelesen werden. Die Ableserate ist hierbei auf maximal einmal wöchentlich beschränkt. Allerdings kann durch ein persönliches Ablesen die direkte Kommunikation zwischen Hausmeistern und Energiemanagement intensiviert werden, was in Abhängigkeit der Bewirtschaftungsstrategie (s.u.) von Vorteil sein kann.

13.2 Zwei Strategien des Energiemanagements

Der Leitgedanke der hinter der Idee des Energiemanagements steht, ist, dass durch die Bündelung von energierelevanten Informationen und Entscheidungskompetenzen Energiesparpotentiale erschlossen werden können. Konsequenterweise stellt ein zentrales Energiecontrolling die Kernaufgabe des Energiemanagements dar. Darüber hinaus verfolgen die einzelnen Kommunen unterschiedliche Ansätze im Energiemanagement und führen sehr verschiedene Maßnahmen zur Energieeinsparung durch. Dennoch lassen sich zwei prinzipielle Strategien identifizieren. Diese sind dadurch charakterisiert, wie und welche Daten erhoben werden, wie diese ausgewertet werden und wie die Verknüpfung zu anderen Bereichen des Energiemanagements speziell zur Gebäudebewirtschaftung umgesetzt wird:

A) Zentrales Controlling – dezentrale Bewirtschaftung
In diesem Fall werden primär die Energie*verbrauch*sdaten erfasst und ausgewertet. Auf Grundlage des zentralen Controllings werden Konzepte entwickelt und Anweisungen für die eher dezentral organisierte energietechnische Bewirtschaftung gegeben.

B) Zentrale telematikbasierte Bewirtschaftung
Grundlage dieser Strategie ist die direkte Überwachung und Steuerung der energietechnischen Anlagen durch das Energiemanagement. Energiecontrolling und Bewirtschaftung werden zu einer Einheit verknüpft, wobei im Vergleich zur ersten Strategie die Erhebung der Verbräuche ein geringeres Gewicht haben kann.

Auf technologischer Ebene entspricht dies der in 13.1.1 dargestellten Entscheidung zwischen einer zentralen Leitwarte und dezentralen Gebäudeleittechniken bzw. MSR-Anlagen.

Im folgenden werden die beiden Strategien unter speziellem Bezug auf die in 13.1 dargestellten Optionen charakterisiert. Dabei basierte diese Charakterisierung auf der praktischen Umsetzung von Energiemanagementkonzepten der von uns untersuchten Kommunen. Für eine Abgrenzung der beiden Strategien gilt die Einschränkung, dass einerseits die Gebäudebewirtschaftung immer zentral überwacht wird und andererseits auch in nahezu jedem Fall bestimmte Tätigkeiten von den Bedienkräften vor Ort (Hausmeistern, Sekretären) durchgeführt werden. Dennoch werden in den meisten Kommunen eindeutige Schwerpunkte auf einem der beiden Ansätze gelegt. Wo dies nicht geschieht und wo es zur Vermischung der zentralen Elemente der Strategien kommt, ist meist das Fehlen einer strategischen Orientierung des kommunalen Energiemanagements zu konstatieren. In diesem Sinne zielen unsere Handlungsempfehlungen für die jeweiligen Strategien auch darauf ab, sich für eine der beiden zu entscheiden und diese zu optimieren.

13.2.1 Strategie A: Zentrales Controlling – dezentrale Bewirtschaftung

Strategieelemente:

- Gebäudekennwerte als Optimierungsgrundlage
- manuelles Ablesen von Energiedaten möglich
- hohe Verantwortung der Hausmeister

I&K Technologien / Telematik:

- EDV zur Verbrauchsanalyse
- dezentrale GLT
- fernauslesbare Zähler in geringem Umfang

Verbrauchsdatenanalyse als Ausgangsbasis

Ausgangsbasis dieser Strategie ist es, die Energieverbrauchsdaten der kommunalen Gebäude genau und häufig zu erfassen. Bekanntestes Beispiel dürften die Energiedienste der Stadt Stuttgart sein (s. Kapitel 9.3.1). Aber auch viele andere Städte verfahren ähnlich (vgl. Fallbeispiel Goslar). Die Energieverbrauchsdaten werden benutzt, um Schwachstellen im Betrieb der energietechnischen Anlagen zu identifizieren und daraufhin entsprechende Maßnahmen einzuleiten (Anweisung an die Hausmeister, Reparaturen, Durchführung von Modernisierung o.ä.).

Dabei gibt es zwei unterschiedliche Varianten, wie die Energieverbrauchsdaten aufgearbeitet werden:

1. Erfassen von Verbrauchsänderungen
   Die Energieverbräuche der Gebäude werden absolut erhoben und über längere Zeiträume miteinander verglichen. Somit sind Verbrauchsänderungen (aufgrund von Defekten oder dem Erfolg von Nutzermotivation etc.) leicht ermittelbar. Eine Bewertung der Energieeffizienz eines Gebäudes kann aber nur in geringem Umfang gemacht werden, da Vergleichsmöglichkeiten zu anderen Gebäuden fehlen.
2. Ermitteln von Gebäudekennwerten
   Die Energieverbräuche werden auf die Nutzungsflächen bezogen. Somit sind Vergleiche der Gebäude untereinander möglich. Die Gebäude mit den höchsten Verbräuchen können identifiziert werden. Durch die Erhebung von Zeitreihen sind wie im ersten Fall auch Verbrauchsänderungen ermittelbar.

Die zweite Variante ist mit einem wesentlich höheren initialen Aufwand verbunden, da zunächst die Nutzungsflächen aller Gebäude bestimmt werden müssen. Ist dies jedoch geschehen, so sind mit dem gleichen Aufwand wesentlich bessere Ergebnisse zu erzielen, als bei dem Vergleich von absoluten Verbräuchen. Besonders im Hinblick auf die Erarbeitung von Modernisierungsstrategien stellt die Ermittlung von Gebäudekennwerten eine wichtig Hilfe dar, die es erlaubt die effektivsten Modernisierungsmaßnahmen zu identifizieren.

Einbindung der Hausmeister

Innerhalb dieser Strategie sind die Hausmeister die Schlüsselpersonen für den Erfolg von Energieeinsparungen. Ihnen obliegt in der Regel das Tagesgeschäft der Bewirtschaftung der energietechnischen Anlagen. Ob die möglichen Energiesparpotentiale ausgenutzt werden, hängt zum großen Teil davon ab, wie die Hausmeister in das Energiemanagement eingebunden werden. Sie müssen über das nötige Know-how verfügen. Dazu sind regelmäßig Schulungen erforderlich. Sie müssen motiviert werden, die Arbeiten gewissenhaft auszuführen. Dies kann durch Feedback und ggf. finanzielle Anreizsysteme geschehen. Klare Arbeitsbeschreibungen stellen hier weitere Erfolgsfaktoren dar.

Art und Häufigkeit der Energieverbrauchserfassung

Die Ablesung der Energieverbrauchsdaten wird innerhalb dieser Strategie meist von den Hausmeistern vorgenommen. Fernauslesbare Zähler kommen nur in Einzelfällen zum Einsatz (s.u.), da die direkte Einbindung der Hausmeister ohnehin Teil der kommunikationsorientierten Strategie ist.

Die Ableseintervalle liegen in der Regel bei einmal monatlich. Nur in wenigen Kommunen werden häufigere Ablesungen vorgenommen (z.B. wöchentlich in Stuttgart). Lediglich für spezielle Zwecke, etwa bei Verdacht eines Defektes oder zur Planung einer Modernisierung, sind detailliertere Messungen nötig. Über Zeiträume von einer Woche etwa, können stündliche Messungen auch durch die Hausmeister durchgeführt werden. Bei kürzeren Intervallen müssen vorübergehend portable Messgeräte oder fernauslesbare Zähler installiert werden.

Contracting als Finanzierungsoption

Wird diese Strategie konsequent verfolgt, stellt Contracting vorwiegend eine Finanzierungsoption für die Modernisierung einzelner Gebäude (bzw. Pools) dar. Der Aspekt Know-how zu akquirieren, rückt in den Hintergrund, da die Bewirtschaftung dezentral durch die Hausmeister erfolgen soll und der Aufbau einer Leittechnik (wofür neues Wissen erforderlich sein könnte) nicht angestrebt wird. Der häufig technisch orientierte Ansatz der Contractoren widerspricht dieser auf Kommunikation ausgerichteten Strategie. Gebäude die über Contracting modernisiert werden, können jedoch aus der „normalen“ Bewirtschaftung ausgeklammert werden.

Einsatz von I&K-Technologien und Telematik

Im Informations- und Kommunikationsbereich stellen computergestützte Energiecontrollingsysteme das wichtigste technologische Standbein dieser Strategie dar. Eine umfassende Verbrauchsanalyse kann nur mit Hilfe von automatisierten Routinen zur Witterungsbereinigung und Kennwertberechnung durchgeführt werden. Zeitreihen von Messreihen und Gebäudevergleichen müssen übersichtlich darstellbar sein.

Fernauslesbare Zähler werden nur in speziellen Einzelfällen eingesetzt. Etwa dort, wo kein Personal vor Ort vorhanden ist oder sich dieses als sehr unzuverlässig erwiesen hat.

Im Bezug auf Gebäudeleittechniken wird vorwiegend auf dezentrale Lösungen zugegriffen. Dies umfasst DDC-Regler in den einzelnen Gebäuden, die von den Hausmeistern bedient werden sowie Einzelraumregelungen für Heizungsanlagen oder sensorgekoppelte Lichtsteuerungskonzepte.

Handlungsempfehlungen

Wird die Strategie des zentralen Controllings und der dezentralen Bewirtschaftung konsequent umgesetzt, sind mit ihr große Energieeinsparungen möglich. Sie stellt also eine gute Möglichkeit dar, ein effektives Energiemanagement zu etablieren. Allerdings birgt sie auch die Gefahr, dass halbherzige Energiemanagementansätze kaschiert werden. Wenn, aus welchen Gründen auch immer, die Umsetzung von Contracting-Projekten oder die Installation einer zentraler Leittechnik abgelehnt werden, darf der Verweis auf eine Kommunikationsstrategie nicht als Deckmantel für Inaktivität missbraucht werden.

Ausgehend von unseren Untersuchungsergebnissen halten wir folgende Anforderungen für absolut notwendig, um eine dezentrale Bewirtschaftungstrategie erfolgreich zu gestalten:

- **Verbrauchswerte mind. monatlich erheben**
  Die Energieverbrauchswerte müssen mindestens monatlich, in großen Gebäuden sollten sie wöchentlich erhoben werden.
- **Gebäudekennwerte ermitteln**
  Mittelfristiges Ziel (2-5 Jahre) sollte es sein, für mind. 80 % der Gebäude (gemessen am Energieverbrauch) witterungsbereinigte und flächenspezifische Kennwerte zu ermitteln. Ein „Kennwertfetischismus" ist hier sicherlich nicht zielführend aber eine solide Datengrundlage muss gewährleistet sein
- **Genügend Personal bereitstellen**
  Für Energiemanagement muss Personal etwa in der Größenordnung der Empfehlungen des deutschen Städtetages bereitgestellt werden. Bisher ist dies nur in den wenigsten Kommunen der Fall (siehe Umfrage).
- **Kommunikative Aufgaben intensiv wahrnehmen**
  Kommunikation ist die entscheidende strategische Komponente dieses Ansatzes und muss daher bestmöglich optimiert werden. Der Verzicht auf fernauslesbare Zähler genügt nicht, um eine gute Kommunikation zwischen Hausmeistern und Energiebeauftragten zu gewährleisten.
- **Kompetenzen der Hausmeister gezielt erweitern und einsetzen**
  Das Engagement der Hausmeister stellt in dieser Strategie den Schlüssel für eine energiesparende Bewirtschaftung dar. Daher müssen sie nicht nur die formale Verantwortung erhalten, sondern auch de facto Kompetenzen

(Handlungskompetenzen, Zeitbudget, Know-how). Für regelmäßige Schulungen ist ein entsprechendes Budget einzurichten.

- **Langfristig Finanzierung sichern**
  Die Durchführung von Modernisierungsmaßnahmen muss durch ein langfristiges Finanzierungskonzept gesichert sein. Wenn auf Contracting verzichtet wird, müssen Intracting-Ansätze oder andere Finanzierungskonzepte entwickelt und implementiert werden.

Mit Blick auf die von uns untersuchten Beispiele sind alle diese Kriterien im Rahmen des kommunalen Energiemanagements erfüllbar. Sollte aufgrund der konkreten Rahmenbedingen einer Kommune einer der Punkte nicht umsetzbar erscheinen, so muss ernsthaft geprüft werden, ob Strategie B nicht eine bessere Alternative darstellt.

13.2.2 Strategie B: Zentrale telematikbasierte Bewirtschaftung

Strategieelemente:

- Anlagenwerte und Raumtemperaturen als Optimierungsgrundlage
- Messen und Steuern über Leitwarte
- geringere Verantwortung der Hausmeister

I&K Technologien / Telematik:

- GLT mit zentraler Leitwarte
- EDV zur Verbrauchsanalyse
- fernauslesbare Zähler als Ergänzung zur GLT

Einen konzeptionell grundsätzlich anderen Ansatz stellt die zentrale telematikbasierte Bewirtschaftung dar. Im Vordergrund steht die zentrale und zeitnahe Erfassung von Anlagenparametern und Raumtemperaturen. Hierfür wird immer auf telematische Anwendungen in der Regel auf Gebäudeleittechniken zugegriffen. (Vgl. Fallstudien Remscheid, München und Schwabach. Ein weiteres prominentes Beispiel für diese Strategie stellt die Stadt Duisburg dar.) Innerhalb dieser Strategie existieren mehrere Varianten, die sich aus unterschiedlichen Kombinationen der in Abschnitt 13.1 dargestellten Optionen entwickeln lassen.

Verbrauchserfassung vorwiegend zum Controlling

Innerhalb dieser Strategie spielt die Erfassung der Verbrauchsdaten eine wichtige Rolle für das Controlling, speziell zur laufenden und nachträglichen Evaluierung von durchgeführten Maßnahmen sowie als Grundlage für Modernisierungsplanungen. Die Schwachstellenanalyse des laufenden energietechnischen Betriebes wird jedoch vorwiegend direkt auf Grundlage von anderen aus der Leittechnik stammenden Parametern durchgeführt. Somit ist es möglich, sehr gute Erfolge zu erzielen, selbst wenn die Verbrauchserfassung nur monatlich (oder wie im Fall der Stadt Duisburg sogar nur jährlich) durchgeführt wird. Auch die Bestimmung von flächenspezifischen

Gebäudekennwerten hat für die Optimierung des laufenden Betriebes einen geringeren Stellenwert als in Strategie A.

Einbindung der Hausmeister – Service Vor-Ort

Die Einbindung der Hausmeister ist in den einzelnen Kommunen, die diese Strategie verfolgen sehr unterschiedlich geregelt. Auf der einen Seite des Spektrums stehen Fälle in denen die Hausmeister nur in absoluten Notfällen die energietechnischen Anlagen bedienen (Notaustaster, manuelles Schalten bei Totalausfall der Regelung etc.). In anderen Fällen sind die Hausmeister in Bedienung und Wartung relativ stark eingebunden. Ähnliches gilt auch für anderes Personal vor Ort. In Schulen beispielsweise werden Belegungspläne teilweise an die Bediener der Leitwarte übermittelt oder direkt von Schulleitung, Sekretariat oder Hausmeister in die Leittechnik (vor allem beim Einsatz von Einzelraumregelungen) eingegeben. Im Vergleich zur Strategie A hat das Personal im allgemeinen geringere Verantwortungen und Kompetenzen.

Gerade für große und mittelgroße Städte bietet es sich bei dieser Strategie an, mobile Servicetrupps einzusetzen. Regelmäßige Prozesse und Aufgaben (Verbrauchsermittlung, Überprüfung von Anlagenparametern, etc.) werden größtenteils automatisiert, bzw. per Telematik vom Schreibtisch aus erledigt. Daher ist nur in besonderen Fällen (Defekte, Wartung, etc.) eine Vor-Ort-Präsenz nötig. Diese Aufgaben können effektiver und kompetenter von spezialisierten Fachkräften übernommen werden. Dabei kann es sich um Angestellte der Kommune oder externe Dienstleister handeln.

Contracting als strategische Element

Wenn eine zentrale telematikbasierte Bewirtschaftung aufgebaut werden soll, kann Einergiesparcontracting als strategisches Element eingesetzt werden. Über den reinen Finanzierungsaspekt von Modernisierungen hinaus, kann mit Hilfe von Contracting gezielt die technische Basis für ein effektives kommunales Energiemanagement geschaffen werden (vgl. Fallstudien Potsdam und Schwabach). Vorraussetzung hierfür ist jedoch, dass ein fachlich kompetenter Verwaltungsmitarbeiter (Ingenieur) das Contracting-Projekt betreut. Nur so kann gewährleistet werden, dass ein Know-how Transfer in die Kommune stattfindet und die installierte Technik auch von der Kommune für Energiecontrolling und Gebäudebewirtschaftung effektiv genutzt werden kann.

Für mittlere und kleine Kommunen bietet sich Contracting als eine Form des Outsourcings an. Bei ihnen ist der kleine Personalstamm des Energiemanagements mit breiten Anforderungen konfrontiert, so dass eine Spezialisierung der einzelnen Mitarbeiter kaum möglich ist. Daher ist es für kleine Kommunen häufig schwerer, das technische Know-how zu akquirieren, das für Planung, Aufbau und Betrieb komplexer Gebäudeleittechniken nötig ist.

I&K und Telematik

Gebäudeleittechniken, die auf eine oder mehrere zentrale Leitwarten aufgeschaltet werden, stellen das Kernelement dieser Strategie dar. Sie sind die technologische Basis, ohne die diese Form der zentralen Bewirtschaftung nicht möglich wäre. Die

Festlegung auf eine der Alternativen, ob in den kommunalen Gebäudeleittechniken von einem oder mehreren Herstellern verwendet werden (s. Abschnitt 13.1.2) und daran anschließend, ob eine firmenproprietäre Leitwarte oder ein firmenneutrales Datenübertragungssystem installiert werden soll (s. Abschnitt 13.1.3), stellen wohl die wichtigste Entscheidung einer telematikbasierten Strategie dar.

Um ein effektives Controlling und eine langfristige strategische Modernisierungsplanung zu ermöglichen müssen zur Analyse der Energieverbrauchsdaten entsprechende Computersysteme verwendet werden. Fernauslesbare Verbrauchszähler spielen in dieser Strategie eine größere Rolle, da das Energiemanagement weniger auf das Personal Vor-Ort zugreift. So bietet sich ihr Einsatz für alle Gebäude an, die (etwa aus Kostengründen) nicht auf die Leittechnik aufgeschaltet werden. Darüber hinaus können fernauslesbare Zähler auch parallel zur Gebäudeleittechnik sinnvoll sein, wenn etwa kein Hausmeister im Gebäude tätig ist, oder dieser nur marginale Aufgaben für das Energiemanagement übernimmt.

Handlungsempfehlungen

Der Einsatz von Telematik zur zentralen Gebäudebewirtschaftung eröffnet vielfältige Handlungsoptionen, technische Einsparpotentiale auszuschöpfen und Kostenreduktionspotentiale zu erschließen. Dabei ist, ausgehend von den von uns identifizierten und in Kapitel 10 dargestellten Erfolgsfaktoren und Hemmnissen für den Einsatz von Telematik zu beachten, dass tatsächlich eine integrierte Strategie des Energiemanagements entwickelt wird. Wenngleich es hierfür verschiedene Alternativen und Optionen gibt, genügt der bloße Einkauf bestimmter technischer Komponenten nicht, um langfristig die vorhandenen Energiesparpotentiale wirklich auszuschöpfen. Damit eine zentrale telematikbasierte Strategie der Gebäudebewirtschaftung Teil eines effektiven kommunalen Energiemanagements wird, sind folgende Aspekte zu beachten:

- **Strategische Planung**
  Welches technische Konzept zu wählen ist, hängt stark von den kommunalen Rahmenbedingungen ab. Wichtig ist jedoch, *dass* eine Entscheidung für *ein* technisches Konzept erfolgt und Modernisierungen (ggf. auch organisatorische Umstrukturierungen) in eine Strategie integriert werden.
- **Weniger ist mehr**
  Die installierte Technik darf sich nicht so sehr am technisch Machbaren orientieren, sondern muss sich auf das im Alltag Bedienbare reduzieren. Hierzu gehört auch, die Zentralisierung auf das funktional Nötige zu beschränken. Dezentral autarken Automatisierungstechnologien ist der Vorrang einzuräumen.
- **Personal bereitstellen**
  Auch bei einer telematikbasierten Strategie sollte für das Energiemanagement Personal etwa in der Größenordnung der Empfehlungen des deutschen Städtetages bereitgestellt werden. Hierbei ist zu beachten, dass viele der Tätigkeiten, die in Strategie A von lokalen Kräften durchgeführt werden, im Rahmen einer telematikbasierten Strategie in den Aufgabenbereich des zentralen Energiemanagements fallen. Wenn Aufgabenpakete nach außen verge-

ben werden (Outsourcing, Contracting zur Bewirtschaftung) kann der Ansatz für die kommunalen Personalstellen entsprechend reduziert werden.

- **Kompetente Mitarbeiter**
  Gerade für den Aufbau einer Leittechnik und die Einführung neuer Technologien wird engagiertes und kompetentes Personal benötigt.
  - Bei Personalumstrukturierungen und Neueinstellungen ist darauf zu achten, dass die Mitarbeiter des Energiemanagements über entsprechende technische Kompetenzen verfügen. Hierzu gehört auch, dass das Leitbild der Energiemanagementmitarbeiter mit der anvisierten Strategie kohärent ist.
  - Langfristig muss das Know-how der Mitarbeiter durch Schulungen auf dem neuesten Stand gehalten werden.
  - Falls es nicht realistisch erscheint das nötige Know-how innerhalb der Verwaltung aufzubauen, muss entweder die Strategie gewechselt oder verstärkt auf externes Know-how zugegriffen werden. Für kleine Kommunen stellt Energiesparcontracting eine gute Option für ein sinnvolles Outsourcing dar.
- **Wissensmanagement**
  Wenn Eigenentwicklungen vorgenommen und eingesetzt werden, muss gewährleistet sein, dass langfristig (auch bei Personalwechsel) das Know-how zur Bedienung in der Verwaltung erhalten bleibt.

14 Zusammenfassung

Im Rahmen dieser Untersuchung konnte eine Fülle von Ansätzen identifiziert werden, wie bestehende Energie- und Kostenreduktionspotentiale im kommunalen Energiemanagement erschlossen werden können. Den Kommunen ist es dadurch möglich, sowohl selbst einen entscheidenden Beitrag zur Minderung von CO_2-Emissionen zu leisten als auch ihrer gesellschaftlichen Vorbildrolle gerecht zu werden. Dabei waren einzelne Vorreiterkommunen maßgeblich an der Gestaltung neuer technologischer Entwicklungen (etwa auf dem Gebiet der Gebäudeleittechnik) und organisatorischer Konzepte (Energiesparcontracting) beteiligt. Durch dieses Engagement sind Instrumente zur Steigerung der Energieeffizienz geschaffen worden, die auch außerhalb des kommunalen Bereiches Verwendung finden.

Das Feld des kommunalen Energiemanagements ist gekennzeichnet durch das Vorhandensein lukrativer ökologisch/ökonomischer Win-Win-Situationen. Ein konsequentes Energiemanagement trägt nicht nur zur Reduktion des Energieverbrauchs bei, sondern auch zu einer langfristigen finanziellen Entlastung der Kommunen. Darüber hinaus ist das Durchführen von Energiesparmaßnahmen arbeitsintensiver als eine energieintensive Bewirtschaftung, so dass kostenneutral Arbeitsplätze geschaffen werden. Energiemanagement kann somit als ein wichtiges Element kommunaler Daseinsvorsorge auf dem Weg zu einer nachhaltigen Entwicklung angesehen werden.

Die größten direkten Einsparerfolge, sowohl bei Kosten als auch im Energieverbrauch, lassen sich in den Bereichen des Energiecontrolling und bei der energietechnischen Gebäudebewirtschaftung erzielen. Erfahrungen von Städten, die schon lange ein Energiemanagement durchführen, zeigen, dass hier pro eingesetztem Euro ca. 5 Euro gespart werden können. Dabei ist zu konstatieren, dass die meisten Kommunen, selbst solche die ein engagiertes Energiemanagement durchführen, die bestehenden Potentiale bei weitem nicht ausschöpfen. Die durch eine Erhöhung des Personals im Energiemanagement zusätzlich zu erzielenden Einsparungen würden die erhöhten Personalkosten mehr als ausgleichen. Ähnliches gilt für das Investionsbudget das für Modernisierungen zur Verfügung steht. Viele wirtschaftlich rentable Maßnahmen werden nicht durchgeführt, weil die nötigen Investitionen nicht getätigt werden (können).

Generell ist daher ein größeres Engagement der Kommunen im Energiemanagement zu fordern. Dabei kann mittlerweile auf einen großen Fundus von Erfahrungen und erfolgreichen Konzepten zurückgegriffen werden, die es in eine breite Anwendung zu überführen gilt. Speziell durch den Einsatz moderner Informations- und Kommunikationstechnologien, wie telematischen Anwendungen können große Energiespar- und Kostenreduktionspotentiale erschlossen werden.

Erfolgsfaktoren im kommunalen Energiemanagement

Die Ansätze der einzelnen Kommunen sind entsprechend ihrer Rahmenbedingungen sehr verschieden und umfassen eine Vielzahl von unterschiedlichen Aktivitäten und Maßnahmen. Es gibt nicht den einen Königsweg, sondern diverse erfolgreiche Strategien. Die einzelnen Optionen müssen anhand der konkreten Situation der Kommune bewertet und in eine Strategie integriert werden. Handlungsempfehlungen in Bezug auf den Einsatz von Telematik sind in Kapitel 13 dargestellt worden. Darüber hinaus haben wir allgemeine Erfolgsfaktoren für ein effektives kommunales Energiemanagement identifiziert:

- **Gebündelte Verantwortlichkeiten**
  Der Kernpunkt eines strategisch orientierten Energiemanagements ist es, alle energierelevanten Informationen und Entscheidungskompetenzen in einer Abteilung (ggf. Stabsstelle) zu bündeln. Hierbei gibt es unterschiedliche erfolgreiche Ansätze, *wie* das Energiemanagement in die bestehenden Verwaltungsstrukturen eingebettet wird. Entscheidend ist jedoch, *dass* ein institutionalisiertes Energiemanagement aufgebaut wird, das über die nötigen personellen Ressourcen und Entscheidungskompetenzen verfügt.
- **Langfristige Strategieplanung**
  Mit der Einführung eines kommunalen Energiemanagements werden häufig ad hoc eine Reihe von Einzelmaßnahmen durchgeführt, die mit wenig Kosten oder personellem Aufwand große Einsparungen erreichen. Solche Maßnahmen sind wichtig für das Erzielen von ersten Erfolgen und die Etablierung des Energiemanagements. Dies darf jedoch nicht darüber hinwegtäuschen, dass Energiemanagement langfristig angelegt sein muss, um langfristig erfolgreich zu sein. Hierzu gehört neben einer strategisch orientierten Planung von Modernisierungsmaßnahmen vor allem die adäquate Ausstattung des Energiemanagements mit Personal und eine langfristige Sicherung des für Modernisierungen zur Verfügung stehenden Budgets.
- **Solide Datenbasis**
  Als Grundlage für die Entwicklung langfristiger und strategisch orientierter Ansätze ist ein umfassendes Energie*daten*- und Informationsmanagement unabdingbar. Für alle Bereiche des Energiemanagements ist eine solide Datenbasis die notwendige Vorraussetzung zur Ausschöpfung bestehender Energieverbrauchs- und Kostenreduktionspotentiale:
  - Identifizieren von Abrechnungsfehlern
  - Optimieren des Betriebes von energietechnischen Anlagen
  - Erhöhung der Nutzermotivation (Defizite feststellen, Strategie entwickeln)
  - Identifizieren von Modernisierungsbedarf (Reihenfolge, Potential, Maßnahmen, Strategie)

  Die schnelle und effiziente Erhebung, Analyse und Weitergabe energierelevanter Informationen stellt *den* wesentlichen Erfolgsfaktor im kommunalen Energiemanagement dar.
- **Beständige Finanzierungskonzepte**
  Durch Energiemanagement werden Bewirtschaftungskosten gesenkt. Daher kann es auch in Zeiten knapper Kassen nicht im kommunalen Interesse sein, am Energiemanagement zu sparen. Gleichzeitig sind langfristige Planungssicherheiten eine notwendige Vorraussetzung für die Ausschöpfung bestehender Kostenreduktionspotentiale im KEM. Entsprechend sind beständige Finanzierungskonzepte zu installieren, die nicht Opfer von spontanen Haushaltskürzungen werden.

- **Budgetierungen**
  Budgetkonzepte erlauben es, dass diejenigen, die Energieeinsparungen erzielen, Teile der vermiedenen Kosten zur freien Verfügung erhalten. Solche Ansätze haben sich sehr bewährt. Dadurch wird der Handlungsspielraum der Verwaltungsabteilungen erhöht. Insbesondere der Umgang mit kleinen Investitionen kann flexibel und effizient gehandhabt werden. Außerdem wird die Motivation der einzelnen Mitarbeiter gestärkt.
- **Erfolge transparent machen**
  Seitens der Mitarbeiter des Energiemanagements müssen erzielte (und erzielbare) Erfolge transparent gemacht werden. Gerade um eine langfristige Finanzierungssicherheit zu erhalten, muss die Wirtschaftlichkeit von durchgeführten und geplanten Maßnahmen zweifelsfrei bestimmt werden. Die entsprechenden Informationen müssen der Verwaltungsspitze, den politischen Gremien und der Öffentlichkeit vermittelt werden.
- **Rückendeckung für das Thema Energiesparen**
  Energiemanagement als eine neue Querschnittsaufgabe reicht in viele Bereiche der Verwaltung hinein. Effizientes Arbeiten setzt eine gute Kooperation innerhalb der Verwaltung voraus. Die Unterstützung des Energiemanagements durch die Verwaltungsspitze ist hier von großer Bedeutung. Das Festschreiben von konkreten ökologischen Zielen (CO_2-Reduktionen) ist sehr hilfreich. Dazu ist auch eine Unterstützung durch politische Institutionen (Stadtrat, o.ä.) nötig.
- **Aufwand spiegelt sich in direktem Gewinn der Mitarbeiter wider**
  Das Energiemanagement lebt vom Engagement der beteiligten Akteure. Um dieses zu fördern, ist es notwendig, dass die einzelnen Mitarbeiter ihr persönliches Aufwand-Nutzen-Verhältnis positiv bewerten. Das bedeutet insbesondere, dass neue Technologien und neue Verwaltungsprozesse so gestaltet werden, dass sie eine Arbeitserleichterung für die Mitarbeiter darstellen. Die Notwendigkeit und Sinnhaftigkeit von durchgeführten Tätigkeiten muss den einzelnen Mitarbeitern bewusst gemacht werden. Hierzu gehört insbesondere die Honorierung von Erfolgen. Monetäre Anreizsysteme für Hausmeister oder Schüler stellen hier eine Möglichkeit dar. Wichtiger ist jedoch ein zeitnahes Feedback als Anerkennung der geleisteten Arbeit.

Einsatz von Telematik im kommunalen Energiemanagement

Der gezielte Einsatz von Informations- und Kommunikationstechnologien, speziell Telematik leistet einen wichtigen Beitrag kommunales Energiemanagement effektiver zu gestalten (s. Tabelle 14-1). Besonders im Bereich des Energiecontrolling und bei der Gebäudebewirtschaftung werden bereits telematische Technologien eingesetzt, um Energieverbrauchs- und Kostenreduktionspotentiale zu erschließen. Schwerpunkte sind die automatisierte Erfassung, Analyse und Verwaltung von Energieverbrauchsdaten im Energiecontrolling sowie der Einsatz von Gebäudeautomatisierungstechnologien zur effizienten energietechnischen Bewirtschaftung. Hier sind bereits eine Reihe von etablierten Systemen auf dem Markt erhältlich, die ihre Effektivität erwiesen haben. Für sie existiert ein hohes und unmittelbares Anwendungspotential im kommunalen Energiemanagement. Dabei ist zu konstatieren, dass bisher die Potentiale dieser Technologien noch nicht ausgeschöpft werden. Häufig mangelt es an einem strategischen Energiemanagementkonzept in das der Einsatz von Telematik wirklich integriert wäre. Eine Charakterisierung eines solchen Konzeptes ist in Kapitel 13.2 dargestellt. Ein Zuwachs telematischer Anwendungen in den Bereichen Controlling und Bewirtschaftung ist für die nächsten Jahre zu erwarten und im Hinblick auf eine Effektivierung des kommunalen Energiemanagements auch zu wünschen.

Zur Unterstützung kommunikativer Aufgaben und zur Planung von Modernisierungsmaßnahmen wird Telematik bisher in wesentlich geringerem Umfang eingesetzt. Gerade im Bereich der Planung wären weit mehr Anwendungen denkbar als bisher realisiert wurden. Gebäude- und Energieverbrauchssimulationen etwa, die auf anderen Gebieten bereits erfolgreich eingesetzt werden (Neubauplanung, Erstellung regionaler Energieversorgungskonzepte, Facility-Management), finden im kommunalen Energiemanagement nur in minimalem Umfang Verwendung.

Bereich KEM	Anwendungsfelder für Telematik	Potential
Energiecontrolling	zuverlässige, detaillierte Datenerhebung Verbrauchsanalyse, Gebäudekennwerte	hoch unmittelbar
Gebäude-bewirtschaftung	Optimierung von Anlagenparametern Wartungsmanagement Störungsmanagement	hoch unmittelbar
Kommunikation	Publikation von Erfolgen	mittelbar
Modernisierungs-maßnahmen	Strategische Modernisierungsplanung	Vision

Tabelle 14-1: Anwendungsfelder und Potentiale von Telematik im kommunalen Energiemanagement

Potentiale telematischer Anwendungen

Durch Telematik können direkte **Energiesparpotentiale** erschlossen werden. Im Bereich der energietechnischen Gebäudebewirtschaftung führt der Einsatz telematischer Anwendungen zu unmittelbaren Energieeinsparungen. Zugleich können die Potentiale, die sich durch einen optimierten Betrieb der energietechnischen Anlagen und anderer Energiesparmaßnahmen ergeben, leichter und effizienter ausgeschöpft werden. Dabei ziehen telematikbasierte Lösungen generell einen geringeren Investitionsbedarf nach sich, als bauphysikalische Ansätze der Energieeinsparung (z.B. Wärmedämmung). Außerdem weisen sie in der Regel kurze Amortisationszeiten zwischen zwei und sieben Jahren auf. Diese Perspektiven erhöhen den ökonomischen Handlungsspielraum der stark unter Druck geratenen Kommunen.

Mit Hilfe von Telematik kann das Energiecontrolling intensiviert und effektiviert werden. Gebäude- und Energieverbrauchsdaten können präziser und schneller erfasst werden. Da das Energiecontrolling eine Schlüsselfunktion im kommunalen Energiemanagement darstellt, tragen die hier durch Telematik erzielbaren Erfolge zu einer substantiellen Verbesserung des Energiemanagements insgesamt bei. Ein umfassendes Energie*daten*management, das die Grundlage für ein strategisch orientiertes

Energiemanagement bildet, ist ohne den Einsatz von modernen Informations- und Kommunikationstechnologien nicht umsetzbar.

Eine hohe Attraktivität erhalten telematische Anwendungen dadurch, dass sie vielfältige direkte **Kostenreduktionspotentiale** eröffnen:

- **Energiekosten**
  Kostensenkungen ergeben sich einerseits aufgrund der oben genannten Energieverbrauchsreduzierungen. Zusätzlich erlauben telematische Anwendungen ein verbessertes Energiecontrolling aufzubauen. Damit sind Tarifoptimierungen für die Energiebezüge und eine bessere Abrechnungskontrolle möglich. Hierdurch lassen sich erhebliche Kostenreduktionspotentiale erschließen.
- **Arbeitsaufwand**
  Durch den Einsatz von Telematik ist es möglich, einzelne Prozessschritte zu automatisieren und somit Arbeitsabläufe rationeller zu gestalten. Dies reicht vom automatischen Erfassen und Analysieren von Energieverbrauchswerten bis zur Buchung der Energierechungen via EDV-Schnittstelle. Insbesondere die Vor-Ort-Präsenz für das Ablesen von Zählerständen, zur Optimierung von Anlagen, zur Fehleridentifikation und zur Wartung kann erheblich reduziert werden.
- **Störungsmanagement**
  Das schnelle Erkennen von Störungen und die automatisierte Weitergabe entsprechender Meldungen trägt dazu bei, die Auswirkungen und insbesondere die finanziellen Risiken von Defekten und Havarien zu minimieren.
- **Wartungsmanagement**
  Durch ein Monitoring realer Maschinenlaufzeiten können Wartungszyklen optimiert werden. Dadurch sinken sowohl die Wartungskosten als auch das Risiko eines vorzeitigen Ausfalls von Komponenten aufgrund zu hohen Verschleißes.

Generell lassen sich durch den Einsatz von Telematik komplexe Anforderungen bei der Bewirtschaftung von Gebäuden handhaben. Sowohl die Überwachung funktional aufwendiger Anlagen, wie sie in großen modernen Gebäudekomplexen installiert werden, als auch die zentrale Bewirtschaftung räumlich weit verstreuter Liegenschaften, werden durch Telematik überhaupt erst möglich. Telematische Anwendungen bilden somit auch die technologische Basis für die Umsetzung neuer Bewirtschaftungsformen. Die Mehrzahl der durchgeführten Energiesparcontracting-Projekte wäre ohne die Installation einer zentralen Gebäudeleittechnik so nicht umsetzbar. Aber auch bei der verwaltungsinternen Arbeitsorganisation sowie bei der Kooperation mit externen Dienstleistern eröffnet der Einsatz von Telematik völlig neue Optionen, etwa wenn mehrere räumlich getrennte Abteilungen bzw. Personen Zugriffe auf dieselbe Datenquelle haben.

Im Bereich der Kommunikation bietet das Internet gute Möglichkeiten, Aktivitäten und Erfolge des Energiemanagements zu publizieren. Dadurch kann die öffentliche und politische Unterstützung für geplante Aktivitäten erhöht werden und das Energiemanagement einer Kommune als ganzes befördert werden.

Erfolgsfaktoren für den Einsatz von Telematik

In welchem Umfang die durch Telematik erschließbaren Potentiale tatsächlich ausgeschöpft werden, hängt stark von den Rahmenbedingungen ab, unter denen diese Technologien eingesetzt werden. Es wurden folgende Erfolgsfaktoren für den Einsatz telematischer Anwendungen im kommunalen Energiemanagement ermittelt:

- **Technisches Know-how und Leitbilder des Bedienpersonals**
  Zur Bedienung einiger telematischer Anwendungen ist ein spezialisiertes technisches Know-how erforderlich. So etwa bei der Installation und Bedienung komplexer Gebäudeleittechnikanlagen. Die Mitarbeiter des Energiemanagements / der Energiebeauftragte müssen über entsprechende Kompetenzen verfügen. Über das technische Fachwissen hinaus, ist ein technikorientiertes Leitbild der Mitarbeiter notwendig, wenn eine telematikbasierte Strategie im KEM angestrebt wird.
- **Nutzermotivation und Akzeptanz**
  Für das langfristige Funktionieren telematischer Anwendungen ist die Akzeptanz durch die Nutzer ein wichtiger Erfolgsfaktor. Hierfür muss die eingesetzte Technik einerseits die vorhandenen Bedürfnisse befriedigen (s.u.). Nutzermotivationskampagnen unterstützen andererseits den konstruktiven und effektiven Umgang mit Telematik.
- **Strategische Planung**
  Um den Einsatz von Telematik so kostengünstig wie möglich zu gestalten, ist es nötig ein langfristiges Konzept zu entwickeln, in dem die zentralen technischen und nichttechnischen Eckpunkte im Bezug auf den Einsatz telematischer Anwendungen festgeschrieben werden.
- **Kosten-Leistungs-Rechnung**
  Zur Bewertung von Telematik ist es notwendig die entstehenden Kosten und die erreichten Ergebnisse genau zu bilanzieren. Häufig werden in kommunalen Verwaltungen Personalkosten nicht projektspezifisch erfasst, so dass die Kostenreduktionen, die durch den Einsatz telematischer Anwendungen erreicht werden, nicht quantifiziert werden können. Verbesserte Kosten-Leistungs-Rechnungen helfen hier die Vorzüge von telematische Anwendungen transparent zu machen.
- **Personalflexibilität**
  Der Einsatz von Telematik erlaubt es, Prozesse im Energiemanagement effizienter zu gestalten. Ob dieses Potential ausgeschöpft werden kann, hängt wesentlich davon ab, ob frei werdende Personalkapazitäten zu Kostenreduktionen beitragen oder sinnvoll für andere Zwecke eingesetzt werden können. Der Spielraum von öffentlichen Verwaltungen ist hier in der Regel geringer als in Firmen der privaten Wirtschaft.

Technische Anforderungen an Telematik

Bei den im kommunalen Energiemanagement eingesetzten telematischen Anwendungen handelt es sich größtenteils um etablierte Technologien. Zur Erschließung der vorhandenen Potentiale sind grundsätzliche Neuentwicklungen nur in geringem Umfang nötig. Häufig werden die benötigten Technologien bereits außerhalb des KEM erfolgreich eingesetzt. Allerdings müssen die bestehenden Systeme besser auf den Einsatz im kommunalen Energiemanagement angepasst werden.

- **Einfache Bedienbarkeit**
  Die wichtigste Anforderung zur Optimierung bestehender und zur Entwicklung neuer telematischer Systeme ist, dass die Anlagen technisch einfach zu bedienen sein müssen. Dabei ist zu beachten, dass Verwaltungsmitarbeiter im Energiemanagement häufig ein breites Aufgabenspektrum haben, weshalb es ihnen unmöglich ist, auf allen Gebieten ein spezialisiertes Fachwissen zu erwerben.

- **Anpassbarkeit an Bedürfnisse**
  Die Bedürfnisse der einzelnen Kommunen sind zum Teil sehr verschieden. Im Bereich des Energiecontrollings etwa existieren unterschiedliche rechtliche Rahmenbedingungen und Haushaltsbestimmungen, aus denen sich spezielle Anforderungen an Software ergeben. Daher sollten telematische Systeme ein hohes Maß an Flexibilität aufweisen. Wo immer möglich sollten entsprechende Subroutinen und Makros durch die Verwaltungsmitarbeiter individuell programmierbar sein.

- **Kompatibilität technischer Komponenten**
  Gerade im Bereich der Gebäudeleittechnik ist eine Kompatibilität von Komponenten unterschiedlicher Hersteller nicht gegeben. Hier besteht dringender Bedarf für Standardisierungen, um die Funktionalität und Kombinierbarkeit der Systeme zu verbessern. Zur Entwicklung und Verbesserung firmenneutraler Gebäudeautomations-Bus-Systeme müssen geeignete Schnittstellen geschaffen werden. Herstellerspezifische Übertragungsprotokolle sollten offengelegt werden. Wo immer möglich sollten Open-source Codes zur Entwicklung von Software verwendet werden.

15 Offene Forschungs- und Handlungsfelder

Im Rahmen dieser Untersuchung wurden eine Vielzahl von innovativen Ansätzen im kommunalen Energiemanagement identifiziert und analysiert. Sowohl auf der Ebene konkreter Projekte als auch bei der Einführung neuer Konzepte, Prozesse und Strukturen, gibt es hervorragende Beispiele, wie Energie- und Kostenreduktionen erzielt werden können. Hierbei handelt es sich jedoch häufig um Einzelfälle, die, obwohl sie zum Teil seit langem bekannt sind, nicht oder nur sehr langsam von anderen Kommunen übernommen werden. Um das kommunale Energiemanagement in Deutschland zu befördern, muss es daher ein vordringliches Anliegen sein, Best-practice-Ansätze und etablierte Erfolgsstrategien in die Breite zu tragen.

Vor diesem Hintergrund sehen wir folgenden grundsätzlichen Forschungs- und Handlungsbedarf:

- **Verbreitung von Innovationen im Verwaltungshandeln**
  Zum Energiemanagement gibt es eine Fülle von Ratgebern und Handbüchern. Ein Informationsbedarf, der durch Papier zu befriedigen wäre, scheint nicht gegeben. Dennoch besteht bei den Praktikern in den Verwaltungen ein konkreter Wissensbedarf.
  Wie jedoch kann die Diffusion von Innovationen besser gefördert werden, wenn die bisher im Energiemanagement erzielten Erfolge in die Breite getragen werden sollen?

- **Die Rolle der „Macher“**
  In allen Fällen, in denen wir auf Best-practice Beispiele gestoßen sind, gab es auch immer besonders engagierte, kreative und sozial kompetente Persönlichkeiten, die sich das Energiemanagement zu ihrem Steckenpferd gemacht haben. Inwiefern gilt hier der Umkehrschluss? Sind generell solche „Macher“ für ein gutes Energiemanagement nötig, oder sind sie eben nur diejenigen, die Pilotprojekte anschieben?

- **Energiemanagement und Verwaltungsreform**
  Viele unserer Interviewpartner kritisierten allgemeine Limitierungen, die sich durch bisherige Grundsätze des Verwaltungshandeln ergeben. So wurde beispielsweise die kameralistische Haushaltsführung immer wieder als Grund für Finanzierungsschwierigkeiten von Energiesparmaßnahmen genannt. Eine Effektivierung des kommunalen Energiemanagements ist in vielen Bereichen stark an eine generelle Verwaltungsreform gekoppelt.
  Hierbei stellt sich die Frage, inwieweit es sich beim Energiemanagement um einen prinzipiell anderen Ansatz handelt, der dem allgemeinen Verwaltungshandeln zuwiderläuft. In welchem Maße sind also, ungeachtet allgemeiner Verwaltungsreformen, speziell für das Energiemanagement eigene Rahmenbedingungen (Organisations- und Finanzierungsformen) zu schaffen?

- **Benchmarking im Energiemanagement**
  Bisher ist es nicht möglich den Erfolg des Energiemanagements verschiedener Kommunen vergleichend zu bewerten. Hier ist die Entwicklung und Einführung sinnvoller Kenngrößen nötig. Allein die Ermittlung solcher Kenngrößen würde unserer Einschätzung nach das Energiemanagement als ganzes befördern. Denn hierfür ist ein funktionierendes Energiecontrolling nötig, das

wiederum die Grundlage zur Erzielung von langfristigen Energieeinsparungen ist. Dabei darf es jedoch nicht zu einem „Kennwertfetischismus“ als Selbstzweck kommen. Auf Grundlage der in Kapitel 2.3 und 9.2 dargestellten Schwierigkeiten kann es sinnvoll sein, auch prozessorientierte Kriterien zur Ermittlung des Erfolges im kommunalen Energiemanagement einzuführen (etwa: Anteil der Gebäude, für die eine monatliche Energieverbrauchsermittlung gemacht wird).

Anhang

16 Anhang 1: Quellenverzeichnis

Systematisierung der Quellen

Quellenangaben für verwendete Literatur werden nach Autor/Institution und Erscheinungsjahr aufgelistet (z.B.: **[Albrecht 2000]**). Neben schriftlichem Material wird in der Studie an einigen Stellen explizit auf empirische Erhebungen – durchgeführte Interviews und besuchte Veranstaltungen hingewiesen – diese werden nach Interviewpartner bzw. Veranstalter und mit genauem Datum angegeben (z.B.: **[Baedeker 27.06.01]**).

Ausgewertete Literatur

Über die unten dargestellten Quellen wurden im Rahmen der Literaturrecherche folgende Zeitschriften systematisch ausgewertet:

- Zeitschrift für kommunale Wirtschaft (Jahrgänge 2000 und 2001)
- Kommunaler Beschaffungsdienst (Jahrgänge 2000 und 2001)
- Energiewirtschaftliche Tagesfragen (Jahrgänge 2000 und 2001)
  Zeitschrift für Energiewirtschaft, Recht, Technik und Umwelt, Energiewirtschaft und Technik Verlagsgesellschaft mbH, Essen
- Bundesbau Blatt (Jahrgang 2001)
- VDI – Nachrichten (Jahrgang 2001)
- Energie-Impulse, Zeitschrift des Berliner Impulsprogramms (Jahrgänge 2000, 2001 und 2002 bis April)
- Energiewerkbrief der vivergy.com (Jahrgänge 2000, 2001 und 2002 bis April)

Außerdem wurden Veröffentlichungen zum Thema Energiesparen und Energiemanagement von folgenden Institutionen evaluiert:

- Deutscher Städtetag
  insbesondere „Hinweise zum kommunalen Energiemanagement", sowie die Praxisbeispiele der Internetpräsenz
- Klima-Bündnis / Alianze del Clima
- BINE Informationsdienst des Fachinformationszentrums Karlsruhe GmbH
- Landesenergieagenturen
- Deutsches Institut für Urbanistik (DIFU) - insbesondere die Dokumentationen der Fachkongresse der Energiebeauftragten 1995 bis 2001
- Institut für kommunale Wirtschaft und Umweltplanung
- Kommunale Umwelt Aktion
- Umweltbundesamt
- Energieberichte und Veröffentlichungen von 83 Kommunen

16.1 Literaturliste

[ages 1999] *Verbrauchskennwerte 1999 - Energie- und Wasserverbrauchskennwerte in der Bundesrepublik Deutschland*, Forschungsbericht der ages GmbH, Münster 1999
Im Internet bestellbar unter: http://www.ages-gmbh.de/

[Albrecht 2000] *Facility Management.* Bau – Themenheft XX, 1. Ausgabe, Albrecht, Rolf (Hg.). Verlag Rolf Albrecht. Negenborn, 2000

[ASEW 1996] *Leitfaden - Einspar-Contracting - Theoretische Grundlagen und ASEW-Modell.* ASEW - Arbeitsgemeinschaft kommunaler Versorgungsunternehmen zur Förderung rationeller, sparsamer und umweltschonender Energieverwendung und rationeller Wasserverwendung im VKU, Köln,1996

[be 2001] *ESP-Kompakt: Energiesparpartnerschaft - heute und morgen.* Beiträge zum Expertenforum am 16. Mai 2001. Berliner Energieagentur, Veranstaltungsdokumentation der 2. Berliner Energietage 14. - 16. Mai 2001, Berlin, Senatsverwaltung für Stadtentwicklung Berlin, 2001

[BEA 1994] *Kommunen und öffentliche Gebäude.* Leitfaden zur Erstellung eines Energiekonzeptes. Brandenburgische Energiespar-Agentur GmbH BEA (Hg.), Potsdam, UNZE-Verlagsgesellschaft, Mai 1994

[Bemmann, Müller 2000a] Bemmann, Ulrich /Müller, Axel: *Contracting Handbuch 2000.* Energiekosten einsparen: Strategien – Umsetzung – Anwendung. Deutscher Wirtschaftsdienst (Hg.), Vulkan-Verlag, Essen 2000

[Berlin 1993] *Energiesparen in öffentlichen Gebäuden.* Dokumentation der Fachtagung am 2. November 1992. Senatsverwaltung für Stadtentwicklung Berlin (Hg.), Neue Energiepolitik für Berlin - Heft 11, Berlin, Redaktion: Forschungsstelle für Umweltpolitik FFU, Juli 1993

[Berlin 1997] Energiebericht Berlin. Energiepolitik in Berlin 1990 - 1996. Senatsverwaltung für Stadtentwicklung Berlin, 1997
Als download erhältlich unter:
http://www.stadtentwicklung.berlin.de/umwelt/klimaschutz/energiebericht/

[Berlin 2001a] *6. Jahresbericht über den Fortgang des Modellprojektes Energiesparpartnerschaft Berlin.* Bericht an den Hauptausschuß des Berlin Abgeordnetenhauses. Senatsverwaltung für Stadtentwicklung Berlin, Berlin, Mai 2001

[Berlin 2001b] *Prioritäre Handlungsfelder für die Berliner Gesamtstädtische Lokale Agenda 21.* Stand 12. Juni 2001. Senatsverwaltung für Stadtentwicklung Berlin, Berlin, 2001
Online verfügbar unter:
http://www.stadtentwicklung.berlin.de/agenda21/de/berlin/senatsag.shtml

[Berlin 2001c] Internetpräsenz der Senatsverwaltung für Stadtentwicklung:
http://www.stadtentwicklung.berlin.de/

Stand: 06. Juni 2001

speziell zum Thema kommunales Energiemanagement:
http://www.stadtentwicklung.berlin.de/umwelt/klimaschutz/berlin_spart_energie/de/oeffentlic he_einrichtungen/energiepartnerschaft.shtml
http://www.stadtentwicklung.berlin.de/umwelt/klimaschutz/berlin_spart_energie/en/oeffentlic he_einrichtungen/esp-tabelle.pdf

[Berlin 2001d] Protokoll der Sitzung des Abgeordnetenhauses vom 12.07.2001

[Bley et al. 2001] Bley, Herbert/Brücher, Klaus-Dieter/Künz, Wolfgang: *Das Remscheider Modell- „Weniger ist mehr".* Gebäudeautomation als integraler Bestandteil des technischen Gebäudemanagements. Artikel in BundesBauBlatt Nr.3 – März 2001, Seite 24 ff. Bundesministerium für Verkehr, Bau- und Wohnungswesen (Hg.). BAUVERLAG GmbH, Walluf. 2001

[BMP 1994] *RWE fördert Energiesparen in öffentlichen Gebäuden.* Artikel in der Bergischen Morgenpost vom 01.06.1994. RP Verlagsgesellschaft mbH, Düsseldorf. 1994

[BMP 1995] *780 000 Mark fürs Energiesparen.* Artikel in der Bergischen Morgenpost vom 01.06.1994. RP Verlagsgesellschaft mbH, Düsseldorf. 1994

[BMU 2000] Jochem, Eberhard/Kuntze, Uwe/Patel, Martin: *Ökonomische Effekte der Klimaschutzpolitik.* Diskussion und Bewertung der Kosten und Nutzen. Berlin, Bundesministerium für Umwelt, Naturschutz und Reaktorsicherheit, März 2000

[BINE 1990] *Rationelle Energieverwendung in öffentlichen Gebäuden.* Kommunales Energiemanagement. BINE – Bürger-Information Neue Energietechniken, Nachwachsende Rohstoffe, Umwelt (Hg.), Karlsruhe, Fachinformationszentrum Karlsruhe, 1990

[BINE 1996] *Energiemanagement in verteilten Liegenschaften.* BINE – Bürger-Information Neue Energietechniken, Nachwachsende Rohstoffe, Umwelt (Hg.), Karlsruhe, Fachinformationszentrum Karlsruhe, 1996

[BINE 1997] Feddeck, Paul/Milles, Uwe: *Informationssystem KEV.* BINE Projekt Info-Service Nr. 1/Juni 1997. Fachinformationszentrum Karlsruhe. Eggenstein-Leopoldshafen, 1997

[BINE 1997a] Hinz, Susanne/Lang, Johannes: *IKARUS – Instrumente für Klimagas-Reduktionsstrategien.* BINE Profiinfo-Service 1/97. Fachinformationszentrum Karlsruhe. Eggenstein-Leopoldshafen, 1997

[BINE 1997b] Hinz, Susanne: *Energiesparen in Schulen.* BINE – Projekt Info-Service Nr. 6. Fachinformationszentrum Karlsruhe (Hg.). Eggenstein-Leopoldshafen. Sep. 1997

[Brücher 1998] Brücher, Klaus-Dieter/Künz, Wolfgang: *Energiesparen mit Intelligenz.* Gebäudeleittechnikeinsatz in Remscheid. Fischer, Annett/Kallen, Carlo (Hg.), Klimaschutz durch Energiemanagement, DIFU - Umweltberatung für Kommunen, Berlin, Deutsches Institut für Urbanistik, September 1998, S. 37 - 63

[David 2002] Energieverbräuche der Stadt Berlin in den Jahren 2000 und 2001. Persönliche Mitteilung, Fr. Siebald, Da.V.i.D. AG.April 2002

[Diederichs et al. 2001] Diederichs, C.J./Getto, Petra/Streck, Stefanie: *Ökonomisch und ökologisch sinnvoller Wohnungsneubau.* Einfaches Bewertungssystem für Wohnungsneubauten. Artikel in BundesBauBlatt, Bauverlag Wiesbaden, Heft 2/2001, Seite 10-13. Wuppertal, 2001

[DIFU 1996] *Erfolgsbedingungen für kommunale Energie- und Klimaschutzkonzepte.* Dokumentation des 1. Fachkongress der Kommunalen Energiebeauftragten in Berlin im Rahmen der UTECH 1995. Fischer, Annett/Kallen, Carlo (Hg.), Deutsches Institut für Urbanistik, DIFU - Umweltberatung für Kommunen, Berlin, Deutsches Institut für Urbanistik, 1996

[DIFU 1998] *Klimaschutz durch Energiemanagement.* Dokumentation des 3. Fachkongress der Kommunalen Energiebeauftragten in Saarbrücken am 24/25. Oktober 1997. Fischer, Annett/Kallen, Carlo (Hg.), DIFU - Umweltberatung für Kommunen, Berlin, Deutsches Institut für Urbanistik, 1998

[DIFU 1999] *Kosten sparen durch Energiemanagement.* Tagungsband des 4. Fachkongreß der kommunalen Energiebeauftragten am 27/28. Oktober in Stuttgart. Fischer, Annett (Hg.), Deutsches Institut für Urbanistik, DIFU - Umweltberatung für Kommunen, Berlin, 1999

[DIFU 2000] *Kosten senken durch Energieeinsparung.* Dokumentation des 5. Fachkongress der Kommunalen Energiebeauftragten in Duisburg am 27. und 28. September 1999. Fischer, Annett (Hg.), Deutsches Institut für Urbanistik, DIFU - Umweltberatung für Kommunen, Berlin, Deutsches Institut für Urbanistik, 2000

[DIFU 2001] *Energie sparen – Kosten reduzieren.* Dokumentation des 6. Deutschen Fachkongress der Kommunalen Energiebeauftragten in Garbsen am 9. und 10. November 2000. Fischer, Annett (Hg.), Deutsches Institut für Urbanistik, DIFU - Umweltberatung für Kommunen, Berlin, Deutsches Institut für Urbanistik, Feb. 2001

[Duscha, Hertle 1999] Duscha, Markus/ Hertle, Hans (Hg.): *Energiemanagement für öffentliche Gebäude.* Organisation, Umsetzung und Finanzierung. 2., überarb. Aufl., Heidelberg, Müller Verlag, 2000

[EA-NRW 2000] *Heizenergie-Kennwerte und Einsparpotentiale in kommunalen Gebäuden.* Projekt-Info. Energieagentur NRW, Wuppertal, 2000

[EA-NRW 2000 a] *Energie im Kankenhaus.* Ein Leitfaden für Kostensenkung und Umweltschutz durch rationelle Energieverwendung, Projekt-Info. Energieagentur NRW, Wuppertal, 2000

[EA-NRW 2000 b] *Zur Nachahmung empfohlen ....* Neun Fälle, in denen mit intelligenter Technik Energie und Kosten gespart werden. Energieagentur NRW, Wuppertal, 2000

[EA-NRW 2001] *Der EDV-Marktspiegel – Rationelle Energieverwendung und Nutzung erneuerbarer Energiequellen.* Ing.-Büro Morhenne, Wuppertal, Energieagentur NRW (Hg.), Wuppertal, Januar 2001

[Ebert 2001] *Rechnergestützte Systeme im Facility Management – Marktübersicht CAFM-Software 2001.* Ebert-Ingenieure Nürnberg/Georg- Simon- Ohm Fachhochschule Nürnberg/Deutscher Verband für Facility Management e.V. (GEFMA), Nürnberg, 2001

[eco-watt 2002] *Das eco-watt Pilotprojekt an der Staudinger Gesamtschule,* Internetpräsentation (Stand April 2002): http://www.eco-watt.de/fr_proj_staud.htm

[Engelskirchen 2001] *Aggertal-Gymnasium nimmt größtes Solarkraftwerk der Region in Betrieb,* Pressemitteilung der Gemeinde Engelskirchen und des Wuppertal Institutes vom 15.01.2002. Zusammen mit weiteren Informationen im Internet erhältlich unter: http://www.wupperinst.org/energie/solarschule bzw.: http://www.wupperinst.org/solarundspar

[Eschner, Oswald 2000] Eschner, Jörg/Oswald, Hartmut: *Unterichtseinheit - Orientierung im Dschungel der Energiedaten.* Erhebung, Verwaltung und Interpretation von Schulverbrauchsdaten (Energie und Wasser) im Informatikunterricht der Sekundarstufe I. Berliner Impulse, Berlin, 2000

[ESI 2001] *Evaluation des Projektes fifty/fifty in Berlin.* Energiesparende Interessensgemeinschaft ESI e.V. in Zusammenarbeit mit dem Unabhängigen Institut für Umweltfragen (UFU) e.V., Berlin, März 2001

[EU 1994] *Building the Information Society: The Telematics Applications Programme (1994-1998).* Work Programme. DG, XIII C/E, European Commission, 1994

[Fischer 1999]Fischer, Annett/Hänisch, Dagmar/Pinkepank, Thorsten/Walker, Natascha: *Energie-Tische zum Klimaschutz.* Erfolg durch Zusammenarbeit. DIFU - Umweltberatung für Kommunen, Berlin, Deutsches Institut für Urbanistik, Sep. 1999

[Frankfurt 2000] Lindner, Matthias: *Energiebericht 2000.* Stadt Frankfurt am Main. Magistrat der Stadt Frankfurt am Main (Hg.). Spengler-Druck GmbH, Frankfurt am Main, 2000

[Fries 2001] Fries, Wolfgang: *Bedienkonzept im Münchner Energie-Management System (MEMS) bei der Landeshauptstadt München.* Vortrag von Dipl.-Inf. Wolfgang Fries anlässlich des Symposiums MEMS am 06.03.2001 in München, 2001 Im Internet erhältlich unter: http://www.fnd-forum.de/publikationen/index.html

[Fries etal. 1998] *Das Münchner Energie-Management-System.* Dezentraler Aufbau spart Kosten. Bundes Bau Blatt, Band 11, 1998, S. 56-58

[Gaßner et al. 1994] Gaßner, Robert/Keilinghaus, Andreas/Kreibich, Rolf/Nolte, Roland: *Telematik und Verkehr.* Elektronische Wege aus dem Stau. Institut für Zukunftsstudien und Technologiebewertung (Hg.), ZukunftsStudien, Weinheim und Basel, Beltz Verlag, 1994

[Gecko 2001] Braun, Markus: *GECKO – Geo-Client für Kommunen.* Informationsbroschüre, M.O.S.S. – Computer Grafik Systeme & Geoinformationssysteme. Taufkirchen, 2001

[GEDEVA 1999] Kaiser, Wolfgang/Maurer, Reinhold: *Energetisches "Low Budget" Facility Management nach dem Schöneberger Datenmodell mit unserem neuen gedeva-Service-Angebot.* Energie- und Umweltbüro e.V., Berlin, Jan. 1999 im Internet erhältlich unter: http://www.gedeva.de/

[GEDEVA 2001] Internetpräsenz des Energie- und Umweltbüros e.V. (Stand 12.06.2001): http://www.gedeva.de/

[Görres 2001] Görres, Jürgen: *Rechnet sich Energiemanagement auch noch nach 25 Jahren?* 2001, Vortragsunterlagen und Zusammenfassung des gleichnamigen Vortrags auf dem siebten Deutschen Fachkongress der kommunalen Energiebeauftragten in Hamburg, 10.-11. September 2001. Dokumentation wird voraussichtlich im Frühjahr 2002 vom Deutschen Institut für Urbanistik publiziert.

[Görres 2003] Görres, Jürgen; persönliche Mitteilung

[Goslar 1995] Römer, Gottfried: *Energiemanagement - Rationelle und umweltverträgliche Energieverwendung im kommunalen Bereich.* Auswertung einer Bundesweiten Fragebogenaktion unter Städten mit 20. - 100.000 Einwohnern. Stadt Goslar, 1995

[Goslar 1997] Römer, Gottfried: *Erschließung der Energieeinsparpotentiale für die öffentlichen Liegenschaften der Stadt Goslar durch Einführung eines EDV-gestützten Energiemanagements.* Stadt Goslar, 1997

[Goslar 1999] Römer, Gottfried: *Energiebericht 1999.* Kommunales Energiemanagement - Stadt Goslar 1999. Goslar, 1999

[Grünwald et al. 1998] Grünwald, Reinhard/Knoll, Michael/Kreibich, Rolf/Marsh, George/McCullough, Allan: *Telematics Applications Potential in energy and Natural Resource Management.* Endbericht für die Europäische Kommission GD XIII. Berlin, Brüssel, Institut für Zukunftsstudien und Technologiebewertung, 1998

[Hamburg 1995] *Lichtsteuerung in Sporthallen.* Ein leuchtendes Beispiel für Energieeinsparung. Hamburg, Informationsbroschüre E1 der Umweltbehörde, Energieabteilung. Hamburgische Electricitäts-Werke AG (Hg.). Hamburg. Dez. 1995

[Hamburg 1997] Küng, Erich/Peerenboom, Nicolas: *Hamburg macht 'ne Stromdiät.* Hamburg, Umweltbehörde, Fachamt für Energie und Immissionsschutz, Referat Energiewirtschaft, Bruns, Herbert (Hg.), Hamburg, Zenner Druck, Okt. 1997

[Hamburg 1997 a] Küng, Erich/Peerenboom, Nicolas: *Technische Anweisung Elektro.* Technische Anweisung Nr. 11 – Elektro für den Betrieb. Hamburg, Umweltbehörde, Fachamt für Energie und Immissionsschutz, Referat Energiewirtschaft, Bruns, Herbert (Hg.), Lüneburg, v. Stern'sche Druckerei, Juli 1997

[Hamburg 2000] Fabig, Kai: *Cool – mit Kühlschranktausch eiskalt Strom gespart.* Hamburg, Umweltbehörde, Fachamt für Energie und Immissionsschutz (Hg.), Hamburg, April 2000

[Hannover o.D.] ter Vehn, Uwe: *Tatort Büro.* Tips und Tricks zum Energie- und Wassersparen im Büro. Hannover, Amt für Umweltschutz, Leitstelle für Energie und Umwelt, Interdruck/Berger

[Hannover 1998] Hoffmann, Astrid/Lüth, Birgit/ Schröder-Brandi, Dirk: *Energiesparen in Schulen.* Konzept für ein verändertes Nutzerverhalten. Schriftenreihe kommunaler Umweltschutz, Heft Nr. 20, 3., erweiterte Auflage. Landeshauptstadt Hannover, Amt für Umweltschutz, Leitstelle für Energie und Umwelt (Hg.), Hannover, Grote druck, Hannover. Nov. 1998

[Heidelberg 1998] Fischer, Sabine/Lachenicht, Sabine: *Energiebericht 1998*, Amt für Umweltschutz und Gesundheitsförderung – Stadt Heidelberg. Heidelberg, 1999

[Henckel 1990] *Telematik und Umwelt.* Henckel, Dietrich (Hg.), Deutsches Institut für Urbanistik, Berlin, 1990

[Hennicke, Jochem, Prose 1999] Hennicke, Peter/Jochem, Eberhard/Prose, Friedemann: *Mobilisierungs- und Umsetzungskonzepte für verstärkte kommunale Energiespar- und Klimaschutzaktivitäten.* Endbericht. Karlsruhe, Kiel, Wuppertal, Institut für Psychologie, Christian-Albrechts-Universität Kiel, Feb. 1999
Der Endbericht ist kapitelweise auch im Internet erhältlich: http://www.nordlicht.uni-kiel.de/publik/

[Hessen 1998] *Stromsparende Heizungsumwälzpumpen* - Seminar-Dokumentation, Impuls-Programm Hessen, Darmstadt, 1998

[Hessen 1998 a] Gayada, Thomas/Geißler, Michael/Schuber, Hans G.: *Contracting-Leitfaden für öffentliche Liegenschaften in Hessen.* Hessisches Ministerium für Umwelt, Energie, Jugend, Familie und Gesundheit, Hannover, 1998

[Hessen 1999] *Energiedienstleistungs- und Contracting-Angebote in Hessen.* Gesellschaft für rationelle Energienutzung mbH, Wiesbaden, 1999

[HR 1994] *Energiesparen zahlt sich aus!* Fallstudie am Beispiel der Stadt Remscheid. Haustechnische Rundschau, Sonderdruck. Krammer Verlag, Düsseldorf. März 1994

[IfUM 1995] Prof. Dr. Wicke, Lutz: *Energiesparpartnerschaft.* Neue Wege im öffentlichen Energiemanagement. Arbeitspapier Nr.1, Berlin/Paris/Oxford/Madrid, Institut für UmweltManagement (IfUM), EAP Europäische Wirtschaftshochschule, Sep.1995

[IKU 1999] *Kommunales Energiemanagement.* Grundzüge - Fallbeispiele - Finanzierungsalternativen. Meyer-Renschhausen, Martin (Hg.), IKU - Reihe "Kommune und Umwelt", Frankfurt am Main, Fachhochschulverlag, 1999

[IMPULSE 2001] *Energiemanagement in öffentlichen Einrichtungen.* Berliner Impulse, Veranstaltungsdokumentation der 2. Berliner Energietage 14. - 16. Mai 2001, Senatsverwaltung für Stadtentwicklung Berlin, Mai 2001

[Isernhagen 2000] *Global denken – lokal handeln.* Klimaschutz in der Gemeinde Isernhagen. tomtom-Werbeagentur & Verlag (Hg.), Burgwedel, tomtom-Werbeagentur & Verlag, Mai 2000

[Johnson 2000] Mücklich, Thomas/ et al.: *Gebäudeautomation, Prozessautomation und LON-Anwendungen im neuen Gebäude der Kreditanstalt für Wiederaufbau in Berlin.* Johnson Controls Projektreport. Ausgabe 09/00. JCI Regelungstechnik GmbH (Hg.). Essen, 2000

[Kallen, Lottermoser 1998] Kallen, Carlo/Lottermoser, Jürgen: *Kommunales Energiemanagement.* Einführung und Wegweiser zu Adressen, Zeitschriften, Literatur. DIFU - Umweltberatung für Kommunen, Berlin, Deutsches Institut für Urbanistik, 1998

[KEA 1998] Klimaschutz- und Energieagentur Baden-Württemberg: *Energie-Management kommunaler Liegenschaften.* Ein Leitfaden für Städte und Gemeinden. Stuttgart, Wirtschaftsministerium Baden-Würtemberg, 1998

[Kienzlen 1998] Kienzlen, Volker: *Kommunales Energiemanagement in Stuttgart - Beispiele und Ergebnisse.* VDI Berichte Nr. 1424, 1998

[Kienzlen 2001a] Kienzlen, Volker: *Intracting als Finanzierungsform für Investitionen – und was ist ohne Geld einsparbar?* Vortragsunterlagen zum gleichnamigen Vortrag auf den Berliner Energietagen, 14. – 16. Mai 2001

[Kienzlen 2001b] Kienzlen, Volker, Amt für Umweltschutz, Stadtverwaltung Stuttgart, persönliche Mitteilung vom 21.02.2001

[Klimabündnis 2001] Info-System "Klimaschutz im Internet" des KLIMA-BÜNDNIS / ALIANZA DEL CLIMA: http://www.klimaschutz.de/
Stand: März 2002
Speziell zu Energiesparmöglichkeiten von Kommunen finden sich Beiträge unter: http://www.klimaschutz.de/kbklima/Praxis/Kommune/default.htm

[Kommunalwirtschaft 1998] *Aachen: Leitwarte mit allen „Schikanen".* Artikel in der Zeitung für Kommunalwirtschaft, Ausgabe Oktober 1998. Sigillum-Verlag GmbH. Köln, 1998

[Kristof 1998 A] Kristof, Kora: *Pilotprojekte Einspar-Contracting und Intracting in NRW.* Endbericht - Projektteil A: Begleitung und Evaluierung der vom Land NRW initiierten Pilotprojekte zum Einsparcontracting. Wuppertal, Wuppertal Institut für Klima, Umwelt, Energie, 1998

[Kristof 1998 B] Kristof, Kora: *Pilotprojekte Einspar-Contracting und Intracting in NRW.* Endbericht - Projektteil B: Handlungsoptionen des Landes Nordhein-Westfalen zur Verbreitung der Umsetzung von Intracting auf kommunaler und Landesebene. Wuppertal, Wuppertal Institut für Klima, Umwelt, Energie, 1998.
Eine Kurzfassung findet sich auch unter:
http://www.wupperinst.org/Projekte/Intracting/index.html

[Lange 1987] Lange, S.: *Neue Aufgaben für die kommunale Wirtschaftspolitik.* Räumliche Wirkungen der Telematik, Akademie für Raumforschung und Landesplanung (ARL), Hannover, 1987, S. 504

[Linder 1999] Linder, Mathias: *Internes Contracting zur Finanzierung von Energie- und Wassersparmaßnahmen in öffentlichen Gebäuden.* Meyer-Renschhausen, Martin (Hg.), Kommunales Energiemanagement, IKU - Reihe "Kommune und Umwelt", Frankfurt am Main, 1999

[Mendes 2001] Mendes, Astrid: *Warum wissenschaftliche Erkenntnisse niemals auf das eigene Handeln übertragen werden sollten! – Nachhaltigkeit und Irrationalität des Alltags.* Reihe: Globale Diskurse am Küchentisch. Verlag Urs & Co., Meißen 2001

[MEMS 2001] Fries, Wolfgang/Funk, Heinz/Maurer, Reinhold: *MEMS - Münchner Energiemanagement System.* Abschlussbericht. München, Landeshauptstadt München Baureferat, 2001
Im Internet erhältlich unter: http://www.fnd-forum.de/publikationen/index.html

[Meyer 2001] *Evaluierung des Modellprojektes Energiesparpartnerschaften Berlin Pool 1,* Studienarbeit von Christel Meyer am Fachgebiet Energiesysteme, TU Berlin in Zusammenarbeit mit Landis & Staefa – Zusammenfassung

[Minc & Nora 1979] Minc, Alain/Nora, Simon: *Die Informatisierung der Gesellschaft.* v. Kalbhen, Uwe (Hg.), Frankfurt am Main, Campus Verlag, 1979

[München 1999] *Energie-Management Bericht 1999.* Landeshauptstadt München, Baureferat-Hochbau (Hg.), Der Hochbau informiert, München, 1999

[München 2000] *Pro Klima - Contra CO2.* Energie-Management in städtischen Gebäuden. Landeshaupstadt München, Baureferat-Hochbau (Hg.), Der Hochbau informiert, München, 2000

[Muser, Bergmann, 2001] Muser, Bernd/Bergmann Ulrich: *Gebäudeautomation im Wandel,* Bundes Bau Blatt 8/2001.

[Nipkow 2000]Nipkow, Jürg: *Elektrizität rationell nutzen in Büro- und Geschäftshäusern*, Zürcher Energieberatung Elektrizitätswerk der Stadt Zürich (Hg.), Zürich, Verlag Industrielle Betriebe der Stadt Zürich, 2000

[NRW 1995] Ziolek, Andreas: *Indikatoren für eine nachhltige Entwicklung in NRW.* Bestimmung von Energie- und CO_2-Kennzahlen für den Gebäudebestand Nordrhein-Westfalens mit Hilfe des Expertensystems HERAKLES. Ruhr-Universität Bochum. Ministerium für Städtebau und Wohnen, Kultur und Sport des Landes Nordrhein-Westfalen (Hg.). Bochum, 1995

[NRW 1999 a] *Den Einsatz von Energieeffizienztechnologie ermöglichen.* Ein Leitfaden zur Projektabwicklungsform Contracting. Ministerium für Wirtschaft und Mittelstand, Technologie und Verkehr des Landes Nordrhein-Westfalen, Düsseldorf, 1999

[NRW 1999 b] Kristof, Kora/Leuchtenböhmer, Stefan: *Einspar-Contracting für Fortgeschrittene.* Ministerium für Bauen und Wohnen des Landes Nordrhein-Westfalen, Düsseldorf, 1999

[NRW 2000] v. Reis, Jutta: *Energiebausteine für Kommunen in NRW.* Energieeinsparung in öffentlichen Gebäuden. Ministerium für Wirtschaft und Mittelstand, Technologie und Verkehr des Landes Nordrhein-Westfalen, April 2000

[Öko-Inst. 2001] Barth, Regine/Ebinger, Frank/Voss, Jan-Peter: *Abschlußbericht zur Sondierungsstudie "Institutionelle Innovationen im Bereich Energie- und Stoffströme".* Öko-Institut, Freiburg, Darmstadt, Juli 2001

[Potsdam 1999] *Kommunales Energiemanagement – ein Weg zur nachhaltigen Bewirtschaftung kommunalen Vermögens*, Knut Grellmann,

[Potsdam 2000] *Klimaschutzbericht Potsdam 2000, Landeshauptstadt Porsdam.* Landeshaptstadt Potsdam, Der Oberbürgermeister, EVP Energieversorgung Potsdam (Hg.), Potsdam August 2000

[Potsdam 2002] Energieverbrauchsdaten und –graphiken der Stadtverwaltung Potsdam, Persönliche Mitteilung, Fr. Zelwanowa, Klimaschutzbeauftragte in der Stadtverwaltung Potsdam. Juni 2002.

[Prognos, EWI 1999] Schlesinger, Michael/Eckerle Konrad/Kreuzberg Martin, et al.: *Die längerfristige Entwicklung der Energiemärkte im Zeichen von Wettbewerb und Umwelt.* Hg.: Prognos AG, Untersuchung im Auftrag des Bundesministeriums für Wirtschaft und Technologie, Berlin, unter Mitarbeit des EWI - Energiewirtschaftliches Institut an der Universität Köln, Basel September 1999

[Rathenow 2001a] Persönliche Mitteilung vom 05.03.01: Kurzbeschreibung der Arbeitsschwerpunkte der Energieagentur Rathenow.

[Rathenow 2001b] Internetpräsentation der Energieagentur Rathenow, Stand August 2001; http://www.brandenburg.de/kommunen/rathenow/eprojekt/

[Rathenow 2001c] Persönliche Mitteilung vom 26.09.01: Präsentationsfolien der SAVE-Energieagentur Rathenow

[Remscheid 1992] *Energiebericht 1992.* Zusammenfassung der Jahre 1980 bis 1991. Schriften der Stadt Remscheid Reihe 6, Heft 4. Hochbauamt, Abteilung Heizung, Lüftung, Sanitär, Energiewirtschaft (Hg.). Remscheid, Sep. 1992

[Remscheid 1995] *Energiebericht 1995.* Fortschreibung des Energieberichts `92. Schriften der Stadt Remscheid Reihe 6, Heft 6. Hochbauamt, Abteilung Technische Gebäudeausrüstung, Energiewirtschaft (Hg.). Remscheid, Juli 1995

[Remscheid 1998] Brücher, Klaus-Dieter/Künz, Wolfgang: *Energiesparen mit Intelligenz.* Gebäudeleittechnik in Remscheid. Veröffentlichung der Stadt Remscheid. Hochbau und Gebäudewirtschaft, Abteilung Technische Gebäudeausrüstung (Hg.). Remscheid, 1999

[Remscheid 1999] *Gebäudeleittechnik in Remscheid.* Entwicklung der Jahre 1986 bis 1998. Schriften der Stadt Remscheid Reihe 6, Heft 7. Hochbau und Gebäudewirtschaft, Abteilung Technische Gebäudeausrüstung, Energiewirtschaft (Hg.). Remscheid, Juli 1999

[Remscheid 2000] *Energiebericht 2000.* Fortschreibung der Energieberichte `92 und `95. Schriften der Stadt Remscheid Reihe 6, Heft 8. Hochbau und Gebäudewirtschaft, Abteilung Technische Gebäudeausrüstung, Energiewirtschaft (Hg.). Remscheid, Juli 2000

[Remscheid 2000b] *Solar – NaKlar!.* Gemeinsame Pressemitteilung des Ernst-Moritz-Arndt-Gymnasiums und der Serviceeinheit Hochbau und Gebäudewirtschaft der Stadt Remscheid. Remscheid, 24.10.2000

[Remscheid 2001] Brücher, Klaus-Dieter/Künz, Wolfgang: *Kommunales Energiemanagement als integraler Bestandteil des Gebäudemanagements der Stadt Remscheid.* Veröffentlichung der Stadt Remscheid. Gebäudemanagement, Abteilung Technische Gebäudeausrüstung, Energiewirtschaft (Hg.). Remscheid, 2001

[rga 1994] *Sparen durch Computer.* Artikel im Remscheider General-Anzeiger vom 23.02.1994, J.F. Ziegler KG Druckerei und Verlag, Remscheid. 1994

[Riedel 2001] *Anlagencontracting in Berlin–Kaulsdorf*, Dr. Riedel Automatisierungstechnik GmbH, Vortragsunterlagen zum gleichnamigen Vortrag auf den Berliner Energietagen, 14.-16.Mai 2001 ([Impulse 14.05.01])

[Schenk 2000] Schenk, Wolfgang: *Harmonisierung der Gebäudeleittechnik.* IT-Standards vereinfachen den planerischen Spielraum. Bundes Bau Blatt, Band 5, 2000

[Schenk 2001] Schenk, Wolfgang: *Offene Datenübertragungsprotokolle: FND versus BACNet.* März 2001

[Schöneberg 2000] Lawrenz, Jürgen/Maurer, Reinhold: *Energiebericht Schöneberg 1995 - 1999.* Leitfaden für ein energetisches Gebäudemanagement. Energie und Umweltbüro e.V. (Hg.), Berlin, Bezirksamt Schöneberg von Berlin, Bau- und Vermessungsamt, 2000

[Schöneberg 2001] Internetpräsenz des Energiemanagements des Bezirkes Schöneberg auf den Seiten des Energie- und Umweltbüros e.V. (Stand 12.06.2001) http://www.gedeva.de/in/schoeneberg/index.htm

[Schwabach 2001] Baedeker, Harald: *Energiemanagement durch Performance Contracting.* Anforderungen an ein kommunales Leittechnikkonzept. Schwabach, Umweltschutzamt Schwabach, 2001

[Schwabach 2001a] Datenblätter über Energieverbräuche und –einsparungen der öffentlichen Liegenschaften der Stadt Schwabach, persönliche Mitteilung, Hr. Baedeker Stadt Schwabach, 15.08.01

[Siebald 2001a] Siebald, Sabine: *Energiemanagement in öffentlichen Einrichtungen.* Ein Jahr Energiewirtschaftsstelle des Landes Berlin. Energie-Impulse, Band 1, Februar 2001 Im Internet verfügbar unter: http://www.david-ag.de/grx/010516_ImpulsE-Artikel-Siebald.pdf

[Siebald 2001b] Siebald, Sabine: *Energiedatenmanagement als Grundlade des Energiemanagements.* Die Energiewirtschaftsstelle des Landes Berlin. 2001, Zusammenfassung des gleichnamigen Vortrags auf dem siebten Deutschen Fachkongress der kommunalen Energiebeauftragten in Hamburg, 10.-11. September 2001. Dokumentation wird voraussichtlich im Frühjahr 2002 vom Deutschen Institut für Urbanistik publiziert.

[Siegfried 2001] Siegfried, Hans Günther: *Multi-Sensor-Raumlichtsysteme*, Technik am Bau 7/2001

[Stat. Jahrbuch 2000] *Statistisches Jahrbuch für die Bundesrepublik Deutschland.* Statistisches Bundesamt (Hg.), Stuttgart, Metzler - Poeschel, 2000

[Swoboda 1996] Swoboda, Peter: *LCP in Österreich.* Endbericht Studie im Auftrag des BM für Umwelt, Jugend und Familie, BM für wirtschaftliche Angelegenheiten, BM für Wissenschaft, Verkehr und Kunst. Energieverwertungsagentur (EVA), Ökologie - Institut, Wirtschaftsforschungsinstitut, Wien, Okt. 1996

[Technomar 2000] *Jahrbuch Energiecontracting 2000.* Technomar GmbH (Hg.), Herrsching, Energie & Management Verlagsgesellschaft mbH, 2000

[TA-Akademie 2001] Hampel, J./Pfenning, U./Weimer-Jehle, W.: *Kommunaler Klimaschutz in Baden-Württemberg.* Ergebnisse einer Umfrage. Stuttgart, Akademie für Technikfolgenabschätzung in Baden-Württemberg, Feb. 2001 Als download erhältlich unter: http://www.ta-akademie.de/deutsch/Bestellungen/textelk/ab187/index.htm

[U.A.N. 1998] Croissier, Wolfgang: *Lokale Agenda 21 - Energieeinsparung.* Planungswegweiser für Kommunen. Kommunale Umwelt-AktioN U.A.N, Deutscher Städte- und Gemeindebund, 1998

[U.A.N. 1999] Croissier, Wolfgang: *Energieberatung für Kommunen in Brandenburg.* Pilotberatung für Kommunen unter 10.000 Einwohner - Abschlußbericht. Kommunale Umwelt AktioN U.A.N., Sep. 1999

[U.A.N. 1999a] *Kommunales Energiemanagement KEM.* Energieberichte 1998 und Praxisbeispiele aus Kommunen im Großraum Hannover. Kommunale Umwelt AktioN U.A.N., Juni 1999

[UBA 2000] Agricola, Anegret-Cl./Seifried, Dieter: *Energiespar-Contracting als Beitrag zu Klimaschutz und Kostensenkung.* Ratgeber für Eingiespar-Contracting in öffentlichen Liegenschaften. Berlin, Umweltbundesamt, 2000

[UBA 2000a] Tagungsunterlagen des Kongresses *Klimaschutz bei leeren Kassen – Energiespar-Contracting in öffentlichen Einrichtungen.* Umweltbundesamt (Veranstalter), Berlin, 7 Dezember 2000

[UFU 2001] Oswald, Hartmut/Schmidthals, Malte: *Energiesparen an Berliner Schulen*. Beste Praxis. Unabhängiges Insitut für Umweltfragen, UFU e.V., Berlin, 2001

[Umweltakademie 1999] Drack, Andreas/Oswald, Hartmut/Schmidthals, Malte: *Energiesparen an Schulen*. Arbeitsbehelf für Lehrer. N, N (Hg.), Berlin, Linz, Oberöstereichische Landesregierung, 1999

[VDI 2001] *Energieeinsparung in öffentlichen Liegenschaften*. VDI-Gesellschaft Technische Gebäudeausrüstung, VDI-Berichte 1587, Düsseldorf, VDI Verlag, 2001

[Volz 2001] Volz, Günther: *Mehr Effizienz bei künstlicher Beleuchtung und Tageslichtnutzung*. Innovative Lichttechnik für öffentliche Gebäude. Artikel in BundesBauBlatt Nr.3 – März 2001, Seite 42 ff. Bundesministerium für Verkehr, Bau- und Wohnungswesen (Hg.). BAUVERLAG GmbH, Walluf. 2001

[Warner 1999] Warner, Torsten: *EDV-Werkzeuge für ein effizientes Facility Management*. Facilitiy Management: Grundlagen - Methoden - Anwendung, Tagung Dresden 11./12.05.1999, Düsseldorf, VDI Verlag, 1999
Im Internet verfügbar unter: http://www.ebert-ingenieure.de/veroef/fm-soft.pdf

16.2 Besuchte Veranstaltungen

[VDI 15.02.2001] Energieeinsparung in öffentlichen Liegenschaften, Berlin 15.02.01, Dokumentation: [VDI 2001]

[Impulse 14.05.01] Berliner Energietage; Veranstalter: Impulse und Deutsche Energie Agentur; am 14. - 16.05.01

[TU Berlin 30.01.01] Institutskolloquium am Fachgebiet Energiesysteme der TU-Berlin, Präsentation der Studienarbeit von Fr. Christel Meyer *Evaluierung des Modellprojektes Energiesparpartnerschaften Berlin Pool 1* (siehe [Meyer 2001]

[UfU 01.10.01] Informationsveranstaltung zu fifty/fifty – Fortführung der bezirklichen Energiespar-Projekte nach den Wahlen zum Abgeordnetenhaus; Veranstalter: Unabhängiges Institut für Umweltfragen (UfU) e.V.; am 01.10.01

[UfU 13.11.01] Workshop – Energiesparen an Schulen 2001; Veranstalter: Unabhängiges Institut für Umweltfragen (UfU) e.V.; am 13.11.01

16.3 Durchgeführte Interviews

[Baedeker 27.06.01] Persönliches Interview mit Hr. Baedeker; Energiebeauftragter der Stadt Schwabach

[Baedeker 14.08.01] Telephonisches Interview mit Hr. Baedeker

[Baedeker 12.11.01] Telephonisches Interview mit Hr. Baedeker

[Bajorath 29.08.01] Telephonisches Interview mit Hr. Bajorath Ingenieurbüro Bajorath, Osnabrück

[Barmich 09.07.01] Telephonisches Interview mit Hr. Barmich, Umweltamt Heidelberg

[Beucher 23.03.01] Telephonisches Interview mit Hr. Beucher, Landkreistag Rheinland-Pfalz

[Böhm 15.08.01] Telephonisches Interview mit Hr. Böhm, Energieagentur Oberfranken

[Boysen 30.11.01] Persönliches Interview mit Hr. Wilfried Boysen und Fr. Anne Schenker; Energiedienstleistung Boysen

[Brücher 03.09.01] Persönliches Interview mit Hr. Brücher; Abteilungsleiter Technische Gebäudeausrüstung und Energiewirtschaft der Stadt Remscheid

[Deutermann 03.09.01] Persönliches Interview mit Hr. Deutermann; Mitarbeiter der Serviceeinheit Hochbau und Gebäudewirtschaft der Stadt Remscheid

[Eichhorn 01.06.01] Telephonisches Interview mit Hr. Eichhorn, Energieleitstelle beim Bausenator Bremen]

[Epperlein 10.07.01] Telephonisches Interview mit Fr. Epperlein, Hochbauamt Göttingen

[Ebert, 17.08.2001] Telefonisches Interview mit Ebert-Ing. Nürnberg, 17.08.2001

[Fabig 07.06.01] Telephonisches Interview mit Hr. Fabig, Umweltamt Hamburg

[Feldt 10.10.01] Persönliches Interview mit Hr. Wilm Feldt, Energieagentur S-H, Kiel

[Fischer 16.03.01] Persönliches Interview mit Fr. Dr. Annett Fischer, Deutsches Institut für Urbanistik (DIFU)

[Forschmann 26.02.01] Telephonisches Interview mit Hr. Forschmann, Gebäudemanagement Stadt Leipzig

[Funk 23.07.01] Persönliches Interview mit Hr. Funk; Mitarbeiter im Hochbauamt der Stadt München

[Funk 16.08.01] Telephonisches Interview mit Hr. Funk

[Graf 01.06.01] Persönliches Interview mit Fr. Gundula Graf, Berliner Energieagentur

[Grellmann 02.08.01] Telephonisches Interview mit Hr. Knut Grellmann, Stadtverwaltung Potsdam, Abteilung IV Gebäude- und Liegenschaftsmanagement, Bereichsleiter Gebäudemanagement und Grundstücksverwaltung

[Hein 23.08.2001] Telefonisches Interview mit Herr Ulrich Hein, Energiemanagement der Stadt Bremen, 23.08.2001

[Heise, 14.08.01] Telephonisches Interview mit Hr. Heise, Leiter der Energieagentur Rathenow und Leiter des Amtes für Wirtschaft der Stadtverwaltung Rathenow.

[Heise, Richter, 17.08.01] Persönliches Interview mit Hr. Heise und Hr. Richter in Rathenow

[Hofmuth 23.07.01] Persönliches Interview mit Hr. Hofmuth; Mitarbeiter im Hochbauamt der Stadt München

[Hofmuth 16.08.01] Telephonisches Interview mit Hr. Hofmuth

[Jäger 29.05.01] Telephonisches Interview mit Hr. Jäger, Energieagentur Niedersachsen]

[Kienzlen 11.12.00] Persönliches Interview mit Hr. Dr. Kienzlen, Leiter der Abteilung Energiewirtschaft im Amt für Umweltschutz der Stadt Stuttgart

[Kist 22.01.01] Telephonisches Interview mit Hr. Klaus Kist, Senatsverwaltung für Stadtentwicklung Berlin

[Kist 21.01.02] Telephonisches Interview mit Hr. Klaus Kist, Senatsverwaltung für Stadtentwicklung Berlin

[Köhler 05.05.01] Telephonisches Interview mit Hr. Köhler, Brandenburgische Energie Agentur (BEA)

[Krebs 26.06.01] Telephonisches Interview mit Hr. Krebs, Energiebeauftragter Stadt Landau

[Kaltenhauser-Barth 11.07.01] Telephonisches Interview mit Hr. Kaltenhauser-Barth, Münchner Energie Agentur

[Kühn, 23.08.01] Telephonisches Interview mit Hr. Kühn, Mitarbeiter der Stadtverwaltung Rathenow, u.a. zuständig für die Betreuung der Einzelraumheizung im Stadthaus

[Künz 03.09.01]	Persönliches Interview mit Hr. Künz; Leiter des kommunalen Energiemanagements der Stadt Remscheid
[Künz 20.11.01]	Telephonisches Interview mit Hr. Künz
[Lilienbeck 27.09.01]	Telephonisches Interview mit Hr. Dieter Lilienbeck, Hochbauamt Kassel
[Löhr 01.02.01]	Persönliches Interview mit Hr. Löhr, Technischer Leiter, Hubertus Krankenhaus Berlin
[Maurer 14.06.01]	Persönliches Interview mit Hr. Reinhold Maurer, Energie- und Umweltbüro e.V.
[Maurer 13.02.02]	Telephonisches Interview mit Hr. Reinhold Maurer, Energie- und Umweltbüro e.V.
[Müller 25.01.01]	Telephonisches Interview mit Hr. Müller, Stadtwerke Essen
[Oberländer 30.05.01]	Persönliches Interview mit Hr. Frank Oberländer, Stadtverwaltung Potsdam, Abteilung IV Gebäude- und Liegenschaftsmanagement, Betreuender Ingenieur des Energiemanagements
[Oberländer 21.01.02]	Telephonisches Interview mit Hr. Frank Oberländer
[Preuß, Thomas 08.03.01]	Telephonisches Interview mit Hr. Dr. Preuß, Hr. Dr. Thomas, Rheinisch Westfälische Energie (RWE)
[Prose 10.10.01]	Persönliches Interview mit Hr. Dr. Friedemann Prose, Psychologisches Institut der Universität Kiel
[Rausch 25.06.01]	Telephonisches Interview mit Hr. Rausch, KEVAG Koblenz
[Richter, 31.07.01]	Telephonisches Interview mit Hr. Richter, Mitarbeiter der Energieagentur Rathenow.
[Richter, 22.08.01]	Telephonisches Interview mit Hr. Richter
[Ringe 19.07.01]	Persönliches Interview mit Fr. Ringe, Sekretariat Heinrich-Roller Grundschule Berlin
[Römer, 08.03.01]	Telefongespräch mit Hr. Römer Energiebeauftragter im Umweltamt der Stadt Goslar
[Römer, 20.08.01]	Persönliches Interview mit Hr. Römer
[Römer, 28.08.01]	Telephonisches Interview mit Hr. Römer
[Sander 23.02.01]	Telephonisches Interview mit Hr. Sander, Hochbauamt Stadt Ibbenbüren
[Siebald 27.02.01]	Persönliches Interview mit Fr. Sabine Siebald, Da.V.id AG
[Schmidthals 13.03.01]	Persönliches Interview mit Hr. Malte Schmidthals, Projektbetreuer „fifty/fity – Energiesparen an Schulen" am Unabhängigen Institut für Umweltfragen (UfU) e.V.
[Schrauder 27.07.01]	Telephonisches Interview mit Hr. Schrauder, ABB, Mannheim
[Schulz 13.02.01]	Persönliches Interview mit Hr. Bernd Schulz, Energiespar- und Betreibergesellschaft mbH, ESB, Contractor in Pool 2 der Berliner Energiesparpartnerschaften
[Ullmann 16.08.01]	Telephonisches Interview mit Hr. Ullmann, Landis & Staefa, verantwortlicher Mitarbeiter für das Contracting Projekt Schwabach
[Vocktmann 26.06.01]	Telephonisches Interview mit Hr. Vocktmann, RWE Plus
[Vogler 06.11.01]	Persönliches Interview mit Fr. Vogler, Institut für Erhaltung und Modernisierung von Bauwerken (IEMB), Berlin
[Wolfers 04.01.01]	Telephonisches Interview mit Hr. Wolfers, Hochbauamt Duisburg
[Wolfers 02.02.01]	Persönliches Interview mit Hr. Wolfers, Hochbauamt Duisburg

[Willomitzer 16.02.01] Persönliches Interview mit Hr. Willomitzer, Leiter der technischen Gebäudebewirtschaftung der Technischen Fachhochschule Berlin

17 Anhang 2: Glossar

17.1 Verzeichnis der Abkürzungen

ACCESS	Microsoft - Datenbanksystem (unter Windows) mit integrierter grafischer Entwicklungsumgebung
ADS	Automatisierte Datenübermittlung von den Stadtwerken München
ALB	Automatisiertes Liegenschaftsbuch • Enthält die beschreibenden Angaben zu jedem Flurstück: Flurstücksnummer und Eigentümer in Übereinstimmung mit dem Grundbuch, Flächengrößen, Straßennamen sowie Hausnummern, öffentlich-rechtliche Festlegungen wie z.B. Natur- und Wasserschutzgebiete, Altlasten und vieles mehr.
ALK	Automatisierte Liegenschaftskarte. Digitale Grafikkomponente des amtlichen Liegenschaftskatasters. Das ALK ist als Modell der AdV in den meisten Bundesländern der BRD eingeführt. In Bayern übernimmt die Digitale Flurkarte (DFK) die Aufgaben der ALK. Wie das ALB hat die ALK urkundlichen Charakter.
AMEV	Arbeitskreis für Maschinen- und Elektrotechnik staatlicher und kommunaler Verwaltungen
BACNet	Building Automation and Control Networking Protocol, ENV 1805-1
BHKW	Blockheizkraftwerk
BMBF	Bundesministerium für Bildung, Wissenschaft, Forschung und Technologie
CAD	computer aided design – computergestützte Baupläne o.ä.
CFM	computer aided facility management – computergestütztes Facility-Management
DDC	digital direct control – Digitale Regler
DIN	Deutsche Industrienorm
DV	Datenverarbeitung
EAS	Energie-Auswerte-System (speziell der Stadt München)
EDV	Elektronische Datenverarbeitung
EEG	Erneuerbare Energien Gesetz
EIB	Europäischer Installations Bus - von der European Installation Bus Association, eine 1990 von führenden europäischen Unternehmen der Elektroinstallationstechnik gegründete Gesellschaft

EN	Europäische Norm
EM	Energiemanagement
ENV	Europäische Norm Vorentwurf
ERR	Einzelraumregelung
ESE	Elektronischer Schlüsselersatz (Fallbeispiel München)
Euro (€)	Fast alle monetären Daten wurden in DM erhoben und mit dem offiziellen Kurs von 1:0,51129 umgerechnet. Alle Werte wurde auf gleiche Genauigkeit gerundet.
EVG	Elektrisches Vorschaltgerät
EVU	Energieversorgungsunternehmen
EXCEL	Tabellenkalkulationsprogramm von Microsoft
FM	Facility-Management
FND	Firmenneutrales Datenübertragungssystem (Fallstudie München)
GA	Gebäudeautomation
GA-Knoten	Gebäudeautomations-Knoten; Inselzentrale im Münchener Gebäudeleittechnik Konzept
GEDEVA	Gebäude Daten Erfassen, Verwalten und Analysieren (Energie- und Facility- Management Software des Energie- und Umweltbüros e.V., Berlin
GLT	Gebäudeleittechnik
ISDN	Integreted Services Digital Network, digital arbeitendes Telefonnetz, das eine Datenübertragung von max. 64 KBit pro Sekunde und Kanal erlaubt.
KEM	Kommunales Energiemanagement
kWh	Kilo Watt Stunde – Maßeinheit für (elektrische) Energiemengen
LAN	Local Area Network. Lokales Netzwerk, das aus mindestens zwei eigenständig ansprechbaren Rechnern besteht, die mittels Netzwerkkarte und Kabel miteinander verbunden sind.
LON	"Lokal Operating Network" - LON, auch LONWORKS® genannt, ist ein universelles Automatisierungsnetzwerk, welches von der Echelon Corporation, Palo Alto, USA, entwickelt wurde.
LZ	Leitzentrale
LZH	Leitzentrale Haustechnik
MEMS	Münchner Energie-Management System
MSR-Anlagen	Mess-, Steuer, und Regelanlagen
MWh	Mega Watt Stunde (= 1000 kWh)

PDA	Persönlicher Digitaler Assistent" (personal digital assistant) - Computer im Westentaschenformat
REN	REN-Impuls-Programmes des Landes NRW : REN = Rationelle Verwendung von Energie und Nutzung unerschöpflicher Energiequellen
RWE	Rheinisch-Westfälische Elektrizitätswerke
STLB	Standardleistungsbuch
TPC/IP	TCP = Transmission Controll Protocol, IP = Internet Protocol, TCP/IP ist ein Protokoll, d.h. die "Sprache" in der sich die Komponenten eines Netzwerkes untereinander verständigen.
UNIX	"Uniplexed Information and Computing System" - Multitasking-Multiuser- Timesharing- Betriebsystem. Unix steht für eine Betriebssystem-Gruppe zu der man - vereinfacht gesagt - alle Betriebssysteme zählt, die auf den Grundlagen des Ur-Unix von 1969 aufbaut, welches an den Bell Laboratories von AT&T und Western Electric entwickelt wurde.
VDI	Verein Deutscher Ingenieure
WAP	Wireless Application Protocol" • WAP ist ein Protokoll, das die Übertragung und Darstellung von speziellen Internet-Inhalten auf Geräten mit eingeschränkter Darstellung, wie zum Beispiel Handys oder Handhelds, PDAs, definiert

17.2 Begriffserklärung zum Thema Kommunales Energiemanagement

Baseline der Energiekosten	Ermittelte Energieverbräuche- und Kosten eines Jahres vor Beginn des Contracting-Vorhabens, die die Grundlage für die Berechnung der im Rahmen des Energiespar-Contracting erzielten Energieverbrauchs- bzw. Energiekosteneinsparungen bilden.
Contractor	Auftragnehmer (Dienstleister) bei einem Anlagen- oder Energiesparcontracting
Contracting	siehe Kapitel 4.2
Anlagencontracting	Finanzierung, Planung, Errichtung und Betrieb von Energieversorgungsanlagen durch einen externen Energiedienstleister, den Contractor. Über eine vertraglich festgelegte Laufzeit beliefert der Contractor gegen ein Entgelt den Kunden (Auftraggeber) mit Nutzenergie (Strom, Wärme, Kälte). Generell wird das Anlagen-Contracting auch häufig als Energieliefer-Contracting bezeichnet.
Energiesparconracting	Erschließung wirtschaftlicher Energiesparpotentiale einschließlich Finanzierung, Planung, Errichtung und Betreuung der Maßnahmen zur rationellen Energienutzung durch einen Contractor. Dieser trägt das technische und wirtschaftliche Risiko für die von ihm errichteten Energiesparmaßnahmen. Die Amortisation der Anwendungen des Contractors erfolgt durch eine Beteiligung an den garantierten Energiekosteneinsparungen innerhalb eines vertraglich festgelegten Zeitraumes.
Einsparcontracting	Gleichbedeutend mit Energiesparcontracting
Performancecontracting	Gleichbedeutend mit Energiespar-Contracting
Wäremcontracting	vgl. Anlagencontracting
Energiecontrolling	siehe Kapitel 3.1
Energiemanagement	siehe Kapitel 3
Facility-Management	Technische, kaufmännische und infrastrukturelle Dienstleistungen für den gesamten Lebenszyklus einer Liegenschaft
Flächenbereinigung	Um die Gesamtenergieverbräuche einer Kommune über mehrere Jahre hinweg bewerten zu können, ist es nötig Bei der Flächenbereinigung werden die Energieverbräuche auf die Nutzflächen normiert.
Gebäudeleittechnik	siehe Kapitel 6.3.2

Gradtagszahl	siehe Witterungsbereinigung
Intracting	verwaltungsinternes Contracting (siehe Kapitel 4.2.2)
Telematik	siehe Kapitel 0
Witterungsbereinigung	Um den Heizenergieverbrauch mehrerer Jahre miteinander vergleichen zu können, wird der Energieverbrauch auf den Verbrauch eines "Normjahres" mit durchschnittlicher Witterung oder eines Bezugsjahres (etwa den Anfang der Messungen) normiert. Dies erfolgt anhand der Gradtagszahlen. (s.a. Kapitel 3.1)

18 Anhang 3: Fragebogen

Fragen zum Energiemanagement in Ihrer Kommune

1. Seit wann wird bei Ihnen Energiemanagement betrieben?

2. Wieviele Personen sind mit dem Energiemanagement betraut?

3. Welche Maßnahmen werden bei Ihnen im Rahmen des Energiemanagements durchgeführt?

	für alle Liegenschaften	für manche Liegenschaften	gar nicht
Systematische Verbrauchserfassung			
EDV gestützte Verbrauchsdatenanalyse			
Einsatz Fernauslesbarer Verbrauchszähler			
Einsatz von Gebäudeleittechnik zur energietechnischen Bewirtschaftung			
Einsatz von Einzelraumregelungen zur Steuerung der Beleuchtung			
Einsatz von Einzelraumregelungen zur Steuerung der Heizung			

Einschätzungen / Erfahrungen

1. Erfolgsfaktoren auf technologischer Ebene

Für wie wichtig halten Sie	1 (unwichtig)	2	3	4	5 (sehr wichtig)
die Erfassung von Energieverbrauchsdaten?					
die Verwendung einer Software zur Auswertung von Energieverbrauchsdaten?					
die technische Unterhaltung Ihrer Gebäude in Eigenregie?					
einen ständigen zentralen Zugriff auf alle energierelevanten Informationen Ihrer Liegenschaften?					
eine Gebäudeleittechnik zur zentralen Steuerung der energietechnischen Anlagen?					
den Einsatz moderner Informationstechnologien zur Nutzermotivation (Internet, Chat-foren, Verbrauchsdisplays in Schulen etc.)?					

Anmerkungen:

2. Welche technologische Unterstützung würden Sie sich wünschen?

3. Welches sind aus Ihrer Sicht die Hauptprobleme und Hemmnisse für die Planung und Umsetzung von Maßnahmen im Energiebereich?

	spielt keine Rolle 1	2	3	4	stellt ein wesentliches Problem dar 5
Geringe Finanzmittel					
Geringe Personalausstattung					
Mangelnde Motivation von Mitarbeitern					
Unzureichende Vollzugskontrolle / mangelnde Weisungsbefugnis					
Fehlende Kompetenz / Fachwissen					
Schwierigkeiten auf der persönlichen Ebene					
Unzureichende Kooperation zwischen den zuständigen Stellen					
Mangelnde Unterstützung von politischer Seite					

Welche anderen Faktoren halten Sie für entscheidend?

4. Was würden Sie einem Anfänger in einer gleichgroßen Nachbarkommune als Hauptempfehlung geben?

Fragen zur Kommune / Energiekosten

1. Statistische Angaben Ihrer Kommune

Einwohner	
Anzahl kommunale Liegenschaften	
Gesamtenergiekosten pro Jahr	
Gesamtenergieverbrauch pro Jahr	
Personalkosten Energiemanagement	
Sachkosten Energiemanagement	
Investitionskosten Einsparmaßnahmen	

Zum Schluss

Sind Sie an den Ergebnissen unserer Untersuchung interessiert? ja / nein

Was wären besonders interessante Fragen für Sie?

Persönliche Angaben:

Name: __________

Abteilung: __________

Adresse: __________

____

Telephon: __________

e-mail: __________

19 Anhang 4: Workshop *Telematische Anwendungen im KEM*

26.02.2002, Präsidialgebäude der Technischen Fachhochschule Berlin

Durchführung durch:

Hr. Timon Wehnert, Technische Fachhochschule Berlin
Hr. Ulf Marinitsch, Technische Fachhochschule Berlin
Prof. Dr. Rolf Kreibich, Technische Fachhochschule Berlin
Hr. Wolfram Jörß, IZT – Inst. für Zukunftsstudien und Technologiebewertung

Teilnehmer:

Hr. Baedeker, Energiebeauftragter der Stadtverwaltung Schwabach
Hr. Boysen, edl – Energie Dienstleistung Boysen GmbH
Hr. Crecelius, Energie- und Umweltbüro Berlin
Prof. Dr. Fehlauer, Technische Fachhochschule Wismar
Hr. Freund, Bezirksamt Berlin-Pankow
Fr. Karlinski, Bezirksamt Reinickendorf
Prof. Dr. Külpmann, Technische Fachhochschule Berlin
Hr. Maurer, Energie- und Umweltbüro Berlin
Hr. Pautzke – Bezirksamt Reinickendorf
Hr. Dr. Riedel, Dr. Riedel Automatisierungstechnik GmbH
Fr. Siebald, Da.V.i.D AG – Energiewirtschaftsstelle Berlin
Fr. Villain, Bezirksamt Berlin-Lichtenberg
Fr. Vogler, IEMB - Institut für Erhaltung & Modernisierung von Bauwerken

Programm:

9:00 Begrüßung, *Prof. Dr. Rolf Kreibich*

9:20 Brainstorming – Hemmnisse und Erfolgsfaktoren im kommunalen Energiemanagement aus Sicht der Workshopteilnehmer

9:30 Einführung in Zielsetzung und Methodik des Forschungsprojektes „Emissionsminderung durch neue Wege im kommunalen Energiemanagement", *Dipl.-Phys. Timon Wehnert*

9:50 Gemeinsame Bewertung der Hemmnisse und Erfolgsfaktoren im kommunalen Energiemanagement (Metaplananalyse)

10:30 Vortrag & Diskussion: „Automatische Energie- und Betriebsdatenerfassung – Erfahrungen aus Schwabach", *Dipl.-Ing. Harald Baedeker, Energiebeauftragter der Stadt Schwabach*

11:00 Vortrag & Diskussion: „Das ‚Low-Budget-Facility-Management' Konzept des Bezirkes Schöneberg mit Hilfe der selbstentwickelten Software GEDEVA und der Gebäudeleittechnik FND", *Reinhold Maurer, Energie- und Umweltbüro e.V., Berlin*

11:50 Vortrag & Diskussion: Ergebnisse des Forschungsprojektes „Emissionsminderung durch neue Wege im kommunalen Energiemanagement", *Dipl.-Phys. Timon Wehnert*

12:40 Abschlussdiskussion: Einordnung des Potentials telematischer Anwendungen im Gesamtumfeld des kommunalen Energiemanagements

13:30 Programmende

Zielsetzung des Workshops

Der Workshop diente zwei Zielen: Zum einen sollten die bisherigen Ergebnisse des Forschungsprojektes Praktikern im kommunalen Energiemanagement präsentiert werden. Zum anderen sollten die Ergebnisse kritisch diskutiert und insbesondere die entwickelten Handlungs- und Strategieempfehlungen auf ihre Umsetzbarkeit in der Praxis überprüft werden. Um allen Anwesenden die Möglichkeit zu geben, ihre Erfahrungen einzubringen, wurden parallel zu Vorträgen und Diskussionen mit Hilfe einer Metaplantechnik, Hemmnisse und Erfolgsfaktoren im KEM ermittelt, bewertet und zu den Potentialen telematischer Anwendungen in Bezug gesetzt.

Vortrag – Methodik des Forschungsprojektes

Herr Wehnert erläuterte die Zielsetzung und Methodik des Forschungsprojektes „Emissionsminderung durch neue Wege im kommunalen Energiemanagement". In diesem Vortrag wurde das im Projekt entwickelte Analyseraster vorgestellt, welches sowohl die Bereiche als auch die Dimensionen der Rahmenbedingungen des KEM beinhaltet. In der anschließenden Diskussion stellte sich die Frage, inwieweit Einsparpotentiale im kommunalen Energiemanagement quantifizierbar sind. Man war sich darüber einig, dass konkrete Bewertungen immer nur von Fall zu Fall möglich sind. Allgemeine Aussagen werden durch die unzureichende Vergleichbarkeit der meisten Daten unmöglich. Aber auch die Quantifizierung konkreter Potentiale ist häufig schwierig, da starke Vorbehalte existieren, öffentliche Daten an Interessenten herauszugeben, was sich häufig als Hemmnis für die Entwicklung optimaler Konzepte herausstellt.

Vortrag Herr Baedeker – Energiedatenmanagement in Schwabach

Nach einer kurzen Pause machte Herr Baedeker in seinem Vortrag „Automatische Energie- und Betriebsdatenerfassung – Erfahrungen aus Schwabach" die Vorteile eines zeitlich hochauflösenden Controlling deutlich und stellte seine „Philosophie" eines funktionierenden KEM vor. Die Kernaussagen waren, dass

- kein KEM ohne umfassende Verbrauchs- und Energiedatenanalyse möglich ist (Gründe für Jahresmehrverbrauch oder -einsparung finden sich hinterher immer, aber sie sind nicht quantifizierbar oder überprüfbar und daher für ein Energiemanagement fast nutzlos),
- Betriebsdaten wenn möglich immer direkt aus den Anlagen abzurufen sind, da Datenlogger nur ausgewählte Daten liefern können und
- die Wahl des Energiemanagementkonzeptes stets von der Größe der Liegenschaft abhängt.

In der anschließenden Diskussion zeigte sich eine allgemeine Zustimmung zu dem Erfolgskonzept, wobei die Übertragbarkeit auf andere Kommunen wie z.B. Berlin in Frage gestellt wurde. Fazit war, dass gerade anfänglich auch mit einfacheren Mitteln Energie gespart werden kann, es aber einen enormen Vorteil bringt, wenn eine automatische Energie- und Betriebsdatenerfassung realisiert werden kann. Auch wurden verschiedene Wege angesprochen, wie dieses Konzept zu realisieren sei, wenn es nicht in Eigenregie und selbstfinanziert umgesetzt werden kann. Konsens war hier, dass wiederum die Problematik der Datenbeschaffung ein optimales Vorgehen erschwert. Auch Vertreter kommunaler Verwaltungen bestätigten an dieser Stelle, dass Informationsweitergabe immer problematisch ist, da die Befürchtung besteht, dass mit der Weitergabe der Informationen ein Kompetenzverlust einhergeht. Die kommunalen Vertreter wünschten sich insbesondere Hilfe zur Selbsthilfe, d.h. Rahmenbedingungen die es ermöglichen die Probleme selbst anzugehen.

Vortrag Herr Maurer – Facility-Management in Berlin Schöneberg

Im anschließenden Vortrag über „Das ‚Low-Budget-Facility-Management' Konzept des Bezirkes Schöneberg mit Hilfe der selbstentwickelten Software GEDEVA und der Gebäudeleittechnik FND" beschrieb Herr Maurer detailliert Möglichkeiten und Probleme kommunaler Verwaltungen im Umgang mit Energiesparpotentialen, welche an diesem Beispiel auch im Rahmen des Forschungsprojektes genauer untersucht wurden (siehe Fallstudie Berlin). Schon im Verlauf des Vortrages wurden Fragen zu Unklarheiten gestellt, Erfahrungen von Herr Maurer bestätigt und zumeist technische Informationen von anderen Teilnehmern ergänzt. Intensiv diskutiert und von allen Beteiligten übereinstimmend als Hemmnis empfunden wurde darüber hinaus die fehlende Verfügungsmöglichkeit der kommunalen Akteure im KEM über die „Früchte ihrer Arbeit", d.h. die fehlende Reinvestitionsmöglichkeit finanzieller Einsparungen und damit häufig die fehlende Motivation.

Ergebnisse des Forschungsprojektes

Nach der Vorstellung dieser zwei Fallbeispiele des Forschungsprojektes durch die Akteure, stellte Herr Wehnert zusammenfassend die bisherigen Ergebnisse des Forschungsprojektes „Emissionsminderung durch neue Wege im kommunalen Energiemanagement" vor. Dies wurde von allen Beteiligten als gute Informationsbasis für eine Entscheidungsfindung zum Auf- oder Umbau eines KEM empfunden. Übereinstimmend wurde von den Teilnehmern zum Ausdruck gebracht, dass der Abschlussbericht mit Interesse erwartet wird.

Abschlussdiskussion

In der Abschlussdiskussion erfolgte die Einordnung des Potentials telematischer Anwendungen im Gesamtumfeld des kommunalen Energiemanagements. Einig war man sich darüber, dass es sowohl ökologisch wie auch ökonomisch sinnvoll und nötig ist, dieses Potential auszuschöpfen. Dafür müssen aber neben angepassten Rahmenbedingungen auch die im Vortrag von Herrn Wehnert dargestellten nicht-telematischen Erfolgsfaktoren des KEM erfüllt sein. Beim anschließenden gemeinsamen Mittagessen, wurden die Diskussionen in kleineren Gesprächsgruppen vertieft. Es wurden weitere Kontakte und Kooperationen vereinbart und der gemeinsame Dialog nochmals als Erfolgsfaktor für das KEM begrüßt.

Metaplananalyse

Parallel zu den Vorträgen wurden Erfolgsfaktoren und Hemmnisse im KEM auf Karteikarten visualisiert, in ein Metaplanraster eingeordnet, bewertet und den Potentialen telematischer Anwendungen gegenüber gestellt.

Zunächst notierte jeder Teilnehmer in einem kurzen Brainstorming auf je 5 grünen und 5 roten Karten spontan die wichtigsten Erfolgsfaktoren und Hemmnisse des kommunalen Energiemanagements aus der individuellen Sicht jedes Einzelnen.

Nach der Einführung der Methodik des Forschungsprojektes durch Herrn Wehnert wurden diese Erfolgsfaktoren und Hemmnisse von den Workshopteilnehmern in eine Matrix eingeordnet, die sich an dem Analyseraster orientierte, die der Forschungsmethodik zugrunde liegt. Anschließend wurden die wichtigsten Einflussfaktoren ermittelt. Hierzu wurden von jedem Teilnehmer je 5 Gewichtungspunkte für Erfolgsfaktoren und Hemmnisse vergeben. (vgl. Abbildung 19-1)

Energie-controlling	*Erfolgs-faktoren*	Kostensenkung 3 C	Energiebeauftragte(r) mit Unterstützung/ Druck der kommunalen Spitze 3/2	Zentrale Verbrauchserfassung 3
	Hemm-nisse	**technische Unzulänglichkeiten** **9** A	**Mangelhafte Datenbasis** **8** A	
Gebäude-bewirt-schaftung	*Erfolgs-faktoren*	Übersicht und Auswertung der Einsparpotentiale 4	große Anzahl von Gebäuden, d.h. KEM lohnt sich 2	
	Hemm-nisse			
Kommuni-kation	*Erfolgs-faktoren*	**Kostendruck** **8** C	Best Practice - Menschen die Erfahrung teilen 4/2	
		Einbeziehung/ Aufwertung des Betriebspersonals 4/2	gezielte Aufgabenstellung zu Energiesparmaßnahmen 0	
	Hemm-nisse	**Kein Belohnungskonzept gegeben** **8** D	Vielzahl der Beteiligten und Interessenschwerpunkte 1	
Moderni-sierung	*Erfolgs-faktoren*	Informierte Ansprechpartner vor Ort 3		
	Hemm-nisse	fehlende investive Mittel 3/3 B	Personal 0/2	Technik 0
		unvollständiges Wissen zu Kopplung von energiesparenden Maßnahmen an Ohnehin-Maßnahmen 1		

Abbildung 19-1
Fortsetzung auf der folgenden Seite.

Allgemein				
Organisation	*Erfolgsfaktoren*	KEM ohne Vorgaben von Oben 1	Informationen (welche, wann, wieviele) 0	Zeit, Personal, Spezialisierung 0
	Hemmnisse	Desinteresse 2	Fehlen eines Innovatikers mit hoher Qualifikation 1	Hemmnisse der gesetzlichen Vorschriften 0 F
	Hemmnisse	fehlende Sanktionsmöglichkeiten im Bereich von öffentlichen Verwaltungen 0		Nachfrage fehlt 0
Finanzen	*Erfolgsfaktoren*	Senkung der Betriebskosten 2 C	Verordnungen 0	
	Hemmnisse	mangelndes Interesse 2	geringe finanzielle Möglichkeiten 0 B	
Techn. Funktionalität	*Erfolgsfaktoren*			
	Hemmnisse	Technik (z.B. veraltet) 0/2	Berührungsängste mit neuer Technik 0 G	Mangelnder Schutz vor Beschwerden 0
Psycho-soziale Faktoren	*Erfolgsfaktoren*	**Wissen beim Entscheider** 5 H	**Hoher Informations- und Wissensstand** 4 H	**Anspruch und Umsetzungsrealität sind vereinbar** 4 E
	Erfolgsfaktoren	funktionierende Zusammenarbeit 1 E	Motivation des Nutzers 1	kleine Erfolge in der Energieverbrauchssenkung 1 E
	Hemmnisse	**Geringer Informations- und Wissensstand** 5 H	Unflexibilität aufgrund institutioneller Gegebenheiten 2 F	
	Hemmnisse	**Angst um Arbeitsplatz** 5 G	Unkenntnis, Motivation 1	

Abbildung 19-1 Einordnung der durch die Teilnehmer des Workshops genannten Hemmnisse und Erfolgsfaktoren des KEM in das Analyseraster des Forschungsprojektes (jeweils mit: Anzahl der Gewichtungspunkte / Anzahl der Karten bei Mehrfachnennungen)

Die Zahlen repräsentieren hierbei die Anzahl der Gewichtungspunkte / (gegebenenfalls) Anzahl der Nennungen durch verschiedene Workshopteilnehmer. Deutlich wird bei der Betrachtung des Ergebnisses, dass ein Schwerpunkt entscheidender Einflussfaktoren im Bereich des Energiecontrollings (**A**) liegt. An dieser Stelle birgt der Einsatz von Telematik große Vorteile und kann damit wesentlich zum Erfolg des KEM beitragen. Weiter wurde von den Workshopteilnehmern der Einfluss finanzieller Rahmenbedingungen als sehr einflussreich bewertet, wobei das Problem fehlender Investitionsmittel (**B**) eher gering eingestuft wurde. Der Faktor Kostendruck (**C**) wurde sogar als Ansporn für Energieeinsparungen angesehen. Kritisch wurde in dem Zusammenhang vor allem das Problem fehlender Belohnungsmechanismen (**D**) gesehen. Einig war man sich offensichtlich auch darüber, dass psycho-soziale Faktoren den Erfolg oder Misserfolg des KEM maßgeblich bestimmen. So wird Erfolg (**E**) und ‚Erfolg haben dürfen' (**F**) als Motor, und mangelndes Interesse oder Angst vor Veränderung (**G**) als Bremse aller Energiesparbemühungen betrachtet. Ein letzter Schwerpunkt ist im Bereich der sowohl bei Entscheidungsträgern wie auch Nutzern vorhandenen oder nicht vorhandenen Wissensbasis zur Energiesparproblematik (**H**). Erst überzeugende Informationen, die bei den richtigen Leuten Fuß fassen, können ein erfolgversprechendes KEM auf den Weg bringen.

Generell spiegeln die mit der Metaplantechnik visualisierten Aussagen auch die Schwerpunkte der Diskussion und die dort vertretenen Standpunkte wider.

Fazit

Ein wichtiges Ergebnis des Workshops ist, dass die im Rahmen des Forschungsprojektes ermittelten Hemmnisse und Erfolgsfaktoren im kommunalen Energiemanagement sowie die Aussagen über die Bedeutung der Telematik für das Controlling und zur Entwicklung eines strategischen KEM von den Workshopteilnehmern bestätigt wurden. Energieeinsparungen können zwar ad hoc und mit wenig finanziellem Aufwand durchgeführt werden, wenn eine Strategie zum Loslegen vorhanden ist, da für schnelle Erfolge keine umfangreiche Datenlage notwendig ist, aber auf Dauer bietet die Verwendung telematischer Anwendungen Vorteile, die nur durch großen Zeit- und Personalaufwand aufzuwiegen sind. Der laufende Betrieb kann zwar ohne Telematik optimiert werden, hierfür sind allerdings eine intensive Vor-Ort-Präsenz und engagierte und charismatische Personen nötig. Dies ist sicher nicht allgemein vorhanden oder einforderbar.

Im Prinzip waren sich alle Workshopteilnehmer einig, dass zum Erreichen eines optimalen Betriebes telematische Anwendungen (GLT zur Überwachung und Optimierung von Anlagenparametern sowie fernauslesbare Zähler zu Energiecontrolling) nötig sind. Die Frage ist nur, wie sie finanziert werden sollen und wie gewährleistet werden kann, dass auch genügend qualifiziertes Personal vorhanden ist, sie zu bedienen. Als wichtigster Erfolgsfaktor für das KEM allgemein wurde die Verfügungsmöglichkeit der Energiesparer über eingesparte Energiekosten (Budgetregelung, Intracting oder eben outsourcing, d.h. Contracting) ermittelt. In das Forschungsprojekt wird von den Teilnehmern des Workshops daher die Hoffnung gesetzt, dass die Ergebnisse an die Verantwortlichen und Entscheidungsträger in Politik und Verwaltung herangetragen werden, um den Lern- und Umdenkprozess klima- und energiepolitisch relevanter Fragestellungen weiter zu beschleunigen und eine Verbesserung der Rahmenbedingungen im kommunalen Energiemanagement zu erwirken.

Kontakt:

IZT - Institut für Zukunftsstudien und Technologiebewertung gGmbH
Schopenhauerstraße 26
14129 Berlin

Tel.: 030-803088-0
Fax: 030-803088-88

www.izt.de

Peter Lang · Europäischer Verlag der Wissenschaften

Axel Thomas

Unternehmensinternes Kostenmanagement in Energieversorgungsunternehmen

Grundlagen effektiver Kostenrechnungsverfahren auf der Basis der SAP-Software

Frankfurt am Main, Berlin, Bern, Bruxelles, New York, Oxford, Wien, 2001.
474 S., 113 Abb., 48 Tab.
Kommunalwirtschaftliche Forschung und Praxis.
Herausgegeben von Wolf Gottschalk. Bd. 4
ISBN 3-631-38136-0 · br. € 57.00*

Die innere Ruhe in den Energieversorgungsunternehmen ist verflogen. Sie sind durch die Liberalisierung der Märkte und den zunehmend intensiveren Wettbewerb um Kunden gezwungen zu neuem Denken und Handeln in Bezug auf das Management von Kostenniveau, Kostenstruktur und Kostenverlauf. Axel Thomas gibt einen breitangelegten und fundierten Überblick über das innerbetriebliche Rechnungswesen in dieser volkswirtschaftlich so wichtigen Branche. Er stellt dar, welche Beiträge Informationsmanagement und Controlling auf der Basis der SAP Software erbringen können, um die Transparenz der Geschäftsprozesse zu erhöhen und die Unternehmensperformance zu verbessern. Dieses Buch ist für die betriebliche Praxis, für kostenverantwortliche Techniker und Kaufleute sowie für Studierende eine wichtige Informationsquelle und zugleich ein wertvoller Begleiter.

Aus dem Inhalt: Grundlagen der Kostenrechnung und Kostensteuerung im Energieversorgungsunternehmen · Berücksichtigung neuer Kostenrechnungsverfahren (Prozesskostenrechnung) · SAP Software

Frankfurt am Main · Berlin · Bern · Bruxelles · New York · Oxford · Wien
Auslieferung: Verlag Peter Lang AG
Moosstr. 1, CH-2542 Pieterlen
Telefax 00 41 (0) 32 / 376 17 27

*inklusive der in Deutschland gültigen Mehrwertsteuer
Preisänderungen vorbehalten

Homepage http://www.peterlang.de

FSC
www.fsc.org
MIX
Papier | Fördert gute Waldnutzung
FSC® C083411

Kolibri 360 GmbH
Ferdinand-Jühlke-Straße 7
99095 Erfurt, Deutschland
produktsicherheit@kolibri360.de

Druck:
CPI Druckdienstleistungen GmbH
im Auftrag der
Kolibri 360 GmbH
Ferdinand-Jühlke-Str. 7
99095 Erfurt